U0392352

国学经典文库

图文珍藏版

一部贯通历史长河的通书　百姓居家常备的实用宝典

中华历书大全

第四册

刘宇庚◎主编

线装书局

第二十二章 家庭生活万年历

一、家居布置与装饰

（一）家装材料的选购

1. 家庭装修前的准备

在您决定家庭装修时，要了解一些专业情况，在不同阶段做好不同的准备，保证多快好省。

（1）要买些与装修有关的资料。不少关于家庭装修方面的书籍资料，其内容极具参考价值。花小钱，省大钱。

（2）请专业设计师或懂行的亲戚朋友帮您规划设计。成功的专业设计可使您的花销落到实处。

（3）不要轻易找大的装修公司。大公司质量、信誉的确更有保证，但成本也相应较高。

（4）要盲目修改装修方案。一个小的改动也会引起一连串的调整，大大增加费用。

（5）最好分项核算工作，然后逐一承包，统一对财务进行核算，这样，既避免了纠纷，又节省了工钱。

（6）了解装饰材料的行情。正式买材料时，最好请设计师或施工工人一起去。多数材料可选择质量有保证的比较便宜的，而少数用于醒目位置的材料则不妨采用高价质高的产品。

（7）要选好装修季节。气温、湿度等对装修效果有一定的影响。一般，装修旺季的材料较贵，工钱也较高。

（8）干一些力所能及的辅助活，可节省相应工钱。

2. 家庭装修八注意

在室内装修过程中您需注意以下几点：

（1）室内整体地平落差约为 1 厘米。卧室最高，厨卫与阳台最低，过道要居中。

（2）量减少空气污染。装修时选择那些污染少或无污染装饰材料。居室装饰完毕不要马上居住，先打开门窗，让涂料中的溶剂挥发。平常要经常打开门窗，让室内空气流通，以减少气体危害。

（3）铸铁下水道管全部改成 PVC 塑管，可免堵塞之苦。

（4）防盗门铺设一个活动门槛，平时可防邻居家的昆虫"串门"。

（5）临街面最好装带纱窗的双层玻璃的铝合金结构窗户。既防尘，又防噪音。

（6）要注意地面的防滑性，避免滑倒、摔伤。

（7）加强防火意识，避免留下火灾隐患。

（8）不要随意拆改墙体，改变阳台用途，自行更改煤气管道、违规更改水、电管道等，以免引发恶性事故。

3. 墙纸的选购

纸质墙纸用的是普通纸，价格低，但易受潮变形。化纤墙纸大都用玻璃纤维和聚乙烯纤维做原料，能防潮，色彩柔和，图案也优雅，但价格较高。天然纤维纸大都以黄麻、大麻、棕榈为原料，是目前各类墙纸中最好的一种，能防潮、防火，质地结实耐磨，且颜色丰富、自然、富有立体感，当然价格也最高。

选好墙纸类型后，接下来就该挑选墙纸的图案及花纹了。在选择墙纸时要从整体考虑，可能您会很喜欢某种墙纸的图案、颜色，但当它大面积铺开后，效果不一定会很好，或又和房间、家具的整体风格不一致。所以，要从壁纸的颜色、图案、特性出发，做到因人而异，因房而异。

4. 瓷砖的选购

购买瓷砖时，主要注意六点。

（1）看颜色：同一种品牌、型号、规格的瓷砖放在一起颜色应一致，无色差。

（2）看外形：整块瓷砖的正面，边缘是否镀满釉层，瓷砖表面有无裂缝、斑点、疵点。

（3）检查平整度：将瓷砖的正面与一块平滑的玻璃贴紧，转压四个角，检查瓷砖是否平整。瓷砖越平整质量就越好。

（4）检查密实度：抽出一块瓷砖，在背面滴一点水，看水被瓷砖吸收的程度，若吸收很快，说明它瓷砖的密实度较差。按质量标准，瓷砖背面的无釉部分的渗水率应不超过 10%。

（5）听声音：拎起瓷砖一角，敲击瓷砖，能发出清脆的"当当"声的是好砖。

（6）看气泡：将瓷砖浸泡在水中，成串地冒气泡的是次品，不冒或很少冒气泡的是优质品。

5.乳胶漆的选购

有的房间装修涂刷，要用到乳胶漆。乳胶漆的选购也有一些小窍门。

（1）看。看水质溶液涂料的分层现象。若涂料颗粒下沉，在上层四分之一以上形成一层水质溶液，呈无色或微黄色，且清晰干净，没有或少有漂浮物，就说明漆的质量很好。

（2）闻。凑在开封的罐前，若有刺激性气味，或气味特别冲的，就不是好漆。因为好的乳胶漆气味不太大。

（3）搅。用棍子搅一搅，看是否有块状物，好的乳胶漆呈现稠牛奶一样光滑的外表，也可用棍子上拉，以检验其黏性。

（4）摸。用手指轻蘸一些乳胶漆，在手指间轻搓，看细腻与否，若是小硬粒很多，则表明质量不好。

（5）检。检查乳胶漆的品牌、出厂日期、厂家、产地，必要时可索要其合格证、检验报告看看，保证自己买到的是名优产品。

6.实木地板的选购

目前，地板主要有实木、实木复合和强化复合地板三种。实木复合地板是由多层实木薄板依木纹横纵压制而成，又称为多层实木地板，强化复合地板由中密度板、刨花板等为基材，两面贴以浸渍纸，经一定的温度和压力复合而成。

购买地板首选当然是实木的。不同的实木地板价格和性能也各不相同，因而实木地板的选购也有学问。

（1）鉴别材料的性能及价格，要充分考虑实木地板的硬度、膨胀系数和防潮性能。即使是同一名称的材料，由于产地的不同，差异也会很大。

（2）看木板加工的精度。先看木材色泽是否新鲜光泽，年轮是否规则，分量是否差不多。再看地板是否光洁，板面有否毛刺、跳口等。然后抽测板长、宽、厚的尺寸是否标准，拼缝是否严密。按规定，一般地板的宽度、厚度正负公差应控制在0.5毫米内。

（3）还要注意雌雄榫槽是否保持完整。

（二）家具的选购和布置

1. 木质家具的选购技巧

现今常用的家具有很多种材质,如实木、塑料、金属等,其中以实木家具最为高档。购买实木家具时,也有一些挑选的技巧。

（1）看材料质地。外表主要部件如面、腿、门等用料质量一定要好,纹理美观,无木节、虫眼、裂缝等缺陷;内部用料如隔板、衬条、抽屉等无脱落节疤、劈裂、腐朽、缺材等。

（2）看刨光。表面和边角光滑,无毛刺、木筋、漆泡、圆角,无划伤、压痕等。

（3）看漆刷水平。色泽均匀一致,纹理清晰;填腻子和木节补色要与周围颜色基本相似;漆膜整洁、丰满、光亮,无明显疙瘩、皱皮,无漏漆和残留的刷毛和污物。

（4）看整体是否结实。要注意家具结合处是否紧密,有无开裂;连接处是否能承受不同方向的力。

（5）看零部件的情况。门、抽屉的开缝要均匀;胶合部分不得脱胶;各种五金配件是否齐全,质量如何,安装得是否牢固。

2. 家具颜色的选择技巧

不同房间,不同主人,对家具颜色的要求也不一样。总的说来,浅色调的房间,最好配造型新颖的浅色调的家具,有明快、清爽之感,比较适合青年人活泼开朗的性格。老年人喜欢安静,需要修养身心,端庄、凝重的深色家具则与之较匹配。

小房间的家具应采用浅色,浅色的家具与浅色的墙壁在视觉上可产生扩大空间的效果。

大房间则宜选用深色家具,在浅色墙壁的衬托下家具更加突出,这样可以减少房间过于空旷的感觉。

3. 色彩与实用功能

居室的组成,如卧室、起居室、客厅、厨房、卫生间等各有其用途。按其功能选用色彩,有利于产生某种象征意义上的美感。例如,婚房应以暖色为主,以增添温馨、甜蜜的气氛;书房应以冷色为主,有利保持室内的安宁和清静;厨房是使用火的场所,要求安详、平和,选用冷色为宜,大块的火爆色彩对它是不祥的信号,一般不足为取;卫生间作洗涤之用,与水交往,推荐您选用色彩淡雅的墙砖。

4. 巧选装饰格调

不同的居室,其格调反映了居室主人的不同品位。

居室的格调需要在选购室内家具、装饰用品以前及时确定,它应该与家具和日用品的色彩及款式相搭配,达到整体的协调统一。

如果您喜欢华美的格调,可在卧室用缎子床罩或绣花床罩,家具选用彩漆浮雕的,悬挂大幅油画,摆放一些五彩金瓷器,选用鲜艳的纱灯罩,就能塑造出一种雍容华贵的氛围。这种格调适用于较宽敞的居室。

如果您喜欢朴实简约的格调,就可在书房中配备简朴的木制沙发或藤椅和朴实大方的书架,在客厅里摆放一些有乡土气息的泥塑、布具、小工具,在墙上挂一些干花制品或民俗图案挂饰。这些都能够呈现出一种自然质朴之美。

如果您喜欢典雅的格调,可选用古色古香的色调,或复古样式、洗练而少雕饰的家具。居室内设工艺品架和书架,摆上古玩、工艺品和成套的图书,墙上可挂中国书画。

5. 巧用壁饰

合理地选用壁饰,不仅可彰显品位,还可以丰富居室层次,增强整体装饰效果。

房间较小的,宜配置低明度的冷色壁饰,给人以深远的感觉;面积较大的房间,宜选择高明度暖色的壁饰,使人感到近在咫尺。

卧室是休息的地方,一般宜配挂内容平和、恬静,体积或尺幅不太大的饰品。年轻人的居室可选择生动活泼的饰物。客厅和书房,可选择一些古今诗词书画、名联佳对等。就餐处,可以挂一些色彩艳丽的食物图案或仿真饰品,有助于增进人的食欲。

采光好的房间,以配冷色调的壁饰为主;阴冷的房间里的壁饰则以温馨可爱为主。向阳房间内的壁饰宜挂右墙面,这样使窗外的光线与壁饰互相呼应,给人一种真实的效果。一个房间挂饰的内容与风格可以统一,也可搭配几种不同风格和内容的。中式格调的室内布置,宜挂中国传统的艺术品。西式格调的室内,则宜挂版画、油画或大幅彩照等。选择挂饰还要考虑到周边环境,以便于内外融洽环境。选择镜框照片装饰室内,宜挂大幅的照片,不要很"吝啬"地把许多小照片挤排在一个镜框里。镜框色泽应注意与墙面、家具的色彩协调。

6. 灯具巧装饰

居室内光线应尽量明亮一些,视觉上就会觉得房间变宽了。居室内一般选择吸顶灯和吊灯。在灯光的布置上,要避免过分强调区域的划分,以扩大心理空间。

客厅的座位多时,要做圆桌式摆放,使得每个人都有被重视的感觉,而且还能够迅速地移动和互相交谈,这时的灯光就要悬挂在座位中心的正上方,让正下方的区域特别明亮。在较小的客厅里,多做环状布置,这时的灯光可以采用局部照射,要在较暗的区域安置上壁画灯,一方面可以美化空间,另一方面可以增加光的立体感,给居室增添不少魅力。

如果您注重局部,可在写字台的上面设置台灯,在床头设置读书灯,在吊柜的下方再安装镶嵌式的吸顶灯,让房间形成不同的光照区域。

7. 排除家庭安全隐患

(1)浴缸:在浴缸外要铺上防滑垫,以免因脚底潮湿而滑倒。

(2)楼梯:对楼梯要及时维护,做好防滑处理。

(3)电线与插座:有小孩子的家庭,电源线与插座不应暴露在外,以防孩子绊倒或玩耍;不用的插座应配有安全插头,防止小孩把手指插入插座内。

(4)家具:家具摆设要固定牢固、放置稳妥,以免倒塌。易燃物品要远离可燃家具。

(5)对人体有害的药剂:用来灭虫或除臭用的药剂,应装在密闭的容器内,妥善保存,特别要放在小孩拿不到的地方。

(6)玻璃门窗:将彩色标签贴在玻璃门窗上,以防不慎误撞。

(7)防火设备:家中要配备灭火器。家庭成员要掌握必要的防火知识和应变措施。

(8)液体燃料:如酒精、汽油、烯料等少量易燃液体均应附上标签,注明物品名称,并装在密封容器内,放在远离火种的地方。

(三)家具布置

1. 客厅

客厅是一个家庭接待来宾的重要场所,是整套房子的门面,位置很突出。因而对客厅的布置,在对整个居室的布置中显得十分重要。

(1)客厅是人们活动的最主要的场所,因此必须留有足够的空间,尤其是足够宽的过道。餐厅和会客厅要做到有机分隔,中间设置隔离物,要给人以隔而不断的感觉。

(2)客厅里家具布置要得当,不宜摆放过多,体积也不宜过大。确定家具的摆放位置前,首先要为客厅定出一个焦点,这个焦点可以是一套家庭影院或几盆花草,家具则围绕焦点而摆放,务求为这个焦点营造一种向心力。

(3)要根据室内环境和条件,选择一些符合主人身份的壁挂、壁饰、壁画来美化客厅。客厅要有良好的照明和光感,最好装顶灯。沙发旁要设有一个落地灯。艺术品架里的灯光要能直接照到艺术品上,给人一种特有的美感。另外,壁灯的作用也不容忽视。

2. 卧室

(1)卧室巧设计

卧室的作用就是充分放松人们的紧张心情,调整身体状况,最大限度地让人感到舒适和温馨。这也是对卧室进行布置的主要标准。

①床铺不要摆在门的对面,通常在门的正对面放置一些矮小的家具。

②高大的橱柜应靠近墙边和墙角,避免阻挡门窗自然光的射入。

③不要把带有镜子或玻璃的家具对着窗户摆放,以免产生强烈的反光。不要将带有大面积镜子的家具正对着床铺,以免受到惊吓。

④要把两件体形相近的家具并排摆放,避免人产生单调、呆板、沉闷与不舒服之感。

⑤整个卧室要有一个统一或一致协调的整体色调。对于狭小的卧室,可采用扩大空间的方法,如设置大挂镜,布置大幅的视野开阔的风景画等。

⑥床的高度要合适,避免过高或过低,床面与地面的距离应在45厘米左右。当然,还应根据卧室的功能的需要,以及经济条件和兴趣爱好等实际情况,来综合考虑具体怎样布置卧室。

(2)创造良好的睡眠环境

卧室的环境对睡眠影响很大,要创造一个良好的睡眠环境,就需要做一些准备。

①要根据不同的年龄、体质和性别等的特点,选用一张合适舒服的床。比如,睡觉不老实的要选一张足够宽的床,正在长身体的青少年不宜睡过软的床。

②根据习惯的睡眠姿势选择适合的枕头,主要看三个方面:支撑颈部的基本构造、合适的高度、良好的填充材料。

③卧室墙壁的颜色要柔和。这一点在前面介绍卧室的装修装饰时已经提到。过分冷酷刺眼的颜色不利于睡眠。

④要保持室温,不能过高,也不能太低,凭个人喜好调节。

⑤卧室的隔音效果要好,要减免噪音,保证室内安静。

⑥遮光效果要好,因为卧室里在睡觉的时候不需要光亮,可选择面料稍厚、颜色柔和的窗帘。

⑦不要在睡觉时的卧室里放置过多的花草。因为花草会影响光线较暗的房间里的空气质量。

⑧注意经常保持卧室内的清洁卫生。

（3）挑选好床垫

床垫营造的应该是一个舒适的睡眠环境，让人体得到充分的休息，这是它是否健康的一个评判标准。

床垫是软还是硬，应该由使用者自身的需要和习惯决定。能够对置于其上的身体各部位提供充分和有力支撑的床垫，就是好床垫。床垫越软，弹性越小，就越难做承托；而过硬的床，躺上之后会使得身体某些部位长时间悬空，也不能达到最好的休息效果。此外，床垫是否健康的另一个标准表现在它的抗干扰性上。双人床垫要具备很好的吸震效果，这样才能保证两人同时休息时，一方的转身或起身躺卧不会影响到另外一方。

挑选床垫时，最好能够持续在床垫上躺卧半小时以上。先平躺上去，手向颈部、腰部和臀部以下到大腿之间这三处明显弯曲的地方往里平伸，看有没有空隙，再侧翻一下，用同样的方法试一试身体曲线凹陷部位和床垫之间有没有空隙，充分感受该床垫是不是自己身体最想要的。

（4）床垫也需适时更换

有张健康的好床垫才能睡出健康的好身体，床垫的健康由两部分组成，即床垫自身的健康和给予置身其上的人体的健康。

床垫自身的健康取决于所使用的材料和使用寿命。材料方面，表面的布艺、内部填充的泡绵、乳胶等都需要经过慎重的选择，制作时也要注意保证材料合格以及不受污染，毕竟它们是最贴近人体肌肤的。至于使用寿命，人们常说 10 年就要换一张床垫，一方面是由于 10 年的使用会或多或少降低床垫的性能和舒适感。

从卫生角度来讲，10 年的使用，汗渍、污渍等对床垫内部的侵浸，也可能会滋生细菌，而其内部又是无法清洗的，所以应该更换。在有条件的情况下，5 年左右就应该考虑更换一次床垫。

3. 书房

不同文化层次和修养爱好的人对自己的书房的要求也不一样，但实用性和适用性强、光线好是不变的要求。

①布置书房首先要保证光线均匀、稳定，亮度适中，采光好，避免逆光的投影。夜间灯光的安置首先需要从性能出发，而不是从装饰出发，最好能够采用无影照

明,在主要的工作区要有特别的照明安排,一切光线应避免过明、过暗的亮度。藏画、挂画的位置也应给予充分考虑。

②针对不同的人对书房作特殊布置。音乐发烧友的书房的中心可以是音响设备及乐器,这些都应占据最佳的位置。如果是一位爱好读书的人,由于藏书量大,设计书架时就应充分考虑这一特点。从事科技工作的人也有一些特殊要求,如制图桌、小型工具架、简易的实验设备等,也要安排合适的位置。

③书房中除了满足工作阅读之外,在适当的地方要设置休息座位及活动空间,以供使用者调节精神,消除疲劳。

4. 餐厅

现代家居中,餐厅正日益成为重要的活动场所,布置好餐厅,既能创造一个舒适的就餐环境,还会使居室增色不少。

①餐桌的选用。需要注意餐桌、椅、柜的摆放与布置要与餐厅的空间相结合,还要为家庭成员的活动留出合理的空间。如方形和圆形餐厅,可选用圆形或方形餐桌,居中放置;狭长的餐厅可在靠墙或窗一边放一长餐桌,桌子另一侧摆上椅子,这样空间会显得大一些。

②灯光与餐厅的气氛和格调相互配合,家庭用餐环境应该以温馨为主。照明应集中在餐桌上面,光线柔和,色彩应素雅,为家人进餐创设良好的氛围。顶部可以安装小聚光灯,家庭聚餐或节日时以彩灯的形式放射出光辉,可以刺激用餐者的胃口,舒缓紧张的情绪,给人以愉悦的感觉。

③墙壁上可适当挂些风景画、装饰画等。如果就餐人数很少,餐桌比较固定,可在桌面中间放一盆(瓶)绿色赏叶类或观茎类植物,但不宜放置花类植物。餐厅的一角或窗台上再适当摆放几盆繁茂的花卉,会使餐厅生机盎然,令人胃口大开。

④餐边柜的位置。可根据餐厅主体装修颜色在靠墙的一个适当位置摆放餐边柜,餐边柜里摆放些酒类或其他一些不需要冷藏的饮品、食品或餐具,一方面具有装饰效果,同时用起来也方便。

5. 厨房

有一个舒适、美丽的厨房,家人每天的聚餐时间就会多出半小时,家庭关系也会为此增进不少。布置厨房也要注意学习一些技巧。

墙壁、地板、天花板是厨房装饰的重点,要美观、清洁。厨房的地面不宜用各种地板,而应用耐热、硬度较高的材料。根据需要设计橱柜,添置厨房设施。装饰厨房时要注意色调和情趣,要保证厨房里各种用具在色彩上的和谐一致。应该选择外观漂亮的各种绿色盆栽植物,尤其是对室内空气净化能力强、耐油烟的花草,摆放在厨房的窗台上,不仅实用,还可以得到美的享受。

在购买厨房用具、用餐器皿时,要在安全、环保的基础上,挑选一些质量优良,具有艺术美感,与家装风格一致的用品。

6. 玄关(门厅)

玄关是房门入口的一个区域,不仅方便客人脱衣换鞋挂帽,更重要的是它是人们进入居室看到的第一道风景,虽然面积不大,却对整个居室的风格起着至关重要的作用。美化玄关最有效的办法就是用家具和饰品修饰它。

(1)玄关的设计

应依据房形和家居风格而定,可以做成圆弧形、长条形、也可以是直角形。追求简洁现代风格的,可以选用不锈钢和玻璃等材料;喜欢田园风格的,可选用石材、板材类。

(2)家具装饰

小台桌或小鞋柜非常适合放在玄关,桌面不宽,并且能倚墙而立。其上挂一面镜子或一幅精选的画作,再配上一对装饰用的壁灯,效果相当不错。如果玄关面积够大,还可选用圆弧形的壁桌,更显华贵气质。

(3)实用功能

最简单的做法就是摆放一组立式衣帽架。许多设计新颖的衣帽架非但不占地方,同时还提供了储藏东西的空间,可以将门前的每一件东西通通收纳在内;或是摆放一个斜三角形、倒梯形的大柜子,既能存储不少东西又能显得小巧精致。

(4)饰品布置

可以通过布艺、照明灯、绿色植物来装饰。在墙面或台桌、柜子上放置一块异国风情的花布,或古色古香的桌旗。放上几盆观叶植物,如菊花、樱草等,或利用天花板悬吊吊兰、藤类等绿色植物,都能给玄关带来生气,但要注意植物以不阻碍人们视线和出入为宜。

(5)照明选择

为使玄关整洁雅致,庄重大方,一般照明可采用简洁的吸顶灯,也可以在墙壁上安装一盏或两盏造型别致的壁灯,保证门厅内有较高的亮度,使环境空间显得高雅一些。

7. 卫生间

对卫生间的装饰要结合卫生间自身的功能和特点,同时又要结合不同卫生间的具体情况。

通常情况下,浴缸、洗脸池、抽水马桶、毛巾架和衣服挂架等都是卫生间的构成要素,有的家庭还配有干手器和抽风机。浴室镜子越大越好,并要安装灯具以增强光线的效果。

在色调的选择上,可以采用暖色调,如咖啡色、橙色和粉色等,其中粉色绝对迷人。卫生间里水汽多,可放几盆喜阴喜湿的盆景,以增加情趣和美感。地面和淋浴或浴缸的墙面多采用瓷砖铺贴,以易于清洗,保持清洁。

卫生间应使用防潮灯。灯具和电线的绝缘性能要好,以求使用安全。另外,要保证灯光柔和。

8. 儿童房

儿童房间的布置要以有利于孩子们的身心健康成长为主要目的。

（1）家具的选择和摆放要科学合理

多数家具都可以做成贮藏箱式,以节省空间。家具的颜色要选择明朗艳丽的色调,这样符合儿童天真活泼的特点。家具总量要少,但质量要好。要保证房间的采光,有安全要求的设施或物品,像电线、玻璃器皿等,要安装放置合理,避免意外。

（2）对儿童房间的装饰要用心

儿童房间的窗帘宜选用色彩鲜艳、图案活泼的面料。墙壁最好不要贴墙纸,用图画、艺术品或孩子自己的作品来装饰。墙角摆放一两件体育用品,更能培养孩子的情趣和爱好。

（3）注意摆设

床架可做成梯形的、弧形的或波浪式的。儿童卧室要赋予一定的人生理想,可在卧室中悬挂名人名言或摆放富有积极向上精神的工艺品。工艺品要色彩丰富,造型简洁,安全耐用。

9. 老人房

老年人房间的布置原则是,要最大限度地满足老年人休息养生的需要,从而给老年人带来身心的愉悦和健康。

老年人居室最好在阳面,房间面积不必很大,要保证房间的通风换气。老年人的床铺,一般以铺板加棉垫为宜。弹簧床、海绵垫不适宜老年人使用。高过于头的组合柜、隔板,低于膝盖的大抽屉都不太适用。床底最好不要存放过重的东西,以免拿取放不方便。可以在室内放椅子,因为椅子较沙发更利于老年人休息。

可在老年人的屋内挂幅字画养只鸟,桌上摆一两盆花草,既能陶冶性情,又能增添乐趣,胜过繁琐的装饰。

另外,室温最好保持在 16 ~ 24 摄氏度之间。

10. 阳台

阳台面积虽小,但若能充分利用起来,可使生活更添色彩。

(1)阳台绿化

阳台是最适合家庭养植各种花草的地方。盆栽植物可置于阳台栏板上,但要注意安全,应设护栏,以免花盆坠落伤人。设有花池的阳台可将花盆放进花池内,或直接将供观赏的花草植于花池中。在花池旁设立垂直的绳索、塑料管线等以种植葡萄、爬山虎等具有攀援性能的植物。对于封闭式阳台,合理而科学地种植时令花草,形成小型花房。适合阳台绿化的植物,直立的有朱槿、牡丹、石榴、鸡冠花、五色椒等,攀爬的有爬墙虎、葡萄、瓜果类等,其他如迎春花、吊兰、牵牛花等。

(2)健身房

稍大的阳台可装饰成小小健身房,配备一些运动器材——哑铃、杠铃、拉力器、跑步机、健美骑士和健腹器等。

(3)休闲角落

把阳台装饰成兼做客厅的休闲角落,可以摆些小巧玲珑的工艺品,也可以挂一些壁饰或字画。选用轻便型的折叠家具。用折叠躺椅(或折叠凳)、轻便的格架和带滚轮的小茶几。还可以根据阳台面积大小选用藤竹家具,用藤竹家具布置阳台,闲暇时品茶读书则另有一番情趣。

(4)儿童乐园

稍大的阳台还可以装饰成儿童游乐园,配些简单娱乐器具,如木马或其他电动的玩具。墙上可挂上几幅卡通图画,孩子在这里可以尽情地玩耍,锻炼身体,增长智力。

(5)精巧书房

在阳台一侧装一整体书柜,下部是可拉出的写字台或电脑桌,顶部悬一收缩式吊灯。另一侧设茶几、座椅或逍遥椅,可与友人叙谈,也可独自挑灯夜读。

(6)个性空间

阳台还可以做成收藏者的陈列室,钢琴爱好者的练琴房,书画爱好者的创作室等。

二、家用电器的安全使用与保养

（一）家用电器的安全使用

1. 如何识别"绿色电器"

首先，绿色电器必须有国家颁布的环保产品认证标志，该标志为绿色背景，绘有青山绿水图案，消费者购买之前要认准该标志。

其次，绿色电器的辐射度、噪音度、含氟量等都要在环保标准范围内。如彩电，要求规格在 29 英寸以上，产品照射率（X 射线）不超过每小时 0.07 毫伦，在此范围内不会对人体造成伤害。电视的包装不得使用环保避用材料。绿色冰箱、冰柜要求制冷发泡系统不再消耗含氟物质，制冷系统处于无氟状况，这样使用时，既不会时常出现漏氟带来的麻烦，又不会因氟泄露造成对大气层的污染。洗衣机的绿色标准是低噪音，波轮式洗衣机的噪音为 50～60 分贝，滚筒式洗衣机则在 60～65 分贝之内。

2. 家用电器使用禁忌

（1）彩色电视机。最忌磁场干扰。彩色电视机上面及附近不能放置磁性物体，不要将收录机、音箱及其他磁性物体在荧光屏前移动。否则显像管会被磁化，使色彩紊乱。

（2）收录机。最忌碰弯主导轴。录音机的机芯上有一根加工精度非常高的主导轴（与惯性轮为一体），如果将主导轴碰弯，会产生难以消除的颤音。

（3）电冰箱。最忌倾斜。因为压缩机是用 3 根避震簧挂在密封的金属容器中的，一倾斜就有脱钩的危险，压缩机内部的润滑油有可能流入制冷系统，影响制冷效果。

（4）洗衣机。最忌倒入开水。倒入开水容易造成塑料箱体或组件变形，也会造成波轮轴密封不良，形成漏水。所以使用洗衣时，应先加入冷水再加入热水，且水温不宜过高。

（5）电风扇。最忌碰撞风叶。风叶变形会导致旋转不平衡，形成风量小，振动大、噪音高，缩短使用寿命。变形了的风叶千万不能使用。

（6）电饭煲。最忌碰撞内胆。碰撞使内胆底部变形，不能与电热板很好的吻合。另外也忌煮酸、碱食物及用醋、食盐、碱等腐蚀金属内胆，缩短使用寿命。

（7）电热毯。最忌折叠。若经常折叠会使电阻线折断,发生短路或断路。轻者电热毯不发热,重者降低其绝缘性能,甚至会发生触电事故。

（8）电子照相机、袖珍收录机。最忌不使用时把电池放在机器内,时间一长,电池会腐蚀机器内部,一旦线路板被腐蚀,很难修复。

3. 主要家电使用年限

家用电器都有其正常的使用年限。但大多数消费者虽拥有很多家电,却不大明白何时该换。下面就介绍一下家电产品的正常使用年限。

目前国际通行的部分家用电器产品的正常使用年限标准分别为：

家用电器	使用年限
彩色电视机	8—10 年
电熨斗	9 年
黑白电视机	10—12 年
电子钟	8 年
电暖炉	18 年
电热毯	8 年
电冰箱	13—16 年
录像机	7 年
个人电脑	6 年
电风扇	16 年
野外烧烤炉	6 年
煤气炉	16
电热水器	12 年
洗衣机	12 年
电话录音系统	5 年
电吹风	4 年
微波炉	11 年
电动剃须刀	4 年
吸尘器	11 年
电饭煲	10 年

4. 家用电器的放置位置

放置家用电器应注意以下几点：

（1）电视机旁不宜摆花卉。因为×射线会使花卉萎缩及凋谢,加速其细胞的新陈代谢作用。

（2）在收音机上不宜放电子手表。机械或电子表,都会受收音机磁场的影响,出现磁化,使时间不准确。

（3）使用电热毯时,不要把手表放在枕头下。电子表不耐高温,电热毯的温度,会影响它的准确性。而且电子表表面的显示晶体,也会变成黑色。

（4）用负离子发生器,不宜放在空气不流通的地方。

（5）洗衣机应放在干爽的地方,以免机器受潮湿之气所侵,缩短了洗衣机的寿命。

（6）冰箱不要放在角落,空气不流通,会使冰箱受到损坏。冰箱使用时要注意散热,散热不畅,冰箱寿命会缩短。因为冰箱在热的环境下,其压缩机会频频开动,使冰箱耗电量增加。但冰箱也要离开取暖器、火炉等热源。

5. 电器换季使用前需检修

部分家用电器如空调、电风扇等都属季节性使用的,在"休眠"一冬后,在春末夏初即将恢复启用时,先要对它们进行检修,才能正常使用。

（1）在家电启用前及停用期间,一般来说,半个月通一次电为宜,每次通电时间 10～20 分钟,这样可大大降低故障率,起到除潮、除锈、除霉的作用,这样还会提高家电的可靠性。

（2）擦拭。家电停用放置一个冬天,会落上尘土。所以应先擦去浮尘,滴些机油,这种方法对空调、台扇均适用。在安装吊扇时,还应注意固定扇叶螺丝力度适中,使之不会产生松动。

（3）家电在启用前,应检查紧固停用时松动的螺丝。如扇叶、空调机座等。这样会降低产品的振动,保护机器零部件。

（4）家电在启用前,检查配套电器是否正常,如对空调、电扇的遥控器进行遥控距离、遥控角度的测试等。

6. 冬季正确使用家电

（1）不要频繁开关。冬季一般居室的温度在 20 摄氏度左右,家用电器的工作温度相对较高,如果频繁开关,其内部元器件就有可能在高、低温度的转变中遭到破坏。

（2）尽量降低使用环境的温差。使用环境的温差太大,会导致家用电器在使用中产生大量水蒸气,久而久之会加速元器件的锈蚀,这样很容易导致家用电器损坏。

（3）不宜靠近热源。家用电器靠近热源，变相地使家用电器"面向火炉背向寒"，使整机在两种温度下工作，这样一来会导致电流、电压失衡，损坏家用电器。

（4）应置于背风处。冬季寒风凛冽，如果家用电器放置在迎风处，必然会使其受到寒风的冲击，这样会加速家用电器元件的老化，使用寿命缩短。

（5）不宜"冬眠"。不少家庭在冬季往往使用自然低温保存食物，而停止使用冰箱等制冷家用电器，而这些家用电器在停止使用后制冷剂可能凝固，从而导致流路不畅，最终使家用电器"长眠不醒"。

7. 谨防家电病

在家庭中已成为必不可少的家庭用品，但是使用不当，往往会造成"电子病"，给家人带来不必要的痛苦。在使用家用电器时应注意以下四方面的问题：

（1）防止微波病。微波家电省时、方便，给人们的生活带来便利。但同时，也加大了各种疾病的患病概率，故不应常用微波型家电，使用时也要注意保持距离。

（2）防止冰箱病。使用冰箱可防食物变质，但使用不当，可加速食品的变质。冰箱内不应有水珠凝露，否则落在食物上，会加速食品变质；冰箱温度在 0 ~ 10 摄氏度为宜，有些家庭为节约电能常将冰箱内温度控制在 10 摄氏度左右，然而偏高温度更容易使细菌繁殖、生长。

（3）防止空调病。无论是冬天用空调制热，还是夏天用空调制冷，都应注意不宜与自然界温度差异过大，一般相差 5 ~ 15 摄氏度为宜，否则易导致头痛、腰酸、关节痛，引起血液堵塞。

（4）防止小家电病。如用电卷发器，应使其温度、力度适中，防止焦发脱皮；使用电子按摩器，不宜固定不动，应轻轻滑动，防止热灼皮肤，血脉热冷不均，诱发感冒。总之，操作小家电应依说明书，防止产生小家电病。

（二）家用电器的保养

1. 液晶电视的日常保养

（1）合理控制时间。避免液晶电视连续 72 小时以上处于开机状态，这样能够有效延长液晶显示器的寿命。

（2）合理控制亮度。过高的亮度和对比度不但对人眼构成较强的刺激，影响健康，而且还会影响背景照明灯的寿命，从而影响液晶电视整机寿命。

（3）避免冲击碰撞。液晶屏幕十分脆弱，要避免强烈的冲击和震动，不要对显示器表面施加压力。

(4)注意保持干燥。潮湿能损伤液晶屏。不要把液晶电视放在潮湿的地方,发现屏幕表面有湿气时要用软布轻轻地擦去,然后才能打开电源工作。

(5)远离化学药品。家用的发胶、酒精、夏天频繁使用的灭蚊剂等喷洒到屏幕上,会溶解液晶屏幕的特殊涂层,对液晶分子乃至整个屏幕造成损伤,导致整个电视机寿命的缩短。

(6)正确清洁屏幕。如果发现屏幕表面有污迹,可用蘸有少许的水或者玻璃清洁剂的软布轻轻地将其擦去,禁止使用酒精一类的化学溶液,也不能用粗糙的布或是纸类物品;不要将水直接洒到屏幕表面上,水进入液晶电视会导致屏幕短路;清洁屏幕还要定时定量,频繁擦洗也是不对的。

(7)切勿私自拆卸。永远也不要私自拆卸液晶电视,即使在关闭了很长时间以后,背景照明组件中的换流器依旧可能带有大约 1000 伏的高压,这种高压可能导致严重的人身伤害。

2. 音响设备的日常养护

(1)音响最怕受潮,所以应该将其摆放在通风、干燥、洁净处。

(2)音响的各个按钮不能随意乱按、乱开。音响的音量应当适中,音量如果长时间超过应有的负荷,则容易造成音响声音的沙哑。

(3)有人将花盆摆放在音响旁边,这种做法不当。因为鲜花需要浇水,而水分会蒸发使空气潮湿,这样很容易使电路板受潮而损坏音响的元器件。所以,音响在摆放、使用过程中应远离水源。

(4)还要注意音频连线不要缠绕或与电源线走向平行,以免使重放音质下降,不要使用普通的电源插头、插座,以防误用而烧坏扬声器。

(5)夏季雷雨频繁,应将音响远离窗户,以免从窗户落进的雨水打湿音响,导致内部部件受潮。

3. 冰箱的日常保养

(1)电冰箱应放置在干燥、通风处,不要靠近热源,或放在潮湿的地方,也不要放在阳光直射的地方。放置冰箱的地面应平坦,否则会影响冰箱散热。

(2)冰箱温控器的档位应根据季节、环境温度、使用情况来适当进行调整。在夏季,温控器置于"1"或"2"较为合适;在春、秋季,温控器置于"3"或"4"较为合适。冬天当环境温度低于 10 摄氏度时,需将冰箱的季节开关打开。

(3)冰箱使用时,应尽量减少开门次数,缩短存取食品的时间。热的食品需冷却到室温后方可放入冰箱。

（4）当电冰箱停止使用或暂不用时，应用中性清洗剂和水清洗冰箱的内部，并将冰箱门打开，让冰箱充分干燥后再将冰箱的门关闭。

4. 冰箱的清洁

（1）冰箱背部及侧面的清洁

冰箱背部及侧面易积尘埃，每半年用吸尘器清扫一次。尘埃若不清除，易产生散热不良现象，使冰箱不致冷且耗电。擦拭冰箱背面时，小心不要被散热器或压缩机的高温部位烫伤。

同时，冰箱后面容易有蟑螂，可定期放置除蟑螂药。

（2）冰箱面板

冰箱面板用柔软的干布擦。顽固污渍无法清除时，先用沾有清洁剂的抹布擦拭，再以干抹布擦干，勿以水直接冲洗，门边细缝处可用牙刷清洁。也可用牙膏清除冰箱面板的污垢，用干抹布沾上少许牙膏，轻轻擦拭，可以去除大部分的污垢。

（3）冰箱内部

冰箱的清洁应该从日常做起，如果等到污垢久积形成难清理的顽垢，清理起来就很困难了。可用比例为7：3的酒精和水的溶液倒入喷雾器中，边喷边擦冰箱内部，用旧牙刷清除死角的污垢。每周检查冰箱一次，以清除不必要的东西，将过期的食物及时处理掉。

5. 洗衣机的日常保养

（1）尽量不将洗衣机放在潮湿的空间。如果家庭居住条件有限，只能放置于潮湿的地区（如卫生间、洗澡间），也要保持良好的通风。使用时洗衣机应放在平坦的地面上，且距离墙和其他物品必须保持5厘米以上。

（2）应尽量在规定的洗涤容量内使用洗衣机。因为，洗涤容量过大会加大电机的负担，降低洗衣机的使用寿命。

（2）使用热水洗涤衣物，水温不应超过45摄氏度，以防损伤洗衣机筒和部件。

（4）洗衣前要先清除衣袋内的杂物，防止铁钉、硬币、发卡等硬物进入洗衣桶；有泥沙的衣物应清除泥沙后再放入洗衣桶；毛线等要放在纱袋内洗涤。

（5）使用完洗衣机后，擦干外壳、打开门盖、让水蒸发，保持洗衣机的干燥。

6. 燃气热水器的日常保养

（1）要经常做漏气检查，检查供气软管有无龟裂。还要经常用肥皂水检查是否有漏气并设法制止漏气。

（2）经常检查排烟管，保证烟道畅通，严禁堵塞烟道。

（3）经常留意燃烧是否正常，是否有异味、冒黑烟，以便及时处理。

（4）每年需对热水器进行一次全面检查和清洗。尤其是热交换器上的吸热片，清除上面的杂质。

（5）经常用柔软织物沾少许肥皂液对燃具外表进行清洗。

7. 电热水器的日常保养

（1）电热水器应安装在干燥通风、无其他腐蚀性气体存在，且水和阳光不能直接接触的地方；室内需有可靠的地漏，方便排水。

（2）电源必须有可靠的接地或防漏电保护装置。

（3）定期清洗内胆。如不定期清洗，水中含有微量杂质和矿物质会影响出水水质以及使用寿命。

（4）每年不少于一次的定期检查，对安全性能以及其他一些有可能潜在的隐患做仔细的检测和排除；每月需对安全阀进行不少于一次的保养，保证安全阀的正常泄压。

（5）期不使用时，应关闭电源，将内胆的贮水完全排空。

8. 空调的日常保养

（1）季节转换，空调重新开始使用前先检查过滤器是否清洁；取下室外的保护罩，移走遮挡物体；试机检查运行是否正常；确认遥控电池电力状况。

（2）使用时要注意：

①注意调节室。如果制冷时室温高1摄氏度，制热时室温定低2摄氏度，则可省电10%以上，而人体几乎觉察不到这种温度的差别。

②定期清洁过滤器。灰尘会堵塞过滤器网眼，降低冷暖气效果，应半月左右清扫一次。

③尽量少开门窗。可以减少房间内外热交换，利于省电。

④不能挡住室外机的出风口，否则也会降低冷暖气效果，浪费电力。

⑤选择适宜的出风角度。冷气流比空气重，易下沉，暖气流则相反，所以制冷时出风口应向上，制热时则向下，热效能大大提高。

⑥控制好开机和使用中的状态设定。开机时，先设置为高冷或高热，以快速达到要求的温度；当温度适宜时，改中、低风，减少能耗，降低噪音。

⑦连接管不宜过长。室外机置于易散热处，室内、外机连接管尽可能不超过推

荐长度,可增强制热或制冷效果。

（1）换季不用时,清洁过滤器,以免灰尘堆积影响下次使用;拔掉电源插头;取出遥控器电池,以免电池渗漏液腐蚀内部元件,将遥控器放在干燥的地方,切勿挤压,以防意外损坏;干燥机体,保持机内干燥。室外机置保护罩,以免风吹,日晒、雨淋。

9. 空调的清洗

清洗空调时,可选择干燥的晴天。

（1）将空调器功能键选在"送风状态"下,运转 3 ~ 4 小时,让空调内部湿气散发干,然后关掉空调器,拔下电源插头。用柔软干布擦净空调器外壳污垢,也可用温水擦洗,千万不要用热水或可燃性油等化学物质擦洗。

（2）取出空调器的清洁空气过滤器,用清水冲洗或用吸尘器清洁过滤网,晾干后重新装入空调器内。

（3）清洁空调内部时,可请技术人员拆开外壳,用毛刷（干布）对空调器内部的冷凝器、蒸发器、风扇叶、电机等部件进行全面的清扫,最好用吸尘器把内部的尘土吸掉。注意不要碰损内部零件与金属散热片,防止风扇叶、散热片变形。特别是不要把线路的接头弄脱落或者碰断。

（4）清洁室外机时,可用清水冲洗室外机冷凝器表面,待晾干后将机罩盖好,其他部位不可进水。

10. 电风扇的日常保养

（1）电风扇的风叶是重要部件,不论在安装、拆卸、擦洗还是使用时,都必须加强保护,防止变形。

（2）操作各项功能开关、按键、旋钮时,动作不能过猛、过快,也不能同时按两个按键。

（3）吊扇调速旋钮应缓慢顺序旋转,不应旋在挡间位置,否则容易使吊扇发热、烧机。

（4）电风扇的油污或积灰,应及时清除。不能用汽油或强碱液擦拭,以免损伤表面油漆部件的功能。

（5）风扇在使用过程中如出现烫手,异常焦味,摇头不灵,转速变慢等故障时,不要继续使用,应及时切断电源检修。

（6）收藏电扇前应彻底清除表面油污、积灰,并用干软布擦净,然后用牛皮纸或干净布包裹好。存放的地点应干燥通风避免挤压。

11. 电风扇的清洁

（1）拆下护罩、卸下扇叶，分别进行清洗。清洗方法是：从下缘将上网罩扳开拆卸下来，拧开叶片上的锁盖头，拿下扇叶，转开下网罩上方的圈锁，拿下网罩。将拆下来的上网罩、扇叶、下网罩用清水刷洗干净即可，待晾干后按顺序装上即可。

（2）电镀处理的部位用棉纱蘸汽油或缝纫机油清洁，油漆处理的部位用软布蘸肥皂水或洗洁精水清洁，之后一定要用干布彻底擦净。

（3）如果长时间不使用，可在电扇机头部加罩棉制外罩防尘，放置在干燥、无杂物的地方。

12. 电暖器的日常保养

为使电暖器发挥较好的取暖作用，并使机体正常工作，延长其使用寿命，尽量使电暖器放置的位置有利于空气流通及散热。

（1）电暖器的清洗。最好用软布蘸家用洗涤剂或肥皂水进行擦洗，不能用汽油、甲苯等稀释溶剂，以免外壳受损，影响美观或生锈。

（2）电暖器的保存。在天气暖和不需使用电暖器时，首先要擦干净、晾干机体后收藏起来，不要在潮湿环境中保存，要放于干燥处直立保存，以备来年使用。

13. 加湿器的保养

加湿器的保养较为方便，只需每一两年换一次蒸发器、过滤网即可。直接加自来水的超声波加湿器，在使用期间每月用专用清洗剂清洁一次，清除水垢。

（1）使用湿润软布轻拭机身外部，不要用洗涤剂、煤油、酒精等清洗机身和部件，以免损坏机件。

（2）专用的清洗剂去除机器内部发雾器上积聚的水垢，不要用硬物刮除水垢。

（3）长时间不使用加湿器时，应将水槽、水箱中残留的水倒掉，将各部分清洗、擦干晾干后再装入包装箱收藏。

14. 巧用吸尘器

（1）吸尘器附件中包括几种不同的刷头，可根据清洁对象选择相应的刷头，更好地工作。

①圆刷头：也叫小吸嘴，可做360度回转，方便清洁家具、精细网织物等。

②扁吸嘴：又称缝隙吸嘴，是一支细长、扁平的硬吸嘴。特别适用于清洁墙边、辐射式暖片、角落及浅窄的地方。

③扫尘刷：用长而软的鬃毛制成，适用于清洁窗帘、墙壁等。

（2）吸尘器除用于除尘,还可发挥更大的作用。

①藏物品时使用。季节变更时.要收藏的被褥等物品由于占用储藏空间大、保管不当易受潮霉变。如果将它们放入塑料密封袋,再用吸尘器将袋内空气抽掉密闭扎紧,不仅可以节省大量储藏空间,而且也不易受潮霉变。

②找寻细小物品。居家生活难免会不慎丢落纽扣、药片、瓶盖或缝衣针等细小物品,借助吸尘器就能毫不费力地找到。使用前,可先将吸尘器的吸管口用一层薄纱布包扎好,再根据物品大小选择适当的风力,随后接通电源,用吸管口在落物处周围来回滑动,跌落的细小物品很快就会吸附到纱布上。

③为电器除尘。利用吸尘器也可以对电视机、影碟机、电脑、键盘、音响、空调机等电器进行日常保养,清除电器内外的灰尘。除尘时,应先将电器的电源插头拔掉,按说明书将电器外壳打开卸下,选用合适形状的吸管伸进电器内部将灰尘清除,然后再用电吹风驱除潮气,最后再将外壳装好恢复原状即可。

15. 吸尘器的清洁

（1）吸尘器的表面及附件,可用软布蘸中性洗洁精擦拭,然后用清水擦拭 2～3 遍,最后用干的软布擦干或自然干燥。不可用酒精等有机溶剂擦拭,以免塑料褪色、变色。

（2）集尘袋在使用一段时间后,要用温水进行清洗,洗净后自然风干。清洗时如发现有损坏,应立即修补或更换,以免脏物进入机身内部。

（3）过滤器也需定期清洗。

16. 饮水机的保养

（1）初次使用饮水机时,应用清水对饮水机各容器及管路进行清洗,然后旋开排水阀,待排完机内余水后拧紧排水阀。加上大瓶水后,打开热水龙头,有水流出后方可插上电源、打开加热开关,避免干烧,延长机器寿命。

（2）饮水机应放在通风处,防止潮湿,避免阳光直射,远离暖气。应与墙面、贵重家具、家用电器保持一定距离,以免溅水损坏物品。饮水机放置必须平稳,以防机器产生噪音。

（3）家中有小孩子,应将热水龙头换上安全型水龙头,防止烫伤小孩。

（4）夜间不使用时最好断开电源,既可节约能源又可确保无人使用时的安全。

（5）机器在使用过程中,3 个月左右清洗消毒一次,使用一年,应请专业维修人员对内胆进行清洗。

（6）饮水机长时间停用,应关闭机器开关并将电源插头拔下,然后旋开排水阀,排完机内余水,再拧紧排水阀。

17.饮水机的消毒

(1)拔去电源插头,取下水桶,打开饮水机后面的排污管,排净余水,因为排污管里的剩余水能导致饮水机二次污染。然后,打开所有饮水开关放水。

(2)用镊子夹住酒精棉花,仔细擦洗饮水机内胆。由于饮水机内胆直接与空气接触,很容易积聚细菌。

(3)将300毫升饮水机专用消毒剂溶解到2升左右水里,装满饮水机内胆,并放置10~15分钟。

(4)打开饮水机的排污管和饮水开关,排净消毒液。

(5)用7~8升的清水连续冲洗饮水机整个腔体,打开所有开关排净冲洗液体,使消毒液完全排净。

(6)用酒精棉擦洗开关处的后壁,当用杯子盛水时,很容易碰到饮水机开关处的后壁,不能只用抹布擦洗。

(7)饮水机消毒完后,应先放出一杯水,闻闻有没有氯气味。如果有,应该再放水,直到闻不出氯气味才能放心饮用。

18.洗碗机的日常保养

(1)需洗涤的餐具中不可夹带厨余,如鱼骨、剩菜、米饭等,这些厨余容易堵塞过滤网或妨碍喷嘴旋转,影响洗涤效果。

(2)往机内放餐具时,餐具不应露出金属篮外。比较小的杯子、勺等器具要避免掉落和相互碰撞,以免破碎。必要时可使用更加细密的小篮子盛装这些小器具。

(3)要保持洗碗机内外的清洁卫生,使用完毕后最好用刷子刷去过滤器上的污垢和积物,以防堵塞;洗涤槽内每月应用除臭剂清除一两次味。

(4)为了更好地洗净餐具、消除水斑,应采用专用的洗碗机洗涤剂来清洗餐具。专用洗涤剂的特点是低泡沫、高碱性,因此不能直接用手工洗涤,以免灼伤皮肤。

19.微波炉的日常保养

(1)微波炉要放置在通风的地方,附近不要有磁性物质,以免干扰炉腔内磁场的均匀状态,使工作效率下降。微波炉应该平放,远离炉火及水龙头。炉后或两侧通风之处切勿盖住,最好与墙壁保持5厘米(约2英寸)的距离,使热气易于散发。还要和电视机、收音机保持一定的距离,否则会影响视听效果。

（2）微波炉禁止空转。因为发出的微波无法吸收，会反弹回磁控管而造成器件的损坏。家中如有小孩，为避免空载运行的发生，可在炉腔内置一个盛了水的玻璃杯。

（3）在使用转盘式微波炉时，盛装食品的容器一定要放在微波炉专用的盘子中，不能直接放在炉腔内。盛装食品的容器要用微波炉专用容器，纸（不含微波炉专用锡纸）、竹、金属类容器禁用。

（4）定期检查炉门四周和门锁，如有损坏、闭合不良，应停止使用，以防微波泄漏。门缝或开门之处，切勿遗留食物碎屑或油渍，否则炉门不能关严，也能导致微波泄漏。

（5）定期用湿布擦洗微波炉炉腔内右侧的微波馈入口，否则溅在上面的食物残渣易被炭化，引起微波反射，烧坏磁控管。

（6）保持微波炉的清洁及干爽。炉内如有水汽会减低效能，应尽量拭干。

（7）带壳食物加工前需处理。鸡蛋要去壳，用针或筷子将蛋黄刺破，以免加热后爆裂、飞溅，弄脏炉壁，或者溅出伤人。整个带紧皮的蔬果如薯仔、瓜类、番茄及梅子等，应先将皮戳破疏气以避免爆炸。香肠、鸡肝、蛋黄、鲜鱼、家禽的眼睛，亦应戳破。加热牛奶或汤水时，最好中途搅拌一下，以免溢泻。如果要在微波炉内煮面食，切勿在煮面的水内添加油，因为浮在水面的油，遇热会四溅，导致危险。

20. 微波炉的清洁

（1）每次用完，用湿毛巾将炉的内壁及转盘抹净，再用干毛巾抹去所有水分，并将炉门打开片刻以通风散热。抹干净门缝及门铰链，以免炉门不能关紧而泄漏辐射。

（2）壁四角、四周与炉门相接之处，应常保持清洁。如有清洁剂或食物碎屑及油渍残留在门铰及门缝上，可用湿布蘸些中性清洁剂擦去，不能用粗糙坚硬的清洁用品用力擦或用带腐蚀性的清洁剂擦洗，损伤炉壁的金属保护层。去除微波炉内结成的顽固油垢，可将一杯水放入炉内，高温加热 2 至 3 分钟，让微波炉内充满蒸气，这样可使顽垢因饱含水分而变得松软，容易擦拭。

21. 电烤箱的日常保养

（1）电烤箱应放在平整、稳固的地方，并保证接地螺栓可靠接触，在要用 250 瓦、10 安单相三芯插座与自带电源插头匹配使用，在使用过程中，玻璃窗、插座应保持清洁。

（2）不同类型的食品，所吸收的热量和升温速度不同，使用时掌握好烘烤食品的温度、时间最为重要。靠近炉门有散热现象。烘烤食品时要翻面,使其受热均匀,保证使用时的安全。

(3)保持内腔壁洁净,烘烤食品完毕,若内腔有调料、油渍等物,可将毛巾用肥皂水润湿,轻擦烤箱内腔壁,直至洁净为止,并从炉门排出湿气。烤箱表面用柔软布擦净。切忌用清水冲洗内腔,以防止电气元件受潮。

(4)不用时把功率、温度控制、定时三个旋钮转到关停位置上,放在干燥、通风、洁净处。

22. 抽油烟机需定期保养

(1)一般情况下,抽油烟机应每月清洗一次,不应等到油污十分明显时再清洗。清洗时必须拔下电源插头,特别要注意洗涤液或水不能渗入开关、照明灯等电器部位,以免漏电和短路。

(2)清洗叶轮时,可用纸巾或棉纱沿叶片纵向从轴心向外逐条擦拭,切不可用硬物或用力擦洗,否则会造成叶轮变形。

(3)清洗外罩表面时,可用软布或棉纱蘸一点中性洗涤液进行擦洗,切不可用洗衣粉、浓碱水等容易破坏油漆表面光洁的液体清洁。

23. 电熨斗锈污的清洁

(1)对于轻微的污垢,只要在污垢处涂上少量牙膏,用干净的棉花用力擦拭,就可去掉。

(2)如污垢较顽固,可将电熨斗通电预热至100摄氏度左右,切断电源,在有污垢处涂上少量苏打粉,用干净的布料蘸水来回擦拭,或不用苏打,直接用一块浸有食醋的软布擦拭即可清除污垢。

(3)对于污垢严重的电熨斗底板,可用软布蘸抛光膏抛光,这样处理既可除掉黑斑,又不会影响电镀层。

24. 电吹风的日常保养

(1)使用电吹风时必须保证其进出风口畅通无阻,否则不但达不到想要的效果,还易造成过热而损坏电吹风。同时还应尽量避免使用电吹风吹干家中宠物的毛发,这样容易堵塞进风口。

(2)电吹风在使用结束前,尽量做到将电吹风先从"热风"挡切换到"冷风"挡,使电热元件的电源预先被切断,冷风将电热元件剩余热量吹出,使电吹风内部温度降低,最后切断全部电源。这样可使电吹风内部绝缘老化减慢,延长使用寿命,同时将其放在桌上时不易烫伤桌面或其他物件。

（3）电吹风尾部的进风防护网罩必须定期清理，防止附着在其上的衣物纤维，头发等堵塞风道，造成过热损坏元件。

25. 电动理发器的日常保养

（1）开动电源前请先检查刀头以及调节梳等附件是否安装牢固。

（2）理发器每次使用后都应该做清理，以备下次使用。

（3）电动理发器一般不具备防水功能，使用或收藏时要注意防潮。

（4）不要使用研磨剂、硬毛刷或酒精、汽油、丙酮之类的物质清洗理发器。

26. 电动剃须刀的日常保养

（1）为了保证剃须效果，干电式电动剃须刀最好选择高性能碱性电池。如长期放置不用，需将干电池取出，避免电池漏液损坏内部机件。

（2）充电式剃须刀因其内置的充电电池大多具有记忆效应，所以每次充、放电要充分。如长期不用，应将余电放完（开机空转至须刀不再转动为止），并于干燥处存放。

（3）伪了使剃须刀的刀头保持最佳的剃须效果，在需要时，可在清洁后的刀网上使用一滴缝纫机油润滑刀头。

27. 女士剃毛或脱毛器的日常保养

（1）干电式剃毛器，如长期放置不用，应将干电池取出存放，以免因电池漏液损坏机内部件。

（2）充电式脱毛或剃毛器，如长期放置不用，应将余电放完，并在干燥处存放。

（3）定期为剃毛器刀网及两边的修发器加注润滑油（一般家用缝纫机油即可），以确保产品保持在最佳状态。

（4）为防止剃毛刀网的变形，应尽量避免用手紧压刀网。

28. 美发造型器的日常保养

（1）使用美发造型器时，应保证后盖进风口畅通，以防毛发等异物堵塞进风口，否则不但影响使用效果，还会因过热而烧坏机器。

（2）使用时过分弯曲导线容易造成导线折断，尤其是使用较久后导线绝缘老化，更会造成短路等故障。可选择导线可自由转动的美发造型器。

（3）美发造型器尽量不要连续使用时间太久，应间隙断续使用，以免电热元件和电机过热而烧坏。

29. 电动牙刷的日常保养

（1）为保持最佳刷牙效果,应定期更换牙刷头。

（2）保持清洁卫生,每次使用后应清洗刷头和刷毛。

（3）如果使用频繁,可将手柄放在充电座上连续充电,但如果是首次使用,在牙刷机充足电后将其拿离充电座,然后用至电机几乎不动时再重新给其充电,这样的过程请连续三次。如果想延长充电池的使用寿命,最好每六个月重复一次此过程。

30. 电话的清洁

（1）电话机座:用家用消毒液或75％的酒精擦拭,可杀死细菌。如果使用家用消毒液效果可持续10天左右;如果使用酒精,由于酒精易挥发,应当3天左右擦拭一次。

（2）听筒:由于在使用时与使用者接触最多,尤其要注意做好消毒工作。可用家用消毒液或酒精每天进行擦拭或选用市场销售的电话消毒膜,将其贴在听筒上,使用期限为1~3个月。

31. 家用电脑的日常保养

（1）家用电脑不宜放在灰尘较多的地方,不宜放在较潮湿的地方,应保证主机箱的散热,避免阳光直接照射到电脑上;不使用时可用防尘罩盖好。

（2）电脑应专用电源插座,严禁在一个插座上再同时使用其他电器,暖手炉等。电压不足时,应停止使用,不要勉强,以免损坏器件。使用完毕应将电脑设备全部关闭,关断电源。

（3）不能在计算机工作的时候搬动计算机、插拔设备、频繁地开关机器、带电插拔各接口(除 USB 接口),容易烧毁接口卡或造成集成块的损坏。

（4）防静电,防灰尘,不能让键盘,鼠标等设备进水。

（5）定期对数据进行备份并整理磁盘。由于硬盘的频繁使用,病毒,误操作等,有些数据很容易丢失。所以要经常对一些重要的数据进行备份。经常整理磁盘,及时清理垃圾文件,以免垃圾文件占用过多的磁盘空间,给正常文件的查找和管理带来不便。

（6）预防电脑病毒,装杀毒软件,定期升级并且查杀病毒。

32. 家用电脑的清洁

清洁电脑不仅可以保证电脑的稳定运行,还可以降低电脑的噪音,加快热量的散发。电脑并不需要经常清洁,平时只需要注意显示器和机箱外表的清洁,三个月左右清洁一次鼠标,机箱内部大约一年左右清洁一次。

(1)显示器清洁

首先应关机,拔下电源。

清洁显示器屏幕,可选用专用电脑屏幕清洁剂,也可用镜头纸来擦拭屏幕。

显示器的外壳上有很多散热孔,擦拭时先将软布浸湿,拧干,再擦,不能有水从散热孔渗到显示器的内部。清洁显示器外壳,可以用专门的清洁剂来擦拭。

(2)键盘清洁

可用吸尘器将键盘表面的灰尘吸去,或将医用棉签沾湿,挤去多余的水分,逐一擦拭键盘的缝隙及每个键的侧面。

对于很脏的键盘,可轻将按键撬下来,用清洗剂清洗干净后,完全晾干,将键盘内残留的灰尘用棉签清理干净,最后将按键按原位安装好即可。但此方法易造成键盘按键损伤,要谨慎操作。

(3)鼠标清洁

目前的鼠标主要分为机械鼠标和光电鼠标,这两种鼠标的清洁方式是有较大区别的。

机械鼠标的清洁最主要的就是鼠标里面滚珠的清洁。打开机械鼠标的底盖,将滚珠倒出来。使用酒精仔细擦拭,然后晾干。接着再使用棉花棒沾上酒精擦拭鼠标里面的滑轨,擦拭之后等酒精完全挥发,然后再将滚珠装入鼠标就可以了。

对于光学鼠标来说,可以用棉花棒蘸清洁剂或者酒精清洁鼠标的光头。

大多数鼠标的底部都有四个塑料垫脚,长时间使用后会沾染不少灰尘。用棉花棒和酒精可以很好地清洗垫脚。更好的办法则是为鼠标贴上专用的脚贴,它不仅可以保护鼠标的垫脚还可以让鼠标使用起来更加顺畅。

(4)光驱清洁

光驱的清洁主要包括两个部分——托盘和激光头。使用时间较长的光驱通常托盘上都会积累一些灰尘,这时可以将光驱托盘弹出来,然后用酒精或清洁剂擦拭托盘,等托盘完全晾干之后,再让托盘缩回光驱。

激光头沾染灰尘会影响读盘。清洁激光头需要购买专门的 CD 机或 DVD 机用的激光头清洗设备,然后拆开光驱,清洁光头。

(5)机箱清洁

机箱的清洁比较简单,可用吹气皮囊将机箱内部、主板、显卡等设备上的灰尘吹走,如果灰尘较多的话,则可将机箱内的板卡全部拆下来清洁。机箱外壳使用湿抹布清洁就可以了,注意抹布应拧干,不能让水流到机箱内。

主板上有较多的接口,这些地方很容易沾染灰尘,可用小软毛刷或干净的软布将灰尘清理干净即可。

显卡风扇和处理器风扇上通常也会积累不少灰尘。用户可以直接将风扇拆卸下来清洁。不少风扇在使用时间较长后常常会发出一些噪音,大多数情况下是因为轴承老化,一般在风扇的轴承里面上一点油就可以降低风扇的噪音。

(三)家用电器的节电窍门

1. 空调节电窍门

(1)温度设置适当是关键。盛夏期间,空调温度最好不要低于26摄氏度,室内与室外温差最好别超过4~5摄氏度,这样不仅可以节电,还可防止"空调病",晚上睡觉时建议调至28摄氏度左右。

(2)房间密封要做好,同时少开门窗可以减少房外热量进入,利于省电。

(3)搭配风扇使用更省电。如果适当把空调温度调高一些,再配上一台风扇,可加快室内冷空气的循环,冷气分布均匀,人体感觉更加清爽,耗电量还会下降。

(4)提前十分钟关空调。在出门前应该提前关空调,在这十分钟之内室温还足够凉爽。

(5)制冷时导风板出口向上。空气温度变低后,冷气流容易往下走,这样的制冷效果好,也能达到节能的效果。

(6)外机要放置在通风避光处,最好在房间的阴面,因为夏日阳光灼热很容易把外机晒热,从而影响空调器自身散热效果。

(7)勿给外机穿"雨衣"。给空调"穿雨衣"会影响散热,增加电耗。

(8)定期清扫散热片和过滤网。这样可使空调送风通畅,降低能耗,同时对人体健康有利。否则网罩堵塞也会影响制冷效果。

(9)睡眠功能也节电。在睡眠时,应该使用空调的睡眠功能,可节电20%。

(10)不要频繁开关机。空调时开时关会增加耗电量。

2. 冰箱节电窍门

(1)电冰箱应放置在阴凉通风处,避免阳光直射,并且摆放时电冰箱顶部左右两侧及背部都要留有适当的空间,以利于散热。

(2)电冰箱内存放的食物要适量,食物之间要留有空隙,以便冷气对流。过满或过紧都会增加压缩机工作时间,使耗电增加。

(3)不要将热的食品放进电冰箱内,因为热食品,将会使箱内温度急剧上升,同时增加蒸发器表面结霜厚度,使压缩机工作时间过长,耗电量增加。可以把准备食用的冷冻食物提前在冷藏室里融化,这样不仅降低了冷藏室温度,也节省了电能消耗。

(4)使用时要尽量减少开门次数和时间,因为开一次冰箱,冷空气逸散,压缩机得运转数十分钟才能恢复冷藏温度。

(5)定期除霜和清除冷凝器及箱体表面灰尘,保证蒸发器和冷凝器的吸热和散热性能良好,缩短压缩机工作时间,节约电能。在冷冻室底部霜层厚度达到4 ~ 6毫米时必须除霜,以保证电冰箱有良好的制冷能力。

3. 电风扇节电窍门

一般扇叶越大的电风扇电功率越大,消耗的电能越多。电风扇的耗电量与扇叶的转速成正比。同一台电风扇的最快档与最慢档的耗电量相差约40%;在快档上使用1小时的耗电量可在慢档上使用将近2小时。因此,在满足需求的情况下,尽量使用风扇的中档或慢档。

4. 电视机节电窍门

(1)电视机的最亮状态比最暗状态多耗电50% ~ 60%,且音量开得越大,耗电量也就越大。因此,看电视时把亮度和音量调在人感觉最佳的状态,不要过亮,也不要太大声。

(2)用遥控器关闭电视机时,机器处于待机状态,这时显像管处于预热状态,每小时要消耗0.01度电,所以较长时间不看电视时应尽量手动切断电源。

(3)加防尘罩可防止电视机吸进灰尘。灰尘容易造成电视机漏电,增加电耗,还会影响图像和伴音质量,甚至造成短路。

5. 洗衣机节电窍门

(1)按衣物选择洗涤时间。洗衣机的耗电量取决于电动机的额定功率和使用时间的长短。电动机的功率是固定的,所以恰当地减少洗涤时间,就能节约用电。因此应根据衣物的种类和脏污的程度确定洗衣时间,一般合成纤维和毛丝织物洗涤3 ~ 4分钟;棉麻织物洗涤6 ~ 8分钟;极脏的衣物洗涤10 ~ 12分钟。

(2)"强洗"更省电。洗衣机有"强洗"和"弱洗"的功能,在同样长的周期内,"弱洗"比"强洗"的换叶轮旋方向的次数更多,开开停停次数多,而电机重新启动的电流是额定电流的 5 至 7 倍,所以"弱洗"反而费电。"强洗"不但省电,还可延长电机寿命。但选用哪种功能应根据织物的种类、清洁的程度决定。

(3)集中洗涤。洗涤物要相对集中,尽量等存到足量待洗衣物时再开洗衣机,避免洗少量衣物而浪费电能。使用洗衣机漂洗,应先把衣物上的肥皂水或洗衣粉泡沫拧(脱)干后进行漂洗,以减少漂洗次数。

6. 电饭锅节电窍门

(1)保持清洁。电热盘表面与锅底如有污渍,应擦拭干净或用细砂纸轻轻打磨干净,以免影响传感效率,浪费电能。

(2)根据家庭成员选择适合的不同功率大小的电饭锅。

(3)煮饭时应用热水或温水,热水煮饭可省电 30%。

(4)电饭锅用毕立即拔下插头,既能减少耗电量,又能延长使用寿命。

7. 微波炉节电窍门

选购微波炉时,功率大小对使用节电并没有多大关系,其主要决定于加热食品的多少和干湿。在加工食品时,应在被加工食品上加层保鲜膜,使加工食品水分不会蒸发,味道好,而且节省电能。

8. 照明灯节电窍门

(1)选用节能灯。一般节能灯的光效比白炽灯高四五倍(60 瓦白炽灯约等于 13 瓦节能灯),使用节能灯照明可以有效地节约用电。

(2)根据需要选择灯泡的瓦数。

(3)减少开关灯的次数。

三、家居收纳与整理

(一)家居用品的收纳

1. 换季收纳的准备工作

(1)衣物清洁分类

换季需要收起的衣物,如毛衣、皮衣、羽绒衣、毯子等,要先做好清洁、干燥工作,如果直接收纳,容易滋生细菌和霉斑。然后将这些衣物首先分为:需要悬挂及可以叠放收纳两类。需要叠放收纳的衣物,按材质充分利用各式收纳盒或储物袋分类存放,可以更好地利用衣柜空间,还能根据衣物材料选择不同的护理方式,如毛衣中要加放樟脑球驱虫、羽绒服中加点活性碳包防潮除味等。西服、提包、背包等则悬挂收纳,最好都套上外罩,防尘防潮。

(2)充分利用居室收纳空间

检查并列出房间内可使用的收纳空间,除了衣橱、置物柜外,衣橱上方、床底下、墙角,甚至是行李箱都是很好的收纳空间,空的行李箱最适合摆放冬季较蓬松的衣物,如羽绒衣、羽绒被等。

(3)购买收纳工具

根据空间大小及经济考量来决定购买收纳箱或各种收纳工具,先尽量利用既有空间,等整理至一定程度后,如需要添购收纳工具,再买也不迟。

换季收纳应以"看得见的收纳"为原则,尽量选用半透明感的收纳盒,一方面若临时有需要,很快就可找到衣物,另一方面视觉感上清爽无负担,无形中会增加空间的开阔感。

2. 收纳好帮手——储物用品

(1)多格收纳袋:利用收纳袋将领带、腰带、丝巾等分开吊挂,帮助你更快速找到出门所需配件。

(2)多功能架:可以收纳大量冬天围巾,且不占空间。

(3)附盖收纳编织篮:有多种尺寸可依需求选择,附盖设计可叠放,节省空间。

(4)带隔层储物篮:九宫格设计,收纳小物最合用,适合收纳内衣、袜子等,放在衣柜抽屉内。

(5)功能床下柜:可充分利用床下空间,可收纳衣物或被褥等大件物品,避免灰尘沾染。

(6)简易收纳衣柜:衣柜内除可吊挂的衣物外,还有分格处理,可对衣物分类收纳。

(7)收纳盒:尺寸多样,半透明式的设计更加方便收纳,还可轻松查找。

(8)收纳箱:带有脚轮,收入大件物品也能轻松搬移。

(9)真空收纳袋:不仅防尘,抽真空设计可使"臃肿"的被褥缩小,节省收纳空间。

(10)装饰用收纳篮:色彩鲜艳,装饰效果明显,适合收纳家用小杂物及孩子的玩具。

3. 充分利用衣柜的收纳空间

好多家庭的衣柜,只是用来挂衣服,空出了许多空间,无法利用。其实可以更好地利用衣柜的空间。

(1)利用上层的空间。由于上层空间较高,适合放置偶尔使用的物品。

(2)利用深处的空间。用合适的储物篮收纳衣物,放置在深处,就能有效地利用空间,查找起来也方便。

(3)利用吊挂衣服下面的空间。衣柜里挂着的衣服下面是很好的收藏空间。把衣服根据长度顺次排列,就可以放入符合下面空余高度的收藏用具。

(4)利用门扇内侧的空间。衣柜门的内侧也是收藏的空间。安装挂钩,可直接挂东西,十分方便。安装网状衣架、黏贴挂钩等,可以悬挂许多物品。把皮带和丝巾之类的小饰物挂在门里面,既方便又易挑选。

4. 衣物换季收纳步骤

(1)检查

换季收纳可不是将所有冬季衣物收起就好,在收纳前,务必先仔细检查衣物是否有脱线、破损,或是有脏污等要处理的问题,顺便也趁此机会淘汰一些旧衣服,腾出更多收纳空间。

(2)清洗

检查过的衣物要清洗后才可收藏,即便是只穿过一次出门的衣服,也会沾染灰尘还有人体的汗液或体味等,所以要进行清洗,以免下一季取出要穿时会长黄斑或再也洗不掉的污渍。

(3)干燥

选择天气晴朗的日子洗衣服,收衣前要确定完全晾干再收进来。

从洗衣店取回的干洗衣物,一定要将塑料套取下,让衣物阴干,以避免干洗剂残留在衣物上,使衣物变色或受损,并且也可避免蒸气熨斗的湿气残留,导致衣物发霉。衣物阴干后最好换成透气的无纺布套,防尘又透气。

衣橱要干燥。可以使用除湿盒、除湿棒、干燥剂等除湿用品,以防湿气产生,另外,放一些樟脑丸或是驱虫剂,防止小虫寄生。

(4)分类

收起衣物前最好能先分类,毛衣、大衣、围巾等分类收藏,一来方便日后翻找,二来同材质放一起,便于采用不同的收纳方法。

(5)收藏

收藏衣物时可根据不同衣物材质选用不同收纳方法。另外,收藏衣物时要先收少穿的衣物,经常穿或具功能性的衣物,如防风的外套、保暖度高的围巾等,可稍晚再收,留在衣架上,或收在收纳箱的上层,才好应付天气变化。

5. 按衣物种类收纳

(1)厚棉衣。收纳棉衣可以用箱子收纳,到了雨季,在好天气时需晾晒。

(2)羽绒服。羽绒服在晒干收藏前,一定要拍松;吊挂在衣柜内或平展地放在干燥洁净的衣箱或衣柜里。

(3)大衣。呢子大衣要悬垂摆放,最好使用衣套,防止灰尘。无悬挂条件的,要用布包好放在衣箱的上层。无论以何种方式存放毛料大衣,都要反面朝外,并注意防蛀和防霉。

(4)毛衣。将毛衣折成长方形之后,再卷成圆筒状,再放入收纳箱里排好。

(5)皮衣。换季皮衣收藏时不要叠放也不要用塑料套罩,以防受潮、发霉,应用圆头衣架挂在通风干燥的地方。

(6)皮草。皮革应使用稳固结实的衣架吊挂,为防湿气,可用没上浆的布制衣袋套住,并与邻近衣物保持适当的距离,切忌用塑胶衣袋封存。

6. 衣物收纳需防蛀

(1)选择带防蛀功能的塑料储物用品,衣虫会钻洞,纸箱也是它的食物之一,因此要选用塑胶制的收纳箱。

(2)使用防虫剂。可选用不同种类的防虫剂,提高防虫效果,但每个柜子不要同时使用几种防虫剂,它们之间会产生化学作用,影响防虫效果。

放置防虫剂时还要注意:不要与衣物直接接触,最好用纸包起来,再扎上几个小眼,易于气味挥发;防虫剂最好放在柜子顶部,因为杀虫剂气体分子比空气的比重大,扩散时会下沉,气味散发更充分。

(3)他防虫方法:

①可在收藏前在衣物上喷洒些花椒水,用熨斗熨平、晾干放在衣箱中;或用纱布包一些花椒置于衣箱中,可防虫蛀。

②报纸上的油墨味是蛀虫最讨厌的味道,可在衣柜或抽屉底部铺上报纸也能起到防虫的作用。

7. 收纳衣物需防潮

(1)收藏前应完全洗净、晾干。

（2）易受潮的衣物放置在衣柜上方等高处，避免受潮。

（3）收纳箱底铺垫防潮。确定衣物完全干燥了再收纳，在收纳箱底部先铺防潮垫。也可先铺一层报纸再铺白纸，报纸可吸湿气且蛀虫不喜欢报纸的味道，既可防潮又可防虫。

（4）选用防潮产品，放在收纳空间里。市场上防潮产品很多，如吸湿盒、各类竹炭用品都可起到防潮作用。

（5）茶包除湿包。除了买现成的除湿剂、竹炭等之外，家中喝不完的茶包也能除湿。茶包先用面纸或卫生纸包好再放入衣柜，不但能吸湿、还能除臭、除味。

（6）在潮湿季节，定期使用空调机的除湿功能加强除湿。在天气晴朗的时候，将收藏的衣物进行晾晒，避免生霉。

8. 各类衣物的叠放技巧

（1）内衣

①定型内衣

（A）正面朝下，将内衣带与后绊折叠放入杯罩内。

（B）翻转过来，可将内衣层叠放置，或竖放在分格内衣盒内。

②硬托杯罩内衣

（A）将内衣正面朝外杯罩对折，内衣带与后绊整理整齐。

（B）将内衣带与后绊折叠放入杯罩内。

（C）可层叠放置或单个放入内衣收纳盒内。

（2）内裤

①内裤正面朝上整理整齐，从腰部三分之一处向内对折。

②另三分之一处同样向内对折。底部向上塞入腰部折层内。

③可依据收纳物的高度竖放入收纳盒内或单个放入内衣收纳盒内。

（3）T恤衫

①将T恤衫衣领竖立整理整齐，正面朝下放平。

②从较衣领处稍宽2～3厘米处将袖部与衣身部向内折，分别将两袖折好。折好后，上下宽度要一致。

③底部向上对折。

④也可采用三折法，节省收纳空间。

（4）吊带背心

①将背心正面朝下放置。

②吊带向下折,与底部对齐,将与蕾丝整理好。

③底部向上折。

④两边同向中心线折。

⑤对折。可竖立码放在收纳盒内。

(5)毛衣

①正面朝下放置,衣身与袖部整理好。从较领部稍宽3~4厘米处向内折,袖部反方向对折。

②同样方法,将另一侧折好。折后上下宽度要一致。

③底部向上折。

④可层叠放入收纳盒内。

⑤也可采用三折法。

⑥采用三折法的衣物,可竖立码放在收纳盒内,节省收纳空间,便于取放。

(6)帽衫

①正面朝上,将帽子整理整齐。

②帽子向下折。

③从较领部稍宽2~3厘米处向内折,袖部反方向对折,同样方法,将两侧袖部折好,上下宽度要一致。

④底部向上折,可依据收纳空间采用二折或三折折法。层叠或竖立码放于收纳盒内。

⑤也可采用卷折方法,由底部向上卷折。

卷折方法也适用于T恤衫或背心等棉质衣物,卷折后码放在收纳盒内,可减少衣物由于收纳产生的压痕。

(7)裤子

①将裤子裤腿对折,平放整齐,另一条裤子同样裤腿对折,反方向将裤腿叠放在第一条裤子裤腿的二分之一处。

②先将第一条裤子腰部向裤腿对折,同方法将另一条裤子腰部向裤腿对折,两条裤子交错叠放。

(8)裙字

①正面朝下,将裙摆整理平整,裙带在腰部折叠整齐。

②依据肩部宽度,将裙摆底部两边向内折。

③将裙摆底部向上对折。可层叠放入收纳盒内。

④也可再次对折,竖立码放在收纳盒内,节省收纳空间,便于取放。

9. 小饰品的收纳技巧

（1）丝巾、披肩

收纳丝巾、披肩时要防止褶皱的产生。

①可以轻折后用毛巾架悬挂在衣柜门的内侧。

②利用挂西裤的衣架,将丝巾轻折挂起,并用夹子固定,取用十分方便。也可将丝巾挂在衣架上,并用衣夹固定。用厚纸夹在夹子与丝巾之间,衣夹就不会在丝巾上留下痕迹。

③轻折后分别装在录像带的套盒里。也可选择用厚纸板制作的小型收纳盒,宽度30厘米左右,将折成原大1/4大小的丝巾再对折后收藏。

④将丝巾折成原大的1/4大小,放入有多个内层的档案夹内。收纳时,只要将档案夹平放,就不会产生褶皱,而且一目了然。

（2）领带

可以利用衣柜门的内侧收藏领带。将领带悬挂在毛巾架上,为了使每次开关衣柜门时领带不产生晃动,可以把领带撬入到松紧带和挂钩制成的空隙里加以固定。

（3）皮带

①将不常用的皮带用塑料扎带固定,收放在盒子里。也可用电线扎带或尼龙扎带代替塑料扎带。

②在木制的衣架上安装L形的挂钩。将皮带的带扣儿部分悬挂在挂钩上。挂在衣柜中。

③衣柜的内侧侧面安装连续的挂环,用来悬挂皮带。因为挂环可以移动,即便是挂在里面的物品,也方便取放。

10. 包类的收纳

①真皮皮包不用时,最好置于棉布袋中保存,不要放入塑料袋里,因为塑料袋内空气不流通,过于干燥,而使皮革受损。包内最好塞上一些软卫生纸,以保持皮包的形状。若没有合适的布袋,旧枕套也很合用。

②手袋收纳袋,可使用无纺布的吊挂式收纳袋,挂于衣柜中。通风透气,方便查找。

③自制提包架。将大约长3米左右,宽与衣架宽度相同的布穿过衣架横杆,底部对齐,将布底端用别针固定或用线缝上。根据手提包的高度,用别针或线缝做出

隔层。为了防止提包散架,可以将其紧凑放置。

11. 首饰的收纳

①在海绵块上放置戒指。用刀具在海绵上切出大小适合的小口,用其铺满小盒,可以用来插放戒指。

②用纽扣存放耳钉儿。用一个薄纽扣收藏一组耳钉。耳钉儿朝向上放置。

③用吸管防止项链缠绕在一起。将吸管用剪刀剪开,并依项链长度调节长短。将项链一头穿入吸管中,扣好,就不会相互缠绕,也不易损坏了。

④使用密封袋装饰品。首饰有圆的,有链条的,若把它们集中到一起,很容易产生碰撞、摩擦、损伤首饰。将首饰分别放在可密封的小塑料袋里便可避免损伤。

12. 被子的收纳

①收纳用品的选用。被子的包装袋,不要轻易丢弃,它是最理想的收纳袋。如果没有包装袋,尽量挑选能防尘又透气的棉麻布包装。不透气的包装袋会让被子发霉。

②收藏前先清洗晾晒。根据被子的质地选择清洗方式,不能洗的被子一定要在天气晴朗的午后晾晒。注意避免长时间曝晒。被子收回后,要等热气都散发掉再收纳,以免产生水汽。

③叠放的方法。将清洁过的被子抖松。从较长一边左右折起成长条状。左右两端反折,中间略留空隙,然后对折。对折后,放入收纳袋即可。

④被子要保持干燥,但可千万别将除湿剂、除湿炭或樟脑丸等直接放入被袋中,除湿、驱虫剂应放在收纳被子的柜内。

⑤收纳袋尽量收放于衣橱上方,上面不要再压放衣物,以免被子失去弹性,降低保暖功能。

13. 枕头的收纳

①枕头收纳前要清洗并晒干,防止收纳中发霉、产生异味。

②枕头最好放入收纳袋再收起,购买时枕头的包装套最适合作收纳袋,另外用旧的枕套,洗干净后也可当作枕头收纳套。

③枕头应放入通风的橱柜中收纳,尽量避免挤压,以防变形,影响日后的使用。

14. 鞋的收纳

(1)各种鞋如何收纳

①皮凉鞋

皮凉鞋收纳前应先将其清理干净，鞋底如积有污泥，要用干刷子刷净；鞋面用鞋油进行保养。皮凉鞋在收纳时，应把鞋内的汗水潮气晾干，防止霉变。收纳时，最好在鞋内塞些布，以免鞋面松塌，然后放在鞋盒内，这样，可保持凉鞋的头型挺拔不变形。

②皮靴

皮靴清理干净后，可将报纸裁成比靴筒高度稍矮的长方形，卷成筒状，塞入靴筒，可保证靴筒挺立，不变形。套上透气性较好的袋子，装进鞋盒，鞋盒最好有洞，可以通风；也可以套上旧长筒丝袜，既防灰尘，透气性又好。

③帆布鞋、塑胶鞋

帆布鞋、塑胶鞋等鞋类要使用干燥剂，保持鞋子干爽，防止发霉、产生异味。

④缎面、软皮鞋

要在鞋内放置支撑物，可使用专用鞋撑，或将一些干净软布卷成小卷，塞入鞋内，将鞋面撑起，防止变形。

⑤带装饰物的鞋

一些鞋带有蝴蝶结、花朵、细带等装饰物，这些细节在放置鞋子时要细心安置，否则因挤压变形。收藏时可用薄纸把这些突出的装饰轻轻包一下固定它们的位置和形状，这样可以很好地避免这类问题。

（2）鞋的收纳需防潮

①干燥剂

买回的新鞋鞋盒里都会带有一两个小纸包，它们是鞋子收纳必不可少的干燥剂，不要弄丢，它们可以较长时间保持鞋盒内的干爽，防止鞋子发霉。

②竹炭

如果找不到干燥剂或时间较长干燥剂失去较力，或可以买几包竹炭放在鞋盒或柜子中用来吸收湿气，更可以起到防霉防臭的作用。

③报纸

在鞋柜底层先铺上一层报纸，有助吸收潮气。也可将报纸卷成筒状，用较带固定在鞋柜内，用来除湿。

（3）巧放鞋子省空间

最好选用隔板可调整的鞋柜，这样可依鞋子高度调整隔板距离。

①改变鞋子摆法。当鞋柜较浅时，将两双鞋子一前一后错开摆放，可多放 1 ~ 2 双鞋；当鞋柜较深时，把鞋子分前后两排摆放，少穿的、非当季的放后头，常穿的、

图文珍藏版

当季的放前头。

②使用专业收纳用品——Z字型架。用Z字型架可将一双鞋以上下倒立方式摆放，鞋子既不会变形，又可省下一半空间。

（二）卫生间物品收纳

1.“隐藏”的卫生间收纳空间

①在洗脸池下方加装储物柜，放入毛巾、牙刷、牙膏、及各式洗浴洗头用品，也可以用来储存卫生纸和卫生巾等。

②在镜子下方加装玻璃隔板，放置洗漱和护肤用品等。这样，整个洗脸池的台面就会变得干干净净。

③在放置浴缸的墙角处安设储物架，放置洗浴用具。

④利用各式塑料盒、塑料筐等收纳用品，来区分、集中放置不同的卫浴用品，便于取放和清洁。

⑤利用门背后的挂钩或横杆来悬挂收纳毛巾、浴巾等，充分地利用空间。

⑥有的卫生间面积较大，如果放置了洗衣机，可以在洗衣机上方加装隔板或置物架等。

2.卫生间用品巧收纳

①将洗发用品、牙膏、肥皂等按种类集中分别存放在资料架和塑料篮中，并使物品保持直立，放置在卫生间的储物柜中。这样每次拿取时，还剩多少一目了然。

②洗衣用品如洗涤剂、柔顺剂等集中到一个塑料盒内，放置在洗衣机附近的储物架上，方便拿取。

③不易收纳以及零散的小物件，可以挂在墙上或储物柜门里的黏贴挂钩上。

④卫生间内收纳物品要注意防潮。淋浴处要加装拉门或挂浴帘隔断，毛巾、浴巾等织物远离浴室水汽的地方，并定期拿到阳台上晾晒，防止细菌滋生。

（三）厨房收纳的技巧

①按物品的使用频率进行收纳，较常使用的物品放置在显眼、顺手的地方。调味品应放在明显的地方。

②为节省空间，尽量使用重叠、竖立、吊起或抽屉等方式放置物品。

③抹布等潮湿的东西，必须拧干再收好；厨房用具清洗完应晾干或烘干后再收藏，否则器具容易发霉。

④密封食物应放在柜子里防潮、避免阳光直晒。

⑤饮料和酒若不需冷藏,则可统一放在酒柜里较为整齐美观,而酒瓶一定要平放在温度适宜、远离阳光的地方。

⑥常用的炊具可挂在柜架的挂钩或放在浅抽屉里,而较重、较深的锅最好放在厨柜下面较高的柜架里。

⑦餐具靠近供餐或进餐区存放,且距水槽也不能太远,盛食物的餐具依大小和使用频率层叠放置在厨柜里。

⑧玻璃器皿基于安全和方便的考虑,尽量收纳在透明的柜架上。

⑨垃圾袋、包装袋和保鲜膜等可放在食物准备区和食物收纳区附近。

四、家庭清洁与保养

(一)居室的清洁保养

1. 家具

(1)布质家具的清洁保养

布质家具由于布花的多变,搭配不同的造型,适合于各种家庭使用。可在选购时订购不同花色的椅套,随心情或季节变换而替换,享受居家变化的乐趣。有孩子的家庭,可选择布质家具,因为其柔软的特性,即使碰撞也不会受伤。但因考虑到孩子玩耍的特点,可多一套换洗布套,当孩子尿湿或打翻饮料时可立即换洗。

新的布质家具在使用前可先喷上一层布料防污保护剂,不但不易沾染灰尘,日后清理也较方便。如果是不能拆洗的布质家具,最好能搭配沙发罩或沙发巾使用。

布质家具日常清洗时,首先要了解布料的特性,先查看布料所标的说明,通常家具上或说明书内都会标示可水洗或要干洗的说明。根据布料的类别,高级棉、麻、丝、带绣花等材质或有丝穗等装饰物的应用手洗或送干洗,才不会褪色变形;绒布、遮光布,最好送干洗,以保持布料的特性。一般布料可用专用布料去污剂直接喷洒在脏的部位,待泡沫变黄后,用海绵蘸水将泡沫擦去即可。

(2)木制家具的清洁保养

①掸去表面灰尘后,先用拧干的湿布擦拭。

②接着立即用软干布擦干,即便是涂有亮光漆的木质家具,也要避免水分长时间停留,以免湿气渗入。

③家具细缝或小家饰品,用软毛刷顺着纹理刷去灰尘。

④再用木质家具专用蜡保养,要将蜡倒在布上,再擦拭到家具上。

⑤使用木质家具,要根据季节做好养护。在北方,冬季最好能定期加湿,避免木质因干燥而出现干裂;南方梅雨季节,要定期除湿,避免木质受潮。

（3）巧为木质家具增亮

①红茶

色泽与木头相近的红茶是很好的保洁品,用沾了茶汤的棉布,拖地或擦拭家具,不但家具光洁明亮,也能增色,但要留意需用没有任何添加物的冷茶,而且如果茶色过浓,最后可用清水再擦拭一遍,以免长久下来影响家具颜色。

②牛奶

过期牛奶也是不错的保养品,可用在牛奶中沾湿、拧干的抹布擦拭,但最后要再用清水擦拭一次,以免发出酸臭味。

③淘米水

用清净洁白的淘米水擦洗油漆家具,能使家具洁净而明亮。

⑤浓茶水

泡壶浓茶,待凉后去渣,用块软布蘸茶汁擦洗家具漆面多次,这样褪色家具就能恢复光泽;如家具表面沾有油污,则用热茶汁即可除去。

⑤缝纫机油

取少量缝纫机油滴在一块软布上,在家具上反复擦拭,然后用干净软布揩干,漆面明亮而光滑。

（4）木质家具巧除污

①一般脏污

家具变脏,除用一些洗涤剂外,还可用盐水擦,就能够恢复本来色彩了。也可将白醋和热水以1∶1的比例混合,再以棉布沾取擦拭,可对付日常木质家具表面脏污,因为醋酸能软化污垢,使其从家具上脱离。

②笔痕

一般木制家具表面的铅笔划痕,可用橡皮擦干净。若是油性笔留下的痕迹,可直接用酒精擦拭,兼有杀菌效果。

③表面轻微刮伤

可用色系相近的蜡笔来填补,除补色外,主要是利用蜡的防水性来隔绝日后水分从刮痕处渗入,专业或儿童蜡笔都可。修补时与刮痕反方向涂抹,将蜡填入凹痕中,最后用软棉布擦净表面即可。

④残留水痕

水杯放在木质家具上过久,出现一圈白色水痕,可在水痕处铺上一块拧干的湿布,然后用熨斗以低温熨烫,但要留意布不能太薄,温度千万不能太高,否则反而会留下烫痕。

⑤白色烫痕

当木质家具有了白色烫痕,用樟脑油可擦去。

(5)白色家具的清洁

白色木家具容易脏和受到损伤,因此应尽量避免表面透明树脂被擦除,应用干布擦拭。化学抹布有油味,而强力洗涤剂等药性太强,都不适合在白色家具上使用。

除污垢时,将普通洗洁剂沾在布上擦。白色家具产生黄斑点时,用牙膏使它变白,注意要用软质布,不能大力擦。

(6)红木家具的清洁保养

①红木家具在室内摆放的位置应远离门口、窗口、风口等空气流动较强的部位,更不要受到阳光的照射。

②要保持红木家具整洁,日常可先掸掉家具表面灰尘,然后使用清洁的纯棉软布轻轻擦拭。切勿用湿布擦拭,防止家具表面沾水。不宜使用化学光亮剂,以免表面漆膜受损。

③为了保护台类红木家具面板的漆膜不被划伤,又要显示木材纹理,一般在台面上放置厚玻璃板,且在玻璃板与台面之间用小吸盘垫隔开。建议不要用透明聚乙烯水晶板。

④夏季比较潮湿,可经常用空调排湿、减少木材吸湿膨胀,避免榫结构部位湿涨变形、开缝。

⑤干燥季节注意加湿,可经常用湿墩布擦地,增加湿度,也可以使用加湿器加湿。室内养鱼、养花也可以调节室内空气湿度。必要时可采取"特殊方法";可用塑料布包住家具腿部的四个脚,在塑料布内放一块吸水的海绵或泡沫给家具补水。

冬季红木家具不要摆放在暖气附近,切忌室内温度过高。

(7)红木家具的特殊护理

红木家具由于材质特殊,需要特别的护理。

给红木家具上蜡,可以很好地保护家具。上蜡的时间最好选择每年3月、9

月、12月。可先用鬃毛一类毛刷轻轻扫去灰尘,再用干布擦拭,一定要在上蜡前确保家具本身已经没有尘垢,将蜡均匀地涂抹在家具表面,然后用吹风机一点点使蜡受热,使其融化,当整个表面被液态蜡覆盖后,晾一段时间,等蜡冷却重新凝固后再用布进行擦拭,把表面的浮蜡去除掉。上蜡的次数不宜太多,太多只会增加一层厚厚的蜡油,对家具并没有好处。

红木家具表面有蜡和天然生漆涂层,保养时还可选用天然油脂。化学油脂会破坏原有涂层,造成表面龟裂。平时家庭保养可使用核桃油,它由核桃仁加工制成,不含化学成分。擦在家具上,晾干后会形成一层保护膜,可减少大气中潮湿空气的侵入,还可防止干裂。用核桃油养护最好选在初春和初秋两季。在擦拭时用蘸有核桃油的抹布轻擦家具时,力度要轻,要适量,油擦得太多,木材一时难以吸收,停留在表面更易吸附灰尘。

(8)藤制家具的清洁保养

藤制家具最忌放在暖气旁边,长时间受热会使家具变干,还应该避免阳光直射,以防藤料褪色、变干。

竹藤家具能吸附一定量的水分,但是如果吸附了过量的水分,则会变得柔软,导致结构松散。因此,当竹藤家具受潮时,应保持家具的编织形状,待其干燥后自动回复、定型。

清洁藤制家具利用一些简单的工具,如柳条、牙刷或者油漆刷。剔除藤制家具中的污垢十分容易,可用毛头软的刷子自网眼里由内向外刷去灰尘。如果污迹太重,可用洗涤剂抹擦,菜油、肥皂都是清洗藤制家具最好的清洁剂。清洁最后再干擦一遍。若是白色的藤椅,最后还需抹上一点醋,使之与洗涤剂中和,以防变色。用刷子蘸上小苏打水轻刷藤椅,可以除掉顽垢。

竹藤家具使用时间长如果有积垢,最好用盐水擦洗,不仅能去污,还可使藤条柔软,富有弹性。

(9)塑料家具的清洁保养

①塑料家具易老化、脆裂,只能放在室内使用,不适用于室外。应避阳光直射和靠近炉灶、暖气片。

②如有破裂可用电烙铁烫软后黏合,也可以用香蕉水和聚氯乙烯碎末溶解成的胶水黏合。

③塑料家具可用普通洗涤剂洗涤,但其硬度差,应防止碰撞和刀尖硬物划伤,不能用金属刷洗刷。

（10）布艺沙发的清洁保养

①首先吸尘。最好依据表面、细缝等不同部位选用不同吸尘器接头，以免损害布料，平均每周一次即可。

②如靠垫或坐垫可拿起，最好每周翻转或调换位置，让磨损均匀，以免久坐的那面耗损过快。同时，还要经常将靠垫拿到户外拍打，透风并疏松衬里，以保持其弹性。

③如有局部脏污，可用泡沫式沙发专用去污剂，使用时最好先在不明显处测试，以免布料褪色，使用时，泡沫静置约 10 分钟后，用海绵或刷子清刷去污即可。

④除了专用清洁剂，质地温和的洗发精对久坐造成的脏污也有一定清洁力，将洗发精用水稀释后，再以抹布蘸取擦拭。

⑤最后用干毛巾将水分吸干，以免内部受潮生霉。

（11）巧除布艺沙发污垢

①笔痕。无论是油性或水性油墨，都要在第一时间处理，以免墨水干透，更难清理。首先在布料背面，用酒精做局部擦拭清理。油性墨渍较难清理，可反复用小苏打水喷湿，然后以干布吸干。

②口香糖等胶类。先用冰块冰敷污渍处，让黏胶硬化凝固，再用汤匙将布料上的黏胶刮除，最后再喷些稀释的洗碗精或中性清洁剂，以棉布或餐巾纸擦净即可。

③茶渍、啤酒。可用海绵或牙刷蘸小苏打水将污渍处沾湿，或直接喷上小苏打水，再以海绵或餐巾纸按压将污水吸除，重复操作直到污渍消失或变淡为止。如果其中带有油脂，无法完全去除脏污，可在污渍处喷上一点剃须膏，用牙刷轻刷出脏污，擦去泡沫后，再用蘸冷水的海绵或棉布擦净。

（12）皮质沙发的清洁保养

①皮质沙发应避免靠近暖器、电暖器等热源，或直接在阳光下曝晒，以免造成皮革龟裂。

②尽量不要坐固定位置，以免皮革皱痕日益明显或失去弹性，可经常拍打坐过部分或边缘，维护皮料伸缩性，能延长沙发寿命。

③真皮材质如同人的皮肤，有许多毛细孔，表面的污垢或灰尘容易堵塞毛细孔。日常护理，可先用吸尘器的扁形吸头，用较弱的吸力吸除表面及缝隙的灰尘。也可戴上白棉手套，直接用手除尘，手更能贴合沙发的细缝、角落且不伤皮革，较吸尘器更理想。

④对于有脏污的地方，可用拧干的湿布擦除脏污，但不能太用力，如果是新沾

到的脏污,可用抹布蘸约40摄氏度的温水擦拭。再用干布擦拭,彻底去除残余水分。较脏部分可用皮革专用清洁剂清除。先将清洁剂均匀喷在干布上,再擦拭沙发表面。注意:皮革专用清洁剂不可用魔术海绵清洁,会造成皮革变色,更不可直接喷洒在家具上。

⑤去除特殊污垢。对于笔痕,如是浅色沙发,可用白色橡皮擦擦拭,通常能去除大半脏污。如果还不行,再用专用皮革清洁液擦拭。不管是油性笔痕还是水性笔痕,都要尽快处理以免脏污被皮革吸收。对于口香糖,可先用冰块冷却口香糖,待其变硬后用汤匙轻轻剥除。

（13）皮质沙发巧保养

①蛋清保养

取适量蛋清,用棉布蘸取后可用来擦拭较脏的部分,有一定抛光作用,不过最后要用蘸了冷水的湿布再擦一次,以免之后蛋白质变质发臭。

②婴儿油保养

除了皮革专用保养液或保养油,也可用婴儿油保养,但都要避免涂抹太厚堵塞毛孔,且要以干布轻拭至表面至发亮,等完全吸收干透再坐。

（14）沙发坐、靠垫的清洗

①垫子可翻转换用,应每周翻转一次,使磨损均匀分布。

②外套可根据材质选择清洗方式,棉类可手洗或机洗,丝绒类应干洗。垫芯应定期拿到户外进行拍打,并在阳光下进行晾晒。

③应避免身带汗渍、水渍及泥尘坐在垫子上,以延长垫子的使用寿命。

④如发现松脱线头,不可用手扯断,应用剪刀整齐地将之剪平。

2. 地面

（1）砖石地面的日常保养

①进入房间之前最好把鞋放在门外。鞋底遗留下的沙子、泥土及其他渣滓会划伤石面,接着,磨碎的污垢会进入划痕内。

②为了保持石面的光泽,要及时清除灰尘和污垢,每天进行除尘,如果不能每日打扫一次,那每周至少要打扫两三次。先用软毛扫帚或吸尘器清理灰尘,再用湿海绵或抹布进行擦拭。

③要保持石面的干爽,潮湿会使大理石污染变色。用潮湿抹布擦拭后要用蓬松的干毛巾,彻底擦干地面。

④定期抛光石面有助于保持砖石的光泽,保证居室环境的优美。

（2）地板养护

①地板的日常护理

（A）防暴晒。靠近阳台、窗户的地板要避免暴晒,最好在阳光强烈时拉上厚窗帘。

（B）防潮湿。切忌用湿拖把直接擦拭,有水或者其他液态食物洒在地板上时,要及时擦干,防止过多的水分渗透到木地板里层,造成发霉、腐烂,应使用木质地板专用清洁剂进行清洁,防止地板干裂。

（C）防划痕。硬质家具最好在下面垫上地毯,防止搬动时划花地板表层,影响美观。不要用砂纸、打磨器、钢刷、强力去污粉或金属工具清理地板。

（D）勤打扫,以防脏物聚积。清洁地板时,应先吸尘器吸取灰尘和杂物,再用浸湿后拧干至不滴水的抹布或拖把擦拭地板表面。拖地后最好打开门窗,让空气流通,尽快将地板吹干,如果存积的污垢无法清理或是角落等不易清理的地方,可以用小刷子蘸地板清洁杀菌剂进行刷洗,也可以直接将地板清洁杀菌剂倒在抹布上擦拭。

②地板上的特殊污渍

（A）油渍、油漆、油墨,可使用去油污剂擦洗。

（B）血迹、果汁、红酒、啤酒等残渍,用湿抹布或抹布蘸上适量的地板清洁剂擦洗。

（C）蜡、口香糖,先用冰块放在上面一会儿,冷冻后刮起,再用湿抹布或用抹布蘸上适量的地板清洁剂擦拭,不可用强力酸碱液体清理地板。

③地板的"特殊保护"

地板上蜡可以保护地板、增加美观、防滑,使清洁更方便。地板表面涂上保护蜡,固化后隔绝空气,水,尘,易清洁,防止磨损,从而延长使用寿命,更能起到防滑防静电的作用。

打蜡之前,应先除尘去垢。一般家庭可选用液体蜡。然后再用一块干净的不掉毛的细软抹布蘸上蜡,从木地板的一边边缘开始,依次在板面上做环状擦抹,蜡液要分布均匀,厚度适中,待均匀擦抹一遍后,再用干净软布（不再蘸蜡）从原擦抹的边缘部起,按前述方案依次擦抹一遍。

3. 地毯

（1）地毯的日常清洁

①经常踩踏的地毯最好每月洗涤一次,以确保其保养效果;不常践踏的地毯可

多个月洗涤一次,不要等地毯明显变黑时才洗涤,这时污渍可能已经渗入到纤维内层,降低洗涤效果。

②干洗:用吸尘器清理泥尘,或用毛刷刷拭。另外,可用泡沫喷剂进行简便干洗。将喷剂均匀喷洒,待泡沫黏住泥尘,形成粉粒,扫净即可。若地毯因人多踩踏形成较重的污垢,则需用湿洗方法。

③湿洗:地毯不能像洗衣物般浸洗,因为水分很易渗入底垫,令底层积水发霉,散发异味。一般污垢可以用"地毯清洁粉",在微湿毛巾上放蚕豆般大小量,均匀搓拭至起泡,随即用湿毛巾抹净。

④异味:地毯的异味可用消毒清洁剂。将消毒清洁剂调稀150倍拭抹一次,不必过水,有杀菌、消毒、避味及清洁功效。

(2)清除地毯上各类污垢

①污水。可取细盐末撒在地毯的脏处,然后用洗干净的湿笤帚将细盐扫匀,10分钟后再用吸尘器除去盐末和灰尘,地毯即可干净亮泽。

②毛发、小线头等。可以利用棕毛刷来回刷一遍,或者准备一捆胶带,将胶带黏性的部分朝外绕在手部,轻轻拍打地毯,能有效地黏取地毯上的纤维毛球、头发、线头或地毯中的颗粒,就能解决吸尘器无法办到的事情。

③酒。涂上白醋水溶液(白醋与水之比为1∶1),然后吸干。

④红茶。先将苏打水喷洒到地毯上,再吸干,然后用干性泡沫剂清洗。

⑤含牛奶或奶油的咖啡。将苏打水喷洒到污渍上,用干性泡沫地毯清洁剂清洗。然后用干洗剂除去残留牛奶污渍。若去污不彻底,可再用地毯清洁剂清洗一次。

⑥奶油、冰淇淋和牛奶。涂少许洗涤液,用冷水清洗,然后用干洗剂处理残留油脂污渍,再以泡沫清洁剂清洗。

⑦果汁。用布蘸上稀释的中性洗涤剂将污渍吸去,再用温水加少许食醋溶液擦洗,或用地毯清洁剂清洗。

⑧动植物油。可用棉花蘸纯度较高的汽油擦拭。

⑨墨水。新沾染的墨迹可在污处撒细盐末,再用温肥皂液刷除。若是陈迹,宜用牛奶浸润片刻,再用毛刷蘸牛奶刷拭即可。

4.门窗

(1)窗户玻璃的清洁

①按由外至里,由上至下的顺序擦洗玻璃。

②玻璃表面、窗框表面的油漆、胶、水泥等,应先使用玻璃刮刀、清洁球、溶剂等清理。

③玻璃表面清洁方法:用玻璃清洗液喷涂于玻璃表面,然后用干净的布或玻璃刮刮净擦试干净。玻璃刮适用于大面积玻璃。

④去除玻璃上的顽固污渍:

(A)有油渍的地方可用洋葱的切片来擦拭,模糊不清的玻璃就可以焕然一新了。

(B)油污的地方可使用保鲜膜和蘸有洗涤剂的湿布擦拭。先在玻璃全面喷上清洁剂,再贴上保鲜膜,使凝固的油渍软化,十分钟后,撕去保鲜膜,再以湿布擦拭即可。

(C)玻璃贴上了不干胶贴纸时,可用刀片将贴纸小心刮除,再用去指甲油的洗甲水擦拭,就可全部去除了。

(D)有花纹的毛玻璃可用沾有清洁剂的牙刷,顺着图样打圈擦拭,同时在牙刷的下面放条抹布,以防止污水滴落。

(2)窗框的清洁

①窗户的四框,可以用抹布蘸少许清洁剂,擦拭干净后,用清水洗过的抹布擦干净就好。

②塑钢窗或者推拉窗下面的沟槽很脏,往往落满了灰尘,可将废旧的牙刷两侧多余的毛,用锋利的小刀,切割成与滑道一样宽窄的程度,然后,把牙刷颈部用铝箔纸包起来,用打火机的火烤 15 秒,迅速弯曲成 90 度,让牙刷成为"L"型,轻刷滑道就可以把灰尘刷得松动起来,将灰尘集中在一起用吸尘器吸除,或者用一次性筷子裹湿抹布,仔细擦洗干净。

(3)窗纱的清洗

①先用扫帚清扫窗纱表面的灰尘。

②用 15 克洗涤剂加水 500 克搅匀,用刷子蘸着洗涤剂水溶液刷一遍窗纱;或用碱面、去污粉、肥皂粉三者的混合液代替洗涤剂,去污效果也很好。

③用抹布正反两面多擦几遍,直到干净为止。

④金属窗纱还可用烘烤和火烧的方法去污。经过烘烤或火烧,除去金属窗纱上油渍,等晾凉后,用扫帚扫去脏物即可。使用此方法时要避免发生火灾。

(4)百叶窗的清洁

①定期维护。一般半年除尘一次,一年全面清洗一次。

②百叶窗通常以铝涂装板制成,应选用中性或碱性清洗剂清洗。用清洗剂清洗后,必须彻底将清洗剂清除干净,残留清洗剂会损害百叶窗。

③清洗后应及时去除叶片表面的水滴,彻底干燥,如不干燥,将会产生鳞状剥离现象。

④清洗百叶窗时要注意安全,百叶窗叶片很薄,必须戴上手套。

⑤百叶窗的清洁可以利用废旧的棉手套。方法是:把百叶窗拉开,让其叶片呈平行状态,先戴上一双橡胶手套,然后戴上沾有清洁剂的棉手套,用手指夹住叶片,左右来回移动到干净为止,再将叶片放平整,用清水擦洗干净,最后用干布擦干即可。

5. 窗帘

(1)不同材质窗帘的清洁

①滚轴窗帘

将窗帘拉下成平面,用干布擦。清洁滚轴时,可用一根细棍,一端系上抹布伸入滚轴内部以转动的方式清洁。

②天鹅绒窗帘

将窗帘浸泡在中度碱性清洁剂中清洗,洗净后放在斜式架子上,让水分慢慢滴干。

③帆布或麻制窗帘

用海绵蘸些温水或肥皂溶液进行擦拭,也可以用氨水溶液,待晾干后卷起来即可。

④植绒布窗帘

这种质地的窗帘切不可泡在水中揉洗或刷洗,只需用棉纱头蘸上酒精或汽油轻轻擦拭即可。如果绒布过湿,切忌用力拧绞,以免绒毛掉落。可用双手压去水分或让其自然晾干。

⑤花式窗帘

清洗时可先用吸尘器吸除表面灰尘,然后用柔软的羽毛刷来进行清洁。

(2)巧洗纱质窗帘

①加奶洗涤法

在洗纱窗帘时,可在洗衣粉溶液中加少许牛奶,这样洗过的纱窗帘将会像新的一样。

②小苏打水浸泡法

先去除浮灰,然后放入加有洗涤剂的温水中缓慢揉动,洗完后用清水漂几遍,最后将纱窗帘浸入加有 500 克小苏打的水中漂洗,这样可使纱窗帘保持洁白。

③茶水染帘法

如果纱窗帘已经泛黄,难以洗净,可将其放入红茶水中浸泡一夜,使其变为浅茶色,同样可以装饰家居。

6. 墙面

（1）墙纸的清洁

定期对贴墙纸的墙面进行吸尘清洁,注意吸尘器吸头的选用,日常发现特殊脏迹要及时擦除,耐水墙纸可用水擦洗,洗后用干毛巾吸干即可。对于不耐水墙纸可用橡皮擦拭污渍或用毛巾蘸些清洁液拧干后轻擦。

总之是要及时去除墙纸上的污垢,否则时间一长就很难清除,会留下永久的斑痕。

（2）清除墙面印迹

①蜡笔痕。当墙纸被孩子涂上蜡笔后,可用布（以法兰绒为佳）遮住蜡笔渍处,用熨斗熨烫一下即可。因为蜡笔一遇热就会熔化,最后再用布将擦净。

②污迹。可用细砂纸将污迹轻轻磨去。

③不干胶贴纸。可先在旧纸上盖以湿布,然后用熨斗熨一下,贴在墙上的纸便很容易揭下来了。

④墙上镜框痕迹。可用布蘸清洁剂来擦拭。也可用橡皮擦擦去,擦不掉的话,再用砂纸轻轻地磨去。

7. 暖气

暖气缝隙里面的灰尘总是很难清除,巧用浇花器可以轻松清除灰尘。

①任暖气的下方放一块厚一点的抹布,防止清理时水流下,浸湿地板或家具。

②准备一个干净的带喷嘴的浇花器,里面加少量玻璃水（或者其他的清洁剂）,再加满清水。对准暖气片的缝隙喷,灰尘会随着水流到事先铺好的抹布上。

③用抹布将暖气片上残存的水擦干。

④如果灰尘较多,可重复上面的过程,直至将灰尘除去。

8. 灯饰

灯具若沾染尘垢则会影响到室内的明亮度达 20% ~30%,因此要注意常用鸡毛掸子掸掉灰尘,干擦会产生静电,并招致灰尘,所以最好避免。

对灯饰进行清洁时注意：须事先切掉电源，才能开始清理工作。

①表面可用水擦的灯具，每年可用稀释的专用剂按照湿擦、干擦的顺序清理3~4次。

②荧光灯管和电灯泡部分，可先将灯管或灯泡卸下，用湿润、拧干的抹布避开金属部分擦拭，用干布将水分擦拭干净，再安装回去。

③无法水洗的灯罩，如布制、纸制，以及带有皱纹的布制灯罩，可用毛头较软的牙刷轻刷掉灰尘，这样不易损伤灯罩。灰尘较重时可用含有酒精的干净布擦拭。

9. 书籍

①蛀蚀甲、皮囊甲、书虱等都是图书的大敌，一旦发现，要及时处理，以免蔓延，可用澳甲烷、福尔马林等密封熏蒸。

②潮气对图书的伤害也很大，因此图书最好安放在干燥通风的书架上。对因受潮而发霉的书籍应及时晾干，然后用软刷或干布去除霉斑。

③图书不能放在阳光下暴晒。书房的窗户可配毛玻璃或安上窗帘、竹帘子、百叶窗等，以防阳光直接照晒。

④图书在阅读或保存的时候，也会沾上各种污迹。如果是油污，可以在污渍上放一张吸水纸，用熨斗轻轻熨几遍，直到油渍被吸尽。

10. 玩具

婴幼儿经常直接接触玩具，且他们喜欢啃咬玩具，所以要经常为婴儿消毒玩具。一些塑料玩具最好天天清洗消毒。

①塑料玩具可用肥皂水、消毒洗衣粉、漂白粉等稀释浸泡后，用清水冲洗干净，用清洁布擦干或晒干。

②布制玩具可用肥皂水刷洗，或放置在阳光下曝晒。

③耐湿、耐热，不褪色的木制玩具，可用肥皂水泡洗后晒干。

④铁制玩具在阳光下曝晒6个小时以上，有杀菌作用。

11. 巧除室内异味

①香烟味。可用蘸醋水的毛巾在室内挥舞，也可点两支蜡烛，烟味即除。

②霉味。在发霉的地方放一块肥皂，霉味即除。也可将晒干的茶叶渣装入纱布袋，分发各处，不仅能去除霉味，还能散发出一丝清香。

③化肥臭味。花卉上肥后，两三天内，房间里都会有一股化肥酵解后产生的臭味。如果把橘子皮剪碎撒在上面，既能增加土壤的养料，又可除臭。

④室内异味。在灯泡上滴几滴香水,灯泡遇热后会散发出香味,清香扑鼻。

⑤食物异味。将吃剩下的柠檬或橙子皮及其他香味浓郁的果皮,放在一个小盒中,置于厨房内,或在锅里放些食醋加热蒸发,异味就可清除。

(二)卫生间

1. 卫生间台面的清洁

①对于一般污渍,先用食盐将污渍处覆盖住,用软布反复擦拭,让盐充分渗入到污渍内部,也可以用一般的皂液清洁,然后用清水冲净后再用干毛巾拭干。对于顽固的污渍,可用1：4的双氧水与水的混合液擦拭所需部位。

②水果汁、咖啡等饮料的污点,可用加了几滴醋的洗衣粉水将其擦掉,擦完后再用清水认真冲洗干净。

③油垢可用汽油洗去。大理石上沾有墨水等污点时,可在1：20的双氧水与水溶液中加几滴氨水,用软布蘸此溶液擦拭,然后再用软布擦干。

2. 浴缸的清洁

①确保浴缸每次使用后用干布将水擦拭干净,保持干爽,避免留下水痕。

②清洗浴缸可使用中性液体清洁剂及使用柔性布料或良好海绵,切忌使用高碱性的清洁用品和硬度高的清洁工具。避免使用深色的清洁剂,以免色素渗入。

③不用时,关严水龙头,以免经常性滴水导致浴缸积水,留下水痕。

④浴缸及配件如有任何损坏,及时修理。

⑤不要在浴缸内放置金属物品,它们会令浴缸生锈,弄脏表面。

3. 巧除莲蓬头水垢

洗澡用的莲蓬头不流水主要是由于水锈和水垢。水中所含的钙、镁和溶于水的二氧化碳结合后,就会变成不易溶解的碳酸盐,并且会将莲蓬头的洞口堵塞。

水垢可以使用醋来清除。因为碳酸盐碰上酸会溶解。在盆中倒入3杯水和1/2杯的醋,然后将莲蓬头放入其中,浸泡一会儿,水垢就会慢慢溶解。需要注意的是,浸泡稀释的醋水后,要将莲蓬头马上用清水冲洗干净,避免残留的醋腐蚀莲蓬头。

4. 卫生间巧除味

①如厕后要及时冲水,冲净后将马桶盖盖好。

②选用除臭型清洁剂或洁厕香泡,既可清洁洁具又能除异味。

③将干花插入花瓶中,摆放在卫生间里,每隔一段时间滴几滴香水即可。

④柠檬是最好的除臭剂。将鲜柠檬切成片,干燥后放入器皿中置于卫生间内,可以防霉除异味。

⑤将一小盒清凉油开盖后放在卫生间合适的位置,使清凉油味逸出,可以去除卫生间的异味。

⑥香醋除臭法:在卫生间内放置1杯香醋,臭味会渐渐消失,每隔一周左右更换一次。

⑦咖啡渣:咖啡渣能散发清香,吸收臭味,很适合做除臭剂,只要把干燥的咖啡渣装到几个小布袋里(用丝袜也可以),放在卫生间各个角落即可。

⑧绿色植物和水果是最好的除味剂。如洋梨、香瓜、小南瓜等,将它们放在马桶水箱上,既环保还有益健康。

(三)厨房

1.抽油烟机的清洁

①打开抽油烟机让其运转,往风扇上喷入浓缩的去渍剂,5分钟后喷入温水,已溶解的油污会流入储油盒内,直接取下储油盒清洗即可。

②抽油烟机的面板清洗起来相对简单,可先喷上清洁剂,然后贴上纸巾,使清洁剂分解污垢;半小时后揭下,再用海绵轻轻擦拭,用纸巾吸收清洁剂,这可吸走大部分油污,比只喷清洁剂的效果好。

③抽油烟机的储油盒使用前,可在盒内先垫上一层保鲜膜,保鲜膜的一部分留在盒外,每次污油积满时,只需换保鲜膜即可。也可在盒内先倒洗涤剂垫底,这样污油总是浮在上面,清洗起来也容易。

④每次做饭时,产生热气可使抽油烟机和墙壁上的油污软化,可趁热用清洁纸或抹布将其擦拭掉。

⑤每次做菜后,不要马上关掉抽油烟机,让它继续运转,可将残留在空气中的油烟和水汽以及没有完全燃烧的一氧化碳抽走,减少室内厨具沾染油污的机会。

2.墙壁和地面的清洁

①高处的墙面可用T型拖把清洁。在拖把上夹上抹布,沾上清洁剂,用力推动拖把,抹布脏了可以拆下来洗干净后再用,反复几次,直到把墙壁彻底擦干净。低处的墙面,喷上去渍剂,然后贴上白纸,约半小时后,再进行擦拭,污渍可轻松去除。

②瓷砖缝比较难清洁。砖缝长期受油污侵蚀变成了一个个黑框框,用去渍剂

沿砖缝涂一遍,几分钟后用小刷子刷干净,然后再用拖把擦一遍。

③地面油污巧用醋。在拖把上倒一点醋擦,即可去掉地面油污。

3. 炉灶的清洁

做菜时常有汁液溅到炉灶上,做完菜后借着炉灶的余热用湿布擦拭,效果最好。如果要清除陈旧污垢,可在灶台上面喷上清洁剂,然后垫上旧报纸,再喷一层清洁剂,静置几分钟后,撤去报纸,再用蘸着清洁剂的报纸擦去油点。

清洁灶台油污还可用黏稠的米汤涂在灶具上,待米汤结痂干燥后,用铁片轻刮,油污就会随米汤结痂一起除去。用较稀的米汤、面汤直接清洗,也可有同样效果。

开关把手不易擦洗,可用小刷子蘸上清洁剂刷净。

4. 厨房门窗的清洁

①玻璃油污可用碱性去污粉擦拭,然后再用氢氧化钠或稀氨水溶液涂在玻璃上,半小时后用布擦洗,玻璃就会变得光洁明亮。

②纱窗油污可先用笤帚扫去表面的粉尘,再用 15 克清洁精加水 500 毫升,搅拌均匀后用抹布两面均抹,即可除去油腻。或者在洗衣粉溶液中加少量牛奶,洗出的纱窗会和新的一样。

5. 橱柜台面的清洁

不论是哪种材质的橱柜台面,都怕化学品和热的侵蚀,不锈钢的台面沾到盐分还可能生锈,所以平时应注意避免将热锅或酱油瓶等物品直接放在台面上。

清洁台面很简单,只需用湿抹布沾上清洁剂就可。不锈钢台面易刮伤,用做菜剩下的萝卜或黄瓜的横切面蘸去污粉轻擦,就不会刮伤台面。

6. 厨房水盆和水龙头的清洁

①水盆安装好后应用水冲洗水盆,用抹布擦洗表面,并擦干,然后在水盆表面涂少量植物油,以防止外界锈点或酸碱物质直接吸附在水盆表面。

②可不定期用温和的洗涤剂清洁,并用清水冲洗干净。注意勿用钢丝擦洗水盆,因为金属微粒会嵌入水盆,导致生锈影响美观。

③水盆切勿长时间积水,如有排水不良的现象,应尽快检修。含重金属成分的水(重水)会导致水盆变色或产生锈斑,解决的办法是:用干净的布蘸上专用的洗涤剂擦洗,然后用清水冲洗干净,再用毛巾擦干。

④尽量避免在水盆内调制化学物品,强酸、强碱性物质容易使水盆表面失去

光泽。

⑤厨房龙头要经常用细软、干净的棉布擦拭,以保持龙头表面干爽,这样龙头将会历久如新。

7.厨房管道的清洁

食物中的油脂很容易留在排水管中发生变质生成黏着状污垢,又和流入下水道中食物残渣菜屑等结合一体,发生腐败变质,堵塞下水管道。因此使用和清洁厨房下水管道应注意:

①天做饭洗菜时一定要给下水管道扣放好过滤网,避免大的食物残渣进入下水管道。

②如果清洗油脂较多的食品或碗碟,最好先用热水冲一下,减少油脂黏附在下水管道上。

③定期使用一次"管道通"清洁剂,并且使其在管道中停留几分钟,使污垢充分分解,保证下水管畅通。

8.巧除食物垃圾异味

异味是垃圾带来的最大困扰,若要追究来源,则以食物居多,尤其是生鲜类。所以处理这类食物时,要特别注意水分的处理。

①事先准备一叠报纸,然后把要丢弃的骨头渣、鱼刺等放在报纸上,既可吸收腥臭的血水,也可防止被尖刺刺伤的危险。

②削水果、挑拣菜叶时,若能善用报纸的吸水性,把果皮、残渣直接放在报纸上,再顺手卷包起来,既方便、干净又可避免滋生蚊蝇。

③家中的生鲜类、果皮等食物残渣,要尽量集中盛装,避免和其他不易变质的纸类垃圾混杂,而且最好能加盖处理,或是袋口随时封紧,以免异味四溢。

④在将垃圾袋套入筒内之前,可在垃圾桶底部铺上一层厚报纸,当菜渣汁液外漏时便会被迅速吸收,没有残汁积留,垃圾桶自然不易腥臭难闻。

⑤茶叶渣也可以做除味剂,垃圾桶内装入发臭的垃圾时,洒一层茶叶渣在上面,可除臭。

(四)衣物洗涤与保养

1.衣物清洗原则

(1)不同衣物材质需采用不用的洗涤方法。

常见的衣物纤维及其特性如下：

棉织品：吸水性极强，也容易沾染污渍，清洗容易，可以用温水洗涤。

亚麻布：吸水性强，质地较硬，应以温水或冷水清洗，以免污渍深入纤维。

丝织品：吸水性强的精致衣料，容易破损。不能用含酶的洗涤剂或漂白剂清洗，否则会洗坏丝织品。

毛织品：保暖，不容易起皱，污渍难以去除。如洗涤及晾干方法不当，容易令衣物缩水及变形。

化纤品：人工合成纤维，容易清洗，不易起皱，容易沾上油性污渍。

混纺织品：如棉和涤纶混纺成的涤棉布，耐用，容易清洗。

（2）由洗涤条件

①水的硬度。硬水含有大量的金属离子，与清洁剂结合后，会减低清洁剂的效力，因此，硬水并不适宜用来洗涤衣物。

②水的温度。水的温度越高，就越能清除污渍，尤其是棉质衣物的污渍，而且清洁剂亦较容易在温水中溶解。但对于某些污渍，例如血渍等含有蛋白质的污渍就不宜用热水洗涤，用冷水洗涤效果更好。此外，过热的水会破坏某些衣物纤维及漂染物料，令衣物缩水及褪色。

（3）清洁剂的选用

①清洁剂的酸碱度。衣物上的污垢是来自身体的汗水及油脂或其他外来的尘埃污垢。带一定碱性的清洁剂能有效清除这些污渍，但清洗丝质、羊毛及醋酸纤维衣物，则需要使用偏中性清洁剂。

②清洁剂的用量。一般人常以为清洁剂用得越多，清洁效能越大。但当水中的清洁剂分量达到饱和时，多余的清洁剂就不能增加洁力。要高效、节省地使用清洁剂，必须根据洗衣时洗涤衣物的量和用水量，取用适当的分量。

（4）洗涤衣物的分量

如果洗衣机内放进太多的衣物，就会影响洗涤时衣物的转动，严重影响洗涤效果。衣物若能顺畅地转动，就显示衣物的分量是适当的。洗涤前，可参考洗衣机标签上的建议洗涤衣物分量。

（5）洗涤方法

很多人认为，在洗涤衣物的过程中，力度越大，清洁的效能就越高，这是个错误观念，因为力度太大会破坏衣物纤维。事实上，通过衣物清洁剂中的表面活性剂等成分产生的化学效能，再配合适当的动力，即能去除衣物纤维中的污垢。

（6）洗涤时间

洗涤衣物的时间越长，并不表示清洁的效能就越高，而且洗涤时间太长，可能会损坏衣物的纤维。对于顽固的污渍，可通过预浸、用清洁剂预洗染有污渍的地方，并适当揉搓以去除。

2. 不宜用洗衣机洗涤的衣物

有些不宜用洗衣机，否则会对衣物造成损伤。这些衣物包括：

（1）丝绸衣物

丝绸衣物质地薄软、耐磨性差，在高速运转的洗衣桶内洗涤极易起毛，甚至在表面结成很多绒球，干后再穿很不雅观。丝绸衣物脏了，可在冷水中用洗涤剂中，用手反复揉搓几次就可以了。

（2）嵌丝衣料服装

嵌丝衣料服装由于材质特殊，怕拧绞，不可用洗衣机洗涤甩干，也不得用力揉搓，只宜放在35摄氏度左右的中性肥皂液或合成洗涤液中浸泡，泡透后用手翻动几次，待脏物洗掉，用清水漂洗后，挂在衣架上，让其自然滴水晾干即可。

（3）毛料衣服

这类衣服宜干洗，不宜在洗衣桶中水洗。这是因为毛料衣服不少部位用针缝合，衬布多是棉麻类织物，在洗衣桶中旋转翻滚会因吸水后收缩率不均而变形，影响美观，牢度下降。

（4）沾有汽油的工作服

这类衣物万万不可在洗衣机内洗。这是因为汽油易燃、易爆，不但扩散后污染、腐蚀洗衣机，还有可能因运转中的洗衣机出现打火现象而引起爆炸。

3. 巧洗衣物更干净

（1）加温洗涤。水的温度越高，就越能清除污渍，清洁剂亦较容易在温水中溶解。

（2）预处理：衣领、袖口等较脏的部位，喷洒少许衣领净。

（3）浸泡：非常脏的衣物可选好程序预洗一会儿，再断开电源浸泡几个小时后，接通电源重新洗涤，可使洗涤效果更佳。

（4）采用低泡洗衣粉：因高泡洗衣粉泡沫太多，尤其在加温洗涤时，使洗涤、漂洗作用大大减弱，采用低泡沫洗衣粉，洗涤发挥最大作用，使衣物更干净。

4. 巧除衣物污渍

（1）除墨渍。新渍先用温洗涤液洗再用米饭粒涂于污处轻轻搓揉即可。陈渍也是先用温洗涤液洗一遍,再把酒精、肥皂、牙膏混合制成的糊状物涂在污处,双手反复揉搓亦能除去。

(2)除尿渍。新尿渍用温水洗除;陈尿渍用28%的氨水和酒精(1:1)的混合液洗除。

(3)除油漆。在刚沾上漆渍的衣服正反两面涂上清凉油,几分钟后,用棉花球顺着衣料的布纹擦几下,漆渍便可清除。除陈漆渍时,要多涂些清凉油,漆皮自行起皱后即可剥下漆皮。将衣服洗一遍,漆渍便会完全去掉。

④除菜汤渍。刚沾上的菜汤渍可立即泡入冷水内约5~10分钟,在污渍处擦些肥皂轻轻揉搓即除。较陈旧的用小刷蘸汽油涂擦污处,去其油脂,然后把污渍浸泡在用1份氨水5份水配成的溶液内轻轻搓揉。

(5)除口红印痕。先用小刷蘸汽油轻轻刷拭,去掉油脂后,再用洗涤液洗除。严重的可先在汽油里浸泡揉洗,再用洗涤液洗除。

(6)除柿子斑。由于陈渍很难清除,所以沾上柿子斑后,应立即用葡萄酒加些浓盐水一起揉搓,然后用温水洗涤液洗除。

(7)除食醋、酱油渍。一般衣服上的食醋、酱油污渍,可用少量藕汁揉搓,再用清水洗净。

(8)除茶水、咖啡渍。白衣服上的茶水、咖啡渍,可用漂白剂或酒精擦拭。

(9)除圆珠笔油渍。用肥皂洗后,再用95%的酒精擦洗。

5.巧除衣物霉斑

(1)棉线衣服衣服上出现零点,可先把绿豆芽放在霉渍处,搓一搓,待霉点消失后,清水洗净即可。

(2)丝绸衣服上的霉斑,轻微的可用软刷子将霉斑轻轻刷去。对付较重的霉斑,刷时可喷洒些稀氨水。白色丝绸衣服则用50%的酒精擦拭,然后用清水洗净。

(3)化纤衣服上的霉斑,用50%的酒精、50%的氨水或松精油揩擦,难以除去的霉迹先用3%的肥皂、酒精混合液揩擦,再用医用双氧水揩擦,然后用清水洗净。

(4)有霉斑的棉织品可先在透风处晾晒,待干燥后由刷子刷去霉斑。

(5)呢绒衣服出现了霉点,先把衣服放在阳光下晒几个小时,干燥后,用刷子将霉点轻轻刷掉就行了。如果衣服因油渍、汗渍而引起发霉,可以用软毛刷蘸些汽油在有霉点的地方反复刷洗,然后用干净的毛巾反复擦几遍,放在通风处晾干。

(6)化纤织品上的霉斑,可用刷子沾浓肥皂水刷洗,再用温水擦除。

(7)麻织品可用氯化钙溶液刷洗,对陈旧的霉斑,可用淡盐水刷洗。毛丝织品的陈旧霉斑,还可用10%的柠檬酸溶液洗刷。

(8)皮革衣服上生了霉斑,可先用毛巾蘸些肥皂水、反复擦拭、去掉污垢后,立即用清水擦洗,然后晾干,再涂上一层夹克油。

6. 巧防衣服褪色

(1)反晒法。晾晒衣服时,把衣服反过来,要衣里朝阳,衣表背阴。

(2)加剂法。人造纤维衣服洗涤时,要在水中加一些食盐;洗高级的衣料可以在水里加少量的明矾,这样就可以避免或减少衣服褪色。

(3)酸洗法。洗涤有色布料衣服时,在洗涤剂中加1~2勺食醋,也能防止衣服褪色。

7. 晾晒衣服窍门

(1)衣服最好不要在阳光下曝晒,应在阴凉通风处晾至半干时,再放到较弱的太阳光下晒干,以保护衣服的色泽和穿着寿命。

(2)晾晒衣服要注意风向。由于近年来城市空气污染严重,特别是靠近工厂区的下风处,空气中往往含有大量的粉尘,稍不注意,很容易使衣服沾上粉尘,影响穿着效果。

(3)晒衣服时不可将衣服拧得太干,而应带水晾晒,并用手将衣襟、袖领等处拉平,这样晾晒干的衣服会保持平整,不起皱褶。

8. 各类衣服洗涤与保养

(1)拉绒衣物

拉绒衣物一般以腈纶为主,如果洗涤不当,易使衣物变形走样。正确的洗涤方法为:

①先将衣物放在冷水中浸泡。

②放入30摄氏度左右的中性洗涤剂溶液中揉挤搓压,上下掀动,对重点部位或污迹较严重处用肥皂搓擦揉洗。

③用清水漂净。

④铺放在平板上晾晒,至快干时,用毛刷将绒毛刷齐,然后挂在衣架上晾干。

(2)呢绒衣物洗涤

①呢绒衣物要选用羊毛衫专用洗涤剂或高级中性洗涤剂。

②呢绒衣物不宜在洗涤剂中浸泡过久,要随浸随洗,上下拎涮,洗净后在清水中漂净,以防串色。

③晾晒时要抻平,以免收缩。

（3）呢绒衣物除尘法

呢绒类衣物一般较厚,不易清洗,日常生活中,可注意除尘,减少清洗次数。

呢绒衣物除尘方法:将稍厚的毛巾放入45摄氏度左右的温水内浸透,将呢绒衣物平铺在桌上,再盖上拧得不太干的湿毛巾,用被拍或竹尺反复拍打,促使其吸附灰尘,然后洗清毛巾再盖上,反复几次即可去除呢绒衣物上的灰尘,最后放在通风处阴干。

（4）丝绸衣物洗涤

①水温不可过高,一般情况下用冷水即可。

②洗涤时要用碱性极小的高级洗涤剂或丝绸专用洗涤剂轻轻揉洗。

③洗涤干净后可在清水中加入少许醋进行过酸,可保持丝绸织物的光泽。

④晾晒时要避免在烈日下晾晒,而应在阴凉通风处晾干。

⑤在衣物尚未全干时,即可收下用熨斗烫干。

（5）丝绸衣物巧除皱

①洗过的丝绸衣服一般很难熨平,但若把它装进尼龙袋,放入电冰箱内冻上片刻,取出来再熨,效果就很理想。熨烫时,要从反面轻熨,且不宜喷水。

②醋水除皱。将衣服泡在30～50摄氏度加了醋的水中（一件衬衣以一匙食醋兑入半盆水为宜）,半小时后捞出,勿拧,抖几下,用衣架挂在通风处晾干即可。

③干毛巾吸水。准备两条干毛巾,一条铺在桌上,由于衣物面积较大,可将洗好的衣物分次平整地铺在毛巾上。再取另一条干毛巾覆盖在衣物上面,用手轻轻地按压,让毛巾吸干衣服上的水分。衬衫的袖子、领口等部位,均使用此法。最后用衣架将衣物挂起,晾干后,其挺拔程度与熨过感觉一样,穿时就会平整无皱。

（6）羊绒衫的洗涤

一般情况下,羊绒衫应采用干洗,但也可水洗,只要方法得当,不仅能将衣服洗干净,还能省下干洗的费用。

①检查是否有严重脏污,做好记号。洗前先将胸围、身长、袖长尺寸量好做好记录,并在洗前先将衬里翻出。

②把羊绒衫放入35摄氏度左右的水中浸透,放入专用洗涤剂浸泡15～30分钟,在重点脏污处及领口用浓度高的洗涤剂,采取挤揉的方法洗涤,其余部位轻轻拍揉。

③用30摄氏度左右的清水漂洗羊绒衫,洗干净后,可将配套柔软剂按说明用

量放入,洗后衣物的手感会更好。

④将洗后的羊绒衫内的水挤出,放入洗衣机的脱水筒中脱水。

⑤将脱水后的羊绒衫平铺在铺有毛巾被的桌子上,用尺量到原有的尺寸,再用手整理成原型,伸展挂在衣架上阴干,切忌暴晒。

⑥阴干后,可用中温(140 摄氏度左右蒸气熨斗整熨,熨斗与羊绒衫保持 0.5 ~ 1 厘米的距离,切忌压在羊绒衫上面,如用其他熨斗,必须垫湿毛巾。

⑦提花或多色羊绒衫不宜浸泡,不同颜色的羊绒衫也不宜一起洗涤,以免染色。

⑧如果衣物上沾有咖啡、果汁及血渍等,应送专业洗涤店洗涤。

(7)羊绒衫的保养

①穿羊绒衫时不能生拉硬套,如果过度拉伸,会难以恢复原状。羊毛衫穿了一些日子后,要放置一段时间,以恢复其原有的弹性。

②羊绒衫不宜贴身穿,以防汗渍、油脂吸附在羊绒衫上,引起虫蛀和霉烂。

③日常穿着羊绒衫要勤保养,换季时要拿去干洗收藏。收藏时需定期将衣物挂在阳光照射不到的干爽处,晾一小时,以散发湿气。为防衣物变形,口袋里勿放太重的东西。

(8)巧洗衬衫领口、袖口

衬衫的领和袖很容易脏,且污渍顽固,去掉不太容易,如果在穿之前或清洗时稍加处理,就可轻松去除。

①新的衬衫领口、袖口易脏处,用蘸上汽油的棉花球轻轻擦拭一遍。汽油挥发后,再投入清水漂洗。这样处理过的衬衫领口和袖口,穿时就不容易弄脏,即使穿脏了也容易洗净。

②衬衫的领衬材料多数是麻布或树脂麻布,为保持其平直挺括不变形,应用洗衣粉溶液浸泡 15 分钟,再用毛刷轻轻刷洗,不可用力拧绞、揉搓。

③衬衫的领口、袖口如用肥皂难以洗净的话,可将领口、袖口浸湿,然后在上面均匀地涂一层牙膏,再用软刷轻轻刷洗。待基本刷洗干净后,用清水漂净,再用肥皂洗,领口、袖口就会格外干净。

(9)牛仔服的洗涤

牛仔服一般较难洗涤,因此洗涤前应先用中性洗衣粉浸泡 2 ~ 3 小时,待污渍基本泡除后,再系好牛仔服的纽扣和拉锁,并把衣服的里子翻到外面,放入洗衣机中洗涤。这样既可避免纽扣或拉锁等物划伤机体,同时也保护了衣服表面,降低磨损程度。

（10）羽绒服的洗涤

①先将羽绒服在冷水中浸泡20分钟，用两汤匙左右的洗衣粉倒入20～30摄氏度的清水中搅匀，然后放入从清水中捞出并挤压去水分的羽绒服，浸泡5～10分钟。

②将羽绒服从洗涤液中取出，平铺在干净台面上，用软毛刷蘸洗涤液从里至外轻轻刷洗。刷洗干净后，将衣服放在洗涤液中拎涮几下，然后在30摄氏度的温水中漂洗两次后，再放入清水中漂洗三次，以彻底除去洗涤剂残液。

③将漂洗干净的羽绒服用干浴巾包卷后轻轻吸出水分，然后放在阳光下或通风处晾干。干透后，用小棍轻轻拍打衣面，使羽绒服恢复原有的蓬松柔软。

（11）巧除皮毛类衣物污渍

皮毛类衣物由于材质特殊，一般都采用干洗法，但日常生活中，一些小污渍自己动手也可进行清洗，不但简单，方便，更可节省干洗费用。

①鹿皮帽沾上轻微污渍后，可用软布蘸细盐擦拭，即可起到洗涤作用。但过多擦拭会使鹿皮磨光。

②皮帽可用切成片的洋葱擦净；裘皮帽可用软布蘸汽油顺毛擦拭，即可起到洗涤的作用。

③革服装上面的污垢，可用布蘸鸡、鸭蛋清擦抹弄脏处，待污渍除净，再用清洁的软布擦去蛋清。如领口、袖口和前襟处油垢过重，可在油污处滴几滴氨水和酒精配制的去油剂，再用布擦净。

④皮革油污可用凡士林去除，先用布擦去皮革上的浮尘，然后用干净布蘸凡士林擦拭皮革，可去除油污，恢复光泽。

⑤皮质服装上小面积的脏污可用橡皮擦拭。

⑥裘皮服装上有了污迹，可用棉团蘸汽油或酒精擦在毛皮上，但不能润湿皮板；再将滑石粉撒在毛皮上，用手揉擦，使粉末逐渐变脏而毛皮逐渐干净，如粉末太脏，可换干净的再搓。最后将衣服挂起，用藤拍拍去污物，晾干收藏。

（12）内衣的洗涤

①运动内衣

装进洗衣袋放进洗衣机洗，最好使用中性洗剂。建议运动后立即清洗，以免汗水留在纤维中。洗后在通风阴凉处晾干即可。

②无痕内衣

将微量的中性洗洁剂溶入不超过30摄氏度的温水中,将内衣稍加浸泡。

无痕内衣需固定杯模形状,清洗时不要直接刷罩杯,要用后身片搓揉罩杯,洗去脏污。

用清水洗净。再用干毛巾包覆内衣,手轻压内衣吸水。

将内衣用倒挂式,用夹子分别夹住两个罩杯钢丝下缘与后身片交接处。两边位置需平均,并整理好罩杯的形状,以免水的重量让罩杯凹陷、内衣变形。

③蕾丝内衣

清洗方式大致与无痕内衣同,但记得洗前先将背勾扣上,以免背勾勾破蕾丝,可用手搓揉或用软刷轻刷内衣脏污处。

9.巧洗小件衣物

（1）丝绸围巾

丝绸围巾的洗涤有一些注意事项。因为蚕丝是一种蛋白纤维,不耐碱,故宜用中性洗涤剂洗,温度控制在30摄氏度以下,以防止丝绸褪色、泛黄、变色、光泽黯淡。洗净后,在加有几滴醋的水中浸几分钟,可使丝绸色泽更加鲜亮。洗后不得拧干,应在阴凉处晾干。围巾洗净不用时,应放在暗处,以免丝绸吸收紫外线而泛黄、变色。

（2）领带

领带不论是何种面料,一般都不宜下水洗涤,以免褪色、缩水。但领带系的时间长了,难免出现污渍。可先用软毛刷蘸少量汽油,刷洗领带污处,待汽油挥发后,再用洁净的湿毛巾擦几遍。

（3）帽子

找一个和帽子形状相同的物体,如皮球等,把帽子套在上面洗刷,晾到半干后取下,按原来的形状稍作整理,然后晒干,帽子就不会走样。

（4）袜子

滴几滴食醋在温水里,将洗净的丝袜浸泡片刻再捞起晒干,其纤维会变得更坚韧,还可去除袜子的异味。

（5）皮手套

可取鲜牛奶100毫升、纯碱0.5克调匀,将用脏的皮手套套在手上,用绒布蘸牛奶轻轻擦洗,然后用另一块干绒布将手套擦干净即可。

皮手套清理干净后,可将手套像往常一样戴在手上。用护肤乳液或护手霜像给双手进行护理一样,均匀涂满戴着手套的双手,并互相轻搓,轻松完成皮手套的护理。

10. 巧洗夏天衣物

夏天易出汗。汗水中98%是水,其余的为尿酸、蛋白质、无机盐类。汗液蒸发后,剩余物质对织物纤维有腐蚀作用,而且脏的东西渗入布料纤维后,会洗不净。所以,汗湿衣服要随换随洗。

(1)每次洗涤前,先在3%～5%的食盐水中揉洗一下,然后再用肥皂洗涤。冷水中浸一会,再用肥皂液或洗衣粉液去除衣服上污垢,如果衣服上有汗渍,可把衣服浸放在5%的食盐水中或滴有几滴氨水的清水里,让蛋白质溶解,这样就可除去汗渍。

洗的时候以双手顺着衣物的直纹揉洗为好,切忌用搓板猛搓。

(2)洗汗衫、背心等夏季衣物时忌用开水,以免使汗液里的蛋白质呈凝固状,附在衣物上不易洗净。

(3)晾晒时要将衣物直纹自然垂直,切忌横着晾晒,也不要将两袖一字形紧绷在竹竿上,以防走形。

11. 毛巾清洁消毒

(1)高压蒸气消毒法:将毛巾放入高压锅中,加热30分钟左右,就可以杀灭绝大多数微生物。

(2)蒸煮消毒法:把毛巾先用开水煮沸10分钟左右,然后再用肥皂水清洗,晾干后就可以使用了。

(3)微波消毒法:将毛巾清洗干净,折叠好后放在微波炉中,高温运行5分钟就可以达到消毒目的。

(4)消毒剂消毒法:消毒剂可以选择稀释200倍的清洗消毒剂或0.1%的洗必泰。将毛巾浸泡在上述溶液中15分钟以上,然后取出毛巾用清水漂洗,将残余的消毒剂去除干净,晾干后就可以再次放心地使用了。

12. 白醋洗毛巾巧去味

毛巾用久了之后会发黄,发黑,并且有气味,可用白醋去除。用一小盆水,倒入少许白醋,搅匀,放入待洗的毛巾,浸泡片刻,用清水漂洗干净。放到阳光下晒干。毛巾既干净,又无气味。

13. 熨烫衣服的技巧

(1)熨丝绸织品时,要从反面用热熨斗轻轻地熨,最好不喷水,若喷水不均匀,熨后会有局部皱褶;熨尼龙和人造丝织品时,要特别小心,温度切忌过高,否则会使织物的染色部分遭到破坏,出现点点白斑。

(2)毛料衣服有收缩性,最好从反面铺垫上湿布再熨,如果要从正面熨则要求毛料较湿,熨斗要热;未洗净或未熨干的衣服,贮藏久了会生出霉点,用醋水洗净后再熨,霉点就会消失。

(3)拆洗的毛线弯曲缠结,解决这个问题可先在毛线上喷水,再覆盖上拧干的毛巾,左手将毛线拉直,右手用电熨斗熨烫,即可使毛线恢复平直。

14. 巧熨衬衫

(1)将衬衫两侧领肩拎起,摊平在熨衣板上,沿衣领四周将后肩部分烫平整。

(2)将袖口打开从内部开始熨,再熨正面袖口,纽扣四周可用熨斗尖熨烫,然后将整只袖子扣平熨。

(3)将领子及后半部分熨烫平整。

(4)最后,熨衬衫的正面,将衬衫的前后身对在一起,由衣角向肩部熨烫。

(五)鞋类的保养

1. 布鞋防缩水窍门

布鞋洗涤后常会因缩水而紧脚,因此在洗涤后,可在鞋内的大脚趾处塞进一块圆滑的小石子,晾干后鞋就不会有压迫脚趾的感觉。

2. 白皮鞋去污法

(1)白皮鞋沾上污迹可先用橡皮轻轻擦清污迹,再用干净的软布擦去橡皮屑,涂上白鞋油,油干后分别用鞋刷子和软布擦拭,白皮鞋便洁白如新了。

(2)沾了油迹可用棉布蘸少许煤油擦拭,再用干棉布擦去污迹即可。

3. 旅游鞋洗涤法

(1)先用溶剂汽油去掉油污,然后将旅游鞋放入清水中浸泡3~5分钟。

(2)用30摄氏度的温水冲开洗衣粉,把经过浸泡的鞋放入溶液里反复刷洗,直至干净为止。

(3)再用清水投洗3次,白鞋可在最后一次漂洗时放入少量米醋,以防止鞋干后发黄。

(4)用干毛巾吸尽鞋内的水,再放在阴凉通风处晾干。

4. 皮靴的保养

（1）新买的真皮靴子应先薄薄地打一层鞋油，放置 1 天后再穿。

（2）靴子每周都要保养一次，不要连续 3 天以上穿同一双靴子，因为靴子需要呼吸、休息，才能有更长的寿命。

（3）白色的靴子上的污迹可用橡皮擦拭。

（4）收纳靴子前要把靴子清理干净，最好放在通风的地方晾晒 1～2 天，这样就不容易成为细菌、螨虫的温床了。给靴子打好鞋油后，用纸团塞在靴子里，让靴子保持最佳体态。

5. 巧擦皮鞋

（1）先将皮鞋上的灰尘用软布擦净，然后挤上适量鞋油，再在鞋油上滴 2～4 滴食用醋。醋和鞋油混合后，擦出的皮鞋色鲜皮亮，且能保持较长的时间。

（2）将生鸡蛋清放入墨砚里，用墨磨成浓墨汁，用毛笔蘸此汁涂抹皮鞋的褪色部分，然后将鞋阴干，涂上鞋油，用刷子轻刷，皮鞋就油黑发亮，即使被水淋湿，颜色也不易退掉。

（3）打完鞋油之后，涂抹上一层膏状的打蜡油，洒上一些水，用软布擦拭。另外，往鞋油中滴些食用油，也可让皮鞋增亮。

（4）先将柠檬汁涂在鞋面上，再擦鞋油也能使皮鞋光亮如新。

（5）用过期的护肤乳液、护手霜当作鞋油擦拭皮鞋，也可让皮鞋光亮如新。

6 巧除鞋内臭味

（1）酒精（白酒）。每晚临睡前，用棉布蘸少许酒精，均匀地抹在鞋内，第二天早晨干后再穿。坚持两周后，鞋就不会发生臭味。新买回来的球鞋，穿之前先在其海绵底上均匀地洒上白酒，直至海绵底不能吸收为止，待其晾干后，穿起来就不会产生臭味了。

（2）干石灰粉（干燥剂包）。将干石灰粉用小布袋装好或食品袋内干净无油的干燥剂包，每晚临睡前放置鞋内，不仅能吸鞋内湿气更可消除臭味。

（3）苏打粉。将少量苏打粉直接撒入长筒靴、运动鞋中，既可吸收湿气又除异味。

（4）樟脑丸。把樟脑丸压成粉末，撒在洗干净的鞋内，再垫上一块鞋垫。

（5）食盐。在旅游鞋或皮鞋里，洒少量细食盐，这样就可消除鞋中异味。

（六）床上用品

1. 床垫的保养

（1）前六个月内，每个月将床垫翻转一次，以后每三个月翻转一次。这样可使床垫受力平均，而不会使某些弹簧因使用频率过高，而提早出现弹性疲乏。

（2）每年用吸尘器清理床垫数次，以保持床垫清洁。床垫需经常晾晒，以保持清爽舒适。

（3）当床垫不小心沾染污垢时，可用肥皂水清洗，切勿使用强酸、强碱性的清洁剂，以免造成床垫褪色。

（4）使用床单、床罩不仅有吸汗的功能，还能改变颜色，调节房间气氛，而且最主要的是拆洗容易，确保清洁卫生。

（5）避免常坐在床垫边缘，使弹簧受力不均，进而产生变形。不要让孩童在床垫上跳跃，以免对弹簧造成最直接的伤害。

（6）时常将床垫头尾对调，让床垫的受力更为平均，并可增加睡眠的舒适感。

（7）不要在床上抽烟或使用电器用品，以免不小心烫坏了床上用品和床垫，减少火灾隐患。

2. 被褥消毒需暴晒

纯棉被褥的主要消毒手段为日光曝晒。日光可以对纯棉被褥进行加热干燥，而且阳光中的紫外线对细菌具有较强的杀灭作用。

日光的杀菌能力与光线的强度与曝晒时间有关，一般来说，在直射阳光下曝晒3～6个小时，就可以杀灭抵抗力较弱的大部分致病菌，如伤寒杆菌、肺炎双球菌、白喉杆菌、溶血性链球菌等。但对于抵抗力强的病原微生物，如肝炎病毒等，则需要连续曝晒数日才能将其杀灭。

家庭病患（特别是肝炎病人）的被褥应当经常拆洗，将里面的棉花曝晒数日，将拆下的被罩、床单等用消毒剂浸泡消毒，也可以将整个被褥用环氧乙烷熏蒸消毒。

3. 清洗被罩有窍门

（1）被罩一般半个月应洗涤一次。

（2）洗被罩时，应先放在冷水或温水中浸泡片刻，再浸在加有洗涤液的水中浸泡20分钟左右，然后再清洗，绝不能用开水烫泡，以免出现褪色现象。

清洗白色被罩时,可以在洗涤剂中加少量漂白剂,可以使其更白,更透亮。这种方法不适于有花色被罩。

(3)被罩清洗前要了解其质地。一般棉布类被罩可用洗衣机洗涤,而绒面的被罩不能用洗衣机洗涤,以免脱绒掉毛、变形。

(4)被罩晾时要反面朝外晾晒,不能放在阳光下暴晒,以免褪色。

4. 常晒枕头有益健康

睡觉时,人呼出的不纯净空气会大量渗入枕头,而且头皮分泌的汗渍、油脂也会污染枕头,因此枕头内部极易"藏污纳垢"。日常清洗枕巾和枕套"治标不治本",枕心内的污秽气息不能除掉,还是会影响人们的健康。要保证卫生,要经常将枕芯拿到太阳底下曝晒,有条件的家庭可经常换枕芯,以加强健康保障。

5. 巧洗枕套

发油或染发剂随着头与枕套的接触会附着于枕套上,使枕套出现明显的污迹。洗枕套时,往温水中加入适量的清洗剂,将枕套在其中浸泡 2～3 小时,即可将污迹清除。

6. 凉席的保养

凉席很容易隐藏看不见的灰尘,使用时要注意:

(1)定期使用吸尘器清洁凉席,过程中宜放轻动作避免伤到凉席。

(2)以抹布蘸稀释的醋,尽量将抹布拧干,擦拭凉席,可以让凉席光亮,避免泛黄。

(3)发霉的凉席,可以用干布蘸酚液擦拭,将霉菌清除。

(4)若凉席被烟蒂熏黄,可以用棉花棒蘸双氧水擦拭。

(4)打翻粉末状的物品于草凉席上时,可以撒些粗盐,再用力拍打凉席,让粉末与粗盐混合在一起,再用吸尘器清理干净即可。

(6)擦拭过后的凉席应通风阴干,才不会发霉。

(7)避免凉席受阳光直射,以免褪色。

(七)家庭防虫

1. 除螨

螨虫对健康的危害多多。以尘螨为例,容易引起过敏类疾病,如过敏性皮炎、过敏性鼻炎、慢性荨麻疹、哮喘等。因此,家庭清洁应该把除螨放在首位。

地毯和布艺沙发、靠垫、窗帘、床上用品等家居用品很容易附着细菌及螨虫;被踩在脚下的地毯如果清洁不及时更容易藏污纳垢,滋生螨虫;植物上也生长能直接叮咬人皮肤的螨虫;书柜也是螨虫青睐的地方之一。

保证家居用品的清洁卫生是防止螨虫滋生的最好办法。

(1)毯子以及布艺用品要及时清洁,床上用品清洗前最好拿到室外抖一抖,洗时用50摄氏度左右的热水来洗,清洗后在有阳光照射和通风的地方晾晒。

(2)床上用品最好每两周换洗一次,每天用吸尘器吸一遍尘,吸尘时要仔细清理床和沙发有褶皱的地方,窗帘流苏之类的地方也不要放过。

(3)打扫室内卫生时要用湿毛巾、湿拖把进行湿式清扫,或者使用带有除螨功能的吸尘器,可以防止螨虫在室内传播。打扫完这些再擦玻璃,擦玻璃时也要先用湿布擦去灰尘,再用干抹布或报纸、卫生纸擦拭干净。

2. 除蟑螂

蟑螂是骚扰人类与传播疾病的昆虫之一,直接危害人类生活。防治蟑螂首先要掌握蟑螂的生态习性与活动规律,采取综合防治措施。单靠一种方法和一种杀虫剂,达不到杀灭效果。

(1)环境防治

①阻止蟑螂从外界侵入房内,如发现居室周围有蟑螂活动,要做好房门、窗户的密封,不要留有缝隙。查看上、下管道与地面是否严密,同样不能留有缝隙。

②蟑螂的繁殖季节为四五月,这一时期要注意检查室内易滋生、繁殖蟑螂的地方,放置杀蟑螂药。冬季蟑螂的成虫、若虫已部分被冻死,要及时清理残留的卵荚。蟑螂喜热,冬季要多在热源处施药,灭蟑效果更佳。

③平时搞好厨房、卧室卫生,妥善保藏食品,及时清理食物碎屑,管好厨房垃圾。

(2)除蟑螂方法

①在居室内放一盘切好的洋葱片,蟑螂闻到味道便会飞快逃走,同时还可延缓室内其他食物变质。

②把新鲜的黄瓜放在橱柜里,蟑螂就不敢接近橱柜。两三天后,把黄瓜切开使之继续散发黄瓜味,可继续驱除蟑螂。

③把新摘下的桃叶,放于蟑螂经常经过的地方,蟑螂闻到桃叶散发的气味便会远远躲开。

④桐油捕蟑螂。买100～150克桐油,加温熬成黏性胶体,涂在一块15厘米见

方的木板或纸板周围,中间放上带香味的食物作诱饵,其他食物加盖盖好,不使偷食。在蟑螂觅食时,只要爬到有桐油的地方,就可被黏住。市场上销售的蟑螂板、蟑螂屋黏蟑效果也很好。

⑤把喝完的酸奶盒,底部有少许酸奶残留,且盒顶部的覆盖膜呈半开状,放在蟑螂经常出没的地方,蟑螂闻到气味后就会爬进盒子里,被残留的酸奶黏住,不能动弹。

⑥在罐头盒中放少许糖水作诱饵,将罐头盒放在蟑螂活动的地方。蟑螂闻到气味后,就会爬入罐内被糖水淹死。

⑦夜间临睡前,可在洗手池等处洒些洗衣粉。蟑螂饮水时,便会被毒死。

⑧把硼砂、面粉各1份,糠少许,调匀做成米粒大的饵丸,撒在蟑螂出没处。蟑螂吃后即被毒死。

注意,由于蟑螂的适应能力很强,所以对于上述方法,应该经常交替运用,这样才能有效地驱除蟑螂。

3. 除蚊

蚊虫除叮人吸血骚扰人类安宁外,还给人类传播多种疾病。除蚊的方法很多:

(1)糖水:用一些空酒瓶,每只酒瓶装进约10毫升的糖水溶液,轻摇几下,使瓶子内壁周围黏上糖液,分别摆放于蚊虫活跃之处。蚊虫闻到糖味,会自动投入"瓶中陷阱"被黏住。

(2)台扇:蚊子晚上趋光,关掉所有的家中灯后,使用有指示灯的台扇并大角度摇摆,扇叶会打死许多蚊子。

(3)橘红玻璃纸:用透光性强的橘红玻璃纸套在60瓦的灯泡上,蚊子会四处逃散。

(4)柑橘皮:在室内点燃几块干柑橘皮,蚊子就会仓皇逃窜。

(5)涂抹植物汁液:用适量薄荷、紫苏或番茄的叶,揉出汁涂抹在人体裸露的皮肤上,蚊虫闻到这些植物汁散发出来的特殊气味会四处"逃窜"。

(6)服药驱蚊法:每天适量地服用一些维生素B。因服用后,维生素B经人体新陈代谢,从汗液或尿液排出体外,会产生一些特殊的气味,蚊虫很讨厌这种气味,因而不敢接近人体。

4. 除苍蝇

苍蝇是人们很厌恶的昆虫,它能机械性携带痢疾、霍乱、乙型肝炎、结核病等多种病原体传播给人类。灭除苍蝇常见几种方法有:

·家庭生活万年历·

图文珍藏版

（1）将杀虫剂均匀喷洒于室内门、窗、墙壁、天花板、厕所等苍蝇喜欢停留、栖息的表面。注意：喷洒杀虫剂后，人应立即离开，并关闭好门窗，这样既安全，又提高了杀虫效果。

（2）在室内或野外，用杀虫气雾剂或超低容量喷雾方法，进行空间喷洒，让药雾杀灭苍蝇。

（3）蝇笼诱捕法：把诱蝇笼悬挂于蝇类喜欢停落的地方，靠蝇笼发出的气味，诱蝇类来取食，从而抓住蝇类。

（4）在洗净的鱼、肉或豆制品上放几根洗净的葱，就会避免苍蝇叮咬。

（5）西瓜皮容易招引苍蝇，在西瓜皮上喷些敌敌畏等农药，可将落在其上的苍蝇杀死。

五、食物选购与存放

（一）谷类食物

1. 粮食的选购

（1）大米

根据品种不同，大米分为籼米、粳米和糯米；按加工精度又分为特等米和标准米等。挑选大米可遵循以下步骤。

一看：每粒新米的腹部胚芽总能保留部分或绝大部分；而陈旧稻谷，即使是今年加工的大米，其胚芽也很难找到或几乎没有，且胚芽脱落处常有缺口。新米一般有光泽，且有一定的透明度或半透明度，而陈米则色泽灰暗，米色呈黄绿色，透明度差，有异味。

二摸：新米光滑，手摸有凉爽感；陈米色暗，手摸较涩；严重变质米，很容易用手捻碎。

三闻：新米有股浓浓的清香味，陈谷新轧的米少清香味，而存放一年以上的陈米仅有米糠味，没有清香味。

四品：新米含水量较高，口感较松软，齿间留香；陈米则含水量较低，口感较硬。

（2）面粉

面粉是由小麦精加工制成不同等级的小麦粉；市场上常见的有特制粉（也叫精制粉或富强粉）、标准粉及普通粉三种。三种面粉虽然质量不同，但感官挑选方法基本相同。挑选时可从水分、颜色、新鲜度三个方面鉴别。

水分：含水量正常的面粉当用手指捻压时，有细腻滑爽之感，面粉干燥松散，不成团块状。轻拍面粉袋即有面粉飞扬；受潮含水分多的面粉，捏而有形，不易散，手插入面粉时阻力大，且内部有发热感，容易发霉结块。

颜色：面粉颜色越白，加工精度越高，但其维生素含量也越低；如果保存时间过长，或面粉受潮，则其颜色加深。

新鲜度：新鲜的面粉，有正常的气味，若有腐败味、霉味、颜色发黑、结块等现象，说明面粉储存时间过长或已变质。

精制粉是价格最高的面粉，加工精细，灰分含量低，面筋含量高，颜色细白，口感好、味美，营养容易被人体吸收。但因面粉在加工过程中，损失了大量维生素等营养成分，如果长期食用，易导致维生素缺乏等病症。

标准粉比精制粉略粗，色泽不如精制粉细白，麸较多，但它含有较多维生素、矿物质等，营养成分较为全面，有益人体健康。普通粉目前市场已不见了。

（3）豆类

首先观察其颜色及成熟度。质量好的豆，色泽正常，有光泽，豆粒饱满，豆皮紧绷。质次和未成熟的豆颜色差，光泽欠佳，豆粒外皮干瘪有皱，粒不饱满。其次还应观察不完整豆粒的多少，质量较好的豆极少有破粒、霉变、发芽豆粒。

（4）豆制品

我国豆制品主要以黄豆为主，通过一定加工手段将其做成各种品种。

①豆腐。豆腐物美价廉，营养价值较高，深得广大人民的喜爱。我国的豆腐分为南、北两种。

质量良好的南豆腐外表柔软、鲜嫩、整齐不破裂，色泽洁白无变质，食之可口细腻，味道鲜美。北豆腐外形见方，块均匀，四角平整，薄厚一致。南豆腐颜色洁白、口感细嫩，而北豆腐组织结构紧密，富有弹性，与南豆腐相比，较粗糙并有少量杂质。

无论南豆腐还是北豆腐，都含有较多的水分，在高温下易变质。一定不能食用发黏、变色和有酸臭味的变质豆腐。

②干豆腐。质量好的干豆腐色白味淡，柔软而富有弹性，薄厚均匀，片形整齐，具有豆腐的香味。如果发现干豆腐变色、变味，说明它已经变质绝不能食用。挑选豆腐丝和豆腐干也是如此。

③熏制品。豆制品的熏制品有熏干、熏素鸡等。这种豆制品具有特殊的熏烤

香味,色泽为棕红色,有光泽,应无异味和杂质。

④调味豆制品。常见的调味豆制品种类很多,有五香豆腐干、香干、五香豆腐丝等。因为在加工过程中添加了多种调料,调味豆制品各具有特色,味道鲜美。但如在保存中通风不畅、湿度较大或温度较高,都会引起发黏、变质。

⑤油炸豆制品。主要有炸豆泡、炸素虾、炸素卷、素肚等。虽然油炸豆制品保存时间可长些,但不能有哈喇味。

2. 粮食的存放

家庭贮存粮食的环境应保持低温、干燥,通风良好,同时要注意防止粮食滋生虫卵或其制品被害虫侵袭。

防止粮食生虫子的方法有:

(1)可用纱布把花椒或茴香缝成小包,放在米、面缸内(或桶内),外面的虫子不会再来,粮食里的虫子也会跑掉。

(2)在粮食缸内放几枚螃蟹壳、甲鱼壳、大蒜头,也可防米面生虫。

(3)豆类粮食贮存时,把豆类在开水中浸烫十几分钟后,捞出晒干,装入罐内密封起来,能长时间不生虫、不长霉。生了虫的豆类也可以这样处理,以杀死豆子上的害虫和虫卵。也可采用冷冻法,将豆类置于冰箱冷冻室冷冻,自然化冻后,晾干贮存,也可防止豆类生虫。

3. 油类的选购

(1)食用油

经常食用的植物油主要有豆油、菜子油、花生油、棉子油等,按提炼和提纯的程度分,食用油类别从低到高可分为二级油、一级油、高级烹饪油及色拉油。一般来说,级别越高越卫生、健康。可用以下四种方法鉴别。

①闻:每种植物油都有它特殊的气味,通过嗅觉能分辨出油的品种和品质。豆油有较浓的豆腥味,菜子油有清淡的菜子香气,胡麻油则有些鱼腥气味。把油加热到45~50摄氏度时气味更加容易分辨。食用油中若有变质味或臭味,则表明食用油已变质、酸败,不宜食用。

②尝:用手指蘸少许油,涂抹在舌头上辨别一下滋味,一般应没有异味。如带有酸、苦、辣、麻等味,说明油已变质。具有焦煳味的油质量也不好。

③看色:食用油多呈淡黄色或黄棕色,品质正常的油脂一般应该完全透明。

④加温:水分大的食用油呈混浊状,味道不好又不适合贮存。鉴别时可取油少许放入锅或小勺里加热至一定的温度,若油中出现大量泡沫,又发出"吱吱"声响,

说明油中水分较大;若油烟有钻嗓子的苦辣味,说明油中蛋白质已酸败。

（2）香油

要鉴别市场上出售的香油是否掺入菜子油、棉籽油或其他油,可用以下方法:

①看:纯小磨香油呈红铜色,榨麻油俗称大槽油,比小磨麻油色泽浅淡;熟菜油色泽则深黄,若掺入猪油,加热后就发白;掺入冬瓜汤、米汤则颜色较深,且半小时后有沉淀。

②闻:纯小磨香油,因芝麻经过火炒,所含芝麻醚变为具有香味的芝麻酚,香味醇厚浓郁,如果掺上花生油或菜油,醇香味则差,并带有花生或油菜子气味。如果香味不浓,而且有一种特殊的刺激味,说明香油已经氧化分解,油质变坏了。

③观形:小磨香油在日光下呈透明,如掺入 15% 的水,在光照下便呈不透明的液体,如掺入了 35% 的水,油就会自动分层并容易沉淀。

4. 油类的存放

食用植物油对存放环境要求较为严格,若保管不当,很容易引起变质、酸败、变色、变味等,变质的油食用后对人的肠胃有强烈的刺激作用,甚至会引起中毒等不良反应,为了防止食用油变质,可采取以下措施:

①家庭存放食用油,最好选用陶瓷、搪瓷或玻璃器皿。玻璃瓶最好用棕、绿色的,不用无色透明的,以免阳光中的紫外线和红外线能促使油脂的氧化,加速有害物质的形成,使油变质。

②储油的容器应尽量减少与空气、阳光的接触。容器要选择口径稍小并带盖的,不要放在窗台上或灶炉旁,要放在阴凉、通风干燥处。

③加料法。

维生素 E 是一种抗氧化剂。在每 500 克食油中添加一粒维生素 E 胶丸（用消毒后的针刺破胶囊）,既可使食油一年内不氧化变味,又能增加营养。

花椒是一种自然抗氧化物,将少量食油和花椒粒共同加热至出香味,等冷却后倒入瓶装食油内摇晃均匀,放在阴凉、干燥处。用它炒菜还会格外香。

5. 糕点的选购与存放

消费者在选购时可根据自己的喜好,选择各类特色糕点。并注意以下几点。

①选品牌。选购大型企业或有品牌的企业生产的产品,这些企业管理规范,生产条件和设备好,产品质量稳定。马路作坊应慎选。这些产品大多是在露天加工,露天销售,生产所用的器具不消毒,再加上卫生环境差,一般其产品的微生物指标超标严重,质量难以得到保障。

②看标签。买生产标识规范齐全的糕点。一般,标签上应标明产品名称、净含量、配料表、生产日期、保质期、厂名、厂址、产品执行标准号。特别要注意查看产品名称,是否是你所需要的品种。检查包装是否完整。

③感官鉴别。看糕点表面形状是否规范,色泽是否均匀、自然,花纹是否清晰,并查看是否有焦煳和霉变现象。新制作的糕点色泽鲜亮,外表油亮,口感绵软;陈旧劣质糕点色泽不正,暗淡不亮,发污发干。闻是否有油脂腐败的味道。

④高温潮湿季节应谨慎选购糕点。此时糕点易发霉,特别是含水量高的产品,在炎热的夏季易受霉菌感染而生霉。生霉后,不仅因长出霉斑而变色,变味,而且有些霉菌会产生对人体有害的毒素。

糕点不宜久存。糕点中含有的油脂以及含油辅料(如核桃仁、花生仁、芝麻等),在长期的贮存过程中,受阳光照射、空气以及温度等因素的影响会发生脂肪酸败,产生醛和酮类化合物等有毒物质,食用后会引起中毒。

一些糕点中所含水分在温度较高的条件下会因霉菌大量繁殖而发生霉变。霉菌所产生的某些毒素对人体是有害的,有的霉菌素还会引发癌症。

在存放糕点时要注意:

一是注意卫生,防止污染,二是保持新鲜风味,三是保持外形的美观完整。由于糕点中粮食易霉变,糖有吸水性,油易于酸败变质,所以存放时要注意防潮、防热、避免阳光照晒,保持适当通风。在拿取时,应用夹子、镊子或勺子,不能用手直接去拿。

(二)禽畜类

1. 猪肉的选购

(1)巧辨鲜猪肉

正常猪淋巴结呈灰白色或淡黄色,而淋巴结病变猪的淋巴结有樱红色肿胀或呈红色、暗红色出血,其脂肪为浅玫瑰色或红色,肌肉为黑红色。

病死猪肉的肉色暗红,脂肪呈粉红或黄色,肌肉无弹性,无光泽,皮肤上有出血点或出血斑。瘟猪肉猪皮上有出血点或出血性斑块,去皮猪肉的脂肪、键膜或内脏上有出血点。骨髓成黑色的是瘟猪肉,正常的猪骨髓应为无色。

注水猪肉呈白色,弹性差,而正常猪肉色红,弹性好。灌水猪肉的水容易渗出,用报纸贴在猪肉上,很快就湿透。灌水猪肉用手指按一下,指间无黏性,只有潮湿,而正常猪肉有黏性,无水湿感。

（2）识别冻肉的好坏

识别冷冻肉的好坏，主要根据肉的色、味、弹性和酸度来分辨。质量好的冻肉，颜色带浅灰色，肥肉和油脂呈白色。闻无怪异味，口尝不泛酸。手指压下去的部分不能平复，并出现红色斑迹。解冻后分泌出浅红色液汁。不好的冻肉或经过多次解冻的复冻肉，各处颜色不一，分别呈蓝色、浅蓝色或鲜红色。用手指压，肉色无变化。解冻后，肉质松软而无弹性。骨髓由白色变为红色。

（3）猪内脏的选购

①猪心：新鲜的猪心，心肌为红或淡红色，脂肪为乳白色或微带红色，心肌结实而有弹性，无异味。变质的猪心，心肌为红褐色，脂肪微绿有味，心肌无弹性；心的上部有结节、肿块，颜色不正，有斑点或心外表有绒毛样包膜黏连。

②肺：在挑选猪肺时，其表面色泽粉红、光泽均匀，富有弹性的为新鲜肺。变质肺其色为褐绿或灰白色，有异味，不能食用。如见肺上有水肿、气块、结节以及脓样块节等也不能食用。

③肝：新鲜的肝呈红褐色或淡棕红色，表面光洁润滑，组织结实有弹性和血腥味。变质肝发绿或呈褐色，无光泽，不结实，易碎，无弹性，这样的猪肝不能购买。

④肾（腰子）：新鲜的猪肾，为淡褐色，有光泽，组织结实，有弹性，略带臊味。而腐败变质的肾，色泽、组织、弹性极差，还有臭味。对于异常的肾，如肿大、萎缩、或带有各色斑点和肿块的都不能食用。

⑤肠：新鲜的猪肠呈乳白色、略有硬度，有黏液且湿润，无脓包和伤斑，无变质和异味。如果出现绿色，硬度降低，黏度较大，有腐败味，则为质次和腐败肠。

⑥肚（猪胃）：新鲜的肚为乳白色，黏膜清晰，组织结实，内外无脏物。如果颜色不正常，黏膜出现糊状，组织松弛，有臭味的为质次和腐败肚。

对于肠、肚还应注意，如果壁黏膜增厚，发硬，变形，溃疡，有脓肿或凹凸不平的现象则不能食用。

（4）根据需求选购猪肉部位

猪可以说浑身都是宝，各部位肉质不同，做法也各不相尽。按着烹调的需要，猪肉一般分为以下部位：

①血脖。即耳至肩胛骨前颈肉，呈条形，肥瘦相同，韧性强。适于做香酥肉、叉烧肉、肉馅等。

②鹰嘴。位于血脖后、前腿骨上部的一块方形肉。肉质细嫩，前半部适于做酥肉，切肉丝、肉片，后半部适于做樱桃肉、过油肉、炸肉段、熘炒菜等。

③哈利巴。位于前腿扇形骨上的肉（包着扇形骨），质老筋多。适于焖、炖、酱、红烧等。

④里脊。又称小里脊。位于腰子到分水骨之间的一长条肉，一头稍细，肉色发红。这块肉是猪瘦肉中最嫩的一块，适于熘、炒、炸等。

⑤通脊。又称外脊。位于脊椎骨外与脊椎骨平行的一长条肉。肉色发白，肉质细嫩。适于滑熘、软炸及制茸泥等。

⑥底板肉。后腿骨下部，紧贴臀部肉皮的一块长方形肉，一端厚，一端薄，肉质较老。适于做锅爆肉、清酱肉和切肉丝等。

⑦三岔。位于胯骨与椎骨之间的一块三角形肉，肉质比较嫩。适于做熘、炒菜及切肉丝、肉片等。

⑧臀尖。紧贴坐臀上的肉，浅红色，肉质细嫩。适于做肉丁、肉段及切肉丝、肉片等。

⑨拳头肉。又称榔头肉。包着后腿棒子骨的瘦肉，圆形似拳头。肉质细嫩。适于切肉丝、肉片和做炸、熘菜等。

⑩黄瓜肉。紧靠底板肉的一条长圆形内，形似黄瓜，质地较老，适于切肉丝。

⑪腰窝。后腿下部前端与肚之间的一块瘦肉，肥瘦相连，肉层较薄。适于炖、焖、炒等。

⑫罗脊肉。连着猪板油的一圈瘦肉，外面包一层脂皮。适于炖、焖或制馅。

⑬五花肉。位于前腿后、后腿前的腰排肉，肥瘦相间呈五花三层状，肋条部分较好称为上五花，又叫硬肋，没有肋条部分较差称为下五花，又叫软肋。上五花适于片白肉，下五花适于炖、焖及制馅。

⑭肘子。南方称蹄膀，即腿肉，结缔组织多，质地硬韧，适于酱、焖、煮等。

⑮蹄。猪爪。富含胶质，适于酱、煮汤。

2. 牛肉的选购

（1）巧辨鲜牛肉

肌肉红色均匀、脂肪洁白或淡黄、有光泽的是新鲜牛肉；色暗淡而无光泽的是变质的肉。新鲜肉外表微干或有风干膜，不黏手；变质肉外表极度干燥或黏手，且新切面发黏。新鲜肉指压后凹陷恢复；变质肉指压后凹陷不能恢复。新鲜的牛肉有清新的微腥味，而变质的牛肉则带有臭味。

（2）根据烹饪需要选购牛肉

①牛颈肉。肥瘦兼有，肉质干实，肉纹较乱。适宜制馅或煨汤。

②肩肉。由互相交叉的两块肉组成,纤维较细,口感滑嫩。适合炖、烤、焖,咖喱牛肉。

③上脑。肉质细嫩,容易有大理石花纹沉积。上脑脂肪交杂均匀,有明显花纹。适合涮、煎、烤,涮牛肉火锅。

④胸肉。在软骨两侧,主要是胸大肌,纤维稍粗,面纹多,并有一定的脂肪覆盖,煮熟后口感较嫩,肥而不腻。适合炖、煮汤。

⑤眼肉。一端与上脑相连,另一端与外脊相连。外形酷似眼睛,脂肪交杂呈大理石花纹状。肉质细嫩,脂肪含量较高,口感香甜多汁。适合涮、烤、煎。

⑥外脊(也称西冷)。牛背部的最长肌,肉质为红色,容易有脂肪沉积,呈大理石斑纹状。适合炒、炸、涮、烤。

⑦里脊(也称牛柳或菲力)。牛肉中肉质最细嫩的部位,大部分都是脂肪含量低的精肉。适合煎、炒、炸、牛排。

⑧臀肉(也称米龙、黄瓜条、和尚头)。肌肉纤维较粗大,脂肪含量低。只适合垂直肉质纤维切丝或切片后爆炒。

⑨牛腩。肥瘦相间,肉质稍韧。但肉味浓郁,口感肥厚而醇香。适合清炖或咖喱。

⑩腱子肉。分前腱和后腱,熟后有胶质感。适合红烧或卤、酱。

3. 羊肉的选购

(1)巧辨鲜羊肉

羊肉新鲜度识别的方法与识别牛肉类似。新鲜羊肉色红有光泽,肉质细密结实,有弹性,不黏手,无异味;不新鲜羊肉色暗,质松,无弹性,干燥或黏手,略有酸味;色暗、无光泽、黏手、有臭味的是变质羊肉。

(2)根据烹饪需要选购羊肉

羊的各部位名称及特点如下:

①羊头:肉少皮多,可用于酱、扒、烧等烹调方法,如扒羊脸、炒羊头肉、羊头捣蒜等。

②羊背:块大形整,适用于烤制。

③羊五叉:分前五叉和后五叉,适用于烤制。

④羊腿:适用于烤、炸、烧、煮等方法,菜品有烤羊腿、椒盐羊腿、油泼羊腿和美极羊腿等。

⑤羊蹄:以皮与筋为主,几乎没有肉。适用于卤制,酱制。

⑥羊小肘：以小块的腱肉为主，肉质较坚实，做法多样。

⑦羊排：肥瘦相间，肉质好，适合炸、烧、炖、烤。

⑧羊尾：多为脂肪，一般用于爆炒、汆、炸等。

4.禽类的选购

（1）巧选健康活禽

健康的鸡，羽翼丰满，鸡冠鲜红，眼有神，头、口、鼻颜色正常。

手摸鸡嗉囊内无积食、水、气体和硬物，软而有弹性，倒提没有液体流出口外。

手摸鸡胸骨两侧可知鸡的肥瘦程度，然后再拔开羽毛观其皮肤。健康的鸡胸肌肉和腿肌肉肥厚，皮色正常。

检查鸡肛门。健康的鸡可见肛门紧缩，周围绒毛干净，无绿色和白色污物，没有石灰质粪便。

病鸡的一般特征为两只眼睛紧闭或半闭，明显暗淡无光，并有分泌物流出。精神萎靡、四肢无力、步伐不稳甚至瘫软。嘴缘间有黏液，不爱吃食。手摸嗉囊发硬，双翅和尾巴下垂，羽毛松乱而无光泽，皮肤有红斑与肿块，胸肌十分消瘦，肛门松懈，周围羽毛有赃物和白色污物。

购买优质鸡除了鸡健康外，重量也是一项主要标准。最理想的鸡，全身肥瘦与重量适中。活鸡一般以2公斤左右为佳。

挑选活鸭、活鹅可参考挑选鸡的方法。

（2）冷冻禽类的选购

质好的禽肉，皮表干燥、紧缩、呈白或淡黄并带浅红色。禽眼充实饱满，角膜光泽。口腔的黏膜光泽、干燥、有弹性。当切开肉时可见皮下脂肪淡黄色，肌肉部分呈淡玫瑰色。鸭鹅肉为红色，胸肌为白色略带浅红色。用手触摸时，感觉肌肉有一定的硬度和弹性，手感较干燥。除本身所固有的肉腥味外，不应有异味。

如果禽眼下陷并有黏液，角膜混浊，皮肤松弛、黏湿，色泽暗淡或带有霉斑，肌肉无硬度、无弹性、有异味等均可认定为质次或变质肉。

（3）根据需要选购鸡的各部位

①鸡头。皮薄骨多，全无肉质，一般用于熬汤或当下杂处理。

②鸡颈。皮厚而阔，肉少骨多，适合卤、酱。

③鸡脊。骨硬肉薄，但有鸡的鲜味，宜用于煲、炖。

④鸡翅。肉纹细而筋骨少，肉鲜滑而味清香，适合所有做法，炒、炸、煸、卤、烤等无一不可。

⑤胸肉(包括鸡柳肉)。除主胸骨外,全无骨骼,肉纹细而瘦肉多,适宜于撕成丝和切片;鸡柳肉可剁成茸,制作丸状的食品。

⑥大腿。肉多而瘦,富有鸡鲜味,宜于切片炒制、清炖、烧烤。

⑦小腿肉。较小而筋络多,宜于起肉切丁或制作烧、炖、炸等食品。

⑧鸡爪。富含胶质,可煮汤、烧、卤、泡等。

另外,不同方式饲养出的鸡,适宜的制作方法也不同,选购时要根据需要进行挑选。

散养鸡由于饲料杂,活动范围广,生长期长,肌肉老粗,吃起来味道纯正,最好采用烧、炖、煨等烹调方法,烹调时可少加甚至不加调味品。圈养鸡由于饲料单一,活动少,生长期短,脂肪多,肉质嫩,味道较差,适合炸、烹、熘、炒,宜多加一些调味品。

5.熟肉和肠类制品的选购

熟肉制品按烹调方法分,有酱、卤、烧、烤等。原料肉有猪肉、羊肉、牛肉、兔肉、禽肉等。这里主要介绍常见的熟肉制品。

①酱卤肉制品:常见的有酱猪肉、酱牛肉和酱羊肉等。酱肉的挑选除了解风味特色外,还应注意肉质的新鲜,无异味、异物,风味纯正,香气浓郁等。

②烤肉制品:是将鲜肉放入备好的各种配料中腌制,再经烤炉高温烘烤而成的熟肉制品。如烤牛肉、烤羊肉、烤乳猪、烤全羊、烤鹅、烤鸭等。烤肉制品味道鲜美,外焦里嫩,深受消费者欢迎。

③叉烧类:市场上多见叉烧猪肉、叉烧牛肉。在选购叉烧时,以瘦肉切面略现赤红色,肥肉白而透明,有光泽,瘦肉紧密,气味鲜香无异味,滋味浓厚为佳品。

④熟肉制品还有红烧、油炸、干、糟制品及肉脯等。各品种都有独特的形状、色泽、香气、滋味和特殊的风味。对于外观质量低下,表层发黏的熟肉制品,消费者应加倍注意。

⑤肠类制品:因加工方法及辅料不同,各地的肠类食品风味也明显不同,如广东腊肠、哈尔滨红肠、四川麻辣香肠等。香肠的主要原料是猪肉,挑选时应注意观察颜色和肥瘦肉的比例,肥膘为白色,瘦肉为红色,红白分布均匀,色泽鲜明。还要看肠的两端绳是否扎紧,肠衣外部是否干净整洁,不应发白或有杂色。当用手触摸时,感觉肠衣干燥牢固,不发黏,且结实饱满,有韧性。品尝时口味鲜美爽口,调味适中,特色明显。

6. 肉松的选购

肉松是用瘦肉经烧煮,去油,收汤浓缩后,炒干而成的肉制品。按加工方法的不同,分为太仓肉松(良质肉松)和福建肉松两种。

太仓式肉松在外观上呈金黄色或淡黄色,带有光泽,絮状;纤维纯洁疏松,肉质细腻,有香味。

福建式肉松呈团粒状,重油重糖,酥松柔软,香味浓郁。

变质肉松外观呈灰黄色,无光泽,组织结块有霉斑,纤维黏连并黏手,肌纤维易断,有酸败味。

7. 蛋类的购买和存放

(1)鸡蛋的选购

一看:好蛋的外壳新鲜,有一层白霜。如果是孵化过的蛋,外壳发亮,气孔较大。霉蛋的外壳有灰黑色斑点。臭蛋的外壳发乌。

二摸:新鲜蛋拿在手里发沉,有压手的感觉;陈蛋分量轻;黑贴皮蛋和霉蛋外壳发涩。

三听:将三个蛋拿在手里相互轻碰,好蛋发出的声音实,似碰击砖头声,空头大的有洞声,裂纹蛋有"啪啪"声,贴皮蛋、臭蛋似敲瓦碴子声。

四照:利用日光灯或灯光进行照看。好蛋透亮;臭蛋发黑;散黄蛋似云彩;贴皮局部发红;黑贴皮局部发黑;热伤蛋的蛋黄膨胀,气室较大。

五闻:新鲜鸡蛋无异味,新鲜鸭蛋有蛋腥气;蛋壳有霉味或臭气的是霉蛋或坏蛋;有汽油、农药等异味的是污染蛋。

(2)鸡蛋的存放

①时间。一般新鲜的带壳蛋,夏天在冰箱可储存7天左右,冬天一个月左右。蛋去壳之后,最好马上食用,就算放冰箱,也不宜超过4小时。煮熟的蛋,可在冰箱存放10天左右。若壳已破裂,在夏天,就算放冰箱,也只能放4天左右,室温下只可保存2天左右。

②存放方法。蛋壳怕潮,不能放在不透气的塑胶盒中。存放时将较圆的一头向上,较尖的一头向下摆放,这样可以固定蛋黄,以免形成贴壳蛋或靠黄蛋。

(3)松花蛋的选购

松花蛋又称皮蛋,多用鸭蛋加工而成。具体挑选松花蛋的方法如下:

看:蛋壳外表应完整,蛋壳颜色以灰白或青铁色为佳。黑壳蛋及裂纹蛋为质次蛋。

掂：将松花蛋轻轻抛掂，手感颤动大，有沉重感的为优质松花蛋。手感蛋白不颤动的为死心蛋。如手感颤动和弹性都过大的则是汤心蛋。

摇：用手捏住松花蛋的两端，在耳边摇晃几下，听其内有无声响。质量好的蛋有弹性而无声响。蛋内有较大水响的为响水蛋。若是一头有水荡声为烂头蛋。如果有干硬的撞击声则是脱壳蛋。

弹：用手指轻弹蛋的两端，如有柔软的"特、特、特"声的为优良蛋，产生生硬的"得、得、得"的即为劣质蛋。

敲：此方法适用于外皮包有泥土的松花蛋。从敲击中感觉蛋内的颤动，其标准可参考上述内容。

质量较好的松花蛋，蛋皮易剥去，蛋和蛋白不黏连，蛋黄的位置略居中部，呈墨绿色或蓝黑色，蛋清有较多的松枝花纹，口味略带辛辣，味美浓香，清凉爽口。

（4）咸蛋的选购

看：蛋壳完整无裂纹、色泽正常为优良咸蛋。

摇：将咸蛋握在手中，轻轻摇晃。成熟的咸蛋，蛋白呈水样，蛋黄紧实，摇晃时可感蛋白液在流动，并有击水的声音，而混黄蛋与次质蛋无击水的声响。

照：将蛋对着光线透照，通常咸蛋的气室都比新鲜蛋气室大。如果咸蛋的气室太大，则说明质量差。

煮熟剖视：新鲜成熟的蛋，蛋白鲜嫩洁白，蛋黄坚实，黄白分明，蛋白细嫩松软，蛋黄细沙，呈朱红色或橙红色，周围渗油，咸淡适口，这种咸蛋口味最佳。

在咸蛋中，如果出现无臭味的贴壳蛋、散黄蛋和泡花蛋（煮熟后内容物呈蜂窝状），尚可食用。如果是混黄蛋，并有腥臭味的蛋，在前期尚可食用，后期不能食用。黑黄蛋（即蛋黄发黑、蛋白浑浊）有臭味的不能食用。

（三）水产

1. 鱼的选购

（1）巧辨新鲜鱼

新鲜鱼的特征：色泽光亮，体硬肉紧，富有弹性；眼球突出，清亮有神，角膜透明；鱼鳞紧贴不脱落；鱼嘴紧闭但易拉开，口内清洁无污物；鱼鳃盖贴合得紧，而鳃部鲜红；鱼肚完整，色泽正常，腹内无胀气；肛门周转呈圆坑形，硬实发白，有正常鱼腥味。

不新鲜或腐败鱼的特征：鱼体柔软，无弹性；眼球下陷收缩，眼睛浑浊；鱼鳞疏松易脱落;鱼鳃松弛,鳃或肛门口有黏污物外溢;体表暗浊,无光泽;有异味,甚至腐臭味。

（2）活鱼保鲜

①巧贴鱼眼:在鱼的眼窝后面,有两个很特殊的腺体,被称为"死亡腺"。"死亡腺"在鱼离开水后便会断裂,而活鱼也会因此而死亡。为防止"死亡腺"断裂,可取浸湿的软纸贴在活鱼的眼睛上,可使活鱼的存活时间延长三四个小时。

②白酒"醉"活鱼:可向活鱼嘴中滴灌几滴白酒。当活鱼"醉"后,便可将其放回水中,再将盛水的容器放在阴凉通风、黑暗潮湿的地方,让活鱼"小睡"一会儿。这样,到想吃时时,鱼还活着呢。

（3）冷冻鱼的选购

冷冻鱼外层有冰又很硬实,不易鉴别。挑选时一般可以从以下几点观察。

鱼外表:质量好的冻鱼,色泽鲜亮,鱼鳞无缺,肌体完整。质次的冻鱼,皮色灰暗、无光泽、体表不整洁、鳞体不完整。

鱼眼:质量好的冻鱼,眼球凸起,清亮,黑白分明,洁净无污物。如眼球下陷,无光泽则为次品。

鱼肛门:这是选择冻鱼的一项主要指标。鱼体表面最易变质的是肛门。如果体内不新鲜,鱼肛门会松弛、腐烂、红肿、突出,肛门的面积变大或有破裂。而新鲜鱼的肛门完整无裂,外形紧缩,无黄红浑浊颜色。

2. 虾的选购

鲜活的虾质量最佳,如果是已死的生虾则应选择那些体形完整,外壳透亮,体表呈青白色或青绿色,头节与躯体紧连,肉体硬实、有韧性,须足无损伤,蟠足卷体,体表无污秽物黏物,无异常气味的生虾。如果虾的外壳暗淡无光或变红,体质柔软,肉质松软,须足缺损,外表有黏腻物质附着,有腥臭味或胺臭味,头节与躯体易脱落,甲壳与虾体易分离者,说明该虾已不新鲜或变质,不宜购买。

3. 蟹的选购

蟹分海蟹、河蟹。因性别和季节的不同,蟹的挑选方法有差别。

①海蟹:海蟹一般在春秋季节最肥,此时是购海蟹的最佳季节。因雌蟹黄多,雄蟹黄少,所以人们多喜欢选购雌蟹。雄蟹腹部呈尖三角形;雌蟹腹部呈圆形并有硬毛,是用来附着卵粒的。质量好的海蟹背壳为清褐或微带紫色。纹理清晰,有光泽。脐上无"胃印"(蟹类多以腐殖质为食,不新鲜的蟹类,胃内食物就会腐败而在蟹体腹面脐部上方泛出黑印)。蟹足内部洁白、完整;蟹壳两端的壳尖(针尖)无损

伤。提起有重实感,手指按胸甲两侧和腿部感到壳肉坚实。提起蟹体时,前足不松弛下垂,腿关节有弹性,前足和壳连接紧密。如果提蟹时感到轻飘,腿、钳与体连接松懈易掉为次质蟹。

②河蟹:购买河蟹最佳时间是在立秋前后。雄蟹为尖脐,雌蟹为团脐。选购河蟹的方法与海蟹相似,以爬行快,蟹螯夹力大,毛顺,腿完整,个体大而饱满,蟹壳为青绿色、有光泽,嘴中不断吐泡的为佳。

选购蟹时应注意死河蟹不能购买食用。

4. 海带的选购

海带是一种海藻类蔬菜,目前多以养殖为主。海带产品目前主要有三种:干海带、盐渍海带和速食海带。

选购海带产品时注意以下几点:

①干海带是以鲜海带直接晒干或加盐处理后晒干的淡干、盐干海带。海带以叶宽厚、色浓绿或紫中微黄、无枯黄叶者为上品,应选择无泥沙杂质、整洁干净、无霉变,且手感不黏者为佳。

②盐渍海带是以新鲜海带为原料,经烫煮、冷却、盐渍、脱水、切割(整理)等工序加工而成的海带制品。一般盐渍海带食用前需用温水浸泡,体积会变大。购买时应观察是否为海带自有的深绿色,以壁厚者为佳。

③速食海带是以鲜海带或淡干海带为原料经洗刷、切割、热烫或熟化制成的速食调味食品。这类食品应尽量从大型超市或商场购买,选择标签完整、有一定品牌的海带产品。

④挑选海带时需特别注意:颜色不正常的海带谨慎购买。海带的正常颜色是深褐色或绿色。海带经盐制或晒干后,具有自然墨绿色或深绿色,颜色过于鲜艳的海带购买时要慎重。海带买回家后如果清洗后的水有异常颜色,也应该停止食用,以免影响身体健康。

5. 海参的选购

常见的海参有五种:一是灰参,又名刺参,呈圆筒形,有不规则的圆锥形肉刺,体壁厚而软糯,是海参中质量最好的一种,被誉为"参中之冠";二是梅花参,体型较大,活体色艳丽,背部肉刺很大,它体大肉厚,品质佳,是中国南海的食用海参中最好的一种,但食用品质不如灰参;三是方刺参,体色土黄略发红,体型不大,产量较高,但口感过于软糯;四是白器参,体面光滑无刺,体色白中带黄,食用品质一般;五是克参,又名乌狗参,体面呈黑褐色,圆筒状,两端较细,外皮厚而硬,肉薄,品质较次。

海参以体大、皮薄、个头整齐，肉肥厚，形体完整，肉刺齐全无损伤，光泽洁净，颜色纯正，无虫蛀斑且有香味的为上乘之品。还要求开口端正、膛内无余肠泥沙，灰末少，干度足，水发量大（即膨胀率大）。

购买水发海参时，应选择体大、肉厚、无泥沙者为好。如发现海参过分发胀，肉质失去韧性，手指稍用力一捏就开裂、破碎，并能闻出明显碱味，这种海参营养价值低，对健康也有害，最好不要购买。

6. 贝类的选购

（1）贝类必须鲜活食用。优质贝类两壳能紧闭，张开时，碰触即刻闭合，间断地向外喷水；如壳张开后触动却不闭，或闭合也不严密，则为不新鲜品。

（2）贝类外壳表有光泽，肉质鲜活，闻之有鲜美味，如有异味，则属不鲜品，如有油气味，则属污染品，切勿食用。

（3）常见贝类选购技巧：

①蚶。初从海滩泥土中捕捞的蚶，外壳满是湿污泥；从沙滩捕捞的，也有湿沙沾壳。新鲜的蚶，双壳往往自动开放，用手拨动它则双壳立即闭合。如外壳泥沙已干结，说明捕捞上来已久。不新鲜的蚶，烫熟后血水不红，味不鲜美，有的并有异味。

②花蚶（花蛤）。新鲜的花蚶浸在淡盐水中双壳会开启，吐出泥沙，如果水中双壳闭合，就不是活花蚶。不新鲜的花蚶炒熟后有异味、臭味。

③蚝（牡蛎）。餐馆、酒家所用的蚝，一般都是已开壳的鲜蚝。新鲜的蚝色泽青白，光泽明亮，无异味。不新鲜的蚝呈乳白或乳红色，没有光泽，质浮软，有异味。

④螺类。螺类以活为鲜，活螺的螺头会伸出壳外，螺壳随螺头而动。螺壳若在水中不动，且螺尾有白色液汁流出，说明螺已死，若不及时处理，螺肉就要变味。

⑤蛏。蛏捕捞之后，需用淡盐水浸半天，让其吐出泥沙。鲜活蛏张开壳后不断射水吐沙，拨动它则闭壳。若两壳张开，半露肌体，拨动或用手指捏住，毫无反应，说明蛏已死，不及时处理就会变味。

⑥扇贝。开口扇贝轻拍便闭合的是活的，反之是死的。养殖扇贝外壳一般颜色深，纹路不清晰，附着大量泥沙，而野生扇贝外壳光亮，纹路清晰，比较干净。

7. 干海味的选购

鱿鱼干：形体完整坚实，光亮洁净，肉质厚，呈浅粉色，形体部分蜷曲，尾部和背部红中透暗的为上品；形体、肉质、色泽较差，两侧有微红点的为下品。

墨鱼干:形体完整,色泽光亮洁净,体平展、肥厚,呈棕红色半透明状,有香味的为上品;如局部有黑斑,表面带粉色,背部暗的为下品。

鲍鱼干:形体完整,大小均匀,干燥结实,色泽淡黄或粉红色,呈白透明状,微有香味的为上品;如局部有黑斑,表面带粉白色,背部暗红则为下品。

干贝:色黄而有光泽,表面有白霜,颗粒均匀,无杂质,肉坚实,肉丝清晰粗壮,有特殊香味的为上品;色暗淡,体形歪斜,不圆整,肉丝枯瘦松散的为下品。

(四)蔬菜的选购

1. 各类蔬菜的选购

(1)萝卜

新鲜的萝卜含有较多的碳水化合物,其中维生素C的含量高于苹果和梨。萝卜的品种很多,有青皮萝卜、白皮萝卜和红皮萝卜等,其质量以皮色光洁、不伤、不冻、不裂、不烂、不带杈、无黑心、无切项者为佳。

市场上常见的胡萝卜有红胡萝卜和黄胡萝卜。红胡萝卜适宜生吃和熟食,黄胡萝卜适宜熟食。购买时,应挑选个儿大,表皮光滑,没有黑斑,不开裂,不伤不烂,个重在150克以上的。

(2)茄子

茄子在我国南北方都有种植,是夏秋季的主要蔬菜之一。依据茄子的形状可分为圆茄、长茄和卵茄。圆茄,果实圆形、扁圆形或长圆形,皮黑色、紫色、绿色或白色。圆茄的肉质比较紧密,单果较重。长茄,果实细长,皮较薄,有紫色、青绿色、白色等,单果较轻,肉质较嫩。卵茄,果实为卵形或长卵形,果较小,质较硬。

挑选茄子时要注意:

①看颜色。优质的茄子表皮通常颜色较深,色泽也显得更加均匀。

②看表皮。茄子老嫩能够通过表皮的光滑程度来判断,过于光滑的可能老熟多子,有磨砂质感更嫩一些。缺水或者搁置时间过久,茄子表皮会萎缩、起皱褶。

③摸弹性。茄子不是越软越好,应该是软硬适中,饱满自然是上上之选。用手指在不同的部位轻轻地按几下,能够感觉到肉质厚实和富有弹性的为优质茄子。

④掂手感:茄子一旦老了,皮厚肉紧,肉坚籽实,肉籽容易分离,分量重,这时的茄子食用价值降低,做出的菜不好吃。

(3)西红柿

西红柿又叫番茄。味甜而微酸,既可作蔬菜,又可作水果食用。

西红柿的品种较多,依其色泽有红色、粉色、黄色之分。红色西红柿的果实为大红色,一般呈扁球形,汁多爽口,风味好。粉色西红柿的果实为粉红色,近圆球形,味酸甜适宜,品质较好。黄色西红柿的果实为橘黄色,呈圆球形,果大肉厚,肉质又面又沙,生食味淡。

质量好的西红柿,应颜色鲜艳、脐小、无畸形、无虫疤、不裂不伤、个大均匀。

（4）花椰菜

花椰菜又叫花菜、菜花,是甘蓝的一个变种,原产欧洲。花椰菜供食用的花球和嫩茎部分营养丰富,尤其是维生素 C 含量较高,粗纤维含量少,质嫩适口,味道清淡,容易消化,尤适于老人、孩子、病人食用。

在选购花椰菜时应选择花球洁白、脆嫩,色泽好;花球紧实,掂之有重量感,无茸毛,可带四五片嫩叶;菜形端正,近似圆形或扁圆形,无机械损伤;球面干净,无沾污,无虫害,无霉斑。

（5）辣椒

辣椒的维生素 C 含量居蔬菜之冠,既是营养品,又是调味品,具有刺激食欲,促进血液循环的功效。

辣椒的辣度可由其外观和颜色识别。从外观上看,果实细长,呈羊角形或圆锥形的辣度大,特别是线形和尖形的辣椒辣味最大。从颜色上看,深红或深绿的辣味最强。

辣椒不易贮存,家庭少量存放时,可挑选好的辣椒,放在塑料袋内,口袋不密封,在阴凉地方可放几日;若在冰箱中,可存放 10 ～ 15 天,仍保持新鲜,但低于 7 摄氏度辣椒就会受冷害。

（6）土豆

土豆又叫马铃薯。它所含的碳水化合物（主要是淀粉）相当高,一般都在 15%～25%,所以它能提供较大的热量。

挑选土豆时应注意以下几点：

④个头大,端正均匀;

②皮面光滑而不过厚,芽眼较浅而便于削皮;

③无机械损伤,不带毛根,无病虫害、粗皮、腐烂、热伤、冻伤、变黑,无发芽、变绿和蔫萎现象。

贮存土豆时应尽量避免日光照射,日光能使其皮层变绿,使龙葵素含量剧增。发芽、变绿的土豆有毒,千万不可食用。

（7）山药

山药是多年生蔓性草本植物,有益肾,健脾,补虚,治消渴的功效。

挑选山药时要注意:

①问产地:一般市场上的山药主要为长柱形,多产于河南、山东、河北、陕西等地,其中以四川等地的"脚板薯"、山西怀县的怀山药、江汉南城的淮山药最为有名。

②看表皮:挑选山药的时候,首先要关注的是山药的表皮:表皮光洁,没有异常斑点的(山药感染病害会产生异常斑点)才是好山药。有异常斑点的山药建议不要购买,因为受病害感染的山药其食用价值已大大降低。

③辨形状:太细或太粗的、太长或太短的都不好,挑选的时候要选择那些直径在 3 厘米左右,长度适中,没有弯曲的山药。

④看断层:断层雪白,带黏液而且黏液多的山药为佳品。

（8）冬瓜

在蔬菜市场上冬瓜有青皮、黑皮、白皮三个类型。黑皮冬瓜肉厚,可食率高;白皮冬瓜肉薄,质松,易入味;青皮冬瓜则介于二者之间。

食用以黑皮冬瓜为佳。这种冬瓜果形如炮弹(长棒形),选买瓜条匀称、无热斑(日照伤斑)的。长棒形冬瓜肉厚,瓤少,可食率较高。另外,选购时要挑肉质致密的,因为这种冬瓜口感好;肉质松软的口感差。

最佳食用期为7,8月的盛夏季节。冬瓜虽耐贮藏,但食用仍以鲜品为佳。

（9）南瓜

选购时可按以下方法进行挑选:

①挑选外形完整的。表面有损伤、虫害或斑点的不宜选购。

②最好是瓜梗蒂连着瓜身,这说明南瓜新鲜,可长时间保存。

③用手掐一下南瓜皮,如果表皮坚硬不留痕迹,说明南瓜老熟,这样的南瓜较甜。

④挑南瓜和挑冬瓜一样,表面带有白霜更好,这样的南瓜又面又甜。

⑤同等大小的情况下,分量较重的那个更好。

⑥南瓜的棱越深,瓜瓣儿越鼓,说明瓜越老,更甜更面。

⑦南瓜切开后,金黄色越深南瓜越老越好,相反颜色越淡越浅的说明越嫩。

南瓜的贮存期较长,买回家后,将南瓜放入阴凉干燥通风的角落,可保存 1~2 个月。南瓜切开后,可将南瓜子去掉,用保鲜袋装好后放入冰箱冷藏保存。

（10）苦瓜

苦瓜嫩脆清香,虽然有苦味,但其以苦自任。用苦瓜炖焖肉时,鱼肉不沾苦味,所以人称苦瓜为"君子菜"。

买苦瓜时以幼瓜为好,过分成熟时,稍煮即软烂,吃不出其风味。苦瓜身上一粒一粒的果瘤,是判断苦瓜好坏的重要特征。颗粒愈大愈饱满,表示瓜肉愈厚;颗粒愈小,瓜肉相对较薄。选苦瓜除了要挑果瘤大、果形直立的,还要看其是否洁白晶莹,因为如果苦瓜出现黄化,就代表已经过熟。在重量上,苦瓜以500克左右最好。

具备以上条件的苦瓜一般不会太苦,非常适宜生吃。如果选到这种苦瓜,你可将内部海绵组织的部分摘除,然后切薄片浸冰水置冰箱中冰镇一两个小时,取出沥干,蘸沙拉酱或蘸芥末酱吃。

(11)黄瓜

黄瓜食用部分是幼嫩的果实部分,其营养丰富,脆嫩多汁,一年四季都可以生产和供应,是瓜类和蔬菜类中重要的常见品种。

挑选黄瓜时应选鲜嫩带白霜,以顶花带刺为最佳;瓜体直,均匀整齐,无折断损伤;皮薄肉厚,清香爽脆,无苦味,无病虫害。不要选颜色为黄色或近于黄色的,形状呈畸形,有大肚、尖嘴、蜂腰等;有苦味或肉质发糠;瓜身上有病斑或烂点。

(12)丝瓜

挑选丝瓜时可注意几点:

①看大小:如手掌大的丝瓜最甜美,太大瓜肉反而老。

②挑外表:应选碧色瓜皮。丝瓜表面应完整,尽量选择没有黑点、压伤、变形的丝瓜。

③试软硬:轻压丝瓜,感觉有些硬度代表丝瓜的品质好,如果压起来软绵绵,就已经熟过头了。

丝瓜买回家最好能在1~2天内吃完,如果不马上食用,可用纸包好,放入保鲜袋内置冰箱冷藏。

(13)西葫芦

西葫芦幼嫩时口味最佳,皮色淡绿略带黄色花纹,摸上去有点黏的为嫩瓜。食用时不用去皮,切片素炒或肉炒,清香可口。

完整的嫩西葫芦在冰箱冷藏,可保存3~7天;切成块的西葫芦用保鲜膜包好放冰箱冷藏,可保存1~2天。

(14)莲藕

选购生藕时，应选节短且粗者，自藕尖数起第二节为最佳。凉拌鲜藕，以藕身肥大、肉质脆嫩、水分多而甜、带有清香味者为佳。

藕的质量以修整干净，不带叉，不带后把，不带外伤，无锈斑，质脆嫩，不蔫、不烂、不冻者为佳，藕身外如附有一层薄泥保护层则更好。

藕因含水分多，存放时不宜将藕上的泥洗掉，可以减少藕中水分散失，防止干缩，又能避免莲藕受磕碰等损伤，造成藕皮色变褐，质量下降。

（15）茭白

茭白又叫茭笋和茭瓜。颜色为乳白色，肉质柔嫩，纤维少，味清香，多用来炒肉、油焖或做汤。

选购茭白，以根部以上部分显著膨大、掀开叶鞘一侧即略露茭白肉的为佳。采摘下来时间过长，茭白皮会变得发红，质地较老。如果发现壳中水分过多，也是采摘下来时间过长的。茭白过嫩或发青、变成灰色的，不能食用。

（16）大白菜

每年9，10月份上市的白菜属早熟品种，称白帮菜或白口菜，菜棵小，叶肉薄，质细嫩，粗纤维较少，口味淡，不耐藏，宜随吃随买。

11月份上市的白菜属晚期品种，称青帮菜或青口菜。叶肉厚，组织紧密，韧性大。青口菜初期食用菜质较粗，但经秋冬季藏，叶肉变细嫩，口味变甜。

中熟品种叶为淡绿色，称青帮菜或青白口菜，其生长期和耐藏性居于青口菜和白口菜之间，品质好。

挑选大白菜时要注意：不要将菜帮去净，因为菜帮的维生素C、胡萝卜素、蛋白质和钙质的含量都比菜叶多，而且菜帮有保护菜心的作用；也不要买烂白菜，一则烂白菜中营养素含量下降了许多，二则腐烂的白菜亚硝酸盐含量剧增，吃了容易中毒，引起头晕、呕吐等症状，不利于身体健康。

（17）圆白菜

圆白菜又名洋白菜、卷心菜，其品种分为尖头型、平头型、圆头型3种。

圆白菜以平头型、圆头型质量好，这两个品种菜球大，也比较紧实，芯叶肥嫩，出菜率高，吃起来味道也好。相比之下，尖头型较差。

在同类型圆白菜中，应选菜球紧实的，手感越硬实越好。同重量时体积小者为佳。

（18）芹菜

芹菜是一种风味独特的蔬菜。叶梗是它的主要食用部分，可凉拌或炒食。

芹菜有水芹和香芹两种。水芹叶较小，呈淡绿色，矮小柔弱，香味淡，易软化。香芹叶片较大，绿色，叶柄粗，高大而强健，香味浓。

选购芹菜时，梗不宜太长，20～30厘米为宜，以菜叶嫩绿、不枯黄，菜梗粗壮者为佳。夏天拌芹菜有一股药味，食用前可用开水烫透并挤干水分再调拌。

（19）菠菜

菠菜又叫赤根菜、鹦鹉菜，因其原产波斯，所以又叫波斯菜。

菠菜根据叶形分为圆叶菠菜和尖叶菠菜两种。尖叶菠菜叶片狭而薄，似箭形，叶面光滑，叶柄细长；圆叶菠菜叶片大而厚，呈卵圆形或椭圆形，叶柄短粗，品质好。

挑选菠菜时要选色泽鲜嫩翠绿，无枯黄叶和花斑叶；植株健壮，整齐而不断，捆扎成捆；根上无泥，捆内无杂物；不抽苔，无烂叶的。

色泽暗淡，叶子软塌，不完整，茎有损伤折断说明已不新鲜，尽量不要选购；如茎叶已抽苔开花，有虫害叶及霜霉叶，有枯黄叶和烂叶的则没有食用价值，不要购买。

（20）豌豆苗

豌豆苗鲜嫩清香，可炒菜、做汤、下面条。豌豆苗营养丰富，成菜豆香味浓，鲜美异常。选购豌豆苗，以茎粗叶大、新鲜肥嫩者为佳。

（21）豆芽

用化肥或除草剂催发的豆芽生长快、长得好，而须根不发。它不但无清香脆嫩的口味，而且残存的化肥等物可生成亚硝酸氨，食用有引发食道癌和胃癌的危险，尤其是有些除草剂本身就含有致癌、致畸变物质。

在选购豆芽时，先要抓一把闻闻有无氨味，再看看有无须根，如果发现有氨味和无须根的，就不要购买和食用。

（22）菜豆

菜豆又名四季豆、芸豆，春秋两季均有上市。菜豆的豆荚和种子都可食用，可炒食也可腌制。在选购四季豆时，应挑选豆荚饱满匀称，色泽青嫩，表皮平滑无虫痕的。皮老多皱纹、变黄或呈乳白色、多筋者是老菜豆，不易煮烂。

烹饪时要确保熟烂，因为半生的菜豆含有皂素毒和植物血凝毒素，食用会引起食物中毒。

（23）鲜笋

鲜笋的品种较多，包括春笋、毛笋、冬笋等。春笋是春季出芽长出地面的笋，体型粗短，紫皮带茸，肉为白色，形如鞭子的为好。毛笋，以个大粗壮，皮黄灰色，肉为黄白色,单个重量在1公斤以上的为佳。冬笋是冬季在土中已长肥大而可采掘的笋。质量好的冬笋呈长圆腰形,驼背,鳞片略带茸毛,皮黄白色,肉淡白色。鲜笋味道鲜美,营养丰富。

选购鲜笋时应注意以下几点:

①壳要黄。刚从泥土中拱出来的笋,笋壳黄、外带泥土、肉质嫩,为上品。但要小心无良商贩在笋壳上抹一层黄泥巴,冒充上品鲜笋。

②肉要白。笋肉白色最好,黄色较次,绿色最差。

③痣要红。笋蔸上的红痣,鲜红最好,暗红次之。

④节要密。笋节越密,笋肉越厚越嫩。

⑤蔸要大。蔸大尖小的笋子去壳后肉多。可用指甲掐笋蔸,掐得进,表明是嫩笋;蔸子则越大越好,笋蔸肉比笋尖肉更脆更甜。

⑥形要怪。奇形怪状,歪斜弯曲,外观丑陋的鲜笋,是从石缝或坚硬的黄泥中挤出来的,味道特佳。

⑦无虫蛀。要注意,外壳松、根头空、有疤斑的是虫蛀笋,不宜购买。

此外,还须注意,因笋含有草酸钙,患尿道结石和肾结石者,不宜食用;又因其性寒,所以脾虚、肠滑者应忌食。

(24)黄花菜

黄花菜又名金针菜、安神菜等,营养丰富,富含蛋白质、脂肪、钙、磷、铁及多种维生素。干黄花菜是采摘鲜嫩清香、尚未开放的黄花菜花营,经晒干、精选、包装而成;风味独特,香馥爽口。

选购干黄花菜时要注意:

①看。正常的黄花菜颜色是金黄色或棕黄色的,而经过硫磺熏制后的黄花菜是嫩黄色,比正常的黄花菜颜色淡;正常的黄花菜颜色是均匀的,而熏制过的黄花菜的颜色是不均匀的。

②闻。正常的黄花菜应该具有黄花菜自身的香味,没有其他的气味,而熏制过的黄花菜有刺激性的气味。

③握。用手握紧黄花菜,松手后,菜能自动散开恢复原形的,说明菜身干,质量好,如果手捏成把,松手后仍成团形的,不能恢复原状的,说明菜湿,含水分高,容易长霉。

(25)葱

葱是北方人喜食的"三辣"蔬菜之一,也是日常生活中必备的调味佳品。葱叶

·家庭生活万年历·

图文珍藏版

鲜美,葱白质地细密,柔嫩洁白,味辛辣而芳香,生食与熟食皆宜。

①小葱。新鲜的小葱叶色青绿,无枯尖、斑点叶及枯霉叶,不失水;葱株均匀,完整而不折断,扎成捆;干净无泥,未夹杂异物。

②大葱。大葱因上市时间不同而分鲜葱和干葱两种。鲜葱是秋季收获即上市的葱,干葱是经贮藏后冬季上市的葱。

挑选鲜葱时要选颜色青绿,无枯、焦、烂叶;葱株粗壮匀称、硬实,无折断,扎成捆;葱白长,管状叶短;干净,无泥无水,根部不腐烂的。干葱则要选葱株粗壮均匀,无折断破裂;叶干燥,不霉烂,不抽新叶;葱白无冻害,不腐烂的。

(26)姜

姜是一种调味蔬菜,可以生食,也可以炒食或加工腌制。其种类按原色分为灰白皮姜、白黄皮姜和黄皮姜。

①灰白皮姜。表皮呈灰白色,光滑,由小姜块互相连接成手掌样的一个整块。嫩姜辣味小,肉质脆嫩,可以炒食或腌制糖渍。老姜味辣,香味浓郁,呈黄色,水分少,主要供调味或药用。

②白黄皮姜。姜块呈白黄色,整块姜有单、双排列、个较大,最适宜腌制糖渍。

③黄皮姜。姜块呈鲜黄色或浅黄色,由小姜块连接成一个大整块。嫩姜可腌制糖渍,老姜可制干姜粉或药用。

(27)蒜

蒜的营养丰富,具有特殊的香辛气味,它还含有大蒜素,具有较强的杀菌能力,能治疗多种疾病。大蒜头和蒜苗、蒜薹均可供人食用。

①蒜苗。应选择叶片鲜嫩青绿(杀黄为嫩黄色);假茎长且鲜嫩雪白;株棵完整粗壮,无折断;叶片不干枯、无斑点;干净而无泥土的。

②蒜薹。应选择色泽青绿脆嫩,干爽无水;薹梗粗壮而均匀,柔软且基部不老化;薹苞小,不膨大;不带叶鞘,无划薹,无斑点;无病虫害,无腐烂的。

③蒜头。优质蒜头大小均匀,蒜皮完整而不开裂;蒜瓣饱满,无干枯与腐烂;蒜身干爽无泥,不带须根;无病虫害,不出芽。

2. 根茎类蔬菜的存放

根茎类蔬菜是最好保存的蔬菜品种,它们具有顽强的生命力,可在室温下保存,有些还能保存几个月。也正是因为这个特点,根茎类蔬菜在存放过程中,应该尽量避免抽薹发芽。因为抽薹发芽不但会造成水分营养的损失,有时还会产生有害物质。土豆发芽后会产生一种叫做龙葵碱的物质,对人体有害。而避免抽薹发芽最主要的一点就是避光和保持相对干燥。

根茎类蔬菜的存放大致分为耐低温和不耐低温两种,存放萝卜、洋葱、大蒜适宜的温度在0～3摄氏度,土豆宜在3～5摄氏度之间,而红薯、山药、芋头的适宜温度都在10～13摄氏度。在尽量保持适宜温度的情况下,根茎类蔬菜无需放置在冰箱内,常温加箱或加盖存放即可。冰箱的冷湿环境,有可能加速它们变质,也可能促使它们发芽。

根茎类蔬菜适宜储存在黑暗阴凉的环境。如根上带着泥土的葱、胡萝卜等,可以把它们埋进土里,只露出叶子;也可以把土豆、洋葱、蒜头等蔬菜不清洗就直接放进带孔的塑料袋或网兜里,放在阴暗的地方就好了;为了防止土豆变绿发芽,可将其用报纸包裹后,放进密封袋,同时放入一个苹果,苹果释放的乙烯可以防止土豆的老化和发芽。

3. 叶类菜的存放

要想保存绿叶蔬菜,就要把菜根部的污泥和已经变坏的部分清除干净,放到阴凉的地方保存。如果菜叶上有水分,最好能先放在通风的地方把水吹干,或者把水擦干,一旦叶面干后,就要及时放到阴凉避风的地方,以免蔬菜失水过多。

绿叶菜存放时最好采用根部朝下的方式来存放蔬菜,这样较符合蔬菜的生长特征。可以把蔬菜泡在水里,这种方法能让蔬菜在短时间内保持坚挺,让已经蔫了的菜重新恢复精神。但由于蔬菜的很多营养物质都是水溶性的,这样做往往会使蔬菜的营养流失,菜的鲜味也得不到保障。

绿叶菜最好放入冰箱保存,4摄氏度左右的温度很适合蔬菜的保鲜。用冰箱保存绿叶菜时,要先将菜根部的污泥和已经变坏的部分清除干净,再利用报纸、塑料袋等保鲜。

①用打湿的纸或者湿布包起来,放进冰箱,注意别让纸或布干燥。

②用塑料袋"保水"。将清理过的蔬菜,按照生长状态竖放入塑料袋,敞开袋口放入冰箱,待蔬菜适应了冰箱温度后,再扎口,但不要密封。由于叶类蔬菜生理活性较高,密封太严,水分过多,也容易腐烂、掉叶。可以在塑料袋上扎一些小孔,并注意不要选择过厚的塑料袋。因为植物本身呼吸会产生水和二氧化碳,少量的二氧化碳可以给植物保鲜,但是浓度过高也有害,所以要在保持水分的同时保证水分和二氧化碳的散发。

如果一次购买蔬菜过多,可加箱储存。可将蔬菜放入纸箱内,将纸箱四壁喷些水,合上盖子。或在纸箱盖上加一个湿毛巾。此外,做成速冻蔬菜也是不错的储存方法。具体做法是:把蔬菜放入开水中烫1~2分钟,在室内放置一段时间后再放入冰箱冷冻室冷冻。开水烫是为了"杀酶",蔬菜的很多病变都与"酶"有关,杀灭酶的活性可以大大延长蔬菜的储存时间,而且这种方法比常温下晒干脱水的蔬菜营养损失要少很多。

(五)水果

1. 各类水果的选购

(1)苹果

现在市场上的苹果品种很多,口味也不同,有甜、有酸;有脆、有沙。了解不同苹果品种特点,可以帮助我们选购优质产品。

①香蕉苹果。分黄香蕉、青香蕉、红香蕉。

黄香蕉果皮薄,呈金黄色,果肉黄白色,味甘甜。青香蕉果顶有5个棱凸起,果实呈圆锥形,果肉黄白色,味酸甜,有香蕉气味。红香蕉有明显的香蕉气味,果顶有5个明显凸起。

②国光苹果。果实扁圆形或圆形,较小,果面底色黄绿,有深红色断续条纹,果皮厚韧光滑,果肉黄白色,质脆多汁,酸甜适口,贮藏后清香可口,风味更浓,贮藏性较好。

③红玉苹果。新红玉和老红玉的区别是:新红玉果色深红有紫色的霞,果柄短粗,果皮较粗糙;老红玉果色深红,果柄短细,果皮光滑,储藏后有香气。

④红富士苹果。"红富士"的颜色为暗红或鲜红色,而且红色的深浅因成熟程度的不同而异,同时红富士表面有圆形的黄白色斑点;果形是扁圆形或圆形,顶部肚脐眼没有突起的棱角;果皮摸起来较光滑;水分较多,品尝起来甜脆可口。

另外,在挑选苹果时尽量选套袋种植的苹果,这类苹果在果实的生长过程中用袋子包裹起来,能有效地防治病虫害的侵害和农药污染。以套袋的苹果表皮干净而颜色均匀,受污染气体和农药的影响比较小。

(2)梨

选购梨要从以下几个方面着手:

①看皮色:梨皮细薄,没有虫蛀、破皮、疤痕和变色等。

②看形状:果型饱满,大小适中,没有畸形和损伤。

③看肉质:选择肉质细嫩、脆,果核较小的。口感粗硬,水分少,嚼如木渣的梨,质量较差。

④尝果味:香味浓郁,入口不涩。

(3)柑、橘、橙

柑、橘、橙是柑橘类水果中的三个不同品种。由于它们外形相似,易被人们所混淆。

柑:果实较大,近于球形;果皮呈黄色、橙黄色或橙红色,粗厚,海绵层厚,质松,剥皮稍难;味道甜酸适度,耐储藏。

橘:果实较小,常为扁圆形,皮色橙红、朱红或橙黄;果皮薄而宽松,海绵层薄,质韧,容易剥离,囊瓣7至11个;味道有甜有酸。

橙:主要指甜橙。果实呈圆形或长圆形;表皮光滑,较薄,包囊紧密,不易剥离,口味甜适度,富有香气。

(4)柠檬

柠檬为柑橘类的一种,果实呈长圆或卵圆形;皮厚,呈淡黄色,且具浓郁芳香;肉汁极酸,9月下旬采摘上市。柠檬可用于室内观赏、闻香、烹饪、榨汁、美容洗浴用。

国产柠檬品种主要有尤力克柠檬和香柠檬两种。尤力克柠檬品质优良,果实两头略尖,果皮粗糙而厚,呈淡黄色,酸味较重,果汁多,香气浓郁,耐储存。香柠檬品质较尤力克柠檬差,果实椭圆形,果皮橙黄色,薄而光滑,容易与果肉剥离,酸中带苦,不易储存。

选购柠檬时要选择果身硬实,色泽光亮,果蒂青绿色,有芳香味的。若果身酥软、果蒂枯萎并出现皱皮,则表明其放置时间过长,已失去原有的风味。

(5)柚子

柚子营养价值很高,含有非常丰富的蛋白质、有机酸、维生素以及钙、磷、镁、钠等人体必需的元素,而且还具有健胃、润肺、补血、清肠、利便等功效。

选购柚子时要注意:

①看。要挑选个头相对较大的柚子,外形上面比较尖,下面较圆的,如果整个柚子都是圆的,说明没长成熟。应挑选表皮薄而光润,呈淡绿或淡黄色的。

②掂。挑选好外型符合标准的柚子后,要掂一掂柚子的重量,选择相对较重的。

③闻。熟透了的柚子,味道芳香浓郁。

④压。按压果实外皮,看它是否下陷,下陷没弹性的柚子质量较差,反之质量好。

（6）杏

市场上比较受欢迎的杏主要有：胭脂红、巨鹿红杏、银白杏、金太阳几种。可以根据自己的口味进行选择。胭脂红，口感非常甜，带点酸味儿，属于酸甜口。巨鹿红杏，肉质嫩厚。酸中带甜。银白杏，颜色发青，脆甜微酸。金太阳，通体金黄，肉厚，好吃，甜度高，离核。

另外，在挑选杏的时候，要遵循两不原则——不软不硬，太软的是熟透了的，保存期短；太硬的是还没有熟透的，非常酸。其次，不能挑有伤痕的，这样的杏儿也不太容易保存。

吃杏的时候要注意，俗话说"桃饱人，杏伤人，李子树下埋死人。"杏不能多吃，一是因为杏肉味酸，破坏骨骼、刺激肠胃；二是因为杏肉性热，吃多了会上火，容易流鼻血、长口疮。每天吃三五个就可以，不可贪多。

（7）李子

李子的品质好坏，主要与成熟度和采后放置时间的长短有关。

手感很硬，口感带有涩味的李子太生；感觉略有弹性，口感脆甜适度者，则成熟度适中；感觉柔软，尝之甜蜜者，成熟度太高，不利于储存，适宜现买现吃。

（8）西瓜

①观色听声。瓜皮表面光滑、花纹清晰、纹路明显、底面发黄的是熟瓜；表面有茸毛、光泽暗淡、花斑和纹路不清的瓜不够熟；用手指弹瓜，听到"嘭嘭"声的，是熟瓜；听到"当当"声的，是还没有熟，听到"噗噗"声的，是过熟的瓜。

②看瓜柄。绿色的，是熟瓜；黑褐色、茸毛脱落、弯曲发脆、蜷须尖端变黄枯萎的，是不熟就摘的瓜；瓜柄已枯干，是"死藤瓜"，质量差。

③看头尾。两端匀称，脐部和瓜蒂凹陷较深、四周饱满的是好瓜；头大尾小或头尖尾粗的，是质量较差的瓜。

④比弹性。瓜皮较薄，用手指压易碎的，是熟瓜；用指甲划要裂，瓜发软的，是过熟的瓜。

⑤用手掂。有空飘感的，是熟瓜；有下沉感的，是生瓜。

⑥试比重。投入水中向上浮的是熟瓜；下沉的是生瓜。

⑦看大小。同一品种中，大比小好。

⑧观形状。瓜体整齐匀称的，生长正常，质量好；瓜体畸形的，生长不正常，质量差。

（9）哈密瓜

哈密瓜为椭圆形或橄榄形,颜色有果绿色带网纹的、金黄色的、花青色的……用鼻子闻哈密瓜,一般有香味的成熟度适中;无香味或香味淡薄的则成熟度较差,可放些时间再食用。挑瓜时可用手摸一摸,瓜身坚实微软,成熟度适中;太硬则不太熟;太软则成熟过度。瓜瓤为浅绿色的吃时发脆;金黄色的发绵;白色的柔软多汁。

(10)甜瓜(香瓜)

甜瓜又称甘瓜或香瓜,口感有面的和脆的。甜瓜以果形端正的为好。果色因品种而异,绿皮成熟后果色变浅,发白;黄皮的颜色越深为好。果皮以薄的为好,面的甜瓜比脆的甜瓜皮稍厚些。甜瓜果肉也各不相同。甜瓜最好是瓜肉柔软细密,脆的黄色瓜种瓜肉除了细密以外,还要吃起来酥脆,糖分必须在13%以上。香瓜果面的网纹较细,分布均匀,大小网纹混杂的不好。可根据果梗枯萎程度判断储存时间,香瓜的成熟程度可根据果底软硬和香味判断。

(11)木瓜

一般食用的水果类木瓜其实是"番木瓜"。木瓜素有"百益果王"之称,常食平肝和胃,舒筋活洛,软化血管,抗菌消炎,抗衰养颜,抗癌防癌,增强体质,是一种营养丰富、有百益而无一害的果之珍品。

挑选木瓜时要注意:

①果皮亮,颜色要均匀,不能有色斑,轻按其表皮,紧密为佳。

②果肉实,同样是黄透的木瓜,选的时候要选瓜肚大的。瓜肚大的木瓜肉厚。

③瓜蒂新鲜,如果是新摘下来的木瓜,瓜蒂还会流出像牛奶一样的液汁,你可以通过瓜蒂的情况来推断瓜是否新鲜。

另外,买回的木瓜如果当天就要吃的话,就选瓜身全都黄透的,轻按瓜皮有点软的感觉,这样的瓜是熟透的。熟木瓜要挑手感很轻的,这样的木瓜果肉比较甘甜。手感沉的木瓜一般未完全成熟,口感有些苦,还需存放一段时间再食用。

(12)葡萄

葡萄品种很多,产地各异,风味和特点也不尽相同,下面介绍一些常用的选购方法。

①看新鲜度。一般而言,果穗大,果粒饱满,外皮有白霜,柄青绿色,穗体完整的比较新鲜,品质较佳;如果柄干黄,穗粒不饱满,甚至脱落,则表明其已不新鲜,品质较次。

②看果粒颜色。葡萄因品种不同颜色也不同,如玫瑰香葡萄是黑紫色;龙眼葡

萄是紫红色;巨峰葡萄是黑紫色;牛奶葡萄是黄白色。如果葡萄成熟度适中,则果穗和果粒的颜色会较深而鲜艳;如果不够成熟则颜色平淡。

③判断甜酸情况。除直接品尝判别外,从外表观察,如果一穗葡萄果粒紧密,则生长时不易透风,接受光照差,味会偏酸;如果果粒较稀疏,通风较好,阳光照射充足,则较甜。

(13)香蕉

香蕉是热带亚热带水果,选择香蕉要注意以下几点。

①看表皮。表皮颜色青或淡黄的是太生、未熟的;表皮鲜黄光亮,是偏生仍未熟(但适合于长途携带或存放);表皮黄中稍带黑斑,表明成熟适中;如皮上带有许多黑芝麻点,表明已熟透,特别软且甜,必须马上食用,否则会很快烂掉。

②试手感。如手感较硬,是未成熟;如手感较软,则已成熟。

③闻气味。香蕉闻之无香蕉味者,表明其未熟。

④成熟的香蕉果肉为淡黄或偏黄白,几乎无纤维,口感软绵细腻,味甜而香。

(14)猕猴桃

猕猴桃:又名苌楚,光羊桃,果实呈蛋圆形或长圆形,果皮黄褐色,果肉淡绿色,成熟的果实,汁多肉肥,清淡鲜美,酸甜宜人,营养丰富,富含维生素 C,一般在秋季上市,因其皮薄、质嫩,选购时以新鲜饱满,不破不烂为好。

(15)桃

桃的上市时间一般在 6 月中旬至 8 月下旬,按上市时间,品种各异。

①五月鲜:6 月下旬成熟,尖顶圆形,缝合线深而明显,色鲜红,肉脆,汁少,味酸甜。

②大久保:7 月下旬成熟,果大近圆形,底色黄绿,果顶有红晕,柔软多汁,芳香,离核,味甜微酸,品质佳。

③白凤:8 月上旬成熟,近圆形,果面有鲜红色条纹,皮薄易剥,果肉白中透绿,多汁黏核,味甘甜,品质上成。

④巨红水蜜桃:7 月上旬成熟,含糖量高,有清淡桃香,离皮、离核,口感好。

⑤魁桃:又称红蜜,7 月中旬成熟,色淡黄托着鲜红,皮薄肉细,汁多而稠,甘甜如蜜。

挑选桃时,可根据自己的口味选择新鲜、不风蔫、无胶眼、雹伤者为佳。

(16)甘蔗

鉴别甘蔗时应掌握"摸、看、闻"的原则。

①摸就是检验甘蔗的软硬度,霉变的甘蔗质地较软。

②看就是看甘蔗的瓤部是否新鲜,新鲜甘蔗质地坚硬,瓤部呈乳白色,有清香味;霉变甘蔗的瓤部颜色略深、呈淡褐色。

③闻就是鉴别甘蔗有无气味。霉变甘蔗闻之或略有点酒糟味。

霉变的甘蔗有毒,不可食。

(17)山楂

山楂又称红果、山里红、胭脂果。山楂中富含维生素 B_2(核黄素)、胡萝卜素、维生素 C、钙、磷、铁、硒等营养成分,有消食散瘀,降血脂的作用。山楂既可生食,也可加工成果酱、冰糖葫芦等多种美味食品,深受人们的喜欢。

在选购山楂时最好挑选果形整齐端正,无畸形,果实个大且均匀,果皮新鲜红艳、有光泽、无皱缩,没有干疤、虫眼或外伤,并具有清新的酸甜滋味的优质品。而皮色青暗、没有光泽、表面皱缩、有虫眼、干疤或破皮,果肉干硬或散软,说明该山楂质量差,尽量不要购买。

(18)樱桃

樱桃一般在春季上市,挑选时要注意以下几点:

①果实要大。樱桃的售价是根据果实的大小而定的。大的比小的甜。

②颜色要深。同一品种,颜色越深的越好。

③果肉硬实。成熟度相同的果实,硬的比较好。

④避免损伤。不要选择有包括凹陷、擦伤、褐变,以及摘收不及时和高温处理不当等所造成损伤的樱桃。

(19)柿子

柿子有软柿和硬柿两种。软柿即烘柿,硬柿即镟柿,二者不仅软硬不同,外观和口味也不同。一般而言,软柿表皮橙红色,软而甜;硬柿表皮青黄色,偏硬,不脆,甜度稍差。

选购柿子时,要看外形,以个儿大,颜色鲜艳,无斑点、无伤烂、无裂痕者为佳。如是硬柿,手感硬实者为佳;如果软柿,应整体同等柔软,有硬有软者则不良。

(20)菠萝

菠萝,又叫凤梨,果实美丽,色泽鲜艳,气味芳醇,选购时注意以下几点:

①看果实外观形态。优质菠萝的果实呈圆柱形或两头稍尖的卵圆形,大小均匀适中,果形端正,芽眼数量少。成熟度好的菠萝表皮呈淡黄色或亮黄色,两端略带青绿色,上顶的冠芽呈青褐色;生菠萝的外皮色泽铁青或略带褐色。如果菠萝的

突顶部充实,果皮变黄,果肉变软,呈橙黄色,说明它已达到九成熟,这样的菠萝果汁多,糖分高,香味浓,风味好。如果不是立即食用,最好选果身尚硬,浅黄带有绿色光泽,约七八成熟的品种为佳。

②看果肉组织。切开后,果目浅而小,内部呈淡黄色,组织致密,果肉厚而果芯细小的菠萝为优质品;劣质菠萝果目深而多,内部组织空隙较大,果肉薄而果芯粗大;未成熟菠萝的果肉脆硬且呈白色。

③看果实的硬度。用手轻轻按压菠萝,坚硬而无弹性的是生菠萝;挺实而微软的是成熟度好的;过陷甚至凹陷者为成熟过度的菠萝;如果有汁液溢出则说明果实已经变质,不可以再食用。

④嗅气味。通过香气的浓、淡也能判断出菠萝是否成熟。成熟度好的菠萝外皮上稍能闻到香味,果肉则香气馥郁;浓吞扑溢的为过熟果,时间放不长,易腐烂;无香气的则多半是带生采摘果,所含糖分不足,吃起来没味道。

(21)荔枝

鲜荔枝以色泽鲜艳,个大均匀,皮薄肉厚,质嫩多汁,味甜,富有香气,核小为上品。果皮变色,变干,说明贮藏时间已久,品质下降。若有酒味或果肉变色,则不能食用。

选购时要注意辨别荔枝的成熟度:

①观皮色。果壳紫红,略带青色,为成熟适度;若果壳大部分呈青色,则成熟度不够。

②手捏。以3个手指捏果,若果壳坚硬,则为生果;如柔软而有弹性,是成熟的特征;软而无弹性,则成熟过度,即将变质。

③看果核。剥去果壳,若肉质莹白,容易离核,果核乌黑,说明成熟适度;果肉不易剥离,果核带红色,表明果实偏生,味较淡。

(22)桂圆

桂圆又称龙眼,味甘性平,为滋补佳品,具有开胃健脾、养血安神、壮阳益气、补虚健脑等功效,干鲜皆宜。鲜桂圆要挑选富有弹性,果肉晶莹,容易离核,果核乌黑的。而优质的干桂圆,大小均匀,壳干硬而洁净,肉质厚软,核小,味道甜,煎后汤液清口不黏;次质干桂圆大小不均匀,外壳干瘦,肉较薄,核大,有虫蛀现象;劣质干桂圆肉质霉烂,呈糊状,虫蛀严重或干燥无肉质。

2. 水果的保鲜

现代生活方式应讲求健康,水果保存不当引起变质或放置时间过长,却往往会

"吃成危害",所以最好现买现吃,如要存放,要注意保存方法。

(1)自然保存

水果买回后,如果一两天内可以吃完,只要放在通风、不受日照的阴凉处就可以,也可以放到竹篮、果盘中,让自然清新的果香为家里添上几分迷人的味道。

有些水果天生怕冷,像一些原产于热带的香蕉、芒果、木瓜等,适合自然储存,放入冰箱反而会造成果皮上起斑点或变成黑褐色,水果品质和风味也受到破坏。

(2)冰箱保存

一般来说,适合水果的保存温度介于 7～13 摄氏度之间,有些水果需要更低的温度。硬皮水果,如:西瓜、凤梨、哈密瓜等水果,建议直接放进冰箱中;苹果、梨子、芒果等薄皮和软皮的水果,先装到塑料袋或纸袋后再放进冰箱中。

放入冰箱冷藏的水果可先不清洗,以塑料袋或纸袋装好,防止果实的水分蒸散。可在塑料袋上扎几个小孔,保持透气,以免水汽积聚,造成水果腐坏。

不是每一种水果都适合放进冰箱保鲜。

如果买到的是尚未熟透的水果,应该在常温下放置,等熟度够了,再放到冰箱中保存,冰箱的冷度可以让水果维持新鲜。

(六)菌类

1.菌类的选购

(1)香菇

香菇一般分为:花菇、冬菇、香信菇 3 种。花菇是菌中之星。花菇的顶面为淡黑色,有白色花纹,菇底习通过加工用炭火烘烤,呈淡黄色。天气越冷,花菇的产量越高,质量也更好,肉厚、细嫩、脆口、鲜美、食之有爽口之感。冬菇的质量仅次于花菇,顶面呈黑色、菇底习也是淡黄色,肉比较厚,食之也脆口、鲜美。香信菇是香菌中的低级品种。因为它是在挑选花、冬菇后剩下的余料。香信是伞开的,比较薄,不那么细嫩,也不很脆口,质量比花、冬菇差,但做肉类的配菜美味可口,且价格便宜,既经济又实惠。

选购香菇时注意以下几点:

①看。看外表形状和颜色。优质香菇,肉厚、菇盖边向里卷,香菇盖面无皱褶,有明显裂纹花斑(花菇),菌褶乳白色或浅黄色,菌柄长度不超菌盖直径的一半。

②闻。闻一下是否有异味。优质菇具有独特的清香。

③压。用指甲压菌盖上部和菌柄,如果坚硬,并稍留有指甲痕,说明水分符合

要求,是优质菇。

④查。检查一下是否虫蛀、发霉、烤焦及混有非食用菌杂物等。

（2）猴头菇

猴头菇含有 16 种氨基酸和胡萝卜素,以及维生素 B_2,性平微甘,对胃炎、肠炎、口腔溃疡有显著疗效,对肝炎也有辅疗作用。它还含有大量多糖和多肽类抗癌物质,可增强人体免疫力,防癌抗癌。因此,猴头菇是一种珍贵的营养保健食品。

猴头菇的质量鉴别主要有四点:

①质量好的猴头菇,菇体完整,无伤痕残缺,菇体干燥;质差的菇体残缺不全,或有伤痕,水分重。

②质量好的猴头菇,菇体形如猴头,呈椭圆形或圆形,大小均匀,毛多细长,茸毛齐全;质差的,菇体大小不均,形状不规整,毛粗而长。

③质好的菇呈金黄色或黄里带白;质差者色泽黑而软,有的伪劣品为了增白,用硫磺等化学药剂处理成不正常的白色,这种菇食后对人体有害无益,不可选购。

④质好的菇不烂、不霉、不蛀;凡有烂、霉、蛀者,也不宜选购。

（3）黑木耳

黑木耳具有清肺益气,补血活血,镇静止痛的作用。在选购时可参考以下办法:

一看:优质的黑木耳干制前耳大肉厚,耳面乌黑光亮,耳背稍有灰暗,长势坚挺有弹性。干制后整耳收缩均匀,干薄完整,手感轻盈,拗折脆断,互不黏结。

二摸:取少许黑木耳用手捏易碎,放开后朵片有弹性,且能很快伸展的,说明含水量少;如果用手捏有韧性,松手后耳瓣伸展缓慢,说明含水量多。

三尝:纯净的黑木耳口感纯正无异味,有清香气。

（4）银耳

银耳又名白木耳,含有 17 种氨基酸和各种维生素,不仅是人们喜食的传统美味,而且也是补身壮体的滋补佳品,有滋阳补肾、润肺、强身、健脑提神等功效。在选购时可参考以下办法:

一看:质量好的银耳,耳花大而松散,耳肉肥厚,色泽呈白色或略带微黄,蒂头无黑斑或杂质,朵形较圆整,大而美观。如果银耳花朵呈黄色,一般是下雨或受潮后再烘干的。如果银耳色泽呈暗黄,朵形不全,呈残状,蒂间不干净,属于质量差的。如果银耳过白,很可能是用硫磺熏过的,谨慎选购。

二摸:质量好的银耳应干燥,无潮湿感。

三尝：质量好的银耳应无异味，如尝有辣味，则为劣质银耳。

四闻：银耳受潮会发霉变质，如能闻出酸味或其他气味，则不能再食用。

2. 菌类的存放方法

①干燥贮存。菌类吸水性强，不易贮存，当含水量高时容易氧化变质，发生霉变，必须干燥后再贮存。贮存容器内最好放入适量的吸湿剂，以防反潮。

②低温贮存。菌类必须在低温通风处贮存，有条件的可以装在密封容器内置于冰箱或冷库中贮存。

③避光贮存。光线中的红外线会使菌类升温，紫外线会引发光化作用，从而加速菌类变质。因此，贮存时必须避免在强光照射，尽量避免用透光材料包装。

④密封贮存。氧化反应是菌类质变的必经过程，如果切断供氧则可抑制其氧化变质。可用铁罐、陶瓷缸等可密封的容器装贮，容器应内衬食品袋。要尽量少开容器口，封口时要排出衬袋内的空气，有条件的可用抽氧充氮袋装贮。

⑤单独贮存。菌类具有极强的吸附性，必须单独贮存，装贮容器不得混装其他物品，不得用有气味挥发的容器或吸附有异味的容器装贮菌类。

（七）干果

1. 烘炒食品的选购

烘炒食品又称炒货，是以果蔬子、果仁、坚果等为主要原料，添加或不添加辅料，经炒制或烘烤而成的食品，包括有壳烘炒类、无壳烘炒类和裹衣烘炒类。有壳烘炒类；主要有炒黑瓜子、炒白瓜子、炒葵花子、炒松子、开心果等。无壳烘炒类：主要是豆类和去壳后的果仁类产品，如以青豆、大豆、花生仁、核桃仁、瓜子仁等为主要原料经烤、炒、烘工艺制成的烘炒食品。裹衣烘炒类：主要是由去壳后的果仁经裹衣、烘烤或溶糖等工艺制成的，如鱼皮花生、奶油可可花生、琥珀花生、糖衣杏仁等。

选购烘炒食品时应注意以下几点：

①选品牌。应在大型商场和超市选购具有品牌及"QS"标志的食品。

②看标识。选购时应注意产品的标签标识，炒货标签应标明产品名称、净含量、配料表、制造者（或经销者）的名称和地址、产品标准号、生产日期、保质期。因炒货油脂含量较高，如果保存不当，受高温和高湿度的影响，易造成产品变质，所以在购买时应特别注意产品的生产日期，选择保质期内的产品，最好是近期生产的食品。同时，检查包装是否有破裂，最好是真空包装或者在包装中有脱氧剂的。

③产品质量好的炒货食品应具有果蔬子、果仁、坚果等食品固有的外形、色泽、气味和滋味，口感松脆，不应有霉变、虫蛀现象，不应有酸败、哈喇味、苦味等异味。同时谨慎购买经过夏季或梅雨季节的炒货产品，因为经过高温高湿度环境后，炒货易发生油脂氧化、发霉、变质，产生哈喇味。

2. 果脯蜜饯的选购

我国历来有"南蜜饯、北果脯"之说，其实它们都是以果品、瓜蔬等为主要原料，经糖渍、蜜渍或盐渍加工而成，只是成品的形态不同，南方以湿态制品为主，北方则以干态制品为主，是深受人们喜爱的传统休闲食品。

市场上出售的果脯蜜饯产品质量良莠不齐，多有细菌超标、添加剂过量的问题，消费者在购买时要仔细鉴别。

①选品牌，看标识。应首选大型超市销售的知名企业生产的产品，还要看产品外包装标识标注是否齐全。包装上必须标明：名称、配料表、净含量、制造者或经销者的名称和地址、生产日期、保质期或保存期、产品标准号等。

②闻气味，看颜色，辨外观。打开包装后，产品应有其独特的香味，没有异味；色泽不是特别鲜艳，颜色太过艳丽可能添加了过量的色素；产品应没有外来杂质，肉质细腻、糖分分布渗透均匀、颗粒饱满。

③应尽量购买密封包装的果脯、蜜饯，散装产品裸露在空气中，容易酸败和卫生很可能不达标。

3. 各类干果的选购

（1）葡萄干

葡萄干是新疆特产，以吐鲁番生产的为佳。

葡萄干的品质主要从颗粒、干潮、色泽、口味等四方面加以鉴别。以粒大、壮实、柔糯为上品；嫩小、瘪子为次品。成把攥后放开，颗粒迅速散开的为干，相互黏连的为潮，攥紧后破裂的则太潮，表面泛糖油的次之。

葡萄干的色泽依不同品种而不同。绿葡萄干的外表要求略泛糖霜，用舌头舔去糖霜，色泽晶绿透明，不暗黄。红葡萄干外表也略带糖霜，舔去糖霜，呈紫红色，半透明，如现黄褐色或黑褐色，品质为次。

葡萄干的口味以甜蜜鲜醇、不酸不涩为佳，有发酵气味的则已变质。

（2）莲子

莲子有白玉莲、白莲、冬瓜莲和红莲等几种。白玉莲子即是湘莲子，产于湖南，肉色微显淡红色，皮纹细致，粒大饱满，生吃微有甜味，煮则易酥易烂，质软而糯，清香可口,是上等品;白莲子皮呈肉白色,稍有皱纹,粒子肥而圆,莲肉饱满,煮后软而糯,品质中等;冬瓜莲子形如冬瓜,小而长,肉质较硬,品质较次;红莲子皮色暗红,粒形瘦长,中心空隙较大,煮不易酥,质地粳硬,质量亦次。挑选时,同品种以当年产、颗粒圆整饱满、干爽、口咬脆裂为优。

（3）白果

白果粒大、光亮、壳色白净者,品质新鲜;外壳泛糙米色,一般是陈货。摇动白果,无声音者果仁饱满,有声音者,或是陈货,或是僵仁。

（4）核桃

核桃是一种好吃又有营养和药用价值的干果,它的全身都是宝。尤其是核桃仁中含有人体必需的钙、磷、钾、镁等矿物质和多种维生素,具有补气养血、利尿通便、镇咳化痰等作用。

核桃应选个大,圆整,干燥,壳薄,色泽白净,表面光洁,壳纹浅而少者,这样的核桃出仁率较高。核桃仁以形状肥大丰满完整,质干,色泽黄白者为佳;暗黄者次之;褐黄者更次,带深褐斑纹的"虎皮核桃"质量也不好;如有泛油黏手,呈黑褐色,有哈喇味者,说明已变质,不可购买。

（5）枣

枣含有大量的 C,B 族维生素和蛋白质、胡萝卜素以及有机酸、磷、钙、铁和糖分等,被称为"天然维生素丸",对人体营养滋补大有裨益。

①外观。好的大枣皮色紫红,颗粒大而均匀、果形短壮圆整,皱纹少,痕迹浅;皮薄核小,肉质厚而细实;如果皱纹多,痕迹深,果形凹瘪,则肉质差或是由未成熟的鲜枣制成的干品。

如果红枣蒂端有穿孔或黏有咖啡色或深褐色粉末,说明已被虫蛀,掰开枣可看到肉核之间有虫屎。

②口尝。用手将红枣成把紧捏一下,如感到滑糯又不松泡,说明质细紧实、干燥、核小;如果甜味差,有酸涩味,用手捏,松软粗糙,质量就差;要是湿软而黏手,说明枣身较潮,不耐久贮,易于霉烂变质。

（6）榛子

榛子有非常明显的抗疲劳作用,可以补肾养肝、降低胆固醇、明目。挑选时,打开榛子外壳,果仁外皮为棕黄色,果仁饱满为佳。

榛子含有丰富的油脂,肥胖或胆功能严重不良者应慎食。

（7）松子

松子仁具有强阳补骨,和血美肤、润肤止咳、润肠通便的作用。

选购松子时应注意:挑选色泽红亮、个头大、仁饱满的。好的开口松子从表面上看颗粒均匀,开口不均匀,开口率也不高,若开口均匀且豁口较长,一般都为化学开口。口感方面,优质的开口松子吃起来有清香味,劣质的开口松子吃起来口感发涩,有异味。

(8)开心果

质量好的开心果应为黄皮、紫衣、绿仁,颗粒大而饱满。太白的开心果为漂白后的,最好少食用。好的开心果果壳具有自然光泽、果仁呈自然的绿色。一般来说,个头大的开心果比个头小的口感更好,也更有嚼劲。好的开心果,其裂口是果仁成熟饱满后自然胀开的,而某些人工开口的开心果壳大肉小,品质就逊了一筹。

(9)腰果

腰果中的不饱和脂肪酸、脂溶性维生素、矿物质,特别是钙、铁、磷、钾的含量非常丰富。腰果含有多种致敏原,过敏体质的人食用要慎重。

选购腰果时应注意:外观呈完整月牙形,色泽白、饱满、气味香,无蛀虫、斑点者为佳;黏手或有受潮现象者,不够新鲜。

(10)杏仁

杏仁是补充蛋白质、维生素 E 和多种微量元素的食品。能够抵御氧化和衰老,是真正的美容食品。

选购杏仁时应注意:果仁白嫩饱满,仁衣金黄完整为最佳。

(11)葵花子

葵花子含亚油酸、维生素 E 含量比较高,对于心血管病、高血压有非常好的缓解作用。另外,葵花子含有一定的胡萝卜素,可防止人体皮肤下层的细胞坏死,使头发变得柔软秀丽。而其中含有的维生素 B_8 对于治疗抑郁症、神经衰弱有一定的帮助。成味的葵花子虽然味道香美,但不宜多吃,吃多了盐摄入量会超标。

选购时应注意:果仁饱满,则质量为佳。用牙齿咬,壳易分裂,声音实而响的为佳,反之是受潮了。

(12)南瓜子

南瓜子含有十几种脂肪酸,蛋白质含量高达30% ~40%,有很好的杀灭人体内寄生虫的作用,可以降低 LDL 胆固醇、抗炎、抗氧化、缓解高血压、降低膀胱和尿道压力等。选购时注意一般壳面鼓起的仁大,凹瘪则仁薄。

(13)花生

花生中不饱和脂肪酸，维生素 E 含量、含铁量都相当高，能增强记忆、延缓脑功能衰退，而且有润肠通便、降低胆固醇的作用。

挑选方法并非以果仁大小为标准，而是以果仁成熟、丰满的为上品。

（14）栗子

栗子价廉物美、富有营养，还具有保健、治病的作用。秋冬季节是吃栗子的好时候，可以从以下几点入手：

①用眼看。质量好的栗子外壳鲜红（略带褐、紫色），色泽光亮；如果外壳变色、无光泽、带黑影，则说明果实被虫蛀或因受热变质。

②用手捏。优质栗子用手一捏会感觉到果肉丰满结实，果肉无离壳现象；果肉和外壳分离，可以摇动出声音，则表明果肉已干瘪或是陈栗子。

③用口尝。好的栗子果仁淡黄、结实、肉质细腻软糯、水分少、甜度高、香味浓；差的栗子则果仁松散、肉质粗糙、硬而无味。

（15）干果的存放

储存干果的最佳环境是低温、避光、干燥、密封。在北方地区，因为气候相对干冷，干果比较容易保存。南方地区，尤其进入春夏两季，高温和多雨给干果的保存带来了不小的难度，未及时食用完毕的干果，搁置一段时间后，会酸败变质，俗称"哈喇"。

不管哪个季节，不管哪个地方，家庭储藏干果都最好采取如下步骤：

①要密封外包装，可用密封袋封装或置于密封盒内。如存放较长时间，可同时放入干燥包，以防受潮。

②低温有助于延长保存时间，可将干果放在冰箱冷藏室中冷藏。但冰箱内相对潮湿，因此隔一段时间要将保存在冰箱中的干果取出晾晒或用微波炉、烤箱进行加热去除水分。

③尽早食用完毕，不要放置时间太长。

（八）调味品

1. 各类调味品的选购

（1）盐

食用盐是人们生活中最重要的调味品，食盐可分为海盐、湖盐、井盐和矿盐，其主要成分为氯化钠。常见的日晒细盐属于海盐；而精制盐则属于矿盐。现在，市场上除了传统的日晒细盐、精制盐外，还出现不少添加了营养成分的盐，如加铁盐、加锌盐、营养强化盐、加碘盐、低钠盐等。选购食盐时应注意：

①意查看外包装袋上的标签，其上应标注产品名称、配料表、净含量、制造或经销商的名称和地址、生产日期、质量等级等，各种标识要规范、齐全。

②食用盐应为白色，味咸、无异味，无明显的异物，颗粒均匀，干燥，流动性好。

（2）糖

市场上的糖类产品由于生产原料、生产工艺不同，种类也很多。在选购时要注意：

①看外观：白砂糖外观干燥松散、洁白、有光泽；绵白糖晶粒细小，均匀，颜色洁白，较白砂糖易溶于水；赤砂糖呈晶粒状或粉末状，干燥而松散，不结块，不成团，无杂质；冰糖呈均匀的清白色或黄色，半透明，有结晶体光泽，无明显的杂质。方糖外观应坚硬，糖晶体有光泽，洁白无斑痕，无其他杂质。冰片糖色泽自然，两面呈金黄色至棕色、腊光面，大小厚薄均匀，砂线分明，无明显黑点。

②闻香味：白砂糖、绵白糖、冰糖、方糖用鼻闻有一种清甜香气，无任何怪异气味。赤砂糖、冰片糖则保留了甘蔗糖汁的原汁原味，有甘蔗的特殊清香。

③尝甜味：白砂糖溶在水中无沉淀和絮凝物、悬浮物出现，尝其溶液味清甜，无任何异味；绵白糖糖分浓度高，味觉感到的甜度比白砂糖大；赤砂糖、冰片糖则浓甜带鲜，微有糖蜜味；冰糖、方糖则质地纯甜，无异臭，无异味。

④摸手感：用干手摸时不会有糖粒沾在手上，松散，则说明含水量低，不易变质，易于保存。

（3）鸡精的选购

鸡精是指以味精、食用盐、鸡肉或鸡骨的粉末或其浓缩提取物、呈味核苷酸二钠及其他辅料混合、干燥加工而成，具有鸡的鲜味和香味的复合调味料。购买鸡精时应注意以下几点：

①看包装。包装产品要密封，无破损。不要在小贩处购买来历不明的散装鸡精，这些产品容易受到污染，质量无保证。

②看标签。要选购标识说明完整详细的产品。国家标准中规定，标签必须包括：产品名称、净含量、配料表、制造者或经销者的名称和地址、产品标准号、生产日期、保质期，特别要注意是否有生产日期和保质期，尽量购买近期生产的产品。标识标注齐全的产品质量安全有基本的保障。

③看生产企业。大型企业或通过质量认证的企业管理规范，生产条件和设备好，生产的产品质量较稳定，安全有保证。

④看感官。打开鸡精调味料的包装店,观察产品有无结块、异物,嗅其气味是否有纯正的鸡香味,品尝是否具有鸡韵鲜美滋味。

（4）味精的选购

味精是以碳水化合物(淀粉、大米、糖蜜等)为原料,经微生物(氨基酸棒杆菌等)发酵,提取,中和,结晶,制成的具有特殊鲜味的白色晶体或粉末。

选购味精时应首先注意包装的完整及塑料袋上商标印刷的规范,味精产品是食品生产许可证的发证产品,消费者选购时,应选择包装袋有"QS"标志的味精产品。假冒味精一般用硫酸镁、小苏打和淀粉做原料,包装口袋的印刷普遍较粗糙,字迹模糊不清,封线不齐、重量不足;色泽暗淡,无味精晶粒磨细后所具的光泽。

（5）酱油

酱油是烹调中的必备之品,我们在炒、煎、蒸、煮或凉拌时,加入适量的酱油,就会使菜肴色泽诱人,香气扑鼻,味道鲜美,红烧更是少不了它。

酱油主要分为酿造酱油、配制酱油两大类。酿造酱油是以大豆、小麦为原料,经过微生物天然发酵制成的具有特殊色、香、味的液体调味品。配制酱油以酿造酱油为主体;与调味液、食品添加剂等配制而成的液体调味品。配置酱油有可能含有三氯丙醇(有毒副作用),虽然符合国家的标准的产品不会对人体造成危害,可以安全食用,但还是建议大家购买酿造酱油。

酿造酱油又可分为生抽和老抽。生抽以优质黄豆和面粉为原料,发酵成熟后提取而成,色泽淡雅,酱香浓郁,味道鲜美,制作粤菜或者需要保持菜肴原味时可以选用生抽酱油。老抽是在生抽中加入焦糖加工制成的浓色酱油,颜色浓,黏稠度较大,适用于红烧肉、烧卤食品及烹调深色菜肴。

另外,在货架上还可以看到其他各种添加不同辅料的酱油和适宜特殊人群的营养酱油。

①无盐酱油、薄盐酱油。适宜心脏病、肾脏病和高血压患者食用。

②铁强化酱油。适宜贫血患者或需补铁人群。

③海带酱油。以海带为主要辅料,经过热溶配制而成。它含有大量的碘元素,长期食用可预防大骨节病、高血压、结核病等。

④草菇酱油。由大豆与草菇提取液一起进行微生物发酵制成。它虽不属于纯粹的大豆或小麦发酵制品,但具有草菇的鲜美和营养价值。

⑤蚕蛹酱油。以蛋白质含量达50%的蚕蛹为主要原料酿制而成,氨基酸含量超过其他酱油,每毫升酱油含人体必需氨基酸3至5毫克。

⑥维生素 B_2 酱油。添加了维生素 B_2，可预防维生素 B_2 缺乏症。

⑦殊烹饪需求的酱油，如专门用于烤鳗、用于蒸鱼的酱油，只要加入这种的酱油，海鳗或鱼就可拥有鲜美的味道。

购买酱油时要注意：

①查看标签上的氨基酸态氮含量，按照规定，每100毫升酱油的氨基酸态氮含量不得低于0.4克，大于等于0.8克为特级，质量最好，0.7克左右为一级，0.55克左右是二级，0.4克三级酱油。

②看标签上的酱油类型是餐桌酱油还是烹调酱油。餐桌酱油可直接食用，卫生指标较高；烹调酱油适用于烹调加工，不宜直接食用。

（6）食醋的选购

市场上的食醋从包装标示上大致可分为酿造醋和配制醋。酿造醋又可分为米醋、香醋、麸醋、熏醋、陈醋和果醋等许多品种。而人们常见的白醋有些是酿造而成，有些则是由食用冰醋酸配制而成。无论如何分类，酿造醋以酸味纯正、香味浓郁者为优。

一般家庭厨房里常见的醋大都是酿造醋，如米醋、陈醋、熏醋、香醋等，此外还有一些果醋。不同的醋在烹调中用法也都不同，可根据不同的菜肴选择使用。

①陈醋。陈醋是以高粱为主要原料陈酿而成的，其特点是色泽黑紫，醋液清亮，醇厚不涩。因此，陈醋常用于需要突出酸味而颜色较深的菜肴，如酸辣汤、醋烧鲶鱼等。在吃饺子、包子等面食时，也可使用。

②香醋。香醋多以糯米等原料酥造，以香而微甜，酸而不涩著称，多用在菜品颜色较浅、酸味不能太突出的菜肴，如拌凉菜、炒青菜。在烹饪海鲜或蘸汁吃螃蟹、虾等海产品时，放些香醋、熏醋有去腥提鲜、抑菌的作用。

③米醋。米醋是以优质大米为原料酿造的。米醋除有醋的清香，还有在发酵中产生的淡甜味。可和白糖、白醋调成甜酸盐水，来制作泡菜；用于热菜调味时，常和野山椒辣酱等调成酸辣汁，用于烹制酸汤鱼等菜肴。

④白醋。用传统工艺酿成的白醋，无色透明，酸味柔和，可用来制作凉拌菜或拌面。

④水果醋。苹果醋、梨醋等，多以水果为原料酿造，有一定的保健作用，可根据个人需要用于烹饪或直接食用。

（7）酱料

酱是每个家庭不可缺少的调味料，不仅味道鲜美，而且还富有营养，主要分为黄酱、面酱和复合酱。吃烤鸭要用甜面酱,做炸酱面则离不开黄酱。

在购买酱类产品时要注意以下几点:

①看包装标识是否完整,氨基酸态氮含量高低,是否标明的储存条件和保质期,并且无"胀包"现象。

②观察色泽。质量好的酱有光泽。一般甜面酱为棕褐色,黄酱为土黄色,豆瓣酱为红褐色。

③鲜味醇厚,咸甜适口,无酸、苦、涩、焦煳等异味。

④黏稠适度,无杂质。

(8)黄酒和料酒

烹调用酒就是专门用于烹饪调味的酒,作调味品的主要是黄酒和料酒。黄酒是用糯米、籼米或粳米酿造而成的,其酒精浓度低,富含多种氨基酸,所以香味浓郁,味道醇厚,主要分为干酒、半干酒、半甜酒、甜酒四个类型,可直接饮用,也常用于烹制中,主要作用是去腥、增香。料酒一般以黄酒为酒基,加入花椒、大料、桂皮、丁香、砂仁、姜等多种香料酿制而成,酒精浓度不高于15%,是黄酒派生出来的一种调味品。

购买黄酒或料酒时要选择正规商场或超市,选择具有一定市场知名度的品牌。优质黄酒酒味纯正,颜色淡黄,清澈,略有透明感,贮存时间越长,颜色越深,质量就越好。

在密封条件下,黄酒能长时间保藏。开启后,易受温度影响而变质。变质的黄酒除了产生酸味,还会浑浊不清。

(9)常用香料

辛辣料多是植物叶片、果实、种子及外皮等,如花椒、八角、花椒、胡椒、桂皮、小茴香、大茴香、辣椒、孜然、香叶等。这些可直接使用,也可研磨成粉,或混合成咖喱、五香粉等。

挑选香料时,可以直接观察其颜色,嗅其气味和品尝滋味。优质辛辣料具有该种香料用植物所特有的色、香、味,无杂质,颗粒均匀、饱满,气味香浓的。

①胡椒:以粒大、均匀、饱满、洁净、干燥、香味纯正、无霉、无虫者为好。

②花椒:以干燥、色泽深红油润、气味香浓、开口子少、无枝杆、无花壳者为佳品。

③八角:即大料,以个大肥壮、色泽红褐鲜明、无枝梗、形状完整无缺损、呈八角形、香味浓烈者为质优。

④胡椒粉：把瓶装胡椒粉用力摇几下，优质胡椒粉摇动后，其粉末松软如尘土。

⑤花椒面：呈棕褐色粉末状；有刺激性香气，闻之刺鼻、打喷嚏；用舌尖品尝很快就会有麻的感觉。

2、调味品的存放

①防变质。在夏季，酱油、食醋等表面易产生白色的霉斑，并逐渐形成白色皱膜，颜色也由白色变为黄褐色，俗称生醭。这是由于受到产膜酵母菌的污染所致。因此，贮存这些调味品的容器应进行彻底消毒，并要密闭贮存，以防止被微生物污染。

②防蝇虫。苍蝇可在酱油、豆瓣和食醋内产卵而生蛆，食醋也可被醋鳗、醋虱、醋蝇等小昆虫污染，因此这些调味品的贮存，一定要采取防蝇和防昆虫措施，容器要加盖严密。

③防受潮。味精、辛辣料（粉）等在潮湿的空气中易吸潮变质而出现结块、发霉、变色、变味等。因此，这类调味品要密闭保存，并放置在干燥、通风的地方。

（九）乳品与酒水的选购

1. 鲜奶

供饮用的纯鲜牛奶应该是由健康奶牛挤出的新鲜奶汁，并经过巴氏灭菌，符合卫生标准的要求，奶汁应是均匀无沉淀的流体，无机械杂质，不得呈浓厚、黏稠状态；色泽应洁白或白中微黄，非深黄或其他颜色；应有乳香味，不能有异常气味和滋味；不含有防腐剂、过氧化氢、硝酸根、有害重金属及掺杂物质。

①眼观：先观察奶液是否均匀的乳浊液。如发现牛奶上部出现清液，下层呈豆腐脑状沉淀，说明奶已变酸、变质。

②搅拌：用搅拌棒将奶汁搅匀，观察奶液是否带有红色、深黄色；有无明显的不溶杂质；有无发黏或凝块现象。如果有以上现象，说明奶中掺入淀粉等物质。

③鼻嗅：新鲜优质牛奶应有鲜美的乳香味，不应有酸味、鱼腥味、饲料味、杂草味、酸败臭味等异常气味。

④口尝：正常鲜美的牛奶滋味醇香，不应尝出酸味、咸味、苦味、涩味等异味。

2. 酸奶

酸奶通常分为两类，一类是经乳酸菌发酵后制成的发酵型酸奶，另一类是配制型乳酸饮料。

①发酵型酸奶。即以牛乳为原料,添加适量砂糖,并加入纯乳酸菌,经保温发酵直接制成。发酵型酸奶由于乳酸菌的作用,大部分乳糖转变为乳酸等有机酸,因而减轻或消除了不易消化吸收的乳糖,而且对乳中的蛋白质、脂肪等养分进行了预分解,提高了营养利用率。此外,活乳酸菌进入体内可抑制有害微生物的生长、繁殖,调理胃肠功能,对预防肠道细菌性疾病有一定预防和治疗作用。

此类酸奶需低温冷藏,保质期相对较短。购买时选择放置于超市冷藏柜中的,并注意挑选新近生产的产品,购买后也需放入冰箱冷藏,尽早在保质期内饮用完。

还有一种属乳酸菌饮料,是以牛奶(或其他动植物蛋白)和糖类为主要原料,添加一些辅料,如果汁、香料、增稠剂等,经乳酸菌发酵而成。这种乳酸菌饮料虽口味丰富,但相对添加了较多添加剂,应注意选择大品牌,质量有保障的货品。

②配制型乳酸饮料。是牛乳加乳酸或柠檬酸、糖、香料、稳定剂等加工制成。未经发酵,不含乳酸菌,因此营养价值远不如发酵型酸奶。

3. 奶粉

奶粉是一种乳制品,是以鲜奶为原料,经过杀菌、蒸发水分、干燥脱水而成的。在购买奶粉时,可用下列方法判断质量好坏。

①眼看:看奶粉颜色。正常奶粉白略发黄,全部呈一色为好。

②闻味:应有清淡的乳香气。

③手捏:用手捏塑料袋内的奶粉,应该松散柔软,会发出轻微的吱吱声。

④摇动:对铁桶包装和玻璃瓶装的奶粉,可轻轻摇动,如发出沙沙声,声音清晰,证明奶粉质量好。

⑤冲调:用水冲调奶粉可检验奶粉的溶解性,鉴别奶粉质量的优劣。在玻璃杯中放 1 勺奶粉,先用少量开水调和,再多加点水调匀,静止 5 分钟,水、奶粉溶在一起,没有沉淀,说明奶粉质量合格。

此外,选购奶粉时还应注意包装的完整,不透气、不漏粉,包装上注有品名、厂名、生产日期、批号,其保存期限,最好选购距出厂日期近的奶粉。一般奶粉从出厂到食用,不超过 3 个月为好,最好现吃现买。

4. 咖啡

"咖啡"一词源自希腊语,是"力量与热情"的意思。想冲泡一杯香醇的咖啡,除了冲泡技巧和经验外,最重要的就是要选购品质优良的咖啡豆。

咖啡豆的优劣可以从色泽、香味、脆度、豆形、包装上鉴别。优质的咖啡豆色泽好且颜色均匀无色斑;香味浓郁;放入口中轻嚼,清脆有声、口感好;豆形饱满;包装完整,无空气透入。

　　磨制咖啡一般都是现喝现磨,虽然香气浓郁,但相对耗时。与磨制咖啡相比,速溶咖啡的保鲜期更长一些,冲调也更方便、快捷。优质的速溶咖啡呈深褐色;夹杂有一些细粉末;能闻到咖啡独有的香气。冲泡后,溶解完全,没有渣滓和悬浮物;汤汁色棕红而明亮;具有浓郁的咖啡香;加糖后具有适口的苦味和酸味。

5. 茶叶

　　市场上销售的茶叶产品种类繁多,按商品茶的分类和加工,分为红茶、绿茶、黄茶、白茶、花茶、乌龙茶、紧压茶、普洱茶等。所有这些茶叶都是用茶树的鲜叶、嫩芽和嫩枝加工而成,加工方法不同,加工出的茶叶类别也就不同。

　　①龙井茶。产于浙江杭州西湖区,茶叶为扁形,叶细嫩,色形整齐,宽度一致,为绿黄色,手感光滑,一芽一叶或二叶,芽长于叶,一般长 3 厘米以下,芽叶均匀成朵,不带夹蒂、碎片,小巧玲珑。龙井茶味清香,假冒龙井茶则多是青草味,夹蒂较多,手感不光滑。

　　②黄山毛峰。产于安徽黄山。外形细嫩稍卷曲,芽肥壮,匀齐,有锋毫,形状有点像"雀舌",叶呈金黄色,色泽嫩绿油润,香气清鲜,水色清澈、杏黄明亮,味醇厚,回甘,味底芽叶成朵,厚实鲜艳。假茶呈土黄色,味苦,叶底不成朵。

　　③碧螺春。产于江苏吴县太湖的洞庭山碧螺峰。银芽显露,一芽一叶,茶叶总长度为 1.5 厘米,牙为白毫卷曲形,叶为卷曲清绿色,叶底幼嫩,均匀明亮。假茶为一芽二叶,芽叶长度不齐,呈黄色。

　　④信阳毛尖。产于河南信阳东云山。其外形条索紧细、圆、光、直,青黑色,一般一芽一叶或一芽二叶。假的为卷曲形,叶片发黄。

　　⑤君山银针。产于湖南岳阳君山。由未展开的肥嫩芽头制成,芽头肥壮挺直,匀齐,满披茸毛,色泽金黄光亮,香气清鲜,茶色浅黄,味甜爽,中泡看起来芽尖冲向水面,悬空竖立,然后徐徐下沉杯底,形如群笋出土,又像银针直立。假银针为青草味,泡后银针不能竖立。

　　⑥祁门红茶。产于安徽祁门县。茶颜色为棕红色,切成 0.6～0.8 厘米,味道浓厚,强烈醇和、鲜爽。假茶一般带有人工色素,味苦涩、淡薄,条叶形状不齐。

　　⑦铁观音。产于福建安溪县。叶体沉重如铁,形美如观音,多呈螺旋形,色泽砂绿光润,绿蒂,具有天然兰花香,汤色清澈金黄,味醇厚甜美,入口微苦,立即转甜,而冲泡,叶底开展,青绿红边,肥厚明亮,每棵茶都带有茶枝。假茶叶形长而薄,条索较粗,无青翠红边,叶泡三遍后便无香味。

⑧竹叶青。产于四川峨嵋地区，外形扁条，两头尖细，形似竹叶；内质香气高鲜；汤色清明，滋味浓醇；叶底嫩绿均匀。

⑨乌龙茶。主产区为福建、广东和台湾，是鲜茶叶经萎凋、做青、杀青、揉捻和烘干几道工序制成的，兼有红茶和绿茶的品质特征，汤色金黄，香气、滋味兼有绿茶的鲜浓和红茶的甘醇，叶底为绿叶红镶边。好的乌龙茶：外形匀整，净度要好；青绿乌润；香气纯正，不能有青草香，要有乌龙茶特有的花果香；茶色金黄或橙黄，清澈明亮，滋味甘醇。

⑩普洱茶。主产于云南地区，普洱散茶色泽褐红，条索肥嫩，紧结。芽头多、毫显、条索紧结、重实、色泽光润的茶，嫩度好，而色泽干枯的嫩度差，嫩度越好的级别也就越高。好的普洱紧压茶外形匀整端正，棱角整齐，不缺边少角，厚薄一致；松紧适度；模纹清晰，条索整齐紧结；色泽呈黑褐、棕褐、褐红色。茶饼表面有霉花、霉点的普洱茶均为劣质。好的普洱茶，汤色明亮红浓，犹如红酒一杯，如果橙色或暗黑浑浊则质次。优质普洱茶茶香醇厚，与霉味和陈香味截然不同。在滋味方面，普洱茶浓醇、爽滑、甘甜，刺激性不强，没有涩味，口感很舒服。

6. 蜂蜜

优质蜂蜜的特征：一是颜色浅，二是浓度高，三是口味正。具体方法是取少许蜂蜜放入一细长的无色透明玻璃瓶或玻璃管中，在散射光下观察，优质蜂蜜为白色，上中下的色泽均匀一致，透明度高。再观察黏度，用筷子头触及蜂蜜液面，感到弹性良好；挑起蜂蜜时，筷子头上的蜜汁和液面形成一根又细又长，很有拉力的丝条，断丝后迅速缩成勺状，表明蜂蜜黏度大，浓度高。最后品尝滋味，取少许蜂蜜化在舌头上，含而不咽，仔细体会甜润和香气的薄厚。

7. 瓶装饮用水

市场上瓶装饮用水包括矿泉水、纯净水、矿物质水等。购买瓶装饮用水应注意的问题：

①购买大企业生产的名牌产品。瓶装饮用水已纳入质量安全市场准入管理，产品上应有"QS"标志。

②看产品标签：合格的产品标签应清晰标注其产品名称、净含量、制造者名称、地址、生产日期、保质期、产品标准号等内容。

③感官鉴别水的质量：合格的饮用水应该无色、透明、清澈、无异味，没有肉眼可见物。颜色发黄，浑浊、有絮状沉淀或杂质，有异味的水一定不能饮用。

④瓶装水一旦打开，应尽量在短期内喝完，尤其是在炎热的夏季，温度高，细菌

繁殖速度也加快,更不能久存。最好放在避光、通风、阴凉的地方,避免在阳光下曝晒。

8. 饮料

饮料按成分和制作方法可分碳酸饮料、果蔬饮料、茶饮料、含乳饮料,还有添加特殊营养核和矿物质的运动饮料。碳酸饮料包括汽水、可乐、苏打水等;果蔬饮料包括果味饮料、果汁、蔬菜汁等。

①碳酸饮料:清汁类碳酸饮料外观透明,无沉淀;浑汁类碳酸饮料浑浊均匀,允许有少量果肉沉淀。

②果汁及果汁原汁饮料:这类饮料在其标签上必须注明果汁含量。外观上,清汁型果汁饮料汁液澄清透明,无沉淀;混汁型汁液均匀,较浑浊黏稠,浊液适宜,允许有较少的果肉沉淀;果肉型饮料果肉粒状细微,汁液浊度较高,静置后允许有适当的分层现象。

③蔬菜汁及蔬菜汁原汁饮料:这类饮料在其标签上必须注明蔬菜汁含量,饮料浆液应均匀浑浊,允许有少量的细微蔬菜颗粒悬浮在汁液中,静置后允许有轻度分层,浓淡适中,经摇动后,应保持现有的均匀浑浊状态,汁液黏稠适中。

④茶饮料类:外观上茶饮料汁液应均匀、透明或少有浑浊,允许有少量果肉沉淀。在标签上,茶汤饮料应标明"无糖"或"低糖";花茶应标明茶坯类型;果汁茶饮料应标明果汁含量;奶味茶饮料应标明蛋白质含量。

⑤植物蛋白饮料:外观上乳浊液无絮状沉淀,不得凝结,不应有异常的黏稠性,允许有少量脂肪上浮及蛋白质沉淀。这类饮料在其标签上必须标明蛋白质含量;果汁型植物蛋白饮料必须标明原果汁含量。

⑥含乳饮料:标签上必须标明蛋白质含量。

⑦乳酸菌饮料:色泽为均匀乳白色或乳黄色;果菜汁发酵的品种可带有果菜汁的色泽。口味酸甜,乳浊液均匀细腻,允许有少量沉淀,无分层现象。

⑧运动饮料:其标签上应标明各营养素含量,果汁类运动饮料应标明果汁含量。

9. 啤酒

啤酒含有多种氨基酸、维生素和较高的热能,因而有"液体面包"的美称,适量饮用有益健康。挑选啤酒可以遵循以下步骤:

①看外观。从啤酒的外包装上看,优质的品牌啤酒商品标签图案比较清晰,颜色比较鲜艳,摸上去表面有凹凸感。

②看气泡。将啤酒倒入杯中,好啤酒泡沫洁白细腻、持久挂杯,颜色金黄、清亮透明,没有明显的悬浮物。

③闻气味。新鲜啤酒闻起来啤酒花香和麦芽香浓郁。

④辨味道。好啤酒酒香浓郁,清新爽口。

一般情况下,啤酒应该避光保存在 5~25 摄氏度环境中,不能在日光下暴晒,以免啤酒中的成分发生化学反应,而且高温和暴晒还会使啤酒瓶内压力增强,可能发生爆炸。

10. 葡萄酒

葡萄酒是以鲜葡萄或葡萄汁为原料,经全部或部分发酵酿制而成的,酒精浓度不低于 7.0%(V/V)的酒精饮品,大致可分为红葡萄酒和白葡萄酒两类。葡萄酒中含有 200 多种对人体有益的营养成分,其中包括糖、有机酸、氨基酸、维生素、多酚、无机盐等,这些成分都是人体所必需的,对于维持人体的正常生长、代谢是必不可少的,同时,葡萄酒还具有抗氧化、防衰老、预防冠心病、防癌抗癌的作用。适量饮用对健康有益。

选购葡萄酒要注重感官和理化两类指标。感官指标,指葡萄酒的色泽、香气、滋味;理化指标指酒精含量、酸度和糖分等指标。感官上,葡萄酒应具有原料的天然的色泽,清亮透明无浑浊;有葡萄的天然果香和浓厚的酯香;感受酒的酸、甜、涩、浓淡、后味等滋味,味道应醇厚柔润。各种葡萄酒有各自不同的风格。同一品种的葡萄酒,因产地、气候、原料、工艺的不同,其风格特点也各不相同,风格特点越强越好。

11. 白酒

白酒是我国传统的饮料酒,工艺独特,历史悠久、享誉中外,也是社交、喜庆等活动中不可缺少的特殊饮品。

白酒质量多是以感官指标为主的,即从色、香、味、酒体等几个方面来评价。

①色泽。白酒的正常色泽应是无色、透明、无悬浮物和沉淀物。

②酒花。用力摇晃酒瓶,瓶中顿时会出现酒花,一般都以酒花白皙、细碎,堆花时间长的为佳品。

③酒精度数。白酒的酒度是以酒精含量的百分比来计算的。各种白酒的出厂商标、标签上都标有酒的度数,即酒精含量。一般 40 度以上的为高度白酒,40 度以下为中低度白酒。

④酒香。使用大肚小口的玻璃杯,白酒注入杯中并稍加摇晃,立即用鼻子在杯

口附近仔细嗅闻其香气;再倒几滴白酒于手掌上,稍搓几下,再嗅手掌,即可鉴别出酒香的浓淡程度和香型是否正常。

⑤酒味。酌一小口酒,感受其薄厚、绵柔、醇和、粗糙以及酸、甜、甘、辣是否协调,有无余味,好酒香气悠久、味醇厚、入口甘美、入喉净爽、各味谐调、恰到好处。

六、烹调窍门

（一）肉类烹调技巧

1. 猪肉的烹调

（1）炒猪肉的窍门

①加佐料腌:炒肉片或肉丝时,先在肉片或肉丝上拌好酱油、盐、葱、姜、淀粉等作料,若适量加点凉水拌匀,效果会更为理想。油热后,将肉倒入锅内,先迅速拌炒,然后再加少量水翻炒,并加入其他菜炒熟即可。这样炒出的肉比未腌的要柔嫩得多。

②加鸡蛋清:将瘦肉切片,放入少许盐、料酒、水,加入适量的鸡蛋清,再用淀粉拌和。然后在锅内放油,用中火加热,将肉片下锅,用勺子搅散,随即盛出,倒出锅内余油,再加作料炒成即可。

③啤酒:将冷冻过的肉放在啤酒中浸泡10分钟后捞出,用清水洗净后烹制,便可去除异味,增加香味。炒肉片或肉丝前,先用啤酒将淀粉调稀,拌在肉片或肉丝上,当啤酒中的酶发挥作用时,肉的蛋白质就会分解,可使肉更加鲜嫩,若用此法炒牛肉效果最佳。

④开水焯:将切好的肉片或肉丝放在漏勺里,浸入开水中焯1～2分钟,等肉稍一变色立刻捞出来,然后再下锅炒3～4分钟,即可炒熟。由于炒的时间短,吃起来鲜嫩可口。

⑤滴醋:炒肉时,放盐过早肉熟得慢,最好在肉要熟时放盐,在出锅前加几滴醋,肉会鲜嫩可口。

（2）炖猪肉的窍门

①山楂炖肉易烂。炖肉时,在每500克肉里放3块山楂片,可以很快熟烂,且味道更鲜美。

②炖肉加醋更省时。炖肉时,加入适量的醋,既可除去异味,又可缩短时间。

③炖肉时加热水,肉块表面的蛋白质可以加速凝固,肉中的物质不易渗入汤中,炖出的肉味会格外鲜美。

④加腐乳。要想使肥肉不腻人且可口,可把肥肉切成薄片,加调料后炖在锅里,再按 500 克猪肉加 1 块腐乳的比例,将豆腐乳放在碗里,加适量温水,搅成糊状。待开锅后倒入锅里,再炖 3 ~ 5 分钟即可。用这种方法做的肥肉,吃起来不腻,味道鲜美可口。

（3）巧炒猪肝

炒猪肝时,先将切好的猪肝用淀粉、酱油搅拌一下,可以使猪肝中的维生素和蛋白质少被破坏,而且用此方法炒出的猪肝颜色鲜艳,味道纯正。

2. 牛羊肉的烹调

（1）切肉的诀窍

①牛肉要横切。牛肉的筋腱较多,并且纤维纹路复杂,如不仔细观察,随手顺着切,许多筋腱便会整条地保留在肉丝内。这样炒出来的菜,就很难嚼得动。

②羊肉要剔膜。羊肉中有很多膜,切丝之前应先将其剔除,否则炒熟后肉烂膜硬,吃起来难以下咽。

③剁牛肉馅时,在刀的两面涂些料酒,这样刀面就不会黏肉末了,另外,剁牛肉馅时,一边剁,一边往刀上淋点水,也不会黏刀,除血防腥。

（2）牛肉鲜嫩易熟窍门

①用啤酒代替水烧煮牛肉,可使肉质鲜嫩,香气扑鼻。

②牛肉质地粗糙,很难煮烂。可先在肉上涂一层芥末,放 6 ~ 8 小时,用冷水冲洗干净,再烹制,如此一来,牛肉不仅容易煮烂,而且肉质变嫩。

③用葡萄酒浸泡猪肉、牛肉、禽肉,肉会变软,并保持新鲜,烧熟后,肉质鲜嫩可口。

④煮时再放少许料酒和醋（1 公斤牛肉放 2 ~ 3 汤匙料酒、1 汤匙醋）,牛肉就更易煮烂。

⑤煮牛肉要用沸水。煮牛肉时,应先将水烧开,再下牛肉,不仅能使肉保存大量营养成分,而且味道也特别香。

（3）羊肉去膻窍门

①烧羊肉时,如能放少许橘子皮或绿豆,不但能去膻味,还能使味道更鲜美。

②烧羊肉时,放 2 ~ 3 个带壳核桃或几个山楂果,既能除去膻味,又能使肉熟得快。

③烧羊肉时,将1只戳了些孔洞的萝卜放入锅里同煮,可有效地除去膻味。

④将羊肉切块,放入开水锅里,然后倒点醋(1公斤羊肉,放50克食醋),肉熟后,膻味即除。

⑤烹制时,1公斤羊肉放大半包咖喱粉,可除去膻味。

3. 禽类烹调窍门

(1)巧除鸡的异味

①刚宰杀的鸡有一股腥味,如果把鸡放在盐、胡椒和啤酒中浸1小时,再烹制时就没有这种异味。

②从市场上买来的冻鸡,有股从冷库里带来的怪味,如果把鸡肉放在姜汁中浸3~5分钟,就可以除掉这种怪味。

(2)巧做鸡

①宰杀活鸡,若血未放净,烹饪之前应用清水将鸡浸漂至白净,否则烧煮后肉色会发黑,并有腥味。

②啤酒蒸鸡味道纯正。先用含20%啤酒的啤酒水将收拾干净的鸡浸泡20分钟,然后加入调料上锅蒸制。成品味纯正,鲜嫩可口。

③老鸡肉返嫩。老鸡用猛火煮,肉硬且不可口。如能将鸡先在加有少量食醋的凉水中泡2小时,再用文火煮,肉就会变嫩。

④奶粉挂糊。在炸鸡时,如将面粉挂糊改为奶粉挂糊,炸出的鸡肉色、香、味更佳。

⑤冷冻炸制。将切好的鸡肉用佐料腌一会儿,再盖上食品保鲜膜,放进冰箱内冷冻片刻,取出后再炸,这样炸出的鸡肉酥脆可口。

(3)巧做鸭

①炖老鸭时,可取猪胰一块切碎同煮,鸭肉易烂,且汤汁鲜美。

②炖制老鸭时,加几片火腿肉或腊肉,能增加鸭肉的鲜味。

③炖制老鸭时,在锅里放几粒螺蛳肉同煮,在老的鸭也会煮得酥烂。

④将老鸭肉用加有少量食醋凉水浸泡2小时,再用文火炖制,肉易烂,且能返嫩。

(二)水产烹调窍门

1. 处理虾的窍门

虾体中的直肠里充满了黑褐色的消化残渣,其中含有细菌,而且非常腥,在烹调前必须清洗掉,使虾味道更鲜美。

清洗鲜虾时,用剪刀将虾头前部的虾须和头顶部的虾枪剪去。将虾背朝上拿在手上,使虾背稍弯,用刀划开虾壳,用牙签从虾背部的第二节处轻挑出虾肠,将其拉出,然后清水洗净,便可烹调食用。

将虾煮到半熟,剥去外壳,此时虾的背肌容易翻起,可把直肠去掉,然后即可将虾加工成各种菜肴。

2. 巧除鱼腥味

①河鱼有泥味,可把鱼放在盐水中清洗或用细盐搓,便能去除异味。

②夏天,有些河鱼有土腥味,烹时影响味道。可先把鱼剖肚洗净,置于加有少量食醋的冷水中,再放入少量胡椒粉或月桂叶,然后再烧制,土腥味就消失了。

③炸制河鱼时,先将鱼在米酒中浸泡一下,然后再裹面粉入锅炸,可去掉土腥味。

④在炸鱼前,先将鱼放在牛奶中浸泡片刻,既能除去腥味,又可增加鲜味。

⑤鱼剖肚洗净后,用红葡萄酒腌一下,既可将腥味消除,又能使味道更鲜美。

⑥鲤鱼脊背两侧各有一条白色鱼腥线,正是它造成了鲤鱼的特殊腥气。剖鱼时,在靠鳃的地方切一小口,白线就显露出来了,用手捏住,轻轻抽出即可,烹制时就没有腥味了。

⑦加工鱼时,手上会有腥味。若用少量牙膏或白酒洗手,再用水清洗,腥味即可去掉。

3. 处理鱼类窍门

(1)食盐洗鱼去黏液

用食盐涂抹鱼身,再用水冲洗,可去掉鱼身上的黏液。

(2)巧去鱼鳞

①刮鱼鳞时,如果先将鱼放在冷水中浸泡两小时,在水中再放些食醋(每升水约放两汤匙),鱼鳞就很容易刮干净。

②洗带鱼刮鳞很麻烦,如果先将带鱼在80摄氏度左右的热水中涮一下,然后再投入冷水中,此时,只需用刷子轻轻一刷,鱼鳞即可以全部除尽。

4. 巧烧鱼肉不碎

①切鱼块时,最好顺鱼刺下刀,这样烧出来的鱼块不易碎,好剔刺。

②鱼洗净后(不论清蒸还是油煎),控干;撒上细盐、均匀地抹遍鱼身,如果是

大鱼,在腹内抹上盐,腌渍半个小时再制作。经过这样的处理的鱼,烹饪时不易碎,油煎时不沾锅。

③烧鱼之前,先将鱼用油炸一下。如果烧鱼块,最好先薄薄地裹上一层面粉或水淀粉,再下锅烧,油不会外溅,且鱼皮能保持不破,鱼肉不碎。

④烧鱼时,将鱼放入1:1的醋水中浸一下之后再烧,鱼肉会更鲜,且不易碎,同时也可去掉淡水鱼的土腥味。

5. 巧做鱼更鲜

①牛奶可使冻鱼返鲜

冷冻过的鱼,烧制时,在汤中加些牛奶,会使鱼的味道接近鲜鱼。

②加盐化冻

将冻鱼放在冷水中,在加入少许盐,使其化冻。由于鱼肉蛋白质遇盐后会慢慢凝固,可以减少蛋白质的流失。在烧鱼时,加入少许米醋或料酒,烧出的鱼肉鲜嫩,而且没有腥味。

③啤酒炖鱼省时味鲜

在炖鱼时,放入少量啤酒,能缩短炖制时间,彻底除去腥味,使鱼更鲜。

④橘皮炖鱼

烧鱼时加入1~2块橘皮,可以去腥除腻,使鱼肉味道鲜美。

6. 巧煲鱼汤

①做鱼汤之前,先在盆里放适量的水,再滴几滴醋,把鱼放进盆里泡一会儿再炖,这样炖出来的鱼肉嫩汤美。

②先将鱼下油锅略煎一下,两面变色便盛出放入水中,这样炖出的鱼汤汤汁奶白。

③炖鱼汤时,先将要放入的调料用水烧开,然后再将鱼放入锅里,加1汤匙牛奶,不仅可除腥味,而且能使鱼肉变得酥软鲜嫩,鱼汤乳白味美。

④炖鱼汤时,放几颗红枣,既可去鱼腥,又能增添鱼肉和汤的鲜味。

⑤炖鱼汤时,放入少量啤酒,有助于脂肪溶解,还能产生脂化反应,消除腥味,使鱼肉鲜美。

⑥鱼汤一次加足水。做鱼汤需用凉水,要一次把水加足,如中途再加水,会冲淡鲜味。

7. 做好清蒸鱼的窍门

①蒸鱼之前,先将鱼身上的水分用干净布抹干,再抹上一层食用油,以免其鲜

味被冲淡。

②蒸鱼时,使用大火,等水沸后再上屉蒸,而且要将锅盖盖严。这样蒸出来的鱼新嫩可口,香味纯正。

③鸡油蒸鱼口感滑爽:蒸鱼时把成块鸡油放在鱼上面蒸,鱼肉吸入鸡油,更加鲜香嫩滑。

④使用专用的蒸鱼调料,如蒸鱼豉油,不需再另外加盐,因为鱼肉吸收盐分后鲜味会减退。

8. 巧做虾更鲜

①活虾买回后,放在盐水中养 6 小时以上,再烹制,味道特别鲜美。

②在炒虾之前,先把虾放在泡有桂皮的沸水中烫一下,这样炒出来的虾味道会更鲜美。

(三)蛋类烹调窍门

1. 巧分蛋黄、蛋清

需要用鸡蛋清时,可用针在蛋壳的两端各扎一个孔,蛋清会从孔中流出来,而蛋黄仍留在蛋壳里。也可用纸卷成一个漏斗,漏斗口下放 1 只杯子或碗,把蛋打进纸漏斗里,蛋清顺着漏斗流入容器内,而蛋黄则整个留在漏斗里。如果把蛋壳打成两瓣,下面放一容器,把蛋黄在两瓣蛋壳里互相倒 2 ~ 3 次,蛋清、蛋黄即可分开。

2. 巧炒鸡蛋味更鲜

①冷水搅拌:把蛋打入碗中,加些冷水、佐料,搅匀后再炒,可使炒出的蛋松软可口。

②滴醋:炒蛋时,在出锅前加点醋。炒出来的蛋味道鲜美。

③滴酒:炒蛋前,如滴几滴啤酒或米酒,搅拌均匀,炒出来的蛋就会松软美味,而且光泽鲜艳。

3. 巧做蛋饺

蛋饺好吃,但不好做,不妨尝试一下方法。

①按 500 克蛋加 25 克食用油的比例,把食用油加到蛋液里调匀,这样做蛋饺皮时,就不必每做 1 只蛋饺再往锅里倒油,并且蛋液下锅也不会黏底。

②蛋饺馅按 500 克肉末加 3 个蛋清的比例配制,用这样的肉馅做出的蛋饺特别鲜嫩。

（四）蔬菜烹调窍门

1. 保护蔬菜中维生素 C 的窍门

①蔬菜叶部所含的维生素 C 一般高于茎部，外层叶比内层叶含量要高，因此食用茎菜和叶菜时尽量不要轻易丢弃茎菜中的叶和叶菜中的外层菜叶。

②蔬菜要先洗后切，随切随炒。

③维生素 C 在碱性环境中容易被破坏，而在酸性环境中比较稳定，所以烹制蔬菜时可适当加一点醋，这样就可以减少维生素 C 的损失。

④炖菜时应将水煮沸后再放入蔬菜，这样既可减少维生素的损失，又能保持蔬菜原有的颜色。

2. 清炒蔬菜的窍门

①旺火、热油、快炒

炒油菜、白菜、芹菜、韭菜等，都要用旺火、热油。下锅以后，翻搅要快，时间要短，断生即应出锅。这样炒出来的蔬菜，才能色泽鲜艳、脆嫩可口。如果小火、油温低，炒的时间一长，就会出汤、变黄、烂糊。

②热油加盐

在热油中撒点盐，炒出的菜翠绿清脆。炒特别脆嫩的菜，如豆芽等，除了火旺、油热、时间短外，还要边炒边淋些水，这是豆芽保持脆嫩的关键，否则，芽就发蔫不脆。

③含淀粉多的蔬菜，先过水

炒土豆丝时，除了火旺、油热外，先要把切好的土豆丝在清水中洗几次，洗掉淀粉质，变为白色时再下锅。炒至土豆丝变色时，淋点醋、水，撒点盐，再放几个蒜片，翻炒几下出锅。这样炒出的土豆丝，丝丝分开、清爽脆嫩、味道鲜美。否则就会炒得黏糊、软塌塌，没什么吃头。

3. 蔬菜巧去皮

（1）西红柿。

①在西红柿顶部划个十字口，然后放入盆中，向其淋浇开水；然后倒去开水，再用冷水淋浇，可轻松撕去外皮。

②用汤匙从西红柿尖部到底部刮一遍，这样，西红柿皮和内部的果肉贴得就不那么紧密了，这时再用手剥西红柿皮就很容易了。

（2）新土豆。把新土豆放入热水浸泡一下，再倒入冷水中，很容易去皮。

（3）芋头。将芋头洗干净，再将芋头放进开水里，稍微焯一下，芋头的皮就容易剥了，而且能剥得很薄。

（4）山药。去山药皮很容易将山药黏液黏在手上，戴上一次性手套或用塑料袋套住手，就可解决这个问题。

（5）大蒜。可以将蒜掰成小瓣，放入温水中浸3～5分钟，取出用手一揉，蒜皮即脱落。或将蒜掰成小瓣后，在案板上用刀背轻轻拍打，即可轻松去皮。

4. 切菜窍门

①莲藕、茄子和土豆等蔬菜切后易变色，影响菜肴的色泽。可将切好的上述蔬菜放在水中，就不会变色了。

②切辣椒和洋葱时，眼睛往往会被辣得流泪。可把菜放进冰箱冷冻一下再切，或者先把菜刀在凉水里浸一下再切，或者在菜板旁放一盆凉水，刀边蘸水边切，均可有效地减轻辣味的散发。

③蔬菜切片易黏在刀面上，可将牙签劈成两半用水打湿，然后贴在距刀刃一寸见方的刀面，就能起到很好的效果，不让蔬菜片再贴在刀上。

5. 炒菜巧用调料

（1）巧下盐

①用动物油炒菜，最好在放菜前下盐，这样可减少动物油中有机氯的残余量，对人体有利。用花生油炒菜更是如此，这是因为花生油可能会含有黄曲霉菌，而盐中的碘化物，可以除去这种有害物质。为了使炒菜可口，开始可先少放些盐，菜熟后再调味。

②用豆油、茶油或菜油，则应先放菜后下盐，这样就可以减少蔬菜中营养成分的损失。

（2）烹调巧用醋

①凡需要加醋的热菜，在起锅前将醋沿锅边淋入，比直接淋在菜肴上更加醇香浓郁。

②炒脆嫩的豆芽，若放上一点醋，既能去除涩味，又能保持豆芽爽脆可口。

（3）普通醋变香醋

在普通醋内滴几滴白酒并加入少许食盐，可使其变成香醋。

（4）巧调糖醋汁

做糖醋类菜肴，按2份糖、1份醋的比例调配，味道甜酸适度。

（5）巧用啤酒调味

夏季做各种凉拌菜时，加适量啤酒调拌，可提味增香。

（6）黄酒可除豆腥味

炒黄豆芽时，在没放盐之前，加入少许黄酒，可除掉豆腥味。

（7）错误的调料使用方法

烹调时，调料使用不当往往会起反作用。例如，拌凉粉放糖——味腻；炒韭菜放糖——味败烧冬瓜放酱油——味酸；炒菠菜放味精——味涩；清炖鸡放大料——味怪。

6. 烧菜过咸巧补救

（1）菜过咸

①加适量白糖，即可解盐。

②放一些醋，咸味会大大减少。

③用掺有白酒的水浸泡，有明显的去咸效果。

（2）汤过咸

①用纱布包一些煮熟了的大米饭放进去，能吸收盐分，减轻咸味。

②切几块土豆下锅一起煮，煮熟立即捞起，汤就不那么咸了。

③可放几块豆腐或番茄片同煮，其减咸功效与放土豆效果相同。

7. 巧发干货

①腐竹。用温水浸泡才能软硬一致。如用热水泡发，则容易出现软硬不匀，甚至外烂里硬的现象。

②银耳。放入凉水浸泡1小时（冬天可用温水），然后去根，去杂质，洗净即可烹饪。

③海带。用淘米水泡发海带、干菜等干货，易发胀，烹制时易烂。

④木耳。用凉水浸泡，可使木耳恢复到生长期的半透明状，吃起来脆嫩爽口。

⑤香菇。用冷水将干香菇浸泡1~2小时，洗去泥沙，用温水发开皱褶，轻轻刷净杂物，然后把洗净的香菇放入70摄氏度的热水中浸泡15~20分钟，不仅香菇味鲜易熟，泡香菇的汤也可加入菜中，使汤鲜味美。

8. 巧烧豆腐

①去异味。豆腐、豆腐干等豆制品，往往有一股泔水味。在烹制前，将豆腐浸泡在凉盐开水中，一般500克豆腐用50克盐，不仅能除异味，而且可保存数日不

坏,做菜时,也不易碎。

②豆腐乳烧豆腐味香美。烧豆腐时,加一些豆腐乳或汁,会增加香味。

(五)主食制作窍门

1.焖饭窍门

①开水煮饭。用开水煮米饭,可避免米中维生素 B_1 的损失。

②茶水煮饭有助于消化。茶水煮饭色、香、味俱佳,且消积化食。用1公斤开水浸泡0.5~0.7克茶叶5~8分钟后,用干净纱布滤去茶叶,将茶水倒入淘好的大米中,像平时一样焖饭即可。

③焖饭加麦片营养价值高。煮米饭时加入2%的麦片或豆类,不但好吃,而且富有营养。

2.巧除米饭糊味

①饭做糊了,可将三五根鲜葱段放在饭上,盖上锅盖。几分钟后,把葱段取出来,糊味就消除了。

②一旦闻到饭的焦糊味,可把饭锅置于3~6厘米深的冷水中,或者放在泼了凉水的地面上,约3分钟后焦糊味即可消除。

③米饭有焦糊味,可用一小块烧红的木炭装在碗里,将炭碗置入锅中,将锅盖好,十几分钟后,揭开锅盖,取出炭碗,焦味即可消除。

④饭有焦糊味时,在米饭上边放一块面包皮,盖上锅盖,5分钟后,面包皮即可把焦糊味吸收。

3.煮粥窍门

①浸泡。煮粥前先将米用冷水浸泡半小时,让米粒膨胀。这样做可以节省熬粥时间。

②开水下锅。用冷水煮粥会糊底,而开水下锅就不会有此现象,而且比冷水熬粥更省时间。

③火候。熬粥时先用大火煮开,再转文火,熬煮约30分钟。

④搅拌。煮粥时,搅拌也是很讲究技巧的。开水下锅时搅几下,盖上锅盖。文火熬20分钟时,开始不停地搅动,搅动时顺着一个方向转,这样一直持续约10分钟,至粥呈浓稠状时便可出锅。这样熬出的粥比较稠、口感好。

⑤点油:粥改文火后约10分钟时点入少许色拉油,煮出来的粥不仅光色泽鲜

亮,而且入口别样鲜滑。

⑥底、料分煮：如果要制作菜粥、肉粥或海鲜粥时，要先煮好粥，肉要先腌入味，海鲜类要过水。熬粥的最后10分钟放入菜等辅料。这样熬出的粥品清爽不浑浊，不串味。

4. 面食制作的窍门

①酒能加快发面速度。揉好面团后，可在面团上按一个坑窝，倒入少量白酒，用湿布捂几分钟即可发起。馒头上屉后，在蒸锅中间放一小杯白酒，这样蒸出的馒头松软好吃。

②冷天发面加白糖。冷天用发酵粉发面，加上一些白糖，可缩短发酵时间，发酵效果更好。

③盐水发面松软。发面时，若放一点盐水调和，可以缩短发酵时间，蒸出来的馒头也更加松软可口。

④啤酒馒头松软。和面时，在面粉中加些啤酒（啤酒和水各半），这样蒸出来的馒头格外松软。

⑤橘皮丝馒头。蒸馒头时，掺一点橘皮丝，可使馒头清香。

⑥蒸馒头宜先上屉，后开火。先把馒头上屉，然后再开火蒸，使温度慢慢上升，馒头受热均匀，容易发胀。

5. 制作饺子馅的窍门

①调饺子馅防营养流失

包饺子时，要把饺子菜馅中的水分挤出，既费事又损失营养。若用适量食油把切好含水分多的菜馅拌匀，再与调好味的肉馅搅拌，菜馅有油脂包裹，用盐拌和也不易出水。

②特殊饺子馅的调制

取50~100克加工干净的猪肉皮煮上几分钟，捞出沥干晾凉，绞碎，再入锅加水煮15分钟，在冷透前加入剁好的豆芽，浇上油，放少量虾皮，拌匀，再与肉馅拌和，包出的饺子别有风味。

6. 煮饺子不黏的窍门

①和饺子面时，每500克面加一个鸡蛋，可使蛋白质含量增多，下锅煮时，蛋白质收缩凝固，使饺子皮变得结实，不易黏连。

②煮饺子时，如果在锅里放几段大葱，可使煮出的饺子不黏连。

③水烧开后加入少量食盐，等盐溶解后再下饺子，直到煮熟，不用点水，不用翻动。这样，水开时既不会外溢，饺子也不黏锅或连皮。

④饺子煮熟后，先用漏勺把饺子捞至温开水中浸一下，再装盘时，就不会黏在一起了。

7. 面条好吃的窍门

①煮面条时，待水开后先加少许食盐（每500克水加盐15克），再下入面条，这样煮出的面条不易"糟"。

②在下面条时可往锅里适量加些食醋，这样不仅能消除碱味，面条也会由黄变白。

③夏天做凉面，煮面条后需要过凉水，直接用凉水很不卫生。如果将面条盛在碗里，再放入几块冰箱中制作好的冰块，效果要好得多。

（六）果蔬、干果食用窍门

1. 柿子去涩窍门

①把柿子放入容器中，用酒或酒精喷洒果面，密封3～5日，即可去涩。

②在柿子堆中加入梨、山楂等，密封3～5日，可去涩。

③把柿子放进35摄氏度的温水中，两天可去涩。

④把柿子装进塑料袋中，里面再放一两个苹果，把口扎紧，2～3日即可去涩。

2. 去皮后的水果怎样保鲜

苹果、梨等水果削皮后，如不马上食用，果肉会被氧化，变成浅棕色，影响美观。

可预先备好一碗凉的淡盐开水，将削掉皮的水果放入，既可保持营养、色泽鲜艳如初，又不会影响味道。

3. 巧用柠檬汁

柠檬汁是一种很好的调味品，会使菜更美味。

①煮甘蓝菜：煮甘蓝菜时，加一匙柠檬汁，可使菜色鲜艳。

②除虾腥味：少许柠檬汁可除虾腥味，且味道更佳。

③除油中腥味：要想除去食用油中的异味，特别是除去炸过鱼的油中腥味，可在油中加几滴柠檬汁。

④除食物中异味：把柠檬汁加入肉类中，可以消除腥味，也可以促使肉类早些入味。如果在洋葱等具有强烈气味的蔬菜中加入少许柠檬汁，可以减少异味。

⑤使蛋清变稠:蛋清太稀了,在蛋清内放入几滴柠檬汁,可使其变稠。

⑥做蛋糕:制作蛋糕时,在蛋白中加入少许柠檬汁,不仅蛋白显得洁白,还能使蛋糕易切开。

⑦护肤:将柠檬汁,加冰糖适量饮用,可以白嫩皮肤,防止皮肤血管老化,消除面部色素斑。

⑧新鲜蔬菜或肉里面滴几滴柠檬汁,可使淡然无味的食物成为风味极佳的菜肴。

怎样挤出更多的柠檬汁呢? 可事先把柠檬放在热水里浸泡几分钟,就能挤出更多的柠檬汁。

4. 水果去皮窍门

①巧剥柚子皮

剥柚子皮之前,先将柚子在桌子上揉,由于柚子经过揉,可破坏果肉和果皮连接的纤维。把柚子从中间切开,可以轻松将果肉与果皮分离。

②巧剥桃皮

先将桃子放入沸水中浸泡 1 分钟,然后放入在冷水中浸泡片刻,便可轻松剥去外皮。

5. 干果去壳、去皮窍门

①除大枣皮

将干枣浸泡 3 小时后,放入锅中煮沸,待大枣完全泡开发胀,捞出即可轻松剥皮。

②板栗去皮

先用刀把板栗的外壳剖开剥除,再将板栗放入沸水中煮 3 ~ 5 分钟,捞出放入冷水中浸泡 3 ~ 5 分钟,这时就能很容易地剥去皮,且味不变。

③核桃去壳、皮

将核桃放在蒸锅里,用大火蒸 8 分钟后取出,放入冷水中浸 3 分钟,捞出逐个破壳,就能取出完整的果仁。再把果仁放入开水中烫 4 分钟,只要用手轻轻一捻,皮即刻脱落。

④榛子去壳

将榛子在水中浸泡七八分钟,用牙一咬即开;吃松子也可用此法。

⑤去蚕豆皮

将蚕豆放入盆中,倒入 70 ~ 80 摄氏度的热水,烫二三分钟后用手一挤,皮儿很容易就去掉了。

⑥去莲子皮

莲子皮薄如纸,剥时很费时间。如果先洗一下,然后放入烧开的水里,并加一匙食用碱面,搅匀后焖一会儿,再倒入盆内用力揉搓,莲子皮就会纷纷脱落。

6. 巧吃西瓜皮

①晒干菜。将西瓜去瓤,削去外表硬皮,然后切成薄厚适中的小片晒干(太厚不易干,太薄易黏),到冬天泡软洗净,加辣椒素炒或烧肉,都很好吃。

②用西瓜皮炖汤。将西瓜去瓤,削去外表硬皮,然后切成条或片,放入开水中炖,同时放些虾皮和盐,待西瓜皮熟透,再放适量的姜末、葱丝,最后放味精、香油。此汤味道鲜香适口,胜似冬瓜汤。

③凉拌西瓜皮。将西瓜去瓤,削去外表硬皮,然后切成条,撒盐略腌,将腌出的汁倒去,加入鸡精、香油、醋,拌匀,清爽可口。

④油炸西瓜皮。将西瓜去瓤,削去外表硬皮,然后切成细条,裹上面粉再入滚油一炸,外酥里脆。

7. 巧用橘皮

①冰箱里放上几块新鲜的橘皮可以去除难闻的味道;

②烧肉或烧排骨时,加入几片橘皮,味道鲜美,去腥除腻;

③橘皮中含有大量的维生素 C 和香精油,将其洗净晒干泡水饮有提神、通气的作用;

④将橘皮煮成汁,涂抹在草席上,可防止草席发霉;

⑤烤箱用久了会产生异味,只要在烤箱里放些新鲜的橘皮并略微烘烤,即可清除烤箱的怪味。

8. 处理山药的窍门

①如何处理山药而手不痒

因为山药的黏液里含植物碱,接触皮肤会刺痒;山药皮里的皂角素也会弄得手部非常痒,这时可以把手仔细洗干净,然后在手上沾满醋,连指甲缝都沾上,过一会儿这种痒感就会渐渐消失。因为醋里的酸与碱中和了。还可以洗过手后在火上稍烤一下,反复翻动手掌,让手部受热,这样能分解渗入手部的皂角素。

在处理山药前戴上一次性手套或在手上套一个透明塑料袋,不让手部皮肤接触山药的黏液,可避免手痒。

②山药巧去皮

把洗净的山药先煮或蒸 4~5 分钟,凉后再去皮,就会轻松去皮。但注意不要蒸煮时间太久。

③炒山药时如何不变黑

使用金属刀切山药会产生氧化作用,会使山药变黑,所以在切山药时最好用竹刀或塑料刀。也可以将切好的山药泡在加了醋的冷水里或者泡在柠檬水里,等烹饪时再捞出,这样即使不马上食用,山药也不会变黑。

七、花鸟鱼宠

(一) 植物

1. 家庭养花的选择

家庭养花既要美观还要实用,对身体健康有好处。

(1) 客厅

客厅中花卉摆放不能追求"量",应该选择中大型植物,绿色常青植物如:发财树、散尾葵、巴西铁、巴西木、龙雪树等;开花植物如:蝴蝶兰、大花慧兰、凤梨等。

(2) 卫生间

卫生间面积不大,光照条件比较差,空气湿度大,需小型耐阴耐湿盆栽或吊盆式植物,盆栽如富贵竹,吊盆如吊绿萝,他们都具备净化空气的作用。

(3) 餐厅

餐桌上摆放的植物不宜过大,小巧的观叶植物比较合适,如果客厅和餐厅是一体的可以用植物作间隔,如吊绿萝、常春藤、吊兰等。

(4) 卧室

在卧室宜摆放一些能在夜晚吸收二氧化碳的绿色植物,如芦荟、金琥、仙人球等。光照条件好的房间适合养扶桑、米兰、茉莉、金桂、石榴及仙人掌类植物。

(5) 阳台

阳台日照充足、空气流通、干燥多风,但昼夜温差大,适合的花卉有仙人球、月季、扶桑、令箭荷花、昙花等品种。如果阳台有遮阳条件,适合养的花木还有茶花、杜鹃、栀子兰、君子兰、倒挂金钟、仙客来、玉簪等。阳台干燥多风,因此在阳台上养花应适当多浇水,平时要经常朝叶面和花周围的地面喷水。

（6）庭院

家庭庭院具有地栽条件，适合地栽葡萄、月季、牡丹、芍药、美人蕉、大丽花、菊花、玉簪及半支莲、紫茉莉等。

2. 花卉巧怡性

如果您是一位尚未入门的准养花人，在挑选花卉时，就要掌握一定的技巧和原则。

如果您喜欢种植花香味淡雅、花色艳丽的观花花卉，可选择花期较长且花形端庄的花卉，木本科可选牡丹、月季，草本科可选菊花、天竺葵、一串红、瓜叶菊、美人蕉、大丽花等。

如果您喜欢具有浓密的绿色、叶片翠绿奇特、花形和花色平淡无奇的观叶花卉，如龟背竹、棕榈橡皮树、万年青等则是当然之选。

如果您是一位关注养生的人，枝茎独具风姿、叶片稀少或呈针刺状、花少而小且色淡的仙人掌类花卉是比较合适的选择。

如果您是一位观果爱好者，大可选择果实丰满、色泽艳丽的石榴、金橘、佛手等。

文雅之士则可选米兰、茉莉、桂花、栀子、白兰、丁香等，这些花卉花型小，花色平淡，而香味浓郁，持续时间长。

喜静的人可选择五针松、罗汉松、黑松、六月雪、龙柏、福建茶等。

3. 能净化环境的花卉

（1）去除装修污染：

①吸收甲醛、二氧化碳、过氧化氮：吊兰、芦荟、合果芙、常春藤、垂叶榕、绿萝。

②吸收硫化氢、氟化氢、苯酚、乙醚等：月季。

③减少苯污染：铁树、菊花。

④清除三氯乙烯：龙血树、白掌、雏菊、万年青。

⑤清除甲苯：散尾葵、肾蕨（波斯顿蕨）、绿萝、白掌、垂叶榕。

⑥吸收甲醛、苯气等：吸毒草（皱叶薄荷）。

（2）去除烟雾、粉尘

①吸收化学烟雾，防尘隔音：七里香。

②吸收尼古丁：常春藤、鸭掌木、银皇后。

③吸尘：榆叶、人参榕。

（3）吸收辐射

能增加空气中负氧离子浓度,减少辐射的植物有:仙人掌、金琥、令箭荷花、昙花、芦荟等。

4. 适宜室内养殖的观叶植物

可应用于室内绿化的观叶植物,常见的有铁线蕨、鹿角蕨、肾蕨、散尾葵、橡皮树、常春藤、龟背竹、花叶芋、绿萝等。

根据它们的生长形态,可分为直立型、蔓生型两种。直立型的观叶植物,枝干直立,向上生长,如铁树、棕竹、橡皮树等,宜布置在客厅、门厅或长沙发旁。蔓生型的观叶植物有:绿萝、斑叶常春藤、垂盆椒草等,多能攀爬、缠绕或下垂生长,适宜悬置窗檐梁下。

可用于案头点缀的玲珑娇小观叶植物有颜色极为艳丽的三色凤梨、瓜皮椒草、三色豆瓣绿、吉祥草、袖珍椰等。

观叶植物的日常养护管理,以施氮肥为主,配合适量磷、钾肥料,度夏时需防日晒,有散射光照即可。一般说来,观叶植物多产于亚热带,喜高温高湿环境,若室内空气湿度小,需常向叶面、植株喷雾,以保持一定的湿度。越冬室温宜在 10 ~ 12 摄氏度,不得低于 8 摄氏度,并注意控制浇水量。

5. 不适合在室内摆放的花卉

家庭居室养花能陶冶性情,美化环境,但从健康角度来讲,有些花卉是"危险"的。

①室内不宜摆放过多的植物,因为植物除进行光合作用外,还要进行呼吸作用,即吸入氧气,放出二氧化碳。如果室内植物太多,就会增加空气中二氧化碳的浓度。特别是晚间,植物的光合作用大都被抑制,而呼吸作用却十分旺盛,形成与人争氧的局面,使居室内二氧化碳浓度较高,影响人的身体健康。

一些耗氧性高的花草:如丁香、夜来香等,进行光合作用时,大量消耗氧气,影响人体健康。夜来香在夜间停止光合作用时,大量排出废气,会使高血压和心脏病患者感到郁闷。

②一些花卉会产生异味,如松柏类、玉丁香、接骨木等。松柏类分泌脂类物质,放出较浓的楹香油味,久闻会引起食欲下降、恶心。玉丁香发出的气味会引起气喘、烦闷。

③使人产生过敏的花草:五色梅、洋绣球、天竺葵等。人们只要碰触、抚摸这类花草,就会引起皮肤过敏,重则奇痒难忍,出现红疹。丁香、米兰、茉莉花等,它们有强烈的花香味,有可能引起呼吸道过敏。

④会产生毒素的花草：有一些植物植株带有毒素，如夹竹桃、水仙、一品红、有刺的仙人掌等，它们轻则引起皮肤发炎，重则会引起恶心、中毒、胸闷等症状。尤其是有小孩的家庭，小孩子不懂事，喜欢玩弄花枝花叶，甚至咬着花枝玩，这是十分危险的。

6. 花卉的寓意

康乃馨——象征母爱，是慰问母亲之花，宜在母亲节和母亲生日时赠送；去医院探望病人时也宜送此花，以表慰问。

向日葵——象征光明、活力，可赠热恋中的恋人。

红玫瑰——象征爱情和真挚纯洁的爱。人们多把它作为爱情的信物，爱的代名词，是情人节首选花卉。红玫瑰蓓蕾还表示可爱。

白玫瑰——寓意尊敬和崇高。白玫瑰蓓蕾还象征少女。

粉红玫瑰——表示初恋。

蓝紫色玫瑰——表示珍贵、珍稀。

橙黄色玫瑰——表示富有青春气息、美丽。

黄色玫瑰——表示道歉。

绿白色玫瑰——表示纯真、俭朴或赤子之心。

天堂鸟——象征自由、幸福幸福、快乐、吉祥和自由的象征，宜赠亲朋好友；宜在寿辰中赠送，祝老人似仙鹤般长寿。

非洲菊——又名扶郎花，它象征有毅力、不怕艰难，喜欢追求丰富的人生。单瓣品种代表温馨，重瓣品种代表热情可嘉。非洲菊花形放射状，常作插花主体，多与肾蕨、文竹相配置。

南天竹——茎杆光滑，清枝瘦节，秋风萧瑟，红叶满枝，红果累累，经久不凋。它象征长寿。

石竹——谦虚、多愁善感单瓣品种被喻为"花中林黛玉"，宜赠给柔弱袅袅，见物感怀的女友；重瓣品种宜赠热情洒脱的好友。

石蒜——优美、纯洁，宜在演出成功时赠艺术家；宜赠初恋情人，喻其清纯洁。

马蹄莲——象征"圣法虔诚，永结同心，吉祥如意"。是欧美婚礼中，新娘捧花的常用花材。

茉莉花——象征优美。在西欧，其花语是和蔼可亲。菲律宾人把它作忠于祖国、忠于爱情的象征，并推举为国花。来了贵宾，常将茉莉花编成花环挂在客人项间，以示欢迎和尊敬。

紫罗兰——花梗粗壮,花序硕大,花朵丰盛,色彩鲜艳,香气清幽,水养持久。紫罗兰象征永恒的美或青春永驻。深为各国人民喜爱,尤其是意大利人,紫罗兰是意大利国花。

富贵竹——淡雅、清秀,象征吉祥、富贵。略经加工,可产生"绿百合"的艺术效果。也可作中小型盆栽,点缀厅堂居室。

红掌——热情豪放、象征地久天长,宜在婚礼、庆典等喜庆之日应用;宜赠热情、豪爽的友人;单枝寓意"孤掌难鸣"。

蝴蝶兰——花形似彩蝶,花姿优美动人,极富装饰性。蝴蝶兰代表我爱你,是新娘捧花中的重要花材。

龟背竹——叶形奇特,有虚有实,青碧可爱。龟背竹寓意健康长寿,是祝福长辈生日的佳品。

百合——象征神圣、圣洁纯洁与友谊,金百合艳丽、高贵;白百合纯洁、无瑕,宜送新娘,寓意未来生活充满阳光。

一串红——花色鲜艳夺目,适成片摆设,布置花坛,装点节日。一串红代表恋爱的心,一串白代表精力充沛,一串紫代表智慧。

秋海棠——象征苦恋。当爱情遇到波折,人们常以秋海棠花自喻。古人称它为断肠花,借花抒发男女离别的悲伤情感。

鸡冠花——经风傲霜,花姿不减,花色不褪,被视为永不褪色的恋情或不变的爱的象征。在欧美,第一次赠给恋人的花,就是火红的鸡冠花,寓意永恒的爱情。

天冬草——叶状枝常青下垂,红果累累。在插花中常作填充材料或衬景。天冬草象征粗中有细,外表"气宇轩昂",内心却"体贴入微"。

长寿花——枝密叶肥、花繁色艳,从冬至春,开花连绵不断,故名。它是祝贺生日或春节馈赠老人或友人的佳品。

石斛——花姿优美,艳丽多彩,花期长。它与卡特兰、蝴蝶兰、万带兰并列为观赏价值最高的四大观赏兰类,在新娘捧花中更是少不了它的倩影。

郁金香——象征神圣、幸福与胜利。是荷兰、比利时的国花。不同的花色其含义不同:红色郁金香表示我爱你,紫色郁金香表示忠贞的爱,黄色郁金香表示没有希望的爱,白色郁金香表示失恋。在欧洲,对自己钟情的恋人表示深深的爱,常选送一束红色的郁金香。

7. 家庭养花的简易工具

①喷壶或喷雾器:一般花卉市场及花店均有出售,主要用于叶面喷水、播种或

扦插盆喷水及向盆花周围喷水降低室温、增加湿度。喷壶壶身不必很大,能盛放4~5公斤水即可,壶嘴宜细长。备粗眼、细眼活动喷头各一个,叶面洒水时用粗眼喷头,播种或扦插盆喷水则用细眼喷头。为了减弱水的冲力,给小苗喷水时喷头宜朝上,让水先向上再翻下;盆面浇水一般可卸掉喷头,将喷嘴靠近花盆,慢慢浇入。

②枝剪:花木整形修剪或剪取接穗、花枝用,花店或园艺工具店有售。也可用一般剪子来以给盆栽花卉剪除根枝节和修剪整形。

③小花铲:也叫"移植馒",花店有出售,花卉移植或上盆、翻盆时,用来装泥、铲土。

④铅丝耙子:俗称"小挠子"。用粗铅丝自制成两个或四个齿的小耙子,在为盆栽花卉松土时使用。

⑤小勺:舀液肥兑水时使用。

⑥小陶缸或瓷罐、瓶:沤制肥料时用。

⑦小筛子:可用木条及纱窗或塑料网自制,自制培养土过筛时用。

⑧苗箱:育苗时常用的硬质塑料盒,一般长×宽×高=50厘米×36厘米×10厘米,四周和底部均有漏水孔隙。

⑨塑料苗钵:育苗用的一种软质塑料小器具,形状似无沿的小花盆,用其可以方便育苗、移栽、定植,保证根系的完整,缓苗迅速。

⑩盆托:在花盆底下垫上盆托,可防止浇水过多时而外流,同时也起到美化的作用。

8.花盆的选择

盆栽花木,花盆质料性质和容积的大小,对花木生长影响很大。

花盆既是栽花的工具,又是供观赏的艺术品,配置得当,可营造独特的风格,亦能显出盆栽花卉之美。

花盆的选用与花木的生长有密切关系,一般应根据花卉的株形、植株大小、根系多少等选用合适的花盆。花盆过大,影响外形,不协调,且对根的呼吸不利;花盆过小,会阻碍根系发育,导致植物生长不良。理想的花盆应具有:质料轻、搬运方便;经久耐用,不易破碎;色彩、造型、厚薄、大小能适应花木生长的需要。

现在市场上的花盆大致有以下几种:

①泥盆:种花最好用泥盆。泥盆具有透气及渗水性好的特点,有利于水分和空气的流通,能为花卉根部发育创造良好条件,对花木的迅速生长有利,特别是一年生的草本花卉用泥盆栽种,最利其生长。泥盆的缺点是色彩单调,造型不美,表面

粗糙,易破碎等。

②塑料盆:质料轻巧,使用方便,不易破碎,经久耐用,盆壁内外光洁,不仅换盆时磕土容易,也易于洗涤和消毒。但不透气、不渗水,只适宜栽植耐湿喜湿的花木,如旱伞草、龟背竹、马蹄莲、万年青、吊兰、天门冬等。塑料盆也可作为室内摆花作套盆使用。

③瓷盆、釉盆:这种盆不透气、不渗水,不易掌握盆土干湿情况,尤其在冬季花木休眠时,常因浇水过多,致使花木烂根死亡。因此,不宜直接用于盆栽花卉。但瓷盆、釉盆制作精巧,涂有彩釉,外形非常美观,一般适合用于居室、客厅摆花时作套盆用。

④木质大盆:适合栽培较大树种,如橡皮树、蒲葵等,作室内绿化用。

⑤紫砂盆:宜兴生产的紫砂盆工艺精致,色泽淡雅,造型美观大方,适宜用来栽培名贵的兰花和其他盆栽、盆景,兼有装饰作用。在厅堂布置时,也可把它套在泥盆的外面,作套盆使用。

⑥水盆:水盆是指盆底没有透水孔,用以贮水的盆。这种盆陶质、瓷质、石质都有,盆面宽大、形浅,样式多变,适于培养水仙、碗莲等水生观赏花卉。

⑦播种扦插盆:播种或扦插繁殖时,为促使种子或插条迅速发芽生根,要用浅盆。有专用的播种扦插盆,盆高仅 6～7 厘米,盆径 35 厘米左右,盆底有较多的排水孔。由于盆浅孔多,渗水快,盆土空气含量比深盆充足,有利于发芽和生根。

在新泥盆、陶瓷盆使用前,都应先用水浸透,即使选取旧盆也应刮除泥土,洗净后用水浸透再使用。

9. 家庭养花用土的选择

要想把花养好,栽花用的土壤是一个非常关键的条件。对于土壤,有两个应注意的问题:一是土壤的物理性质,也就是土壤是黏重还是疏松。黏重的土壤不宜栽花,因为这种土壤排水不良,透气不好。而疏松的土壤排水和透气都好,栽花最为适宜。二是土壤的化学性质,主要是土壤是碱性还是酸性。我国北方平原多为碱性土,南方或北方的高山地区则多为酸性土。

家庭养花,以盆栽为主,因此对盆土的肥力与通透性的要求比较严格,可以根据环境进行选择。

腐叶土:秋天收集落叶,堆入坑内,浇一些有机肥料或洗鱼肉的水,用泥封盖严密,经过半年以上,充分沤熟,即可挖出使用。这种土不仅结构较疏松,且呈微酸性,适合多数花木的需要。

菜园土:可利用假日到郊外挖些菜园土备用。

黄泥土:普通山地黄土,又叫山泥,酸碱度在5.5左右,适合喜酸性土花卉的需要。

塘泥:冬季挖掘塘泥或河泥,晒干呈灰黑色,塘泥要经冰冻、敲碎后再用。

焦泥灰:收集枯枝落叶或园土,按一层落叶一层土间隔堆积起来,用泥封盖,然后引火慢慢燃烧焖制,过筛使用,内含有较多的钾素物质。

砻糠灰:稻谷壳燃烧后的灰,呈中性或略偏碱性,掺入土中,硫松通气,排水性能好。

骨粉:用碎骨或禽类啼角、毛鬃煅烧而成,也可沤腐发酵后使用。内含大量磷肥及钙质。

黄沙:黄沙透水性好,掺入其他土中,以利排水。

使用时,可根据各种盆栽花卉的需要,将上述材料灵活配制。一般常用的配制比例是:腐叶土30%,菜园土40%,粗沙30%,外加适量的碎骨末。

10. 常见花卉的养护环境

兰花:适宜植于疏松、保水、透水性良好的酸性土壤中,耐旱不耐湿,可随不同季节采取不同的养护措施,即"春不出、夏不晒、秋不干、冬不湿"。

水仙:适宜在5摄氏度以上的气温中生长,不应置于零度以下的环境中,在18~20摄氏度环境里浸养30天左右就可开花,而在25摄氏度以上气温中花芽分化将受到抑制,若阳光不足,空气不畅通,则会叶长花少。

菊花:性喜凉爽,最适宜生长在肥沃、疏松的沙质土壤中,且耐半阴而不耐湿。

牡丹:性喜深厚、肥沃、排水良好的土壤,根怕水涝,耐寒怕热,喜燥怕湿。

玫瑰:性喜阳光,对气候、土壤适应性较强、耐寒、耐旱、但怕涝,嗜肥,肥不足花开得少。

月季:性喜阳光,耐寒、耐旱力强,对土壤适应性较强,在微酸性土壤和气温18~25摄氏度的环境里生长最适宜。

君子兰:性喜弱光,忌强烈阳光直射,适宜生长于疏松、肥沃、排水性良好的土壤和温暖的气候之中,以15~25摄氏度最为适宜,耐干不耐湿。

米兰:性喜阳光充足、气候温暖、湿润、土壤肥沃、排水良好的环境。

石榴:性喜阳光,宜于在温暖气候,疏松及排水性良好的土壤中生长,耐旱,不耐寒。

金橘:性喜温暖,易于在肥沃、排水性良好而带酸性的土壤中生长。

文竹:适宜疏松、肥沃、透水性好的沙质土壤和通风好、多湿半阴的环境。忌阳光的直射暴晒。

四季海棠:性喜温暖半阴的环境,不耐旱又忌积水,忌阳光的直射暴晒。

万年青:性喜温暖、湿润的沙质土壤,以半阴处生长为宜,冬季要日照充足。

大丽花:性喜干燥、凉爽的气候和排水良好的土壤,忌炎热,不耐寒。

含羞草:性喜光和肥沃湿润的土壤,不耐寒。

绣球:性喜半阴、湿润、肥沃的酸性土壤,不耐碱。

桂花:性喜阳光,适宜生长于温暖、潮湿、微酸性的沙质土壤中,适应能力强,但忌积水,怕煤烟,耐半阴,能抗寒。

梅花:性喜肥沃、疏松和偏酸性的沙质土壤,耐寒、喜湿、怕水涝。

仙客来:性喜凉爽和腐殖质丰富的土壤,喜光不耐热。

美人蕉:性喜温暖、湿润的环境,但害积水。

11. 家庭养花"常见病"的诊断及处置

植物与人一样,身体内部的病症都可通过外观表现出来,我们可以通过观察植物花、叶的不同变化,了解植物的成长状况。

(1)叶片打蔫:可能由于花盆内积水或土质过干及阳光暴晒造成。辨明原因再采取适当的措施。

(2)叶子自行脱落:由于盆土内酸度过高,破坏了花木根系的正常呼吸和养分输送,应立即换土、洗根、重栽后用塑料袋罩上,并置于阴凉处。

(3)叶子先发黄并逐渐枯萎:是由于盆土内碱性过大造成的,应立即换酸性土或施硫酸亚铁以增加土壤的酸性。

(4)叶子发黄不脱落,其原因可能有三:①浇用的水质含碱性较大或缺少某种矿物质;②大多数由于浇水过多;③土壤中缺氮,或日照过多或过少。用雨水浇花和追施适量的硫酸镁溶液,可增加酸性及矿物质。

(5)叶面无光泽而枝芽纤细:可能是由于光照不足,室温过高或肥料施用不足造成的。可喷水降温,并把花木移到朝南窗前增加光照或增补肥料。

(6)绿叶变粉色:是由于光照不足造成。

(7)叶面和叶子四周出现斑点:可能由于室温高,水肥施用不当和浇水温度太凉造成。

(8)落蕾、落花:可能由于室温过高或过低,水肥浇用过量和遭受油烟、煤烟损害造成。可换移地方、调节室温或减少水肥。

（9）花蕾萎缩：由于土壤中缺硼造成，可增施含硼肥料。

（10）花开不繁：施用氮肥太多。

（11）嫩枝低垂、叶子萎缩：由于干旱缺水造成。可移至半阴处，先少浇水并向叶面喷水，待茎叶复原挺起后再适量浇水。

（12）成株死亡：可能由于盆小、根须多或肥水施用不当所引起。可通过换大盆、调节肥水施用来处理。

12. 家庭养花除虫方法

养花的过程中，由于花的土壤本身以及在养护时的施肥，极易滋生虫害，并且在花的生长过程中，花卉自身也会招引一些虫类，这些虫类会影响花卉的生长，也会给人的生活带来危害。

①蚜虫。有的室内盆花，芽叶上分泌出来的油质比较多，最容易生蚜虫。可以点燃一支香烟，让烟气熏有蚜虫附着的芽叶，蚜虫便可纷纷掉落。如果花株大，不容易用烟熏。可以用香烟一支，浸泡在一杯自来水中，用烟水喷洒两三次，也可以除去蚜虫。

②蚂蚁。蚂蚁在花盆中筑巢、繁殖，是花卉生长的天敌之一。花卉的根被蚂蚁咬后，不但会使根受损伤，还会感染，引起病害和腐烂，严重时会使全株死亡。

可以将花盆浸入水中，蚂蚁怕水，会纷纷逃出，以后要注意适当浇水，防止蚂蚁再次在盆内做窝。此外，也可以将烟蒂、烟丝、烟叶用热水浸泡一两天，待水呈深褐色时倒出一部分，将倒出的这部分水再加水稀释成褐色，把这些水浇在花盆里，把土浇透。然后，将剩下的一部分烟水洒在花的茎叶上，也可以防治盆花的蚁害。

③蚯蚓。在盆花土壤中，蚯蚓钻行吞食根系，会造成根系损伤，甚至使花卉死亡。

蚯蚓最怕寒冷，一般在 0 摄氏度以下便会冻死。蚯蚓怕光，一般在疏松的土中很少有蚯蚓。因此，最好在冬季取田间、山坡上松散的表层土做盆土。其他季节挖取下层湿润土壤，应在阳光下晒干后再使用。如发现土壤中有蚯蚓，可适当喷洒农药进行杀虫。

④线虫。线虫是花卉的常见虫害，对花卉的嫩根、幼根和球根危害很大。花卉得了这种病，枝条瘦弱、叶子黄白没有光泽，拖延花期甚至不开花，如果长期得不到防治，最容易造成植株干枯死亡。

发现花卉中有线虫，在浇水时把水浇透，然后在培养土的表面撒上一层约 2 厘米厚的细沙面。如此，盆中的水已浇透，土中空气不足，线虫很快就会从湿土钻出表土，然后钻到细沙中呼吸新鲜空气，这时把细沙扒掉，反复操作做两三次，就可以除去线虫。如果同时再少洒些浓度比较小的农药，效果会更好。

⑤红蜘蛛。花卉上最小的害虫，体长不到1毫米，枯黄或红褐色，像一粒粒的小火球，常发生于高温低湿的环境，喜在叶背上吸取汁液，使叶片苍白失绿，最后枯落。红蜘蛛主要危害仙人掌类、杜鹃、一串红、冬珊瑚、蔷薇类、海棠和柏等。红蜘蛛1年可繁殖10余代。清除盆内杂草，以消灭越冬红蜘蛛卵。数量多时，可用稀释1 000～1 500倍的40%乐果溶液，或"杀螨灵"喷杀红蜘蛛。常在盆花周围洒水和在叶面喷雾，提高空气湿度，可抑制其发展。

13. 家庭养花的施肥

家庭养花施肥很有讲究，一定要适量。如果一次施肥过多，土壤里肥料浓度过高，就会损伤根部，引起根枝叶部分枯萎甚至死亡；施肥过少或者不施肥，花卉会因缺乏养分而生长瘦弱。一般地说，生长旺盛和喜阳的花卉可多施一些肥料；生长缓慢和荫棚下的花卉就少施一些。施肥要沿盆的边缘施用，不可"照头淋"，不然的话，尽管用量适当也会损害花卉。

其次，施肥要适时。春夏间新枝大量生长，要及时施肥，十天半月可施一次。秋冬季有些花卉生长停止或落叶休眠，就要少施或不施。

施肥的时间也有讲究。如用液体肥料，要在晴天下午4时后，盆土稍干时施用，切不可在烈日当空、雨天、盆土过湿的情况下施用。

另外，施肥还应注意肥料的均衡。长期使用单一肥料，花卉就会出现徒长、软弱、开花少等不良现象。因此，要注意氮、磷、钾三大肥料要素的均衡搭配，最好选用花店出售的花肥片，其中除含有氮、磷、钾外，还有花卉生长所必需的其他元素。施肥的用量一次不能过多，如果是从花店买来的肥料，可按说明使用。

14. 适合家庭的水培植物

水培是一种新型的植物无土栽培方式，又名营养液培，是将植物根茎固定于定植篮内并使根系自然垂入植物营养液中，这种营养液能代替自然土壤向植物体提供水分、养分、氧气、温度等生长因子，使植物能够正常生长并完成整个生命周期。水培植物具有清洁卫生、高雅、观赏性强、环保无污染等优点。

很多植物都可以水培，主要有：龟背竹、绿巨人、广东万年青系列、丛生春羽、绿宝石、绿萝、黛粉叶、金皇后、银皇后、星点万年青、迷你龟背竹、黑美人、绿地黄、红宝石、琴叶喜林芋、银包芋、和裹芋、海芋、火鹤红掌、马蹄莲、紫叶鸭趾草、紫背万年青、吊竹梅、芦荟、十二卷、吊兰类、株焦类、龙血树、千年木、虎尾兰、龙舌兰、金边富贵竹、海葱、银边万年青、吉祥草、莲花掌、芙蓉掌、银波锦、宝石花、落地生根、桃叶珊瑚、旱伞草、菜叶草、紫饿榕、兰松、竹节海棠、牛耳海棠、君子兰、兜兰、变叶木、银叶菊、仙人笔、蟹爪兰、三角柱嫁接球、龙神木、凤梨、彩云阁、金钱豹、六月血、爬山虎、常春藤、肾蕨、鸟巢蕨、棕竹、袖珍椰子、蜘蛛抱蛋等。

15. 家庭水培植物养护

①器具的选择。选择能够与该花木品种相互映衬，做到器具花卉与居室环境取得统一与和谐，以达到较理想的观赏效果。

②脱土洗根。把选好的花卉植株，从土壤中挖出或从花盆中轻轻倒出，轻轻拍打，使根部土壤脱落露出全部根系，然后在清水中浸泡 15～20 分钟，揉洗根部，经过 2～3 次的换水清洗，直至根部完全无土。洗净泥土后，可根据花卉根系生长情况，适当剪除老根，病根和老叶、黄叶。再在清水中清洗一遍，以免将泥土带入水培器具而造成污染。

③环境要求。温度要适宜。水培植物适宜的生长温度在 5 摄氏度以上、30 摄氏度以下。阳光自然散射。夏天，要尽量避免阳光直射。

④营养液。一般大家使用市场上出售的水培专用营养液就可以了，配制的时候，要把自来水放置两小时至半天，等它的温度接近室温、水中的氯气等挥发干净以后，再按比例加入浓缩营养液，就成了水培营养液了。

⑤换水。一般情况下，春秋季 5～10 天换一次水；夏季 5 天左右换一次水；冬季 10～15 天换一次水。换水时注意将植物的根露出一半或三分之一。

⑥清洁。每次换水时，用清水冲洗植物的根部及容器，用消过毒的剪子（用酒精棉消毒）将腐烂的根修剪掉，有的时候可以把一些老根也修剪掉，但不要伤到水生根，否则会影响植物的生长。

水培植物根部，上面那些白白嫩嫩的根就是水生根了，有的是从茎基部直接生长出来，有的是从主根上生长出来，它们都是负责植物的养分吸收的，一定不要伤着它们。

⑦保湿。冬天空气中的水分很少，特别是北方，室内非常干燥，对于植物的生长是不利的，所以要每日两次用清水喷洒叶面，以保持其湿度。

16. 鲜花保鲜小窍门

①灼焦法：把花枝的末端放在蜡烛的火焰上烧焦后，放在酒精溶液中浸 1 分钟，再用清水漂洗干净。这样，既可以使茎内的组织液不再外流，又可以防止切口梗塞和水质腐锈，可延长花期 15 天左右。

②末端击碎法：将花梗末端 1 寸左右一段击碎，使吸水面扩大，可延长开花时间。一般木本花枝，如玉兰、丁香、牡丹等，都可用这种方法。

③浸水急救法：如果发现鲜花由于水分不足，花头下垂时，可将花枝末端剪去一段，然后把花枝浸入盛有冷水的容器里，仅让花头露出水面，约一两个小时后，花头就会挺起来。

④药剂保鲜法：在插花水溶液中加入适量的化学保鲜剂，就可抑制花瓣凋落，延长鲜花开放时间。如果没有保鲜剂，可用 1：4000 的高锰酸钾溶液防腐或者配制成 1：3000 的阿斯匹林水溶液，也可起到花卉保鲜作用。

另外，为使鲜花保持较长的时间，室内的温度不宜过高，防止油烟、灰尘附着，要定时换水，还应将花枝插入水中部分的叶片剪掉，以免叶片烂腐而污染瓶水。

17. 巧给植物"除尘"

落满尘土的盆栽花卉，不仅影响观赏效果，而且会使花卉的生长速度受到影响，因此必须及时进行清洗。直接喷水只能将附在植株上的浮土冲去，要想将植株彻底清洗干净还要辅以其他措施。

在清洗盆栽花卉时，先用清水将植株淋湿，然后用左手托住植株要清洗的部位，右手拿一块干净的软布蘸水后将上面的尘土擦去。植株上的嫩叶、嫩枝只用清水喷淋一下即可。清洗的主要对象要是老叶、老枝，其上的灰尘厚且多，要仔细擦洗。对植株上的特别部位可以用蘸有 0.1% 的洗衣粉溶液的软布进行擦洗，然后小喷壶中加入凉开水冲洗植株，用过洗衣粉的地方要多冲几次。因为经过煮熟的水硬度低，不易在植株表面留下水痕，从而使植株显得光洁可爱，生机盎然。

18. 家庭常见植物的养护

（1）绿萝

绿萝是大型常绿藤本植物，生长于热带地区，绿色的叶片上有黄色的斑块，萝茎细软，叶片娇秀，既可让其攀附于用棕扎成的圆柱上，摆于门厅、宾馆，也可任其蔓茎从容下垂，放置于书房、窗台，极富生机，给居室平添融融情趣。

绿萝喜温暖、潮湿环境，要求土壤疏松、肥沃、排水良好。盆栽绿萝应选用肥沃、疏松、排水性好的腐叶土，以偏酸性为好。绿萝极耐阴，在室内向阳处即可四季摆放，在光线较暗的室内，应每半月移至光线强的环境中恢复一段时间，否则易使节间增长，叶片变小。绿萝喜湿热的环境，越冬温度不应低于 15 摄氏度，盆土要保持湿润，应经常向叶面喷水，提高空气湿度，利于气生根的生长。旺盛生长期可每月浇一遍液肥。长期在室内观赏的植株，其茎干基部的叶片容易脱落，降低观赏价值,可在气温转暖的5,6月份,结合扦插进行修剪更新,促使基部茎干萌发新芽。

（2）富贵竹

富贵竹属常绿小乔木,茎干直立,株态玲珑,茎干粗壮,高达2米以上,叶长披针形,叶片浓绿,生长强健,水栽易活。其品种有绿叶、绿叶白边(称银边)、绿叶黄边(称金边)、绿叶银心(称银心)。

富贵竹性喜阴湿高温,耐阴、耐涝、耐肥力强,抗寒力强;喜半荫的环境。适宜生长于排水良好的砂质土或半泥砂及冲积层黏土中,适宜生长温度为20～28摄氏度,可耐2～3摄氏度低温,但冬季要防霜冻。夏秋季高温多湿季节,对富贵竹生长十分有利,是其生长最佳时期。它对光照要求不高,适宜在明亮散射光下生长,光照过强、曝晒会引起叶片变黄、褪绿、生长慢等现象。尤其是4～9月,要避免强光照直射。在生长季节应经常保持土壤湿润,并常向叶面喷水或洒水,以增加空气的湿度。冬季要注意防寒、防霜冻,温度在10摄氏度以下叶片会泛黄萎落。此时,土壤以干干湿湿为宜,但不宜干旱,也不宜过湿,要减少浇水和停止施肥。

富贵竹也可采用水培方法,水培富贵竹时要注意:基部去叶切斜口。

入瓶前要将插条基部叶片除去,并用利刀将基部切成斜口,刀口要平滑,以增大水分和养分的吸收面积。每3～4天,换一次清水,可放入几块小木炭防腐,10天内不要移动位置和改变方向,约15天左右即可长出银白色须根。生根后不宜换水,水分蒸发后只能及时加水。常换水易造成叶黄枝萎。加的水最好用贮存一天的自来水,水要保持清洁、新鲜,否则容易烂根。

不要将富贵竹摆放在电视机旁或空调机、电风扇常吹到的地方,以免叶尖及叶缘干枯。

（3）吊兰

吊兰叶形美观清秀,花草奇特,常被放置于门厅、廊下,别有情趣。

吊兰原产南非,喜温暖湿润环境,害怕强烈的日光暴晒,适宜在半荫环境下生长。夏季宜吊在室内或荫棚下,避免阳光直射。吊兰喜温暖,不耐寒,冬季移到室内,放于室内阳光充足处,室温以15摄氏度左右为宜。

吊兰喜欢大水,应当经常保持盆土湿润。夏季每天浇水1～2次,并进行叶面喷水,增加空气湿度。冬季也要经常喷水,以清除尘土和增加湿度。吊兰喜肥,土壤宜选择肥沃疏松的砂质土壤。夏天生长旺盛季节,半月左右浇1次液肥,每月浇1次干肥,冬季停止施肥。

保护叶子是盆栽吊兰的关键一环。在暴晒、缺水、缺肥或空气干燥的情况下,都可导致叶边枯黄,应及时剪除,以免影响美观。

（4）文竹

文竹原产南非,性喜温暖、荫湿,惧怕强光照晒,不耐寒冷和干旱。夏季宜置于半荫处,避免阳光直射,否则叶片焦边,变黄脱落。如果无遮荫条件,可以在上午9时前和下午4时后趁阳光斜射、光线比较弱时移出室外,其他时间放在室内。冬季可置于室内向阳处,室内温度以保持15摄氏度为宜,不能低于12摄氏度。在天气干热及春季和夏初发生干热风时,不能搬出屋外,以防干热空气及干热风侵袭。

文竹喜湿润,但怕水涝。盆土以选排水良好的砂质土。文竹怕干,长期过于干燥会使叶尖焦黄,要为文竹创造一个湿润的环境,喷水时不能只喷枝干和盆土,最好周围地面也要喷一下。喷水最好使用喷雾器。浇水时一定要掌握在盆土表面现干时再浇,不要连续浇水过多。否则,土壤过于湿润,会引起烂根。

文竹不喜浓肥。由于生长势弱,施肥不宜太多太浓。生长季节每半月施一次液肥,入冬停止施肥。为了促使文竹多结实,可以支架,以便粗壮枝条长出后攀援。花期前要施1~2次磷肥,促其开花。开花期间用0.3%~1%硼酸水溶液喷洒2次,可抑制落花,促进结果。开花期间不要移动花盆,以免影响结果。

文竹每年春季换盆一次,换盆时要加施底肥,增加新的营养土,并要保护好原有枝株的护心土。若株丛比较大,可结合换盆进行分株繁殖,用利刀切开即可,每丛以保持3~5个枝条为宜。

文竹在室内栽培时,若室内通风不良,易引起枯萎病。若老枝生长衰弱,或枝叶有灼伤、病残、可以剪除,以促使其生长出新枝条。

（5）龟背竹

龟背竹原产墨面哥荫森温热的热带雨林中,性喜温暖、湿润和半阴的环境,最忌太阳直射,仅依靠太阳的部分散射光线,就可以满足其对光线的需求。所以,龟背竹夏天要放置在荫凉的环境中,冬天可放在阳光充足的地方。龟背竹怕霜冻。在北方盆栽要在室内越冬,一般10月中旬搬入室内,此时阳光仍然较强,中午要避免阳光直射,室内温度以15摄氏度为宜,最低不能低于10摄氏度。

龟背竹喜湿,夏天每日浇水一两次,此外还要经常向叶于和地面喷水,以增加空气湿度,防止叶片干边。冬天则要节制用水,一般见干再浇水,防止由于水湿和空气流通不畅而引起烂根。

龟背竹喜肥。在生长季节要加强施肥,一般一周边施一次液肥或0.3%的硫酸氨溶液,10月份以后可停止施肥。

龟背竹由于生长较快,需要年年换盆,一般在 4 月进行。换盆时要施足底肥,盆土不要填得太满,因为需水量大,要留下 5~6 厘米的沿口,以便贮水。当植株长大以后,由于叶片颇大,数量又多,往往头重脚轻,容易倒伏,因此需要扎架支撑,保持一定的姿态。众多的气生根也要及时整理,可以适当编结在植株四周,也可适当进行修剪。

龟背竹可放于室内墙角处,置于高架之上,给人以优雅俊逸的艺术享受。

龟背竹在冬季若通风不良,易发生介壳虫危害,集中危害茎和叶片背面。其防治方法是可以在中午前后适当通风,保持空气新鲜;也可用刷子将介壳虫刷下杀死,严重时可喷洒稀释 1 000 倍的 40% 乐果溶液。

(6)蟹爪兰

蟹爪兰原产巴西,植株常呈悬垂状,嫩绿色,新出茎节带红色,花着生于茎节顶部刺座上,常见栽培花色有大红、粉红、杏黄、和纯白色。因其节径连接形状如螃蟹的副爪,故名蟹爪兰。

蟹爪兰喜温暖湿润和半阴环境,不耐寒,怕烈日暴晒,适宜肥沃的腐叶土和泥炭土栽培,喜欢在碱性土壤中生活。蟹爪兰最适宜的温度为 15~25 摄氏度,夏季超过 28 摄氏度,植株便处于休眠或半休眠状态,冬季室温以 15~18 摄氏度为宜,温度低于 15 摄氏度,即有落蕾的可能。冬季应置于室,放在向阳处,温度保持 5 摄氏度以上,否则易受冻害。

蟹爪兰为短日照植物,每天光照少于 10~12 小时日寸,植株才能形成花蕾,但生长环境过分荫蔽,光照不足,或肥水过大也会影响开花。

蟹爪兰喜湿润,无论是生长旺季还是半休眠期,都要常向茎叶喷水。建议使用喷雾水壶,水量以茎面稍湿而不向下流为佳。

(7)铁线蕨

铁线蕨广泛分布于热带亚热带地区,喜阴,适应性强,栽培容易,适合室内常年盆栽观赏。小盆栽可置于案头、茶几;较大盆栽可用以布置背阴房间的窗台、过道或客厅,能够长期供人欣赏。

铁线蕨喜疏松透水、肥沃的石灰质土砂壤土,盆栽时培养土可用壤土、腐叶土和河砂等量混合而成,生长期每周施一次液肥,注意经常保持盆土湿润和较高的空气湿度。在气候干燥的季节,可经常在植株周围地面洒水,以提高空气湿度。铁线蕨喜明亮的散射光,忌阳光直射,光线太强,叶片会枯黄甚至死亡。它喜温暖又耐寒,生长适温为 13~22 摄氏度,冬季越冬温度为 5 摄氏度。

（8）袖珍椰子

袖珍椰子原产于墨西哥和委内瑞拉，由于其株型酷似热带椰子树，形态小巧玲珑，美观别致，被称为"袖珍椰子"，加上它性耐阴，十分适宜作室内中小型盆栽，装饰客厅、书房、等室内环境，置于房间拐角处或置于茶几上均可为室内增添生机盎然的气息，使室内呈现迷人的热带风光。

袖珍椰子在净化室内空气的作用也很大，能同时净化空气中的苯、三氯乙烯和甲醛，是植物中的"高效空气净化器"，非常适合摆放在室内或新装修好的居室中。

袖珍椰子喜温暖、湿润和半阴的环境，生长适宜的温度是 20～30 摄氏度，13 摄氏度时进入休眠期，冬季越冬最低气温为 3 摄氏度。

袖珍椰子以排水良好、湿润、肥沃壤土为佳；一般，生长季每月施 1～2 次液肥，秋末及冬季稍施肥或不施肥；每隔 2～3 年，在春季换盆一次；浇水以宁干勿湿为原则，盆土经常保持湿润即可。夏秋季空气干燥时，要经常向植株喷水，以提高环境的空气湿度，这样有利其生长，同时可保持叶面深绿且有光泽；冬季适当减少浇水量，以利于越冬。袖珍椰子喜半阴条件，高温季节忌阳光直射。

袖珍椰子也可采用水培养殖，养护时要注意：

①忌阳光直射，否则叶片会变枯黄，但过阴时叶片颜色也会变淡。

②袖珍椰子在 30～50 厘米的株形最美，植株过高时会因为下部空秃而降低观赏价值，栽养时可在下方培植小的植株。

③水培方法采用盆栽洗根法，数天就可长出新根。

（9）仙人掌

仙人掌为肉质多年生植物，多生活在干燥地区。室内盆栽仙人掌，以选择小型、花多的球形种类为宜。室内栽培时，可在窗台上用铅丝与塑料薄膜营造一个高温、高湿的封闭式空间，大多数仙人掌在这样的条件下不仅生长快而且色泽晶莹。

仙人掌盆栽用土，要求排水透气良好、含石灰质的沙土或沙壤土。新栽植的仙人掌先不要浇水，每天喷雾几次即可，半个月后才可少量浇水，一个月后新根长出才能正常浇水。冬季气温低，植株进入休眠时，要节制浇水。开春后随着气温的升高，植株休眠逐渐解除，浇水可逐步增加。每 10 天到半个月施一次腐熟的稀薄液肥，冬季则不要施肥。

19. 适合家庭种植的香草植物

（1）薄荷

薄荷多生于山野湿地河旁，根茎横生地下，全株青气芳香，叶对生，开唇形淡紫色小花,花后结暗紫棕色的小粒果。薄荷是我国常用中药之一。它是辛凉性发汗解热药,治流行性感冒、头疼、目赤、身热、咽喉、牙床肿痛等症。处用可治神经痛、皮肤瘙痒、皮疹和湿疹等。光棚温室采摘的薄荷还是春节餐桌上的鲜菜。清爽可口。平常以薄荷代茶,能清心明目。

薄荷很好培植,在生长季节(春至夏季为佳)中利用切成一节一节的茎繁殖,非常容易发根。

薄荷喜温暖潮湿和阳光充足、雨量充沛的环境。根茎在5~6摄氏度就可萌发出苗,其植株最适生长温度为20~30摄氏度,有较强的耐寒能力。栽培薄荷的土壤以疏松肥沃、排水良好的沙质土为好。水分对薄荷的生长发育有较大的影响,植株生长初期和中期要求水分较多。现蕾开花期需要晴天和干燥的天气,要求水分较少。

(2)薰衣草

薰衣草的花可以做干花和饰品。把干燥的花密封在袋子内便可做成香包,将香包放在衣柜内,可以使衣服带有清香,并且可以防止虫蛀。薰衣草的花还可用来提取薰衣草精油。薰衣草精油可以用作杀菌剂和芳香疗法时使用的香精油。

薰衣草为多年生小灌木,一般能生长10年左右,易栽培,喜阳光、耐热、耐旱、极耐寒、耐瘠薄、抗盐碱,栽培的场所需要日照充足,通风良好。

薰衣草为半耐热性,好凉爽,喜冬暖夏凉,生长适温为15~25摄氏度,在5~30摄氏度均可生长。室外栽种时注意不要让雨水直接淋在植株上。五月过后,需将薰衣草移置阳光无法直射的场所,增加通风以降低环境温度,保持凉爽,这样才能安然地度过炎夏。

薰衣草适宜于微碱性或中性的沙质土,不喜欢根部常有水滞留,要一次浇透水,待土壤干燥时再给水。浇水要在早上,避开阳光,水不要溅在叶子及花上,否则易腐烂且易滋生病虫害。薰衣草是全日照植物,需要充足的阳光及适湿的环境。

(3)百里香

百里香为半灌木,茎叶有香味。常作为花镜、花坛、岩石园、香料园栽植或向阳处地被植物,很适合作为食用调料,并且医用价值很高。

百里香栽培环境要光线充足,否则植株会徒长。对土质的要求不高,但需排水良好,可使用泥炭苔或栽培土混合真珠石使用。百里香最合适的生育适温为20~25摄氏度。夏季的高温时,可将植株稍微修剪,以利通风,并放在阴凉的地方。春、秋生长旺盛时,每7~10天施肥一次,夏季植株较虚弱,最好不要施肥。可在开

·家庭生活万年历·

图文珍藏版

花前随时剪取枝叶利用,开花结子后剪枝,植株易死亡。如果采收量大,还可干燥保存。

(4)香蜂草

香蜂草原产于地中海沿岸,是一种十分耐寒的植物,即使在 0 摄氏度以下的低温,依然绿油油的一片。它很受蜜蜂喜欢,浅绿色的叶子十分漂亮,揉一揉会闻到一股柠檬的香味,可去除头痛、腹痛、牙痛,并有助于治疗支气管炎以及消化系统疾病。

香蜂草种子极小,播种时在盆钵或育苗盘(穴盘)内置园艺用栽培土,播种深度 12 毫米,萌芽期约 2 至 4 星期。

(二)狗

1. 养狗前的心理准备

(1)对狗狗照顾的责任

养狗就要把它当作家庭成员一样对待,对它尽现的照顾。要做到以下几点:

食物:每天给食 1～2 次,备好清洁的饮水。

散步:每天外出散步 1～2 次。

健康:观察身体状况,定期带它注射疫苗,如果需要,做好绝育措施。

卫生:为它梳毛、洗澡,处理好掉毛。

养老:如果想养狗就要认真地饲养,直到其死亡,不能中间撒手不管,更不能随意遗弃。

(2)对周围环境的影响

不能因养狗而给周围的人造成麻烦。夜间不断地吠叫,对路人追撵,打扰他人等行为都是饲养者应该设法避免的事。饲养狗不能给周围的人造成麻烦,这是对饲养者最低限度的要求。

(3)养狗要慎重的几类家庭

①家中有洁癖的人,建议不要养狗。狗在家中的活动以及狗身上掉下来的毛都会给家庭卫生环境带来影响。

②应酬很多,几乎每晚都是深夜回家的家庭。狗也需交流,独自在家的狗狗心理和生理要承受巨大的折磨。

③有小孩的家庭也不宜养狗。因为幼儿好动,把握不好与狗狗相处的尺度,过激的行为和举动会让狗狗感到难受和恐惧,甚至发生狗伤人事件。

④如果家中有任何一个成员讨厌小动物,那么要慎重养狗,以免给狗狗带来不幸!

2. 迎接小狗狗进门

在小狗狗进门前,家中应该提前做好准备。

（1）环境的安全

把所有危险的、有可能对幼犬造成伤害的物品,如悬垂的电线,放到它够不着的地方。因为,在陌生的环境中,幼犬会乱咬乱抓任何东西。

要把卫生间的蹲式便器盖好,防止幼犬掉下去。

房间内的家具、物品之间尽量不要留有窄小的空隙,这会使幼犬的脑袋卡在其间,造成身体的伤害。易倒塌的物品,应妥善放置,以免被幼犬碰倒或压伤幼犬。

（2）舒适的家

给幼犬准备一个舒适的窝,放在一个安静的地方,以及专用的食盆和饮水器。幼犬刚到时,可以让它到处闻一闻以熟悉周围的环境和自己的用具。为它取一个名字,与它交谈时重复使用这个名字。这样,它很快就会学会对自己的名字做出反应。

头几天晚上幼犬没人陪伴时可能会不安、呜咽。主人可以将一个暖水袋和一只嘀嗒作响的钟表裹在毯子里放到它的窝里,幼犬就会以为它的妈妈在它的身边而安定下来。

（3）检查身体和注射疫苗

如果是从市场上买回来的幼犬,建议先到正规的宠物医院检查身体,注射血清,以增强体质。狗狗出生 7～8 周可以第一次六联疫苗注射,11～12 周第二次六联疫苗注射,14～15 周第三次六联疫苗并注射狂犬疫苗。注射疫苗后一般 10～15 天产生免疫力。因此,注射疫苗后的 10 天内,幼犬不能洗澡。在免疫程序完成前,应尽量减少出门活动,不与其他犬只接触。

3. 狗狗的家庭健康体检

一只健康的狗,神采飞扬,昂首阔步,当它显得垂头丧气,情绪低落,浑身乏力的时候,则可能是患病了。主人在家可以自行对狗狗进行简单的健康检查。

①量体温。正常的犬温为 38～38.9 摄氏度,但体型愈小愈活跃的狗,体温也会较正常的狗稍高些。在给狗狗量体温时,可以先将体温计涂上凡士林等润滑剂,由家人固定它的头部,令它安定下来,然后拉起它的尾巴,将体温计放入肛门之内,约一分钟即可将体温计取出查看。

②眼睛检查。清澈、明亮的眼睛是狗狗健康的表现,虽然很多狗狗的眼角都有一些溢出物,但只要多清理,溢出物自然会消失,但若发现它经常用爪抓眼睛或不停眨眼,便可能是它眼睛出现了问题,感觉疼痛所致。

③耳朵检查。狗狗的耳朵内里应干净清洁并呈现浅粉红色,将鼻子靠近它的耳朵时,只会闻到阵阵暖气,应该没有任何臭味。但若狗狗时常摇动头部,抓耳朵,耳内发出臭味的话,便可能是有耳蚤。耳蚤可用清耳蚤的洗耳水清除。

④口腔。健康狗口周围洁净,口内无异味,黏膜(牙床和舌)湿润、光滑,呈粉红色,牙齿洁白,无缺齿。让狗嘴开闭,观察牙齿咬合是否良好。但要注意,有些品种,如北京犬,拳师犬,属相反咬合,即下颌的齿列稍突出于上颌的齿列,这是品种的特征而非病态。炎热季节或剧烈运动后,狗张口伸舌来增加体液蒸发散热,调节体温。此外,健康狗食欲旺盛,咀嚼及吞咽自如。

⑤梳披毛。健康的狗儿应拥有一身富有光泽的顺滑毛,常替狗狗梳理披毛除可狗使皮毛不会缠绕成结,还可检查它的皮肤是否健康,有否患上皮肤病。检查时,除用手去抚摸它的身体有否结焦的物体及异状外,还可以在它的站脚处铺上一块湿白布或白纸,然后用密齿的蚤梳替它梳理披毛,如果有蚤患,跳蚤会被梳走掉在白布或白纸之上。

⑥量体重。狗狗的体重可以用体重秤准确称出,主人还可以用手亲自感受。如果它的体重适中的话,主人可以用手指找到它胸部的肋骨,感受到心脏的跳动,若感觉不到肋骨存在的话,相信它是过胖;若肋骨过度突出话,它便可能过瘦了。

⑦粪便检查。主人可以通过观察狗狗的排泄,了解它健康状况。一般来说,狗狗会因应其进食量,每天排泄两至三次,如发现其粪便不坚固,且带黏液或血时,一定是出现了健康问题。若便秘发生在一头老年犬身上,会令它整个身体系统机能减慢。

4. 狗狗的食物

(1)狗狗需要的营养

狗狗吃的食物中脂肪含量不能太高,因为脂肪中的能量不能直接被狗吸收,必须被转化为脂肪酸才能吸收。脂肪酸是犬体细胞膜及生殖器官和激素等的重要成分。但亚麻油酸和花生油酸等,犬体内不能自己合成,而要从饲料中获得。

犬类易于吸收动物性饲料中的饱和脂肪酸,而对植物性饲料中的不饱和脂肪酸则较难吸收,因此如果长期喂食植物性饲料,会导致狗狗营养不良。

(2)不提倡给宠物犬吃餐桌剩余物

餐桌剩余物往往脂肪含量太高,对犬来说,餐桌剩余物是劣质食品,吃了以后容易导致营养不良。

（3）狗粮的选择

现在有各种各样的狗粮可以选择,市面上的狗粮分为袋装的干狗粮和罐头装的含肉量较多的狗粮。

干狗粮由各种原材料制成,营养成分稳定而且平均,从健康方面讲干净、易消化,可以清除和预防牙结石。

罐头狗粮主要由肉类制成,狗狗比较喜欢吃。罐头狗粮由于含肉,维生素含量较多,使狗狗生长迅速,但会使狗狗的粪便变臭,并产生牙结石。

从价格上看干狗粮比罐头狗粮要便宜。建议两种狗粮搭配着喂,但如果嫌麻烦,只喂干狗粮也并不会影响狗狗的健康。

还有一种饼干类的狗零食或者肉干,可作为训练狗狗时的奖品,价格比较高。

5.狗狗不能吃的9种食物

①巧克力。巧克力中的可可碱会使动物输送至脑部的血流量减少,可能会造成心脏病和其他有致命威胁的问题。纯度愈高的巧克力所含的可可碱含量愈高,对狗的危险性也愈大。

②洋葱和大葱。生或熟的洋葱、大葱含有二硫化物,它对人体无害,却会造成猫、狗、羊、马、牛的红血球氧化,可能引发动物溶血性贫血。

③生或熟的肝脏。少量的肝脏对狗不错,但过量却可能引起问题。因为肝含有大量维生素 A,会引起狗维生素 A 中毒。一周 3 个鸡肝(或对应量的其他动物肝脏)左右的量,就会引发狗骨骼问题。

④骨头。会碎裂的骨头,如鸡骨,可能会刺入狗的喉咙,或割伤狗的嘴、食道、胃或肠。如要喂骨头,应用压力锅煮烂。骨髓是极佳的钙、磷、铜来源,啃大骨有助于清除狗的牙垢。

⑤生鸡蛋。生蛋白含有卵白素,它会耗尽狗体内的维生素 H。维生素 H 是狗生长及促进毛皮健康不可或缺的营养。此外,生鸡蛋通常含有病菌。煮熟的蛋则非常适合给狗食用。

⑥生肉及家禽肉。狗的免疫系统无法适应人工饲养的家禽及肉类。最常见的沙门氏菌及芽孢杆菌对狗非常危险。

⑦猪肉。猪肉内的脂肪球比其他肉类大,可能阻塞狗的微血管。应避免给狗喂猪肉制品,尤其是含硝酸钠的培根。

⑧牛奶。很多狗有乳糖不适症,如果狗喝了牛奶后出现放屁、腹泻、脱水或皮肤发炎等,应停止喂牛奶。有乳糖不适症的狗应食用不含乳糖成分的牛奶。

⑨菇类。市售的食用蘑菇等对狗是无害的,但还是避免让狗食用,以免养成吃蘑菇的习惯,在野外误食有毒蘑菇。

6. 狗狗身体异常的表现

健康狗狗对周围环境变化反应灵敏,精神良好,爱活动,无怪脾气或异常行为,容易驯服,跟人合作,食欲良好,不过多饮水。

狗的健康体态应是:站立时呈自然均衡曲线,四肢挺立,无畸形;前胸宽阔,腹部呈收缩状,身上肌肉丰满(特别是臀部、背部肌肉),坚实有力;鼻端稍凉,口、鼻、眼、肛门、阴茎鞘口或外阴部无分泌物,会阴周围毛干净。

健康的狗狗唇、口腔和舌黏膜无溃疡、分泌物,牙齿坚固、洁白、无齿垢或齿龈溃疡;眼巩膜(俗称眼白)无黄染;四肢关节活动自如,无肿胀和压痛;不搔、不舔咬体躯、头颈或四肢等;皮肤紧贴体壁有弹性。

当狗狗出现一些异常表现时应及时请兽医诊治。

①食欲。狗对日常喜欢吃的食物或气味很好的食物不感兴趣,食量减少或完全拒绝进食。

②呕吐。狗和猫一样是比较容易呕吐的肉食动物。稍微吃的不合适,就可能发生呕吐。这也不一定是病。但如果发生持续性呕吐,就应予以重视。

③腹泻。狗发生腹泻是生病的表现,尤其是接二连三地腹泻,应该采取措施,特别是没有注射过犬瘟热疫苗的狗,更应尽快请兽医诊治。

④喷嚏或流泪。喷嚏或流泪是感冒或流行性感冒的主要表现,若能及时就医,一般痊愈得更快。

⑤鼻端干湿情况。正常狗的鼻端发黑、湿润。湿得过度,流鼻水,可能是感冒;如果鼻端干而粗糙则是发热的表现。

⑥饮水障碍。狗见到饮水盆往往主动走近想喝水。但是欲饮不能或进入口腔的水又滴出,这十之八九是咽喉部有病,如咽炎等。患狂犬病的狗,口极渴,由于咽麻痹不能饮水,有时见水可引起狂癫。

⑦摇头、抓耳。这是耳病的特有症状,如果耳朵内肮脏又臭,可能有寄生虫,耳尖上有皮屑的可能有疥癣虫。

⑧流涎。口腔有病(如口炎、舌炎、口黏膜溃疡及牙齿疾病等)流涎是牲性症状,同时还可以闻到口臭。狂犬病兴奋期满口流涎。

⑨频频排尿或排粪。狗频频做出便溺的动作,却排不出大小便,或仅见痕迹性粪尿。尿频狗可能是膀胱或尿道有问题,便频者可能是肠道有问题,应及时带狗到兽医院就医。

⑩抓挠皮肤。如果狗表现神志不安,频频抓挠自身的皮肤和被毛,说明狗身上有跳蚤、虱子寄生或感染疥癣、真菌性皮肤病、湿疹或伪狂犬病。此时,狗身上被毛稀薄,可能还有秃毛斑。

⑪牙床和舌头的颜色。颜色越红者越健康,发白是贫血,也可能是肠道内寄生虫或便血(细小病毒病或钩虫病)。

⑫健康狗常常跑跑跳跳,和其他狗在一起玩耍,如果独自睡觉,多是身体健康欠佳。

总之,当狗出现上述种种表现或其他反常情况,经过较长时间仍不见好转的,应及时到兽医院诊治,千万不可犹豫,拖延时间。

7. 怎样给狗狗梳毛

为狗梳毛,可除去死毛,使狗体清洁,被毛光顺,使狗显得更加可爱,更重要的是梳刷能刺激皮肤,促进血液循环,增强代谢,有助于被毛的生长,预防皮肤病,并能除去体表寄生虫,从而有利于狗的健康。梳刷狗体,最好在散步后或在每天的户外运动后定时进行。在春秋换毛季节应每天进行梳刷。

先将犬放在桌子(或台子)上,让它站稳后,用疏齿梳子大略梳理,待她安静、习惯之后按头胸部→前肢→背部→侧腹→尾部→后肢的顺序进行仔细梳理。

长毛犬的梳理:长毛犬的毛质柔细,梳理时应当心,防止被毛打结或断裂。先用鬃毛刷沿逆毛方向梳刷,使皮屑、灰尘等污物浮出表面,用湿毛巾擦拭干净。后用有橡胶衬垫的针状刷,先梳刷毛梢部分,再梳刷毛的根部。如遇有打结的被毛,擦少许橄榄油再用手指慢慢解开再梳刷,就不至于使毛断裂。当成为死结时,只有用剪刀沿被毛的长轴方向,将结剪成几条然后再梳刷。用针状梳刷过被毛之后,再用疏齿和密齿的梳子仔细梳理,一般先将外面的被毛抓起来,梳理下层的被毛,之后再梳外面的被毛。

短毛犬的梳理:先用鬃刷逆毛方向梳刷,将浮出的皮屑和污垢用湿毛巾擦拭干净,然后再顺毛的方向刷一遍,使被毛显得光泽美观。

为狗狗梳毛可以根据狗狗的品种,毛的特征,选择适合的专用梳子,为它进行梳理。一般常用的是针梳,可以把狗狗的被毛梳理得蓬松,把黏连的毛梳开,去除小的毛结。

8. 怎样给狗狗洗澡

为狗洗澡前应先为它梳毛,并选择暖和天气在太阳底下为它洗澡,避免使它产生恐惧感。在盆内铺上木板条或毛巾,让它脚底站稳,它便会温顺地让人洗澡了。切不可用强劲的水力浇它或重手重脚地强迫它。

洗澡的目的是清除狗体皮肤及被毛上的污垢,防止皮肤病的发生,还能有效地消除体臭。洗澡的次数应根据季节和狗体的脏污情况及不同品种而定。一般以每月洗 1~2 次为佳,夏季可 1~2 周洗一次,冬季可每月洗一次。洗澡太勤,狗的皮肤和被毛上的油脂会被彻底洗掉,会使皮干毛躁,其正常保护功能被削弱,不利于狗的健康。

9. 狗狗的夏季护理

夏季骄阳似火,气候炎热,有时还会是闷热难耐的"桑拿天"。在这样的天气里,对狗狗们更要小心爱护。

(1)驾车外出时别把狗狗关在车里

因为夏天车内气温高,热气散发不出去,空气不流通,同时狗狗自己身上的热气无法散出去,容易导致缺氧死亡。

(2)小心空调综合症

夏季酷暑,很多家庭都喜欢打开空调避暑。人如果长期呆在空调环境里,可能会患空调病。同样,宠物在空调环境中的时间太久,也会患空调病。

在炎热的中午,突然将狗从空调屋带到屋外,或将已经在外晒过太阳的狗带回开着空调的家里,很容易使狗患病。狗患空调病后,会出现类似感冒症状:打喷嚏和流鼻涕,精神沉闷、厌食甚至不吃不喝,严重时会出现体温升高,呼吸和心率加快,甚至会造成猝死。

所以在夏季不要让狗狗长期处在空调环境下,带它们外出时最好选在早晨或傍晚温度较低的时间,严禁狗狗睡在空调风口下,平时要让它们呆在有自然风的环境里。一旦狗得了空调病,应立即送医院请医生治疗。另外,给宠物洗完澡后不要直吹空调。

(3)营养均衡最重要

夏天是个流汗的季节,狗狗也会流失很多水分,及时补充水分非常重要。要时常留意它们的食盆内是否有清洁充足的食水。牛奶会造成狗狗的皮肤问题,啤酒亦会造成不良影响,最佳饮料是清水。另外,不要直接给狗狗从冰箱直接取出的食物,以免过冷的食物刺激引起胃肠道疾病。最好多给狗狗补充一些含电解质的营养素。

（4）保持清洁

夏季，要特别注意保持狗狗清洁。狗狗的眼睛附近分泌物增多时，可以用生理盐水冲洗。耳朵也要经常用湿润的棉签清洁，并检查有无发炎或黑色油脂状分泌物。鼻头颜色应经常查看，如果有变化，可能是发烧、感冒了。若鼻子有脓样分泌物，可能已患上严重肺炎或传染病，要尽快请教兽医。

10. 狗狗的意外处理

（1）骨折、脱臼

导致骨折最常见的原因是车祸，有时从高处跌落，被挤被压也会造成骨折。和骨折类似的是脱臼，两者的区别是骨折的狗狗会拖着断肢走，而脱臼的狗狗患肢不敢着地，以三肢跳着走。

无论骨折还是脱臼，狗狗都会疼痛不已，有时还会躺在地上发抖。这时我们要进行基本的外固定，尽快到医院治疗。

（2）大出血

无论是外伤造成的大出血，还是内脏的大出血，对于狗狗都是极其危险的。急救时要压迫出血点减少出血量，清除污泥，简单包扎后速送医院急救。

（3）窒息

小狗狗特别容易因吃了小东西造成气管梗塞，严重时会造成窒息死亡。当看到狗狗使劲伸脖子，不停地用前爪抓嘴和脖子时，就可能是气管梗塞了，这时可以轻拍它的背，帮助它吐出梗塞物。如果不见效，就要赶快到医院请医生帮助。有时大狗也会被骨头等塞住喉咙，这同样很危险，要尽快送医。

（4）中毒

狗狗吃了腐败变质的食物、或者药品，特别是大型狗吃了被药死的老鼠时就会中毒。一般中毒的症状是上吐下泻、抽筋、萎靡不振、哀叫，这时候最好能知道中毒的原因，带着狗狗去医院时告诉医生，让医生能够对症下药。

（5）休克

无论是什么原因造成的休克，我们都要进行必要的抢救再去医院。先让狗狗平躺，然后帮助它呼吸，方法是模仿人工呼吸，将它的嘴合起来，向鼻孔吹气，同时按摩它的胸腔。狗狗稍微有一点好转后把它送到医院，查明休克的原因，做相应的治疗。

（6）晕车

晕车不能算病,所造成的后果也并不严重。坐车时,狗发生呕吐就可能是晕车了。要让它安静下来,休息一会儿就会适应。有的狗狗晕过几回车后就不会再犯了。对于有晕车习惯的狗狗在出行前不要让其进食和饮水,并服用晕车药。

11. 读懂狗狗的"语言"

狗狗是一种非常聪明的动物,它们有和人沟通的愿望,也有和人沟通的能力。专家研究发现,一只智力发育正常的狗狗,大概可以明确地表达200多种意思。

其实,要基本了解狗狗想表达的意思并不困难,关键是要了解它们的表达方式。

(1)肢体

狗与狼的肢体语言很相似,狗在安静祥和时,身体姿势放松脸部表情和平,耳朵停留在正常位置,尾巴下垂,身躯不会拱起或提升,眼睛微闭、唇部与颈部肌肉松弛。

当两只狗相遇时,有时用身体姿势示威或表示顺从。当狗很有信心并要向另一只狗显示他的权威与优势地位时,身躯稍微拱起,准备随时采取行动。有时一只狗狗会将前爪放在另一只的背部或尝试驾乘另一只狗。只有很少的情况下会出现一只狗将头部压在另一只狗的背部或颈部以显现它的主导优势。

(2)尾巴

狗狗的尾巴会显示它的情绪与意图。高举的尾毛显示狗有信心、兴奋或强势,摇尾巴表示高兴与兴奋,尾巴高举竖直并做小幅度高频率的摇动表示狗在显示它的强势。

(3)声音

狗狗声音的表达范围很广,有类似婴儿哭声、警戒低吼、高亢吠叫、要引人注意的叫声、嚎叫、痛苦的低吟、尖叫与快乐的呻吟,等等,有些狗,比如哈士奇,会发出像狼一样的号叫。

狗狗用声音表达感情,一般来说,高音调或高音量显示受挫折或激动。吠叫不代表攻击性,常常是表示"快一点来游戏"及"很高兴看到你"。低吼在成犬具有攻击意味,有些狗喜欢玩"低吼"声,但它的态度是明朗的,有些狗狗还能发出抑扬顿挫的"低吼"声。狗狗在发出具攻击意味的低吼声时,它的身体也会放低,呈现出攻击的姿态。

(4)眼睛

细心观察,会发现狗狗的眼神有几种:正视表示正在注意,斜眼表示敌意,翻眼上视表示愤怒,两眼凝视对方眼睛表示想挑战对方。

（5）耳朵

耳朵的表情在一些立耳的狗狗身上表现得更加明显。一般,两耳并拢表示惬意,很舒服;两耳横分表示不愉快;两耳前倾表示注意;两耳向后表示此刻很小心;两耳后贴表示畏惧。

12.训练狗狗排便

狗狗出生后两三个月,是迅速适应新环境和智力急速发展的时期。这时养成的习惯,一生都不会忘记,所以应在这段时间对它进行训练。

训练狗狗上"厕所"。训练狗上"厕所",首先确定"厕所"的场所,选择一个固定的位置,并铺上几层报纸做好准备。当发现狗狗一边嗅着气味,一边在室内走来走去,说明狗狗要排便了。这时要及时地将狗狗领到"厕所",并告诉狗狗"撒尿"。狗狗顺利地排泄后,不要忘记说"好",表扬它。之后,将弄脏了的报纸留下一张,以便留下排泄物的气味,作厕所的记号。

如果狗狗在厕所以外的地方排泄,要快速地将狗狗抱起,同时说"不行",然后送到"厕所"。如果制止不管用,在狗狗排泄过程中不要叱责,在排泄后,要立即在错误排泄的地方,按着狗头使其鼻子贴在地上,并强调"不行",让狗狗知道它做错了。训练狗狗在固定地点排便,必须时机适合,如当时不及时纠正,以后再纠正,狗狗不会理解。要坚持在狗狗排泄行为错误时立刻纠正。

13.狗狗做了错事怎么办

（1）态度坚决地制止

如果狗狗跳到沙发上、床上、写字台上,或啃咬家具,或进入厨房,或做其他不该干的事,主人发现时应立即制止,发出"不行"的口令,声音应清晰,态度要坚决。

在制止狗狗的不良行为时主人要做到:口令应该简短,用词要固定,使用"不"或"不行"'等词。起初狗狗不理解口令的意思,会好奇地停下来注视着主人,接着主人要把它叫到身边,给以爱抚并温和地说些类似于"好"、"对"等表扬。

（2）注意力转移

狗狗相遇有时会互相咬斗,这时主人可以投掷一串钥匙或链子等物来作为口令的辅助。投掷物件时要有一定的弧度,使狗狗感到这个东西是从天而降的,本能地去追赶,在钥匙落到狗身边的一刹那,狗会好奇的停下来。主人要立即走到它的身边,并亲切地喊它的名字并进行抚摸。狗在做别的不该干的事情时,也可采取这个办法。

（3）拴上牵引带

对非常调皮的狗狗，必要时可拴上牵引带，当禁止狗狗的某些不良行为时，就拉牵引带，把它拉到身边；当狗停止这一行为时，就用"好"的口令加以奖励，并抚摸其头颈。一定要注意不要用训斥、打骂的方法禁止狗的不良行为。

14. 教狗狗学会"坐下"

每个主人都希望自自己的狗狗聪明伶俐，能在客人面前表演个小节目，娱乐大家。

教会狗狗"坐下"其实很简单。准备好对狗狗进行奖励的"好吃的"，就可以开始了。

主人可以先叫着狗狗的名字，让它向你走来，然后向它展示你手中的点心。当狗狗靠近你时，将手中的点心慢慢地在它头周围晃动。狗狗为了让眼睛盯准食物，就会自然地坐下。当你看着它开始弯曲腿时，告诉它"坐下"这个命令。当小狗每次很好地完成这一动作时，要用奖品奖赏它，并用手抚摸它。

训练时要注意：左手牵着链绳，右手拿着点心，不要让小狗过度兴奋。如果小狗看到食品时仍拒绝坐下，可以用一手抓住它的项圈，用另一手按住它的后腰，并同时下命令"坐下"，使小狗坐好，并适当地表扬它。

（三）猫

1. 养猫前的准备

在把新猫带回家以前，最好事先在家中为猫咪准备一些必备的用具。

①猫窝和便盆。虽然猫很可能会把它找到的最舒服的地方用来睡觉，但是仍然应该使它有自己的窝。猫窝内所有的垫料要经常更换，猫窝要拿到阳光下晾晒，利用阳光中的紫外线，达到杀菌消毒的目的，防止病原菌繁殖和寄生虫孳生，也可进行药物消毒，但不能使用气味太大或刺激性强的消毒药。

猫是比较爱清洁的动物，一旦养成在便盆内便溺的习惯后，每次都会在便盆内便溺，并会把大小便掩埋好。

②食盆和水碗。要选用清洁低浅的食盘和水碗，摆放在安全，熟悉，固定的地方喂食，而且要经常清洗，定期消毒，要和家中其他器具分开来单独清洗。

③专用梳理用具。尤其是长毛猫更需要定期对被毛进行梳理。针梳，不仅能把被毛梳理得蓬松，更可以去除小的毛结，防止毛成结。直柄钉钯梳，梳间距大，在梳毛的过程中阻力小，对毛发的损伤小，适合随时给猫进行梳理。

④玩具。小球、木质小老鼠等玩具会让猫咪"爱不释手",避免猫将其他物品当作玩具进行玩耍。像纱绵球一类简单的家庭用品,同样也可以成为猫玩耍的好东西。但是不要用软橡胶做的物品给猫当玩具,因为猫吞食软胶后,会引起窒息或体内疾病。

⑤磨爪器。准备一个供猫扒抓用的木桩或衬垫可以阻止猫用家具来磨利猫爪,这对被关养在屋内的猫,尤为需要。

2. 猫咪的健康检查

给猫咪做检查之前先把手洗干净,逗猫玩一会儿,消除猫的紧张情绪。检查时,要又稳又轻地抓住猫的身体,防止猫逃走。

检查被毛。摸一摸小猫被毛的质地,是否光滑,有没有缠结,找找看有没有跳蚤或其他害虫。

检查眼睛和鼻子。眼睑不可突出,眼睛应清洁;鼻子应湿润。

检查耳朵。小猫的耳朵应该清洁而且干燥,要确认耳中没有塞满耳屎。

检查口腔和牙齿。健康的小猫口腔为粉红色,牙齿洁白,牙龈没有发炎。

检查肛门。掀起猫的尾巴,找找有无腹泻的迹象。健康猫的肛门,应该清洁无粪迹。

检查腹部。用一支手轻摸猫腹的下方,腹部应稍圆,不发硬。查明有无肿块(病气的现象),然后,松手让猫自由走动,以便看看它是否跛脚。

3. 猫咪身体异常的表现

最常见到的异常表现有:

①食欲。猫对日常的食物不感兴趣,食量减少或完全拒食。

②呕吐。猫是比较容易呕吐的动物。假如发生持续性呕吐,应该给予重视。

③腹泻。猫发生腹泻是有病的象征,尤其是接二连三地拉稀,应该采取措施,特别是没有注射过疫苗的猫。

④喷嚏或流泪。喷嚏、流泪是感冒或流行性感冒的主要象征。

⑤饮水障碍。猫见到水但欲饮不能,进入口腔的水又复滴出,这是咽部有病,如扁桃体炎、咽炎等。

⑥摇头、抓耳。这可能耳内有寄生虫,请兽医详检。

⑦流涎。可能患有如口炎、舌炎、口黏膜溃疡及牙病等口腔内疾病。

⑧抓挠皮肤。患猫神志不安,频频抓挠自身的皮肤、被毛。可能猫体有跳蚤、虱子寄生或感染疥癣、真菌性皮肤病,或者激素性湿疹,这要请医生做鉴别诊断。

4. 猫与弓形虫

猫是已知唯一能产生弓形虫卵囊的家畜,是弓形虫主要传染源。人与猫接触应加强防护措施:

①禁止猫舔人的手、面部或黏膜;禁止猫舔饭碗、菜碟等食具。

②不要让宠物住在人的卧室里或睡在人的被褥里。经常给宠物洗澡。

③养猫应专设窝盆等器具,并定期用沸水冲洗,持续5分钟。

④特别注意猫粪的处理,要每天清除。

⑤处理猫窝或猫粪时应戴手套,或处理后立即用肥皂洗手。

⑥有条件应对猫进行血清学检测。猫常在产生抗体前排出卵囊,抗体阳性的猫表明已感染弓形虫或有某种程度的免疫力,缺乏抗体的猫可能未被感染,更应注意预防。

⑦存在于土壤中的卵囊有可能污染蔬菜、水果表面,在食用前一定要清洗干净。

⑧不吃生蛋或未煮熟的肉,切生肉和内脏的菜板、菜刀,要与切熟肉和蔬菜水果的菜板、菜刀分开,饭前洗手。

⑨猫要养在家里,喂熟食或成品猫粮,不要让它们在外捕食。因为,猫感染弓形虫主要是是吃了被感染的老鼠或鸟类,或者吃了被猫粪污染的食物。

⑩所有的孕妇在怀孕期间,尽量不要与猫或其他宠物接触,避免感染弓形虫,或被抓伤、咬伤,特别是在怀孕的前3个月。

5. 猫咪的喜好

(1)喜欢食肉

猫属于食肉性动物,犬齿十分发达,爪子也很锐利,善于捕捉小动物。猫的眼睛在黑暗的地方照样可以看清东西,听觉也特别灵,日常生活中凭听觉来注意察觉周围的动静。

(2)喜欢清洁卫生

猫大小便常常选择黑暗僻静的地方和有土、灰等杂物处,便后立即用前脚扒土,把大小便掩埋好,这是天生的习惯。家庭养猫可以在室内的一角,固定的地方,放置装有猫砂的猫砂盆作为便盆,猫会用它。猫常常用自己的舌头梳理身上的毛、面部和耳后,有时脚上贴了泥会用嘴咬掉泥块,直到清理干净为止。它常用牙齿搜索隐藏在毛中的跳蚤,大猫也常常去给小猫舔毛咬虱。

(3)喜欢与人逗玩

猫生性好动,好奇心很强,有时喜欢目不转睛地看着主人,能在主人的逗引下,做出许多有趣的动作。小猫还喜欢与主人嬉戏、撒娇,或抱腿、或舔手。小猫有时来兴致可自己玩耍,什么都能玩,一个小纸团,一个小瓶子,一个小篮子它都感兴趣。摇来摇去,跳上跳下,不亦乐乎。

猫喜欢主人挠它的下巴颏,发出温顺的叫声,以示舒服。

（4）喜欢明亮干燥的地方

白天小猫喜欢在明亮、干燥、温暖的地方。冬天总爱睡在暖气边、炉灶旁,或棉垫上,老猫更为突出。猫都怕冷,也怕水,身上不许有一点水。

6. 猫咪的喂养

（1）固定的进食地点

猫进食的地点应该是固定的,并要远离嘈杂,在没有强烈光照的环境下,这样猫才能不受干扰地进食。可以在猫食盆下放一个大盘子、垫子或报纸,以便接住从食盆里溅出的食物。不要在室外喂猫,因为在露天环境里,食物容易受到污染,还可能会招来老鼠。

（2）全面的营养

蛋白质、脂肪是猫的主食。所以,要给它安排以肉与鱼为中心的食谱。猫的饲料比狗的饲料要有更多的蛋白质。

猫没有像人那样能把蔬菜中的胡萝卜素变成维生素 A 的机能。所以,对猫有必要供给奶油、蛋黄和乳制品等。因为猫在体内能够合成维生素 C,所以不需要吃蔬菜。

如果氨基乙磺酸不足的话,会引起猫视力障碍。在肉、鱼、乳制品中含有氨基乙磺酸。

所有鱼类和肝类的食品都极可能使猫咪上瘾,但最好不要让猫咪对某种食物上瘾,以免造成营养失调。

（3）新鲜的食物

猫吃东西时很"挑剔",它们喜欢新鲜的食物,吃得不多,但要吃很多次。同时还要为它准备新鲜干净的饮用水。为猫准备的食物温度最好与室温相同。

幼猫和成年猫都喜欢嚼生骨头来磨练它们的牙齿。但一定不要让尖锐的碎骨片伤了猫咪的牙齿。猫粮的颗粒状是经过精心设计,能够帮助磨利猫咪牙齿,并确保绝对安全。

（4）猫不能吃的东西

①禽类动物或鱼的骨头比较硬,当猫咬碎后会产生一些尖的碎片,这些碎片有时会刺伤猫的嘴巴或内脏。

②晒干的鱼干含有比较多量的镁,容易诱发和导致猫的尿道结石或泌尿系统疾病,所以尽量让猫少食。注意在猫的饲料中食盐不要过量。带香辛辣料的肉类会让猫的嗅觉迟钝,也不适合给猫吃。

③乌贼、鱿鱼和一些贝类的肉含有一些猫不适应的成分,吃多了会引起猫的消化不良和胃肠障碍。

7.正确给猫咪喂食鸡肝

鸡肝主要含有蛋白质、脂肪、碳水化合物、维生素 A、维生素 D、磷等成分,营养价值高、适口性好,且有独特的腥味,是猫最喜爱的食物之一。

①食用鸡肝可以补充维生素 A,提高抵抗力。

②鸡肝良好的适口性可以刺激猫咪食欲。

③鸡肝中蛋白质含量高,可以增加营养、增强体质。

但如果猫咪长期吃肝,而且单一吃肝则会出现一些疾病。

①肥胖:由于鸡肝富含脂肪和碳水化合物,故长期吃肝的犬猫能量过剩会引起肥胖,太胖就会增加糖尿病、胰腺炎、心血管疾病的发病率。

②皮肤瘙痒:鸡饲料中多有促生长剂,这些化学物质大多经肝代谢,故长期吃鸡肝会引起食物过敏或慢性蓄积性中毒而容易引发皮肤病。

③维生素 A 中毒:鸡肝含大量的维生素 A,若用鸡肝拌胡萝卜饲喂会使犬猫的维生素 A 过量,不能及时排出就会造成维生素 A 蓄积性中毒,引起疼痛、跛行和牙齿脱落等疾病。

④缺钙:由于肝含磷高而含钙低,同时磷对钙的吸收又有抑制作用,长期吃肝会导致机体钙的缺乏,造成佝偻病或软骨病。

⑤出血:机体的凝血需要钙的参与,长期吃肝造成缺钙则会引起凝血功能障碍,出现慢性出血或急性出血不容易止血。

⑥产后抽搐:长期吃肝的母猫在产后由于哺乳造成钙的大量流失,而本身储备的钙又很少,所以很容易出现低血钙,表现为喘气、流涎、抽搐、四肢强直。若治疗不及时则可能会引起死亡。

8.读懂猫咪的语言

(1)心情不错

猫咪躺着或坐着,瞳孔缩成一条直线,眼睛半开,甚至完全闭上。它会轻松地用前掌来洗脸,洗耳朵。躺下来,全身往前伸展,或是卷成一团。当它睡够了,会前低后高地伸展前腿。

（2）高兴、放松地打招呼

直立站定,尾巴伸直,尾巴尖端轻轻的左右摇。头上仰,眯着眼。

（3）准备撒娇

坐着,瞳孔微放,大尾巴直立,或是轻轻的摇,一眼看了就感觉到它想要过来打招呼。

（4）撒娇

它会绕着你的脚,不断地用头来磨蹭。你把它摆在桌上,它会用头、下巴,不断地磨你的脸。

（5）欢迎

当你回家时,它会跑到门口坐着,缓慢而幅度很大地摇晃着尾巴表示很高兴,你回来了,欢迎欢迎。

（6）高兴

吃饱了,擦过嘴,舔过脚掌,坐定,摇尾巴,表示我吃饱了,好满足,好高兴。

（7）信赖

它会四脚朝天,在地上翻滚,表示它完全信赖你,觉得十分安全。

（8）巡视国界

它会轻轻的、尾巴平伸的四处走动。有入侵者时,它会先探索来者意向如何。

（9）好奇

用后脚站起来,耳朵朝前倾,尾巴垂下,末端轻轻地摇。

（10）小心,我很生气

胡须竖立,尾巴迅速地摆动,表示它觉得来者不善,下一步也许是逃走,也许是进一步恐吓,甚至攻击。

（11）生气

全身压低,尾巴卷起来,双耳后压,张嘴,露出犬牙,并且出声。

（12）准备攻击

身体前低后高,尾巴平伸,双耳朝前倾,爪子全露出来。这时,快逃吧,它要攻击了。

（13）警戒、生气

双耳平放,身体拱起,尾巴挺直向上,全身的毛竖起。

（14）迷惑、烦恼或愤怒

身体低低的站着，尾巴垂下，慢慢的摇动。

（15）投降

耳朵垂下，尾巴卷进身子，胡须也下垂，身体缩成一团，表示服输，我投降。

（16）平静无事

耳朵自然向上伸，胡须自然垂下，瞳孔细直。

（17）警觉

眼睛圆睁，耳朵完全朝前，胡须上扬。

（18）不安、恐惧

双耳朝两侧，眼睛椭圆，瞳孔稍微放大。

（19）警告、威胁

双耳又压低了些，眼睛更细，但尚未出声。

（20）攻击

双耳后压，胡须上扬，吼声出现，张牙露齿。

（21）心事重重

耳朵朝前，瞳孔稍大，胡须下垂。

（22）惊喜

瞳孔圆圆的，耳朵竖直，口微开。这是猫在闻到厨房里有香喷喷的鱼、肉时的反应。

（23）好奇

耳朵朝前，嘴是闭着的，瞳孔圆圆的。

（24）呼噜呼噜

这在你抱着它，抚摸它的下巴或是在伸展四肢、很懒散的时候，猫会发出呼噜声。而在它生病或痛苦时，也会呼噜。此外，呼噜也可表示友好。

（25）喵

低沉而温柔，表示打招呼、欢迎、心情好、答话；而大声一些时，可能是抱怨、有所乞求。

（26）嘶叫

高亢的嘶叫声同时，嘴巴张开，舌头卷成圆筒状，并且有热气同时呼出，用来表示恐惧、发怒，甚至威胁对方止步。

（27）咪——噢，咪——哇

是在困惑、有所求时发出。

9. 怎样给猫梳毛

短毛猫不需要每天梳理,因为它的毛比长毛猫的被毛容易打理。而且,短毛猫的舌头比长毛猫的舌头长,能够有效地自己整理皮毛。因此,短毛猫每周梳理两次,每次花半小时就足够了。长毛家猫由于长期在明亮和温暖的环境中,它们一整年都会换毛。因此,长毛猫需要每天梳理被毛两次,每次 15 ~ 30 分钟,否则毛就会缠在一起,形成难处理的缠结毛球,这样不仅猫要受苦,必要时还要到宠物医院进行处理。所以,最好天天坚持为长毛猫梳理被毛。

具体的梳理方法是:

①用一把金属密齿梳,顺着毛由头部向尾部往下梳。梳理时注意看有无黑色发亮的小粒,那就是跳蚤。

②用一把橡皮刷子,沿着毛的方向刷。如果养的是卷毛猫,这种刷子必不可少,因为它不会抓破表皮。

③某些品种的短毛猫,您最好用质地软的毛刷,而不用橡皮刷。同样,也是顺着毛的方向刷。

④梳刷完以后,搽上一些月桂油,可以使猫的毛色光亮。

⑤最后,为了使短毛猫的毛显出光泽,可用一块绸子、丝绒或麂皮,把被毛"磨亮"。在两次梳理的间歇时间,用干净手顺着毛的方向轻轻按摩也能保持猫毛的光泽。

10. 怎样给猫洗澡

①猫洗澡的适宜水温为 30 ~ 35 摄氏度。可以用手试温,以不烫手为好。室内要保温,防止猫感冒,尤其在冬季。

②洗澡前让猫进行轻微运动以排便排尿。洗澡时将猫放在浴盆中,动作宜轻,不要推或扔,不要让它受凉,然后从头部往下搓洗,动作要迅速,尽可能在短时间内洗完,并换水冲洗干净,用浴巾将水吸干。

③要防止洗澡水进入猫的眼内和耳内。洗澡前可将眼药膏挤入小猫眼睑内少许,起预防和保护作用,用脱脂棉球堵塞猫耳。洗完后将外耳道内的水吸干。

④猫最易把尾巴弄脏,特别是公猫,由于从尾巴根部排泄分泌物,尾巴常黏有污垢,这种污垢要用牙刷蘸洗涤剂刷洗,并用温水冲净。

⑤病猫或身体不适的猫暂时不要洗澡。

（四）鱼

1.金鱼的挑选

金鱼品种繁多,特征不一,有好有次,购买时应认真挑选。一般来讲,上品金鱼应是肥胖匀称,体宽,圆而短,左右两眼对称,头部肉瘤丰满发达而无畸形。在挑选时要注意金鱼应无破鳍、掉鳞;鳍是否分叉成四开,如不是四开而是三开或不开叉,就是次品。在游动时,鱼鳍应宽大舒展,形如飘带。金鱼遍体要肤色光泽明亮,清晰鲜艳,颜色纯正。如有的金鱼品种原是黑色的,如变成灰色或黑灰色则不是佳品。在挑选金鱼时,还要注意金鱼在水中是否游动,游动时是否合群,是否经常摇头(即叫水);如果是靠在一旁不动或只是晃着脑袋而不动身子,显得很疲倦的样子,那则是一尾病鱼。好的金鱼应合群、不浮头。此外购买金鱼时,最好用塑料袋将金鱼和水同时装进,以免碰破鱼鳞。

金鱼在2～3个月大时即可鉴别雌雄。雌鱼一般身短而有明确的分界痕迹,四鳍呈椭圆形且软,腹部柔软膨大,泄殖孔松而大,在繁殖期胸鳍和鳃盖上无白色小点。而雄鱼身较雌者为长,腹部呈椭圆状,腹部鳞片排列紧密,泄殖孔紧而小,四鳍呈菱形且硬,行动较雌鱼活泼,在繁殖期胸鳍和鳃盖上生有排列整齐的银色星点。在春季金鱼产卵时,雌鱼表现为大腹便便,雄鱼则犹如灿灿银星,细心观察是不难区别的。

2.养鱼器具的选用

庭院养金鱼,可选用陶盆,水中种植水浮萍、槐叶莲、慈菇等水生植物。陶盆内壁颜色最好是浅色的,不要有花纹。

室内养金鱼常用的是玻璃器皿,按外形分三种类别:

①圆形缸。宜养5～7厘米长的小金鱼,一般养2～4条为限,有折光效果,侧面看金鱼有放大作用。

②长方形缸。容积大,可养8厘米以上的大金鱼。

③挂壁鱼缸。呈三角形,向外一面配上镜框,犹如一幅活动的画。

现在大部分有条件的家庭都选择水族箱来饲养鱼类。任何形状的水族箱,无论箱体高低、容水量多少,只要箱口宽畅就可以,箱口面积直接影响鱼的放养量。窄而高的水族箱,虽然美观又新颖,但是放养量却不及长方形。

一般来说,大水族箱中的生态系统和水温比较稳定,海水热带鱼尤需宽畅的生存环境。"标准型"水族箱有更理想的"视窗",便于从各个侧面,观赏鱼体斑斓的色彩以及飘逸的游姿。标准型水族箱除了仔鱼箱外,箱宽一般为30～38厘米。至于饲养仔鱼的水族箱,箱体宜浅而面宽,以使水体与空气接触面积尽量地大,那样才能从空气中溶进更多的氧气。

3. 金鱼的喂养

饲养金鱼的鱼虫要反复清洗,待颜色由酱紫色变为鲜红色时,方可喂食。刚死的鱼虫可喂一般金鱼,变质的鱼虫则不能再用来喂食。晒干加工后的鱼虫应颗粒松软。水蚤是最好的饲料之一,新鲜的色泽鲜红或深红色,可放在浅水器皿中保存,并经常换水。如要喂食蛋糕,应先用纸将其包好,48小时后待油脂被纸吸收,再切碎晒干,但切记喂食量宜少不宜多。至于饼干、面包可弄碎后直接投喂,面条和米粒均需煮熟,用水冲洗后喂食。其他人工合成饵料,也可适当投喂。

4. 养鱼换水有讲究

养鱼虽然简单,但是换水却是一门并不简单的学问。要想养好鱼,就必须掌握换水的一些基本常识。

大多数鱼类都喜欢生活在原来的水中,若将鱼缸内的水全部更换,加入新鲜的自来水,对鱼儿的生命就有极大的危害。这是因为自来水中含有不少氯化物,它们对鱼来说是"慢性毒药",鱼类吃下这些"毒药"后,轻者鱼体受损,重则立即暴死。所以在换水前,要先将水放置一天。待水中部分化学品挥发掉才可以使用,而且每次换水量也不宜超过一半,这是为了使鱼儿有一个适应过程。

在换缸水时还要注意水温差别,彼此水温差别不宜太大,一般以2～5摄氏度为宜。但也要根据鱼的种类而定,比如金鱼、红剑之类的鱼可以忍受较大温差,而七彩神仙却不行。如果水温差距较大,鱼会显得无精打采,过很久才能恢复过来,甚至会立即窒息死亡。

5. 热带鱼的养护

刚买回来的热带鱼,不能立即放入已有鱼的鱼缸中。应将鱼和盛鱼的容器一起放入鱼缸约半小时,使前者和后者的水温一致,然后再将鱼放入鱼缸。鱼缸中鱼的密度不宜过大。如果鱼缸中有一层灰白色的沉淀物,就应该换水。自来水和开水不能直接注入鱼缸,要将二者混合放凉,或者将自来水放置3～4天后和开水混合,当其温度与鱼缸中的水温相接近时,方可注入鱼缸。鱼食最好是活虫,一次投食不宜过多,一天投两次即可。

多数热带鱼水温宜为20～24摄氏度,可将水缸放在朝阳的房间,也可用火炉、火坑、暖气、电热器控制。电热器最好配备恒温装置,放入与取出时,要先断电。同时,要调解好水中溶解氧的含量。

对于食肉性热带鱼,红蜘蛛虫是最好的饲料,投喂前要洗干净。在北方冬季时,水蚯蚓可作为活饵喂食,将其置于容器中可活 1 个月。另外草履虫、轮虫也可喂食。其他饵料大致与金鱼同。

6. 观赏鱼家庭饲养常备药

家庭饲养观赏鱼,平时可自备如下常用药物:

①氯四环素:适用烂鳍、水棉病、溃烂症等,用药浓度 10~20 毫克/升,鱼病时可持续药浴 4~6 天,可根据需要重复药浴。

②呋喃西林:适用烂鳍、烂尾、水棉病、溃烂症等,鱼病时持续药浴 5 天,可重复药浴,用药浓度为每升 0.1~0.3 毫克。

③羟四环素:适用于全身细菌感染,如溃疡症,大型鱼直接注射,可重复使用至症状消失,剂量 10~20 毫克/千克(鱼重)。小型鱼可按 60~75 毫克/千克(鱼重)的比例与饵料混合饲喂,持续 1~2 周。

④福尔马林:适用鱼体表黏液症、皮肤及鳃寄生吸虫(钟形虫、三代虫、车轮虫等),持续药浴数天,用药浓度 0.5 毫克/升,浸泡 1 小时,浸泡后需大量换水。

⑤孔雀绿:适用霉菌、白点虫、丝绒病、皮肤黏液症等,持续药浴数天,用药浓度为 0.1~0.3 毫升/升。

⑥甲基蓝:适用霉菌、白点虫、丝绒病、皮肤黏液症等,持续药浴数天,用药浓度为 1~2 毫升/升。

⑦高锰酸钾:适用鱼虱等外寄生虫,短时间药浴 30 分钟,用药浓度为 1~3 毫升/升。

(五)鸟

1. 家庭养鸟的品种选择

养鸟可以使人得到精神上的愉悦和享受。在家庭养的观赏鸟中,论鸣声,有的高亢激昂,有的清灵流畅,有的甜润婉转,有的缠绵悠扬;论羽色,有的艳丽无比,有的纯净如洗。有的能边飞边舞,有的能表演技艺,有的则善学人语。小鸟使人返朴归真,消除了生活中的单调感和烦躁感。

家庭饲养玩赏鸟主要是观赏其艳丽的羽毛,聆听其婉转的鸣叫,把玩其灵巧的技艺。可以根据自己与家人的需要进行选择。喜欢听鸟鸣声,可选择芙蓉鸟(金丝雀）、画眉等。喜欢看鸟的五彩羽色，可选择红嘴相思鸟、黄鹂、蓝翡翠等，以及从国外引进的鸟类。喜欢活泼跳跃、能歌善舞的鸟，可选择云雀、百灵、绣眼鸟等。喜欢善解人意、技艺高超的鸟，可选择黄雀、金翅雀、朱顶雀、蜡嘴雀等。喜欢善于争斗、可供比赛鸟，可选择鹌鹑、棕头鸦雀等。喜欢聪明伶俐、会学人语的鸟，可选择八哥、鹦鹉、鹩哥等。

此外，鸽子是许多鸟友选择的品种，它分观赏鸽、信鸽、食用鸽三类。观赏鸽有羽色全白、全黑和黑白相间的，形态各异，如扇尾鸽、眼睛鸽、球胸鸽等。

2. 家庭养鸟的健康检查

鸟类天性活泼、机敏，如果一只鸟反应迟钝，则表示健康状况欠佳。幼鸟往往不如成鸟活泼，羽毛较蓬乱，这种情况属正常现象，但如果成鸟出现这种情况，则表示这只鸟生病了。

在买鸟之前，要仔细检查它的头部、羽毛和脚。先看头部，检查鼻孔是否通畅，大小是否一致。鼻孔堵塞可能是患了衣原体引起的局部感染，这些微生物存在于呼吸道上端，通常会引起呼吸困难，如果长期受感染，鼻孔就会被侵蚀，鼻孔的开口会逐渐变大。有时感染还会影响鼻窦，导致眼睛周围肿胀，这种现象在亚马逊鹦鹉中比较常见，可能与维生素 A 的缺乏有关，因此应检查眼睛，看是否有分泌物。对于红眼睛的黄化虎皮鹦鹉之类的鸟，更要仔细检查它们的眼睛，因为这些鸟比黑眼睛的鸟更可能患白内障和失明。

检查鸟的呼吸情况，听听有无任何喘息的现象，如有，则可能是寄生虫病或真菌感染的前兆。注意鸟尾的运动，也可观察出鸟的呼吸状况，这在鸟休息时很容易观察到。

检查鸟喙是否变型也很重要，虎皮鹦鹉的幼鸟容易患一种上喙弯曲、下喙突出的病，上下喙不吻合，下喙长成不正常的角度。这种鸟如果要保持进食不发生困难，就必须经常剪短它的喙。鹦鹉常有上喙的过度生长的现象，这种现象通常是由于缺乏啃咬的机会而引起，长尾小鹦鹉和虎皮鹦鹉特别多见，只要提供适当的木头供它们啃咬，即可矫正上喙过长的毛病，不用再刻意剪短，因为鸟喙越剪会长得越快。

疥癣症是一种常见的鸟类寄生虫病，在买鸟前一定要仔细检查，因为这种病会在一群鸟中很快传播。感染的早期症状通常在鸟的上喙较明显。被感染的虎皮鹦鹉早期症状很明显：上喙呈现出微小的蜗牛状痕迹和疤痕，在较严重的病例中，喙的边缘和眼睛的周围可看见小肿胀。只要喙不过度变形，就很容易治愈，但需将受感染的鸟单独喂养一个月以上。疥癣症感染时也可能传染到腿部，导致脚环以下的部位肿胀，即使如此也还是可以治愈的。

3. 鸟笼的选择

选择鸟笼首先看外观质量。笼应各面均清晰可见，不留死角。体转角圆滑，防止碰伤鸟儿。鸟笼应对称，闭上一只眼，用一只眼睛从前向后瞄准，笼栏应完全叠合，排列均匀。金属鸟笼不可有锈迹。

再看规格造型。体型较大的鸟应配标准圆形笼；体型纤小的鸟应配标准方形笼；云雀、百灵等地栖性鸟类，则应选用非标准圆形笼，笼内设一高台，供鸟儿登台鸣唱；鹦鹉等嘴形特殊的硬食鸟，应选用金属架笼。

4. 鸟笼放置位置有讲究

由于鸟类的羽毛有良好的绝热性，使自身的热量不易散发，再加上鸟类没有汗腺，也影响了鸟类体热的散失。鸟类散热的唯一途径是张口呼吸。因此在温暖的天气里，不要把鸟笼直接放在阳光直射的窗前，或不通风的室内，对于其他种类的鸟也是一样，因为过热可能会导致鸟类死亡。也要避免把鸟笼挂在暖气旁，因为鸟如果无法正常散热，会影响其换羽。

鸟笼放置的位置要避开厨房，除了考虑到饮食卫生外，鸟的健康也有可能受危害。鸟类对有毒气体特别敏感，它们的身体对毒气吸收很快，宠物鸟如果吸入不沾锅过热产生的聚四氟乙烯气体有可能导致死亡。万一鸟从笼中逃出，还有被烫伤或烧伤的危险。厨房中特有的忽高忽低的温度，也会使鸟儿受到刺激，从而导致换羽不规则的现象。

饲养雀类和软嘴鸟的鸟笼放在干扰少的卧室内较为理想，减少它们受伤害和危险的机会，让鸟感觉处在安全的环境中。可将鸟笼放在墙角，让鸟儿能看到周围的一举一动，并且能够退到鸟笼后侧而不用害怕后面有人接近。鸟笼离地的高度也很重要，放在比视线略低的位置最为理想，这样可使主人直接和鸟说话，鼓励鸟吃手中的食物；这种高度使鸟感觉较安全，而更容易对主人产生反应。可以将鸟笼挂在牢固的架子上或家具上。避免家中小孩，将架子移来移去，而弄伤鸟儿或他们自己。

5. 家庭养鸟的喂养

笼鸟无法自行觅食，需要主人喂食，其饲料可分主食饲料和保健饲料二类。

主食饲料又分谷类和虫类两种。谷类有稻谷、黍子、玉米、糁子、白苏子、粟以及菜子和各种植物的种子。食谷鸟有云雀、鹦鹉、百灵、燕雀、锦花鸟,小文鸟类、黄雀、灰文鸟、芙蓉鸟、玉鸟等。虫类有蚊、蝇、蚜虫、蜘蛛、槐树虫、蚂蚁、蝗虫、油葫芦、蟋蟀以及蝶类的幼虫等。食虫鸟有杜鹃、八哥、啄木鸟、画眉、山雀等。食虫鸟有时也食鱼、虾、瘦肉、或植物的种子。

保健饲料是笼鸟所需维生素的主要来源,有增进食欲、提高活力的作用。因此,让鸟每天吃到新鲜青菜是很好的。

常见的保健饲料有白菜、青菜、萝卜叶、油菜等蔬菜;香蕉、葡萄、生梨、苹果、黄瓜等瓜果;苔菜、马齿苋等野菜及根茎类的蔬菜如荸荠、胡萝卜等。这类饲料不但食谷鸟喜食,有些食虫鸟也很喜欢食用。

在给鸟类喂食时,要注意:

①保持新鲜。要保持饲料新鲜,特别是动物性饲料,如蝗虫,油葫芦等死后容易发臭,在炎热夏天更易腐烂。如果用这些变质的饲料去喂鸟,轻者会引起腹泻,重者会使鸟死亡。不要因为舍不得丢掉这些变质的昆虫而拿去喂鸟,也不要把它烘干后研成粉料和在主饲料中一起喂鸟。

②调配好主饲料。对调配好的主饲料,要放在干燥通风的地方,不要使它受潮发霉。如果用发霉的饲料去喂鸟,会引起黄曲霉或烟曲霉中毒症,轻者使鸟体弱消瘦,重者使鸟发病死亡。

③清洗青饲料。对青饲料如叶类蔬菜,食用前一定要用水清洗干净,要在清水中浸泡 5 ~ 10 分钟,消除农药并吹干后才能使用。

④消除杂物要随时注意主饲料中的杂物,如带刺的草芥,果壳,铁屑等,应彻底清除。

八、家庭应急

(一)家庭药箱

1. 家庭药箱必备物品

①常用应急药品。包括红药水、碘酒、火烫药膏、眼药水、消炎粉等外用药;退热片、保心丸、止痛片、止泻药等内服药;三角巾、止血带、绷带、胶布、体温计、剪刀、酒精棉球等医用材料。

②食品。包括饼干、方便面等干粮,瓶装饮用水,还有罐装食品。要定期更换。

③急救器具。包括逃生绳、氧气袋、收音机、锤子、钳子、家用灭火器和手电筒等。

2 家庭常备药品

①藿香正气水、仁丹：中暑时喝一支藿香正气水或服些仁丹，效果立竿见影。

②黄连素和氟哌酸胶囊：患上急性肠炎，出现腹痛腹泻时，16岁以下的孩子可服黄连素，大人可服氟哌酸。

③眼药水：应备好两种不同功能的眼药水，一种用于滋润、保护眼睛；另一种用于游泳、泡温泉后或异物入眼后。

④乘晕宁：用于预防晕车。

⑤板蓝根冲剂：清热、解毒，有抗病毒作用，主要用于感冒、上呼吸道感染和咽炎。

⑥扑热息痛或百服宁等解热镇痛药：感冒发烧时可用（服过药的人容易瞌睡，请勿开车）。

⑦息斯敏和扑尔敏：适用于过敏性湿疹、过敏性鼻炎、药物或食物过敏。与解热镇痛药同服，可以控制感冒时的鼻塞、流涕、咳嗽等症状。

⑧胃舒平、胃复安、多酶片：用于胃溃疡、胃痛、呕吐、胃酸过多、胃胀，帮助消化，增进食欲等。

⑨牛黄解毒片、黄连上清丸：抗菌消炎、清热解毒，适用于咽喉肿痛、口腔溃疡、牙龈肿痛、耳鸣口疮、大便不通等。

⑩创可贴：旅游时不小心磕破手脚，用创可贴安全、卫生又方便。

⑪云南白药：用于止血。

⑫正红花油、风油精、虫咬酊、麝香跌打风湿膏：适用于提神驱蚊、蚊叮虫咬、扭伤淤肿、跌打刀伤、烫伤烧伤、风湿骨痛、四肢麻木、腰骨痛等。

3. 家庭药箱需定期整理

（1）对自备的药品进行分类，做到心中有数

大人用的药和小儿用药分开、内用药和外用药分开、急救药与常规用药分开，并要标示清楚，这样需要某种药物时就很容易找到，以免急用时拿错、误服，发生危险。

外用药多用红字标签标明，一般都有刺激性，腐蚀性，或毒性较大，故不可内服。有毒药品应严密存放，加锁保存，以免小孩误服，发生危险。

（2）标明药名与购入日期

存放药的瓶、袋、盒上的原有标签要保持完整,药名要清楚、正确。没有标签时,一定要把内装药品的名称、用途、用法、用量、注意事项和有效期等详细标明。

（3）存放在阴凉干燥处

药品应放在干燥、避光和温度较低的地方。该密闭存放的要装入瓶中密闭保存,不能用纸袋或纸盒存放,以免在久贮过程中氧化或潮解。

中成药更要注意包装和存放,大部分中成药都怕受潮,热天更容易发霉、生虫。蜜丸不要多存久存,要放在通风、干燥、阴凉处。

（4）药品不宜混装

不宜用以前装药品的空瓶子存放另一种药物,以免引起混淆而错服药物,即使使用原来的空瓶,也应严格按照药品的实际名称更换标签,以保安全。

⑤适时淘汰与补充

经常清查药箱,如发现药片（丸）发霉、黏连、变质、变色、松散、有怪味,或药水出现絮状物、沉淀、挥发变浓等现象时,应及时淘汰,并相应补充新药。

⑥使用时因人而异选择用量

一般药品说明书上药物剂量是指18～60岁成人的用量。60岁以上老人的用量应为成人量的3/4。儿童用量是按其体重计算,或按其年龄折算的。

（7）远离儿童

家中有幼童的,要将药箱置于儿童不能触及的部位,以免儿童误服而造成危险。

（二）突发疾病的处理

1. 家庭急救的禁忌

①急性腹痛忌服止痛药。以免掩盖病情,延误诊断,应尽快去医院查诊。

②腹部受伤内脏脱出后忌立即复位。脱出的内脏须经医生彻底消毒处理后再复位,以防止感染造成严重后果。

③使用止血带结扎忌时间过长。止血带应每隔1小时放松1刻钟,并做好记录,防止因结扎肢体过长造成远端肢体缺血坏死。

④昏迷病人忌仰卧。应使其侧卧,防止口腔分泌物、呕吐物吸入呼吸道引起窒息。更不能给昏迷病人进食、进水。

⑤心源性哮喘病人忌平卧。因为平卧会增加肺脏淤血及心脏负担,使气喘加重,危及生命。应取半卧位,使下肢下垂。

⑥脑出血病人忌随意搬动。如有在活动中突然跌倒、昏迷或患过脑出血的瘫痪者,很可能有脑出血,随意搬动会使出血更加严重,应平卧,抬高头部,即刻送医院。

⑦小而深的伤口忌马虎包扎。若被锐器刺伤后马虎包扎,会使伤口缺氧,导致破伤风杆菌等厌氧菌生长。应清创消毒后再包扎,并注射破伤风抗毒素。

⑧腹泻病人忌乱服止泻药。在未消炎之前乱用止泻药,会使毒素难以排出,肠道炎症加剧。应在使用消炎药痢特灵、黄连素、氟哌酸之后再用止泻药,如易蒙停等。

⑨触电者忌徒手拉救。发现有人触电应立刻切断电源,并马上用干木棍、竹竿等绝缘体排开电线。

2. 小儿惊厥

高烧发生抽搐时,不要把衣服捂得太紧,应让热量充分散发,并用棉球蘸酒精或高纯度白酒擦身,及时送医院诊治。

3. 小儿气管异物

①发现婴儿被异物卡住,让其脸冲下趴在救援者的小臂上,用手掌拍击他的两个肩膀之间的位置 5 次。

②检查婴儿的口腔。用一只手指清除婴儿口中能看见的异物,但不要触到婴儿的喉咙。

③如果婴儿脉搏消失或很慢,这时要把食指和无名指放在婴儿下胸骨上低于乳头线下方的位置,用力下压 2 厘米(3 秒钟 5 次),并进行人工呼吸。

4. 食物中毒

①一旦误食中毒,要立即催吐。方法是用手指、筷子等物刺激舌根部。催吐的同时应大量饮用温开水或稀盐水,以减少人体对毒素的吸收。

②立即报告卫生防疫部门并向急救中心求救。

③注意保存导致中毒的食物或呕吐物、排泄物,以便医院查明中毒物质后进行解毒抢救。

5. 心脏病

心脏病发作常是由于血栓堵塞向心肌供血的某根冠状动脉而引起。若抢救及时,患者可以脱离危险,完全复原。

如果遇到心脏病人胸部剧痛、呼吸困难、恶心、面色苍白、皮肤湿冷、呼吸短促、颤抖和焦虑、虚脱,那么这时就要采取相应的紧急救护。

①让患者保持休息姿势,尽量不要使其劳累。安慰患者,让其精神放松,只要完全休息,胸痛会减轻。

②若出现虚脱,将病人翻转侧卧,检查其呼吸道是否畅通。如有必要,准备做心肺复苏术。

③若病人神志清醒且备有治疗胸痛的处方药物,就帮助其服药。每隔一定时间检查病人的脉搏和呼吸频率,并记录所有变化。注意患者的皮肤颜色和病情变化,特别是嘴唇和指尖颜色的变化。要及时将病人送到医院救治。

6.脑出血

高血压引起脑出血,切勿对病人乱加搬动,以免使血压增高而加重出血,应把病人头部稍微垫高并偏向一侧,千万别让其摔跤。如病人呕吐,要及时清除吐物,以免吸入气管阻塞呼吸造成窒息。同时,应立即打急救电话请医院派人抢救。

7.急产、流产

（1）急产的处理

处理急产要遵循以下要点:

①羊水破裂或出现一阵一阵的腹痛时,要马上送医院。来不及的话,要帮助产妇生产,及给予产后帮助。

②妊娠初、中期出现出血和疼痛,可能是流产,保持冷静,尽快叫救护车,将患者送往医院。

③突然阵痛开始。应立即在床上垫上清洁的布毯,让病人躺下。带上准备好的住院生活用品,送产妇入院。并准备好有可能在半路上急产所需的用品,如干净的塑料布等。

④在来不及的情况下,要准备好干净的毛巾、布、纱布、过氧化氢溶液、大水盆、热水（不能太烫）、剪刀、粗线、包袱布、热水袋、产妇的衣裤、尺等,并将以上物品进行消毒。

⑤分娩开始时,在没有医生在场的情况下,助产人首先要迅速准备好上述接产用的东西,然后用肥皂洗净双手等待。

注意诱导产妇慢慢地屏气、使劲,用胸式呼吸的方法。

婴儿头部露出时,用双手托住头部,注意千万不能硬拉或扭动。

用高兴的语音告诉产妇生产情况,以让产妇安心、宽慰。

当婴儿肩部露出时,用两手托着头和身体,慢慢地向外提出。

等待胎盘自然娩出。

⑥婴儿生下后

婴完全生下后,应让婴儿躺下用干净纱布将婴儿口鼻中的羊水挤出。

拍打婴儿双脚及背部,以促使婴儿啼哭和呼吸。

用准备好的干净的线在脐带中间两处紧紧地扎紧,然后用酒精消毒过的剪刀在扎紧的部位中间剪断。至此,婴儿已正式脱离母体。

如婴儿没有哭声,应做人工呼吸4~5次后,重复拍打其双脚及背部的动作。

婴儿发出哭声后,用消毒布擦干净婴儿,用布把婴儿包裹起来,放在母亲身上。同时把顺产的情况告诉产妇。

(2)流产急救

①出血量不大、无疼痛的话,可以扶着产妇进内室躺下,等待救护车。

②出血增多,出现阵痛的话,要马上送医院。

③大出血时,让病人保持休克体位,立即送医院。

④如有血块流出,用报纸或毛巾包着它带去医院。

8.外伤出血

从表面看,深度割伤的创面可能并不大,但里面的血管、神经、肌腱、韧带及肌肉可能已受损伤。若是长利器造成的伤害,可以预想到内部组织或已受损。割伤多半应立刻止血及送医诊治,因为可能产生并发症(包括破伤风感染)。

对于外伤出血的处理方法:

①用消毒敷料牢牢地按压伤口。用以止血。由患者自行按压,还是由救护人员来做,要取决于受伤部位。若找不到消毒敷料,可用折起的面巾纸代替。

②用几个软垫或折起的毯子垫高伤肢,以减少血液流向伤口。用绷带包扎敷料。包扎完后,比较双脚脚趾的颜色,若太紧,就放松绷带。

③检查鲜血是否渗出敷料和绷带。如有此情况,立刻松开并重新包扎。不要在第一层敷料外再加敷料。应速打急救电话请救护车。

9.骨折

骨头断裂或折断,称为骨折,它可能由直接暴力或间接暴力引起,前者如汽车撞伤大腿,后者如从高处跌下时伸直的手先着地,以致锁骨骨折。

判断自己或他人是否骨折可通过下列症状:

①受伤时伤者往往听到骨头折断声,或感到骨头折断了,骨折断口互相摩擦,有时还可听到摩擦声。

②伤肢可能失去活动能力,勉强活动但能感到疼痛。

③骨折周围有压痛感,肿胀,伤口处显出蓝色淤伤。

④受伤一侧肢体可能歪斜不正或变形。

处理方法:

①伤者以最舒适的姿势躺下,伤肢下面以卷好的毯子、大衣或枕头承托。如无必要,切勿移动骨折部位。注意避免伤者休克。

②为患者止血和保持伤者呼吸畅通。

③露出型骨折,将患处外面的衣服剪开,用大块消毒敷料覆盖伤口止血。包扎伤口时,不要试图将突出的骨头推回原位;不要清洗伤口或将包括药物在内的任何东西塞进伤口。用敷布将伤口和突出的骨头盖住。用夹板固定断肢,使伤处免于移动,可以减轻疼痛,防止骨头断处恶化。

④如果患者失去知觉或有头伤、颈痛、刺痛或臂腿部的麻痹,表示可能有骨折或脊椎受伤,此时应先进行人工呼吸和心肺复苏,然后再处理骨折。切勿轻易移动伤者。

⑤如必须移动伤者,可把伤肢绑在伤者身体上以限制其活动。

⑥尽快叫救护车,将伤者送往医院处理。

10. 脱臼

关节脱位又叫关节脱臼,是指组成关节各骨的关节面失去正常的对合关系,关节的功能丧失。患处肿胀,关节外部变形或出现剧烈疼痛。严重时可伴有血管、神经损伤。在日常生活中或劳动、体育训练中,因外伤或用力不当可造成关节脱位,一般下颌、肩、肘、髋关节容易发生脱位。

发生脱臼时,对脱臼的关节要限制活动,以免加重伤势。并且争取时间及早复位,即用正确的手法将脱出的骨端送回原处,然后予以固定。如果对骨骼组织不大熟悉,则不能随意地复位,以免引起血管或神经的更大损伤。应将脱臼的关节用绷带等固定好,送医院处理。局部冷敷,可以减轻疼痛。

脱臼有可能合并骨折,遇到这种情况,应及早送往医院治疗。

11. 虫咬和动物咬伤

(1)狗咬

遇到这种情况,应立即用流动水和肥皂水进行充分冲洗。用纱布擦干后,赴医院接受医生彻底的清创处理,并接种狂犬病疫苗,根据医生的判断注射和口服抗生素。

（2）毒蛾蛰伤

立即用流动水和肥皂水冲洗，以纱布擦干后，再用水冲洗，拭净，涂上地塞米松软膏。

（3）毒蛇咬伤

立即用嘴（口腔内无黏膜破损）在伤口部位使劲吸 2～3 次。吸出毒液就吐掉。情况允许的话，用止血带或布带紧扎住肢体伤口的近心端，同时伤口（毒牙痕有两处）要用冰袋冷敷。并立即请蛇医或外科医生诊治，注射抗蛇毒血清和甾醇类制剂。注射血清前，要尽量向医生描述毒蛇的外形特征以供医生判断为哪个种类的毒蛇。

（4）老鼠咬伤

用手把伤口处的血液挤净后，用流动水和肥皂反复冲洗，并请外科医生诊治，口服抗生素。

（5）蜂蛰伤

被蜂蛰伤时，首先要将蛰刺拔出，用口在伤处吸 2～3 次后，用肥皂和水洗干净，擦干，涂抗组胺或考的松类软膏，并以小苏打水湿敷。蛰伤严重时，注射肾上腺素或可的松类制剂有特效。

12. 烧伤

现场急救是治疗烧伤的重要环节，其要领可概括为：一灭、二查、三防、四包、五送。

一灭：即采取各种有效措施迅速灭火，使伤员脱离险境，不再受伤。

二查：检查伤员全身状况，看有无合并损伤，如有其他损伤要注意采取相应措施。

三防：防休克、防窒息、防创面污染。伤口疼痛可服止痛药，口渴可少饮淡盐水。呼吸道烧伤，要清除口中异物，保持呼吸通畅，同时要注意保护创面，防止感染。

四包：用较干净的衣物，把受伤处包裹起来防止伤口感染细菌，在现场，除化学烧伤外，一般不对创面处理，尽量不弄破水泡，冬天要注意创面保温。

五送：迅速离开现场，把伤员送往医院。

13. 扭伤

关节过猛的扭转、撕裂附着在关节外面的关节囊、韧带及肌腱，就是扭伤。扭伤最常见于踝关节、手腕子及下腰部。发生在下腰部的扭伤，则属闪腰岔气。

痛、肿及皮肤出现青紫、关节不能转动,都是扭伤的常见表现。可采取以下急救措施:

①在运动中扭伤手指,应立即停止运动。

首先是冷敷,最好用冰,但一般没有准备,可用水代替。将手指泡在水中冷敷15分钟左右,然后用冷湿布包敷。再用胶布把手指固定在伸指位置。如果一周后肿痛继续,可能是发生了骨折,一定要去医院诊治。

②如踝关节扭伤,首先是要静养。用枕头把小腿垫高。可用茶水或酒调敷七厘散,敷伤处,外加包扎。

③腰部扭伤也是要静养。应在局部作冷敷,尽量采取舒服体位,或者侧卧,或者仰面平躺膝下垫上毛毯之类的物品。止痛后,最好是找医生来家治疗。

14. 触电

触电具有致命危险,它能造成严重的灼伤和窒息,同时触电的救助者如果贸然行事也会相当危险,因此必须先确定自身无触电危险时,才可接触伤者。

救助时按以下步骤:

①切断电源。如果可能,拉掉电闸或关掉总开关。

②用干的绝缘物体将患者从触电处移开。如果需要将患者从带电总开关上移开,应极为小心。先站在干的东西上,如报纸、木板、毯子、橡皮垫或布上。如果可能,佩戴绝缘的手套。用干的木板、棍子或扫把柄,将患者推离电线,也可以用干的索环套住患者臂部或腿部将他拉开。绝对不可以用金属的或潮湿的东西碰触患者,除非患者已经脱离电线。

③如果患者昏迷,马上进行急救。

15. 溺水

将溺水者救出水面后,应立即清除口腔内、鼻腔内的淤泥和杂物,迅速进行吐水急救,同时找其他人拨打120急救电话。抢救者右腿膝部跪在地上,左腿膝部屈曲,将溺水者腹部横放在救护者左膝上,使溺水者头部下垂,抢救者按压溺水者背部,让溺水者充分吐出口腔内、呼吸道内以及胃内的水。

如果溺水者呼吸停止,迅速疏通呼吸道后,使其仰卧,头部后仰,立即进行对口人工呼吸。具体方法是,抢救者捏住溺水者的口吹气,吹气量要大,每分钟吹15～20次。

如果溺水者心跳停止,立即让溺水者仰卧,用拳头叩击心前区1～2次,用力要适当。然后,双手重叠放在溺水者胸骨中下1/3交界处,有规律不间断地用力按压。按压时双臂绷直,频率要达到 80 ~ 100 次/分,深度 3 ~ 4 厘米(儿童为 2 ~ 3 厘米)。直到能够摸到病人颈动脉搏动时停止。如果只有一个救护者做心肺复苏,每按压心脏 7 ~ 8 次,向肺内吹气 1 次,效果更好。经过现场急救后,迅速将溺水者送到附近的医院继续抢救治疗。

(三)突发事件的自救与处理

1. 煤气泄漏

①日常生活中使用的天然气加入了一些臭味剂,一旦泄漏即可闻到。

②当发现家中有燃气泄漏时,不要慌张,立即关闭入户总阀门和炉具开关。

③熄灭一切火种。

④迅速打开门窗通风,让泄漏的燃气散发到室外。严禁开关任何电器或使用室内电话。发现邻居家燃气泄漏应敲门通知,切勿使用门铃。

⑤到室外拨打燃气公司抢修电话。

⑥如果事态严重请迅速撤离现场,并拨打火警 119。

2. 火灾

(1)正确报火警

拨打火警电话“119”接通后,应该先询问对方是否是消防指挥中心,得到肯定的答复后方可以报火警。报告起火单位或所在区、县、街道门牌号码等;说明起火材料、火势大小、是否有人被困、有无爆炸物等;讲清报警人姓名和所使用的电话号码,待对方挂断后方可挂断电话。报警完毕,应立即到路口等候消防车。

(2)火场逃生注意事项

①平日到人口稠密的公共场所要养成预先熟悉逃生路线,留意紧急出口位置的习惯。

②在确定下面楼层未着火时,方可向下逃生。

③高层建筑中不要乘坐普通电梯逃生,应尽量利用楼梯逃生。

④逃生时要注意随手关闭通道上的门窗以减缓烟雾蔓延。

⑤手触门板感觉发热或有烟雾从门缝窜入时,不能贸然开门。

⑥大火封门时,应立即用湿布塞住门缝,并不断向门窗浇水。

⑦被围困三层以上,不可盲目跳楼。

⑧通过浓烟区时,要用湿毛巾捂住口鼻以低姿态行走,毛巾应多叠几层。

⑨迫不得已需冲出危险区时,应先向头上、身上浇水,用湿毛巾或湿被单将头

部包好,用湿被包裹好身体后冲出火场。

⑩有人身上突然着火,为避免火势蔓延全身,应迅速叫此人平躺,用衣服或厚毯子灭火。

3. 地震

(1)避险

在震中区,从地震发生到房屋倒塌,来不及逃跑时可迅速躲到桌下、床下及紧挨墙根下和坚固的家具旁,趴在地下,闭目,用鼻子呼吸,保护要害,并用毛巾或衣物捂住口鼻,以隔挡呛人的灰尘。正在用火时,应随手关掉煤气开关或电开关,然后迅速躲避。

①在楼房。应迅速远离外墙及其门窗,可选择厨房、浴室、厕所、楼梯间等开间小而不易塌落的空间避震,千万不要外逃或从楼上跳下,也不能使用电梯。

②在户外。要避开高大建筑物,要远离高压线及石化、化学、煤气等有毒的工厂或设施。在过桥时应紧紧抓住桥栏杆,待主震发生后即向桥头移动,正在行驶的车辆应紧急刹车。

③在工作间。应迅速关掉电源闸、门开关、然后就近选择机器、设备、办公家具附近避震,并防止次生灾害的发生。

④在公共场所。如车站、剧院、教室、商店、候车室、地铁等场所的人员、切忌乱逃,要保持冷静,就地择物(排椅、柜架等物)躲避,伏而待定,然后听从指挥,有序撤离。

⑤在有毒气的化工厂区域内要朝污染源的上风处跑,以免中毒。

(2)自救与互救

埋压人员的自救:

①有坚定的生存毅力,消除恐惧心理,相信能脱离险地。

②不能脱险时,应设法将手脚挣脱出来,消除压在身上的物体,尽快捂住口鼻,防止烟尘窒息,等待救援。

③保持头脑清醒,不可大声呼救,用石块或铁具等敲击物体与来外界联系,保存体力,延长生命。

④想方设法支撑可能坠落的重物,若无力自救脱险时,应尽量减少体力消耗,等待救援。

互救应注意以下几点:

①注意听被困人员的呼喊、呻吟、敲击声。

②要根据房屋结构,先确定被困人员的位置,再行抢救,以防止意外伤亡。

③先抢救建筑物边沿瓦砾中的幸存者,及时抢救那些容易获救的幸存者,以扩大互救队伍。

④外援抢救队伍应当首先抢救那些容易获救的医院、学校、旅社、招待所等人员密集的地方。

⑤救援需讲究方法。首先应使埋压人员头部暴露。迅速清除口鼻内尘土,防止窒息,再行抢救,不可用利器刨挖。

⑥对于埋压废墟中时间较长的幸存者,首先应输送饮料,然后边挖边支撑,注意保护幸存者的眼睛。

⑦对于颈椎和腰椎受伤的人,施救时切忌生拉硬抬。

⑧对于那些一息尚存的危重伤员,应尽可能在现场进行救治,然后迅速送往医院和医疗点。

4. 交通事故

①要保持头脑清醒,要镇定。应迅速辨明情况,寻找应付的办法。

②车、船撞击事故,如果能在撞击前的短暂时间内发现险情,就应迅速握紧扶手、椅背,同时两腿用力向前蹬地。这样,可减缓身体向前的冲击速度,从而降低受伤害的程度。

③如果意外事件发生得特别突然,那么就应迅速抱住头部,并缩身成球形,以减轻头部、胸部受到的冲击。

④如果乘坐的车不幸翻倒,切记不要死抓住某个部位,要抱头缩身。

⑤在乘坐高速交通工具时,座位上都配备有安全带,为了自身安全,系好安全带。

(四)日常生活如何避免意外伤害

1. 游泳时的自我保护

①游泳时遇到意外要沉着镇静,不要惊慌,应当一面呼唤他人相助,一面设法自救。

②游泳发生抽筋时,如果离岸很近,应立即出水,到岸上进行按摩;如果离岸较远,可以采取仰游姿势,仰浮在水面上,尽量对抽筋的肢体进行牵引、按摩,以求缓解;如果自行救治不见效,就应尽量利用未抽筋的肢体划水靠岸。

③游泳遇到水草,应以仰泳的姿势从原路游回。万一被水草缠住,不要乱蹦乱

蹬,应仰浮在水面上。一手划水,一手解开水草,然后仰泳从原路游回。

④游泳时陷入漩涡,可以吸气后潜入水下,并用力向外游,待游出漩涡中心再浮出水面。

⑤游泳时如果出现体力不支、过度疲劳的情况,应停止游动,仰浮在水面上恢复体力,待体力恢复后及时返回岸上。

2. 拥挤时的自我保护

①在拥挤的人流中,不要俯身捡拾东西或提鞋、系鞋带等,防止被挤倒在地面而被踩伤。

②不论在什么地方,在突然被大多数人裹挟向一个方向行动时,不要逆向行动,即使人流前进方向与你要去的目的地背道而驰,也不要做逆流而动的尝试,以免被众人挤伤。

3. 日常生活中防止烫伤

①从炉火上移动开水壶、热油锅时,应该戴上手套用布衬垫,防止直接烫伤;端下的开水壶、热油锅要放在人不易碰到的地方。

②家长在炒菜、煎炸食品时,不要让孩子在周围玩耍、打扰,以防被溅出的热油烫伤;不要把水滴到热油中,否则热油遇水会飞溅起来,把人烫伤。

③油是易燃的,在高温下会燃烧,做菜时要防止油温过高而起火。万一锅中的油起火,千万不要惊慌失措,应该尽快用锅盖盖在锅上,并且将油锅迅速从炉火上移开或者熄灭炉火。

④家里的电熨斗、电暖器等发热的器具会使人烫伤,在使用中应当特别小心,尤其不要随便去触摸。

4. 日常生活中的安全防范

①防磕碰。目前大多数家庭的居室空间比较狭小,又放置了许多家具等生活用品,所以不应在居室中追逐、打闹,做剧烈的运动和游戏,防止磕碰受伤。

②防滑、防摔。居室地板比较光滑,要注意防止滑倒受伤;需要登高打扫卫生、取放物品时,要请他人加以保护,注意防止摔伤。

③防坠落。住楼房,特别是住在楼房高层的,不要将身体探出阳台或者窗外,谨防不慎发生坠楼的危险。

④防挤伤。居室的房门、窗户,家具的柜门、抽屉等在开关时容易掩手,也应当处处小心。

⑤防火灾。居室内的易燃品很多,例如木制家具、被褥窗帘、书籍等,因此要注意防火。不要在居室内随便玩火,更不能在居室内燃放爆竹。

⑥防利器伤害。改锥、刀、剪刀等锋利、尖锐的工具,图钉、大头针等文具,用后应妥善存放起来,不能随意放在床上、椅子上,防止有人受到意外伤害。

九、旅游常识

(一)国家级风景名胜区名录

中国国家级风景名胜区。对应于国外的国家公园,原称国家重点风景名胜区,由中华人民共和国国务院批准公布。自1982年起。国务院总共公布了6批、187处,分别是:第一批:1982年11月8日公布,共44处。第二批:1988年8月1日公布,共40处。第三批:1994年1月10日公布,共35处。第四批:2002年5月17日公布,共32处。第五批:2004年1月13日公布,共26处。第六批:2005年12月31日公布,共10处。全部6批、187处国家级风景名胜区。

根据中华人民共和国国务院于2006年9月19日公布并自2006年12月1日起施行的《风景名胜区条例》,中国大陆境内的风景名胜区是指具有观赏、文化或者科学价值,自然景观、人文景观比较集中,环境优美,可供人们游览或者进行科学、文化活动的区域。风景名胜区划分为国家级风景名胜区和省级风景名胜区。其中自然景观和人文景观能够反映重要自然变化过程和重大历史文化发展过程,基本处于自然状态或者保持历史原貌,具有国家代表性的,可以申请设立国家级风景名胜区,报国务院批准公布。

1. 北京

八达岭——十三陵风景名胜区(1)

石花洞风景名胜区(4)

2. 天津

盘山风景名胜区(3)

3. 河北

承德避暑山庄外八庙风景名胜区(1)

秦皇岛北戴河风景名胜区(1)

野三坡风景名胜区(2)

国学经典文库

中华历书大全

·家庭生活万年历·

图文珍藏版

9. 江苏

太湖风景名胜区（1）

南京钟山风景名胜区（1）

云台山风景名胜区（2）

蜀岗瘦西湖风景名胜区（2）

三山风景名胜区（5）

10. 浙江

杭州西湖风景名胜区（1）

富春江－新安江风景名胜区（1）

雁荡山风景名胜区（1）

普陀山风景名胜区（1）

天台山风景名胜区（2）

嵊泗列岛风景名胜区（2）

楠溪江风景名胜区（2）

莫干山风景名胜区（3）

雪窦山风景名胜区（3）

双龙风景名胜区（3）

仙都风景名胜区（3）

江郎山风景名胜区（4）

仙居风景名胜区（4）

浣江－五泄风景名胜区（4）

方岩风景名胜区（5）

百丈漈－飞云湖风景名胜区（5）

方山－长屿硐天风景名胜区（6）

11. 安徽

黄山风景名胜区（1）

九华山风景名胜区（1）

天柱山风景名胜区（1）

琅琊山风景名胜区（2）

齐云山风景名胜区（3）

国学经典文库

中华历书大全

·家庭生活万年历·

图文珍藏版

桃花源风景名胜区（5）

紫鹊界梯田－梅山龙宫风景名胜区（6）

德夯风景名胜区（6）

18. 广东

肇庆星湖风景名胜区（1）

西樵山风景名胜区（2）

丹霞山风景名胜区（2）

白云山风景名胜区（4）

惠州西湖风景名胜区（4）

罗浮山风景名胜区（5）

湖光岩风景名胜区（5）

19. 广西

桂林漓江风景名胜区（1）

桂平西山风景名胜区（2）

花山风景名胜区（2）

20. 海南

三亚热带海滨风景名胜区（3）

21. 重庆

长江三峡风景名胜区（1）

缙云山风景名胜区（1）

金佛山风景名胜区（2）

四面山风景名胜区（3）

芙蓉江风景名胜区（4）

天坑地缝风景名胜区（5）

22. 四川

峨眉山风景名胜区（1）

九寨沟－黄龙寺风景名胜区（1）

青城山－都江堰风景名胜区（1）

剑门蜀道风景名胜区（1）

贡嘎山风景名胜区（2）

瑞丽江－大盈江风景名胜区(3)

九乡风景名胜区(3)

建水风景名胜区(3)

普者黑风景名胜区(5)

阿庐风景名胜区(5)

25. 陕西

华山风景名胜区(1)

临潼骊山－秦兵马俑风景名胜区(1)

宝鸡天台山风景名胜区(3)

黄帝陵风景名胜区(4)

合阳洽川风景名胜区(5)

26. 甘肃

麦积山风景名胜区(1)

崆峒山风景名胜区(3)

鸣沙山－月牙泉风景名胜区(3)

27. 宁夏

西夏王陵风景名胜区(2)

28. 青海

青海湖风景名胜区(3)

29. 新疆

天山天地风景名胜区(1)

库木塔格沙漠风景名胜区(4)

博斯腾湖风景名胜区(4)

赛里木湖风景名胜区(5)

30. 西藏

雅砻河风景名胜区(2)

(二)国家 5A 级旅游景区

由国家旅游局于 2007 年 5 月正式批准,在其官方网站发布通知公告。公告说,依照中华人民共和国国家标准《旅游景区质量等级的划分与评定》与《旅游景区质量等级评定管理办法》,经有关省、自治区、直辖市旅游景区质量等级评定委员会推荐和辅导创建,全国旅游景区质量等级评定委员会组织评定,66 家试点景区达到国家 5A 级旅游景区标准的要求,批准为国家 5A 级旅游景区。报道称,5A 是一套规范性标准化的质量等级评定体系,从旅游交通、游览、旅游安全、卫生、邮电服务、旅游购物、综合管理、资源与环境保护等八个方面进行全面规范,突出以游客为中心,强调以人为本。

国家 5A 旅游景区名单(66 家):

北京:故宫博物院、天坛公园、颐和园、八达岭长城。

天津:天津古文化街旅游区(津门故里)、天津盘山风景名胜区。

河北:秦皇岛市山海关景区、保定市安新白洋淀景区、承德避暑山庄及周围寺庙景区。

山西:大同市云冈石窟、忻州市五台山风景名胜区。

辽宁:沈阳市植物园、大连老虎滩海洋公园.海洋极地馆。

吉林:长春市伪满皇宫博物院、长白山景区。

黑龙江:哈尔滨市太阳岛公园。

上海:上海东方明珠广播电视塔、上海野生动物园。

江苏:南京市钟山风景名胜区 – 中山陵园风景区、中央电视台无锡影视基地三国水浒景区、苏州市拙政园、苏州市周庄古镇景区。

浙江:杭州市西湖风景名胜区、温州市雁荡山风景名胜区、舟山市普陀山风景名胜区。

安徽:黄山市黄山风景区、池州市九华山风景区。

福建:厦门市鼓浪屿风景名胜区、南平市武夷山风景名胜区。

江西:九江市庐山风景旅游区、吉安市井冈山风景旅游区。

山东:烟台市蓬莱阁旅游区、济宁市曲阜明故城(三孔)旅游区、泰安市泰山景区。

河南:登封市嵩山少林景区、洛阳市龙门石窟景区、焦作市云台山风景名胜区。

湖南:衡阳市南岳衡山旅游区、张家界武陵源旅游区。

湖北:武汉市黄鹤楼公园、宜昌市三峡大坝旅游区。

广东:广州市长隆旅游度假区、深圳华侨城旅游度假区。

广西:桂林市漓江景区、桂林市乐满地度假世界。

海南:三亚市南山文化旅游区、三亚市南山大小洞天旅游区。

重庆：重庆大足石刻景区、重庆巫山小三峡－小小三峡。

四川：成都市青城山－都江堰旅游景区、乐山市峨眉山景区、阿坝藏族羌族自治州九寨沟旅游景区。

贵州：安顺市黄果树大瀑布景区、安顺市龙宫景区。

云南：昆明市石林风景区、丽江市玉龙雪山景区。

陕西：西安市秦始皇兵马俑博物馆、西安市华清池景区、延安市黄帝陵景区。

甘肃：嘉峪关市嘉峪关文物景区、平凉市崆峒山风景名胜区。

宁夏：石嘴山市沙湖旅游景区、中卫市沙坡头旅游景区。

新疆：乌鲁木齐市天山天池风景名胜区、吐鲁番市葡萄沟风景区、阿勒泰地区喀纳斯景区。

（三）旅途购物的学问

出门在外，买点地方特产和纪念品之类，体验异地消费情趣，是游人的普遍心理。怎样在旅途中购物，倒亦可算是一门学问。

1. 以地方特色作取舍

地方特色商品，不仅具有纪念意义，而且正宗，有价格优势，消费者值得购买。如杭州的龙井、云南的民族服饰、西藏的哈达等，购买后留作纪念或送给亲朋好友，都称得上快事。

2. 以小型轻便为首选

有些特色商品，体积笨重庞大，随身携带很不方便，不宜购买。人在旅途，游山玩水、乘坐车船并不轻松，行李包越少越好。有些物品还可能易碎，稍不小心中途摔坏，更不必为此花冤枉钱。

3. 切忌贪便宜

在某些风景区，经常可见有兜售假冒伪劣商品的，如珍珠、项链、茶叶之类，游客可要禁得住价格和叫卖的诱惑。有时自以为捡了便宜，回来后经过一番鉴别，大呼上当者也不在少数。再去退货吧，反反复复折腾一番不划算，只有自认倒霉的份了。

4. 相信自己的判断

现在的旅游市场经过净化，大部分导游都能遵守职业道德，不会歪动游客的钱袋。但是，有少数导游却想尽办法把团队拉到给回扣的商店，任意延长购物时间，乐此不疲地为游客介绍、选购物品,殊不知这一系列的安排是一个大陷阱,游客被温柔地宰一刀却还被蒙在鼓里。

在异地购物不要盲目轻信别人,切忌冲动从众,而要相信自己的判断,管住自己的钱袋,学会自我保护,做个成熟的消费者。

(四)巧选旅行社的8大妙招

第1招看旅行社资质。旅行社分为不同类型。国际社或国内社,标明了经营的范围。如果是出境旅游,一定要注意旅行社是否有出境游经营权。

第2招看旅行社行业背景,也就是旅行社所属公司是以经营旅游业为主,还是主营其他项目,旅游只是一个新拓展的领域。相比较而言,后者资历浅,投入精力不多,显然实力上稍逊一筹。

第3招看旅行社的广告。此招最容易也最有效。广告构成了旅行社信誉度的重要部分,可以肯定地说,一个不做广告的旅行社是没有很好实力的。要仔细观察广告出现在什么等级的媒体上以及出现的频率、篇幅、位置或时段。这些都从一个侧面反映了旅行社的信誉和实力。

第4招看推销人的气质。观察旅行社推销产品的员工是否训练有素,精明强干,即可对旅行社的情形推知一二。

第5招看推销人的承诺。所有的推销人都会说自己的旅行产品如何出色。可一旦被置疑,来自不正规的旅行社的推销人常说"我们是朋友,我还能骗你吗"或是"我保证错不了"之类,听起来热乎乎可实际什么用都没有的个人名义保证。而正规公司的推销者会以自己旅行社以前的业绩来证明,例如说"我们于×年×月组织接待过×类的大团"等等。让事实说话,听着让人放心。

第6招看旅行社宣传材料。印刷精美,内容翔实的宣传册或产品说明是旅行产品品质的重要表现,而几张简单的打印文件很难让人相信旅行产品的实现上能有好品质的保证。

第7招记住各地旅游局的电话号码,对旅行社资质等问题不甚明了时,可以打电话咨询。

第8招上旅行社的网站查看相关信息,如果一个网站长期不更新的话,那大多是假的。

(五)旅游保险不可忽视

出门旅游,既有益于身体健康,又能长见识。但是旅行途中千变万化。不怕一万，只怕万一，上个保险等于系上一根保险带。

旅游保险期限为验票进站或中途上车、上船起，至检票出站或中途下车、下船止。在保险有效期内，因意外事故导致旅客死亡、残疾或丧失身体机能的，保险公司除按规定支付医疗费外，还要向伤者或死者家属支付全数、半数或部分保险金额。强制性的旅客意外伤害保险的保险费已包含在票价之内，旅客在购买车、船票时，实际上就投了该险，其保费是按票价的 5% 计算的，每份保险的保险金额为人民币 2 万元。

保险公司开设的该险种，每份保险费 1 元，保险金额 1 万元，一次最多可投 10份。保险期限为从购买保险进入旅游景点或景区时起，至离开景点景区时止。这里需要强调的是，旅客可按照旅游项目安全系数之大小，对该保险做出买与不买的选择。但是建议在参加探险游、生态游及攀援、漂流等惊险旅游活动时，最好投个保险。保险公司已设立了住宿旅客人身保险的新险种。

针对旅途中可能发生的意外，各保险公司还有相对应的险种，如人身意外险、意外医疗险、住院给付等。出国旅游因意外事故导致的伤害及医疗费用，可以从保险公司获得赔偿。投保旅行平安保险手续很简单，可委托旅行社办理，也可到机场等处再投保。

（六）旅行前的健康准备

要确保旅游过程轻松愉快，旅游者首先要了解自身的健康状况，以免在旅途中，由于精神紧张、疲劳、生活无规律等，造成旧病复发或出现新疾病，给旅游带来一些意想不到的麻烦，甚至伤害身体，延误病情。旅游者在出行前应进行健康体检，这样不但能全面了解自身的健康状况，还能对如何防病等问题做一次咨询，以确保旅途安全。

旅游前应考虑几个问题。

要了解所到地区的卫生条件和特点。例如南方地区蚊蝇较多，易患肠炎、痢疾等传染病；北方山区温度低，气温变化大，易得感冒和呼吸道疾病。应根据不同地区的卫生条件和特点，携带必备的衣物和药品。

要考虑旅游时的季节。春季旅行时，早晚温差大，应准备好衣物；由于春季易感染呼吸道传染病，因此要多备一点防治感冒的药品。

旅游携带药品应少而精，尽量不要携带水剂药品。

要考虑旅游时的交通工具和旅行方式，如果需要长时间乘车、飞机和轮船，应备晕车药。

要根据自己以及团体内成员的身体状况和特殊用药来准备药品。冠心病患者，特别是以往有心绞痛发作史者，必须随身携带硝酸甘油片；高血压病人应准备降压药等。

另外，有下述情况的患者应暂停外出旅游：患急性病未愈者；患有较严重的心血管、肝、肺、肾等重要脏器疾病者；处于各种传染病和炎症发作期的患者；患有慢性疾病正处于急性发作期或活动期者；各种原因所致的严重贫血患者；新近发生脑血管意外病情尚未稳定者，以及大中型手术后，处于恢复期的病人等。

（七）旅游饮食注意卫生

旅行大多是令人愉悦的，在旅途中除能领略如画的美景外，还可享受异地的美食。不过，在旅途中应时刻注意饮食卫生，以防止"病从口入"。具体来说，包括以下几个方面。

注意饮水卫生。一般来说，生水是不能饮用的，旅途饮水以开水和消毒净化过的自来水最为理想，其次是山泉和深井水。千万不能生饮江、河、塘、湖里的水。条件不允许时可用瓜果来代替饮水。

瓜果一定要洗净或去皮吃。瓜果除了可能受到农药的污染外，在采摘与销售的过程中也会受到病菌或寄生虫的污染，所以吃前一定要洗净或去皮。

注意饮食卫生。旅途餐饮，宜选择清淡富有营养的菜品，少吃生冷油腻的食物，不吃变质食品，以免发生肠道感染；口渴时尽量饮茶或喝矿泉水；就餐时不饮或少饮酒。

鉴别饮食店的卫生是否合格。饮食店应该有卫生许可证，有清洁的水源，有餐具的消毒设备，食品原料新鲜，无蚊蝇，有防尘设备，周围环境干净，收款人员不接触食品且钱款与食品应保持一定的距离。

在车、船或飞机上要节制饮食。由于缺少运动，此时过量饮食，必然会增加胃肠的负担，引起胃肠道的不适症状。

（八）开车旅游安全第一

开车旅行是最令人向往的，它有自订行程时间、随时更换行程的灵活性，另外还有很多好处。但只有在出发前妥善规划行程，做好充分准备和注意安全措施，才能确保旅途安全愉快，保证身体健康。

细心调整坐椅、方向盘和后视镜。上路前最重要的工作之一就是调整坐椅,前后调整坐椅时要注意腿部与油门、离合器、制动踏板之间的关系,当脚向下踩住制动踏板至最深处时,腿部仍要有一定弯曲,这时的坐椅前后位置比较合适。上下调整坐椅则要让头部离车顶部至少还有一个拳头的距离,坐椅调得太高,车辆颠簸时头部易触到车顶,影响行车安全。坐椅调整好了对保护腰和颈椎都起重要作用。

在背部紧靠坐椅的坐姿,当胳膊伸直时手腕恰好落在方向盘上,这就是人与方向盘的最佳距离了。通过方向盘轮辐恰好可以看到仪表台的千米、时速、油耗等的显示,方向盘边缘不阻碍视线,这就是最佳位置,能保护胳膊和手腕不受伤害。

反光镜可以看到 2/3 的地面、1/3 的天空,就是上下调节的最好位置。而左右调节至车身在外后视镜的视线范围内出现约 1/4,这样能够充分掌握车身附近的状况。

腰部支撑调整。要让坐椅支撑住腰,人身体向后靠时不要让腰部悬空,这样可以减轻驾驶过程中的疲劳。当然如果坐椅没有腰部支撑的功能,可以自己买个小垫子支在腰后,对长时间驾车的人能起到很好的保护作用。

头枕调整。头枕的最佳位置是头枕的中心线恰好与眼眉在一条线上,开车时司机应该可以将头靠在头枕上,这样既舒服又安全。

(九)几种患者旅游须知

外出旅游,在大自然的环境中陶冶性情、锻炼体力,这对身心健康是十分有益的,但要特别注意根据自己的健康状况,去选择适合自己的活动范围和项目。在这里,特别提醒身患疾病的人旅游时一定要照顾好自己的身体,多了解一些旅游知识。

(十)冠心病患者旅游须知

(1)旅游只限于心功能较好的患者。

(2)心功能二级者,不提倡远游,尤其应避免爬山、游泳等剧烈活动。心功能三级者不适合进行长途旅行,只能在户外或住处周围的风景区做小范围的旅游活动。心肌梗死后康复期的患者,3 个月内不能做长途旅游。

(3)旅游前,应到医院做一次全面检查,经医生确诊病情处于稳定状态时方可进行旅游,并确定旅游范围。旅游时要有人陪同,并随身携带病情摘要、近期心电图和一般急救药,如硝酸甘油、速效救心丸和地高辛等。

（4）避免过度疲劳，每日活动时间不超过 6 小时，睡眠休息时间不少于 10 小时。时间和日程安排宜松不宜紧，路途宜短不宜长，活动强度宜弱不宜强。

（5）要随身带上乘晕宁、安定和氟哌酸等药，以免因晕车、晕船等诱发心脏病。一旦发病，应及早就医，切勿拖延，千万不可带病旅游，以免发生意外。

（十一）高血压患者旅游须知

（1）旅游季节最好选择在春末夏初，因为这时气候宜人，不大会因寒冷而诱发脑中风，也不会因为太热而招致不适。

（2）旅游前应做一次必要的体检，下列患者不适宜参加旅游：重度高血压或已有并发症患者、重度心功能不全者、频繁发作心绞痛者、血压波动大者、有严重心律失常者等。

（3）旅游时应选择安全平稳的交通工具乘坐，一般以火车、飞机为宜。乘车前不宜吃得太饱，出发前半小时应服用预防晕车药。

（4）在旅行期间应注意保暖，切忌感冒受凉，饮食不宜过分油腻，不宜过饱，晚上应当休息好，以消除疲劳，恢复体力。

（5）外出旅游最好有人陪同，在旅途中如有不适，应及时处理或就医。

（6）旅游活动应根据体力适可而止，以平地徒步为宜，路程不宜太远，应尽量避免登高、爬坡，感到疲劳或出现症状应立即休息，切忌逞能拼命登高，或游兴大发流连忘返而过于疲劳。

（7）出行前准备好各种急需药物，预防出现意外情况。

（十二）糖尿病患者旅游须知

（1）在透析中心接受一次健康评估，包括身体一般状况、血糖控制情况以及并发症情况，以确定是否可以外出旅游。

（2）在旅途中一旦出现虚弱无力、头痛头晕、精神不集中、心悸、出汗和颤抖等症状，说明可能出现了低血糖。此时，患者应停下来并饮用含糖的饮料或吃少许食物，一般在 5～10 分钟后这类症状即可消失。若出现复视、易激动、神志不清、昏倒，则为严重低血糖，应就地就医，绝不可掉以轻心。

（3）旅行在外就餐时，糖尿病患者应当慎重地、明智地选择菜肴，心中应时常想着糖尿病的饮食计划。伴有高血脂者，应当避免食用动物内脏、蟹、龙虾和大虾，尽量少食油炸食品，不吃或少吃甜食。

（十三）肿瘤患者旅游须知

（1）旅游路线不宜过长，时间不宜过久，日程不宜过紧。如果远行最好分段分程，时行时息。

（2）旅游前要对自己的健康现状有一个全面的正确估价，最好随身携带足量药物。要留意天气变化、气温改变并及时采取相应措施。

（3）在旅游时应摒弃恐惧、烦恼、郁闷的情绪。

（十四）不宜乘机的 6 类人

7 天内的婴儿和临近产期的孕妇。空中氧气缺少、气压变化以及飞行过程中的震动，对孕妇及胎儿都有影响，可致胎儿提早分娩，尤其是妊娠 35 周后的孕妇；而新生婴儿则可能在飞机上发生呼吸系统不适应的情况。

心血管疾病患者。因空中轻度缺氧，可能使心血管病人旧病复发或加重病情，心功能不全、心肌缺氧、心肌梗死及严重高血压病人，不宜乘飞机。心肌炎、心肌梗死患者至少在病后 1 个月内不能乘飞机，严重高血压病患者则应控制好血压才可以登机。

呼吸系统疾病患者。肺气肿、肺心病、气胸、先天性脐囊肿等患者乘机，可能会因高空中环境的改变，引起呼吸困难。

耳鼻疾病患者。耳鼻有急性渗出性炎症，及近期做过中耳手术的病人，不宜进行空中旅行，如急性鼻窦炎、中耳炎患者。因鼻道和耳道都比较敏感，高空飞行时，气压大，容易加重炎症，造成中耳道鼓膜穿孔。中耳炎患者容易晕机，所以不适宜乘飞机。

重症贫血患者。重症贫血者由于缺血，身体的一些功能明显低于常人，不适宜坐飞机。

精神病患者。癫痫及各种精神病人，尤其是有明显的攻击行为者，容易因航空气氛而诱发疾病急性发作，故不宜乘飞机。

专家提醒，患有相应疾病的患者在出行前，应先去医院检查及咨询，要按医嘱服药或治疗，以免病情加重。

（十五）关注宝宝出游细节

带宝宝出门旅游虽然麻烦，但偶尔让幼儿呼吸郊外的新鲜空气，对宝宝的健康及精神都有好处。在带宝宝出游时，下列事项应该加以注意。

最好夫妻一起出行或约上朋友,这样可以多一个帮手,如果遇到问题也可出主意或协助照料宝宝。

因为有的宝宝在汽车、火车、飞机上睡得很好,醒来后却会因空间狭小而不停地哭闹。所以乘飞机或乘车的时间最好选在宝宝容易睡着的时候。

给宝宝做一次体检。这样可以确定宝宝的身体状态,同时还可向医生请教行程中容易发生哪些疾病及应付策略。

预订机票、车票要有选择性。一定要声明自己带着小孩,搭乘飞机时最好预定各区段第一排的座位,并询问飞机上是否有婴儿专用台或婴儿床,千万不要接受长排座中间的座位,因为这样对自己和旁边的旅客都不方便。乘坐火车时要预定下铺,这样在行程中,宝宝就会有较大的活动空间。

另外要注意:

未满月或刚病愈的宝宝尽量不要出门,如非要出门最好事先询问医生的意见,并尽量让行程中有足够的休闲时间,以配合宝宝平日的作息时间。

使用配方奶粉的宝宝,出门一定要携带足够使用的婴儿奶瓶,一般约需 6～7个,使用后须经洗净、消毒才可再度使用。必须使用煮沸过的水冲泡奶粉,避免饮用饮水机里的水。让宝宝喝平常固定喝的奶粉,不要随意更换其他品牌,以免宝宝不适应。

必须准备充足的纸尿片、替换用的衣服以及御寒用的外套、毛巾等。

个人药品是大部分人旅行时行囊中的必备品,尤其是带宝宝出门旅行。旅行前最好请儿科医生开一些如退热药、止泻药、止吐药及感冒药等一般药品,随身携带,以避免发生紧急情况时乱服成药的情形。如情况较严重,则一定要马上就医诊治,以免延误病情及影响旅游的行程、兴致。

(十六)出游积极预防感冒

旅途中患感冒不仅身体难受,而且会影响出游的兴趣,为避免旅途中患感冒,应注意积极预防。

不到有可能发生流感的地方去。在公共场所注意回避感冒者,或尽量与感冒患者保持 1 米以上距离。

保持室内空气流通。如果只能待在拥挤的车厢或湿度很低的环境中,如飞机座舱或通风透气极差的空调车中,那么每隔数小时就必须饮一杯饮料。

注意气候变化,适时增减衣服,避免忽冷忽热,防止风邪侵袭。寒风、热风均可致人感冒,亦可使肌肉痉挛、关节疼痛,电风扇、空调不宜过久地对着人体吹。

每天用清水洗手、洗眼、洗鼻腔2次以上,保持手、眼、鼻的卫生。因为,病菌大多都是通过孔窍进入人体的。

保证良好的夜间睡眠。这样可以消除疲劳,恢复体能,提高免疫细胞功效。吃饱喝好、注意平衡营养、讲究卫生,防止病从口入,以补充消耗、增强体能,保持精力旺盛。

"旅游健身法"。旅游本身可以益身怡心,是老少皆宜的健身活动。旅游时首先应该以最愉快的心情来成行,在精神上无忧无虑、无拘无束、轻松自在,在肉体上舒筋活血,滑利关节,增强体质,增强机体对疾病的抵抗能力,从而减少疾病、预防感冒。

(十七)出国旅游注意事项

出国旅游的游客由于不了解国外的一些规定,在旅游中可能会遇到麻烦,应该加以注意。

为避免各种传染疾病,旅游前可参考旅游地点的环境,于出发前打必要的预防针,如:流感疫苗、甲型及乙型肝炎疫苗、破伤风、白喉等疫苗,以及服用防疟药物等,以避免传染疾病。

旅游时应多多补充水分,可减少肠胃不适的概率。

长久乘坐飞机,抵达目的地后常会全身酸痛、下肢水肿,可每隔1小时起身,做做简单的伸展操,并替小腿、颈部及腰背轻压按摩,减少久坐后肌肉酸痛与下肢水肿等现象,还可预防静脉栓塞。

每当飞机起降时,常会有耳鸣、耳痛、耳塞或晕眩感,随身带一包口香糖咀嚼,可减缓此现象。

旅途中最怕吃坏肚子,影响体力破坏旅游情绪,"多洗手"是预防肠胃感染的不二法门,避免生饮生食可减少受感染的概率。

要保证让自己有充足的睡眠,尤其是心血管疾病患者。一定要保持充足的睡眠与良好的饮食,以避免血压突然升高的问题。在环境的改变下,充分的睡眠可减少皮肤长痘痘及出现黑眼圈的概率。

如果到气候湿热的国家,应做好防晒措施;到寒冷的国度,则应注意防止皮肤冻伤,并提高保养品的油质。

出国旅游前可先取得旅游当地的气候、环境卫生及疫情资料,并应携带一些常备药物,如:晕车药、抗过敏药、感冒药、肠胃药、消毒水以及皮肤保养品等。

十、理财常识

(一)家庭储蓄利息计算

(1)各种存、贷款利息一律按月利率计算,若遇有零头天数,则将月利率转化为日利率。计算利息的公式是:利息 = 本金 × 天数 × 利率。

(2)各种存、贷款从存、贷之日起计息,算至取或归还的前一天为止;其计算利息以"元"为起点,元以下的不计息,利息金额计至分,分以下的四舍五入。

(3)每次利率调整后,要按分段计息。即按统一规定的利率和调整时间划分阶段,每段利息分别计算至厘,相加后计至分,分以下的四舍五入。

(4)对于存款过期支取的,其过期部分的利息仍按原存单所定利率计算利息。

(5)对于提前支取的,其利息按实际存款天数的同档利率计算。

(6)根据贷款加息、罚息的规定,对逾期贷款从到期之日起,按原规定利率加收 20% 的利息。挪用占用的应按规定的利率罚息 50% 。

(二)家庭存取节省

很多人在办理卡存取等业务时,都不愿跑较远的路程去到该卡的所属银行办理,而是就近选择一家其他银行网点,进行跨行交易。有些银行对跨行交易有了新规定,如跨行取款,银行除收取 2 元的基本费用外,还要收取其取款金额 1% 的手续费,因此在跨行交易前,最好还是算算哪个更合适。

(三)月月存储增息

通常每月可将家中余钱存 1 年定期存款。1 年下来,手中正好有 12 张存单。这样,不管哪个月急用钱都可取出当月到期的存款。若不急需用钱,可再将到期的存款连同利息及手头的余钱接着续存 1 年定期。这种"滚雪球"的存钱方法即可达到增利息的目的。

(四)家庭合理理财有哪些作用

随着商品经济的发展,人们的经济观念发生了根本的变化,从"君子固穷"逐渐转变为追求经济效益。

现代社会,人们的物质生活日益丰富,更多更新的居民投资渠道呈现在收入不断增多的家庭面前。通过家庭理财能使家庭生活更美好。通常,家庭理财有以下优越性:

(1)可以完成一些对家庭影响较大的计划,比如子女教育、应付紧急事故、家庭装修、买车购房等。

(2)为晚年提供经济保障。舒适的退休生活所需要的钱也是一笔极其庞大的开支。从有工作时就开始储存退休基金,绝对是明智的做法。

(3)可以投资增值。通过家庭理财,可以达到诸如证券、储蓄、房地产、实物等投资收益的稳定和持续增长。

(4)对国家事业进行一定的物质支持。把钱存入银行,购买债券、股票等,都会增加国家对公共事业或企业的投资。

(5)战胜通货膨胀。使投资回报率高于通货膨胀率,就可以在通货膨胀的危机中立于不败之地。

除上述五点以外,家有适量存款,可以使生活更安心,避免不必要的忧虑。

(五)如何建立家庭收支账目

家庭收支账目可以使家庭收支情况清晰、简明。这种账簿可以标明时间、收支项目、收入、支出、结余、备注等格式。

为使家庭收支账目清晰、健全,应该日清月结,最好是当天账当天算。

账目最好由一人记写,记账人要做到不错、不重、不漏。家庭收支簿是家庭经济档案中的主要资料之一,可以为制定和修正家庭开支预算提供重要数据。

记录一定要清晰、全面,为了便于日后查对,收入或支出的缘由一定要清楚地填写在"收支项目"栏内,如收入项目应写清是某某交来的工资、奖金、劳务费、经营盈利或其他收入等,支出项目应当写清购买商品的种类、数量及交纳费用的名称等。最好把某人的收入或专项支出一并写清。重大经济活动的经手人以及有无收据、保修单据等项目在"备注"栏内也要清楚地写明。

(六)股市投资有哪些风险

"股市有风险,入市需谨慎"。那么,投资股市将面临哪些风险呢?

(1)经济周期引发的风险。股市被称为国民经济的晴雨表。通常,当经济景气时,股价将被推动上涨;当经济不景气时,股价也会受影响,行情步入低谷。

(2)公司经营风险。上市公司的业绩一般决定股票价格的高低,即业绩与股价成正比。上市公司在经营运作的过程中,若发生盈利下降、经营亏损甚至企业破产,这些都会使公司的股票价格受到影响。

(3)利率风险。股价的变动与利率变动的方向相反。通常利率调低,人们会把资金从银行中取出转而投向有可能获利更高的股市,大量资金入市,就推动股价上涨。反之,利率上调,人们会把资金从股市中抽回,股市因资金减少就会下跌。

(4)购买力风险,即通货膨胀风险,指由于物价上涨,货币贬值导致投资者受到损失的可能性。如果发生通货膨胀,会影响到实际收益率。

(5)政策风险。当局管理部门直接针对股市的有关是否有利于证券市场发展、资金是否宽松、市场扩容量大小、经济政策是否紧缩等政策以及其他金融、经济政策进行调整,这些都会引起股市的波动。

(6)政治风险。政治事件、政治人物、政治制度等因素的变化会导致股市的异常波动。

(7)投资者自身风险。股票投资者因错误的投资决策和错误的投资行为,盲从或盲目地选股,错误地选择买卖时机,缺乏良好的稳定的投资心理,而引起风险。

目前,我国证券市场尚处于发展的初级阶段。中小投资者应充分认识到股市的高风险性,在投资过程中不断提高自身素质,增强风险防范意识。

(七)炒股经验 ABC

股市投资,具有极大的风险,下面谈几点股市中的经验,投资者应注意体味和学习运用。

(1)大盘长时间的盘整以后,行情突然跳空而下,就立即抛出手中所持有的股票,反之,则可放心购买;股价连续跌三个停板以后,出现一天反转,应立即买进,连续涨三个停板以上,出现一天的反转,应立即卖出。

(2)赔钱时万不可加码。对中小投资者而言,越跌越买,连续加码绝不是明智的做法。贪一两个报价单之差,误了大行情是划不来的。

(3)做股票要能精于少数股票,买进的好时机不一定是利多出现的当天。

(4)在长期趋势中,最能获利的不是变动过程的初期或尽头而是中段;在行情上涨的初期做热门股,而在后期须做业绩好的股票。

(5)卖出时要果断,买进时要冷静。股价狂涨后的第一次大幅度回跌,是买进的大好时机,股价大跌后的第一次反弹,可放手卖出。

（6）要冷静、认真，也不可整天沉湎于股票买卖之中；不用借贷资金来买股票，也不能将全部家庭积蓄用于投资股票市场。

（7）灵感源于经验。灵感是股民的直觉，它帮助股民在股市上做出最快的抉择。对投资者而言，灵感虽然重要，却不是万能的。

（8）股票交易最忌讳"急、贪"，从事证券投资，不能占尽便宜，总该留点利润给他人。

（八）三口之家理财

（1）合理分配的最佳开支。最佳开支 =（日常开支 + 家庭收入）×40%。同时合理利用大减价等促销活动购买日用品，以及在生活中注意随手关灯、节约用水等均可减少大部分开支。

（2）选用正确安全的储蓄方式。可考虑将收入的 20% 资金存入银行，同时兼顾选择一部分外币存入，即可抵御可能产生的贬值风险。

（3）新婚夫妇可选用每月收入的 10% 作为宝宝基金。以后将其积累的基金作为孩子长期的教育费用。

（4）生活中用夫妻双方工资的 20% 作为风险备用资金。当有不时之需，即可解决燃眉之急。

（九）零钱积累理财

单身青年生活中的一切吃穿用都要自己打理，钱款进出钱包的频率相当高，一日下来，会发现钱包里多了许多零钱，此时可将其悉数取出，专门存放到一处，时常坚持，几个月或半年以上去银行换成整钱结算一次，即可聚成一笔可观的数目。

（十）家庭银行卡整合

过去银行机构办卡不收工本费，不收年费，很多人为了转账业务的方便，在一家银行办理了多张卡。但现在银行不仅终结了免费办卡，也开始对每张银行卡收取 10 元的年费。因此，为避免不必要的手续费支出，多卡持有者，应将已经不用或是不常用的卡进行整合，把"废卡"销户。同时，选定一家服务、功能、设施各方面较好的银行，把自己的资金整合在该银行的同一张卡上，当资金达到一定的数额，就会得到该银行提供的一些优惠措施，如减免年费及其他服务费用等，而使自己得到更多的实惠。

国学经典文库

中华历书大全

· 家庭生活万年历 ·

图文珍藏版

(十一)家庭财务筹划

(1)把家里的资产、存款、国债、股票、有价证券及负债等列出后,做一张财产明细表,使自己做到心中有数。

(2)把家庭成员的每月收入及支出,仔细记下来,到月底加减对照,即可了解收支是否平衡。

(3)每月合理预定好支出,列出餐费、交通费、水电煤气费、通讯费、保险费等必要支出费用,控制好应酬、娱乐、购物等不必要支出费用,并将计划外的余款存入银行。

(4)平时把一些不必要的消费省下来,可帮助快速实现自己的财务基金计划。

(5)把钱合理分流使用,以备不时之需;可尝试做一些小投资多让自己增加一些投资理财的经验。

(6)每年的身体检查、自我充电、学习等费用,一定不要省去。健康、有活力的身体加上智慧的头脑才是创造财富的基本条件。

(十二)使存款利息最大化

存期越长,利率也越高。因此,在其他方面不受影响的前提下,尽可能地将存期延长,收益也就自然大了。银行的定期存款分1年期、2年期、3年期和5年期,根据自身的需要,若总存期恰好是1年、2年、3年和5年的话,那就可分别存这4个档次的定期,在同样期限内,利率均最高。若有笔钱可存4年,可先将其存一个3年定期,到期取出本息再存1年定期;若存6年,最佳方式则是先存3年定期,到期将本息再接着存3年定期。这样可以争取利息最大化。

(十三)办理签证省钱

有些办理留学的申请者,由于材料准备不充分而遭拒签,不仅耽误学业,还会损失不少费用,包括大学的申请费用、来往的快件费、国际传真费、签证费等。再次申请就需要重新花钱。因此,要认真对待签证申请,争取一次通过,避免重复消费。

(十四)自行办理留学省钱

目前国内外的正规院校都拥有自己的网站,详细地公布了招生信息。许多热门留学国家的驻华使馆也都相应推出了中文网页,详细介绍了本国的教育情况和签证程序。学生和家长可通过院校和各个使馆的网站,了解其留学信息和签证信息,然后按照相关要求自行申请选定的学校和签证,即可节约一笔中介服务费。

(十五)选择保险公司有技巧

(1)保险公司是经营风险的金融企业,因此重点要看公司的条款是否适合自己,售后服务是否更值得信赖。

(2)比较一下各家保险公司的条款和汇率,细心衡量后,会发现有所不同。

(3)应研究条款中的保险责任和责任免除等部分,以明确保单能提供什么样的保障,谨防个别营销员的误导。

(十六)选医疗健康保险

在选择医疗健康险种的时候,每个家庭应首选重大疾病保险。其产品具有保障范围广(包括重大疾病、身故、高残)、保障性高、缴费灵活等特点。一般的原则是,每年的医疗保险费为其年收入的 7% ~ 12%,如果没有社会医疗保障的话,这个比例可以适当地提高一些。

(十七)家庭财产投保注意

(1)家庭财产保险通常是分项承保、分项理赔,因此在投保时,各类财产都应有自己的保额:房子的保额是房屋的实际价值,家具、家电的保额是其对应的实际价值,在发生保险事故后,各类财产的损失赔偿要以其实际价值为限。

(2)家庭财产保险费率只是基本费率,其保险公司仅负因自然灾害和因意外事故而造成的财产损失。若需保险公司提供失窃责任,应根据当前的保险费率在原定费率的基础上附加盗窃责任保险费。

(3)无论选择哪种保险形式,在约定的有效期内乔迁变动时,都必须到原投保的保险公司办理变更手续,以免发生纠纷和经济损失。

(4)投保家庭财产保险时,应根据实际情况,确定保险金额,保险人一般不核查。

(5)保险金额应按照财产的实际价值确定,估算得过高或过低都不好,只有如实估算,才能使自己的财产得到可靠的保障。

(十八)识人民币真假的妙招

1.用于触摸识人民币真假

现行流通的纸币,以元为单位的钞券均采用了凹印技术,并且墨层较厚,用手指反复触摸纸面,有较明显的凹凸感,而假币则没有这种感觉。

2. 观察水印识人民币真假

真币的水印是在造纸过程中做在纸张中的,迎光透视,层次丰富,具有浮雕主体效果。而假币的水印是用印模盖上去的,不用迎光透视即可看出,且图案无立体感。

3. 观字迹画面辨 100 元假币

100 元面额的假币上"中国人民银行"几个字和下方阿拉伯数字字迹都较粗,正面四位领袖人物头像颜色略带橙黄色,其画面人像严重失真,遇到以上情形时,即可判定是假币。

4. 记号码辨 100 元假币

若收到以"CP583"开头的 100 元人民币,最好通过仪器或直接去金融机构鉴别一下真假,因为有可能为假币。

5. 用测量法识假币

假人民币的长度和宽度一般与真币有区别。一般假币的长度比真币短 0.5 厘米,宽度窄 0.2 厘米。

6. 用灯照法辨港币

在荧光灯照耀下,真币的安全线较粗,假币的安全线则较细;真币背面一对狮子的线条及轮廓鲜明,假币则较暗淡;真币 1000 元字样反光较强,假币反光较弱;真币的水印狮子头不发光,假币则发光。

(十九)如何辨美元真假

1. 用手摸辨美钞

目前在中国流通的美元钞票,其四个角上的面额数字,一般用手摸起来有凸凹感。而假美钞的面额数字则没有。

2. 用擦拭法辨美钞

真美钞票面正面右侧的绿色徽记和绿色号码,在白纸上用力一擦,纸上便可留下"绿痕"。

(二十)防银行卡汇款诈骗

一些骗子常常假冒落难受困的外地人,博取人们的同情,以趁机诈骗钱财。他们通常声称自己是"外地人"，在本地又无亲无故，落难此地寻求借用银行卡，让家人给其汇钱。一般被骗者多是学生及外地打工者。因此提醒大家，每遇到这种情况，首先应冷静分析，不要被对方的外表蒙蔽。在银行查账时，不可让陌生人跟随，更不能轻易在陌生人面前取钱。若有意外，应迅速拨打110电话报警。

（二十一）预防找零钱受骗

只要有商品交易，就存在着找零的情况，而要预防别人少找给零钱，首先应保持自己意识清晰，尤其是在夜间消费、疲劳状态下消费时更应注意；其次是在消费后要向其索要正规发票，以便事后进行核对和维权。

（二十二）识假医疗事故防受骗

经常有些骗子盯准一些小诊所，利用人为制造的"医疗事故"进行诈骗。因此在行医的过程中，如果出了事故，要寻求正规的渠道进行解决，如果抱有息事宁人的想法，就有上当受骗的可能。

（二十三）防套取房产信息诈骗

目前二手房信息市场中打着"中介免谈"字样的个人房源信息很多，当打电话进行咨询时，却发现很多是房屋中介，而且基本上都是以收取看房费或信息费为主。这类人通常以求租、求购者的身份寻求信息，当有房主联系他们时，他们便将房主的姓名、房址、房屋面积、电话等记录下来，随后将这些信息变成中介房源，有偿提供给求租、求购人。至于买卖双方是否联系、成交与否都与他们无关。遇到这种情况要小心。

（二十四）识交钥匙不交产权诈骗

很多购房者以为自己拿到房屋的钥匙并入住了，房子就是自己的了。实际上，在房屋正式过户之前，产权仍然归属原业主，并且存在无法完成交易的可能性。如果在过户之前将全部房款支付给业主，买方就有可能陷入"钱房两空"的境地。许多不法中介为了促成交易，对可能出现的风险避而不谈，等购房人房款已付，房产却无法过户，再推卸责任。因此，在买房付款时要注意产权归属问题。

（二十五）防义诊诈骗

目前有些骗子打着解放军医疗队的幌子，去家属小区开展义诊活动，一般不是推销治疗仪,就是采用借钱、交押金等方式进行诈骗。因此当遇到"义诊"时,一定要搞清楚"义诊"是否来自正规的医疗单位,是否和有关部门合作,是否和居委会打过招呼等,以此来判断其是否是真正的"义诊"。同时也不要轻信来路不明的药物和仪器。

(二十六)丢失存单办理

存款最好用真名,因为记名式的存单或存折可以挂失,不记名式的则不可以挂失。如果储户发现存折丢失后,应立即持本人居民身份证明,并提供姓名、存款时间、金额、账号及住址等有关情况,以书面的形式向原储蓄机构正式声明挂失。储蓄机构在确认该笔存款未被支取的前提下,方可受理挂失手续。挂失7天后,储户需与储蓄机构约定时间,办理补领新存单或存折,或支取存款手续。如委托别人办理,被委托人要出示其身份证明和委托手续。

(二十七)存单挂失理财

一些储户由于没有全面了解储蓄管理条例的有关规定,一旦发现存单遗失或被盗,就急忙去银行挂失,等挂失期满后就立即支取现金。这样做会使定期存款利息受到一些损失。因此建议存单挂失期满后,应根据定期存单的存期再决定是否立即支取现金,以确保自己的存款利息不受损失。

(二十八)常储蓄防失误

要选取合适的凭条,存款为红色凭条,取款为蓝色凭条。

储蓄种类一般分为活期、定期、定活两便、零存整取等。

要按凭条的要求正确填写日期、户名、账号、地址、金额、联系方式等,每项都应填全,再将凭条交给经办员办理。

办理取存手续后,应当面检查存单或存折及款项,确定准确无误后再离开。

(二十九)网上购物防受骗

(1)根据消费者协会提供的资料显示,网络购物的欺骗大多发生在异地交易。所以,网上购物一定要多留个心眼,尽量采取本地交易,交易结束后,一定要保存交易时的有关资料,以便在出现欺诈等情况时持有关证据协同有关部门调查。

(2)仔细区分电子布告栏与新闻论坛上的广告是个人买卖或是商业交易,避免在享受权利时无法受到保护。

（3）查清楚对方是合法公司后,在确实有必要时,才提供信用卡号码与银行账户等个人资料,并避免输入与交易不相干的个人资料。

（4）对于在网络上或通过电子邮件以朋友身份招揽投资赚钱计划,或快速致富方案等的信息要格外小心,也不要轻信免费赠品或抽中大奖通知而支付任何费用。

（5）在支付方式上,如果对现有的金融体系还不是很放心,建议选择"货到付款"的付款方式。

（三十）网上用卡注意安全

网上购物时,应选择知名度高、信誉佳且与知名金融机构合作长久的网站,同时应了解交易过程的资料是否有安全加密机制。当利用信用卡付款时,可先向发卡银行查询是否提供盗用免责的保障,银行卡号或个人资料一定要在其网站上及时消除,同时应注意保留网上消费的记录,以备查询,一旦发现有不明的支出款项,应立即联络发卡银行。

（三十一）识 ATM 机取款骗术

（1）犯罪分子在 ATM 机的出钞口设置障碍,或者在读卡部分设置装置,这样当持卡人进行插卡、输入密码等正确操作后,钱就会被障碍物挡住而无法"吐出",如果持卡人此时离开,躲在暗处的犯罪分子便会很快将现金取走。

（2）犯罪分子在 ATM 机上端放置摄像仪器,以窃取持卡人的卡号和密码,然后制造假卡。通过电话或网上银行大规模划款。

（3）犯罪分子先用假身份证办一张真的银行卡,然后在网上银行测试前后连续卡号,在 54 秒内破译其密码,然后制造假卡,通过网络进行转账划款。

对于以上犯罪案例,持卡人一定要仔细鉴别,发现异常后应及时通知发卡银行。

（三十二）ATM 机取款注意

（1）当申请到银行卡时,一定要在卡的后面签上姓名,以防被别人冒领存款。

（2）在使用 ATM 机取款时,要认真输入密码,以防银行卡被吞掉,造成不必要的麻烦。

（3）当机器吐出卡和现金后,应及时将其取出,以防停留时间过长而被机器自动吞回。

(4)在 ATM 机前,不要轻信他人,更不能将自己的银行卡交给他人操作。当ATM 机取不出钱时,宁愿多走几步路,更换别处取款,切不可在该 ATM 机上多次试卡。

(三十三)防 ATM 机前假告示

不要轻信 ATM 机前的告示,最好不要去理睬告示。若着实需要按张贴的告示中的方法进行操作时,一定要先向银行咨询,问清告示是否属实。

(三十四)防银行卡掉包

(1)银行卡要随身携带,千万不要将钱包及银行卡放在空车上,以免让窃贼有机可乘。

(2)持卡消费时要谨慎,收回并确认是自己的银行卡。

(3)不要随便将卡号和密码告诉别人,以防不法分子"克隆"卡,从而造成不必要的损失。

(三十五)压缩现款节省

以月工资为 1000 元的现款为例来分配,把其中的 500 元作为生活费,将另外500 元存入银行。若是一同将生活费 500 元也作为活期储蓄,即可使本来暂不用的生活费也"养"出了利息,从而达到了节省开支的目的。

(三十六)少存活期储蓄

存款的存期越长,利率越高,所得的利息也越多。除将那些作为日常生活开支的钱存活期外,其余的以存定期为佳。

(三十七)定期存款支取

通常定期存款若提前支取,只按活期利率计算利息。如果存单即将到期,又急需用钱,则可拿存单做抵押,贷一笔金额比存单面额小的钱款,以解燃眉之急。若须提前支取,则可办理部分提前支取,从而减少利息的损失。

(三十八)定期存款提前支取法

应急定期存款分几笔存,用的时候先取最近存入的存单,既解决了用钱之需又可以减少利息损失。

（三十九）续存增息转存

如果定期存款到期不取而导致逾期的话,银行便会按活期储蓄利率支付逾期的利息。因此,要注意存入日期,存款到期时,应立刻到银行续办转存手续。

（四十）居民外币储蓄

（1）在存储品种上美元、英镑、港币为首选的 3 个强势存储币种,其 1 年期的存款利率高出人民币存款利率 1 倍多。

（2）应首选利率浮动高和提供存兑整体服务的银行。根据央行的规定,允许商业银行对境内的个人外币存款利率在央行公布的法定基准利率基础上浮动 5%,对于折合在 2 万美元以上的大额外币存款的利率可在基准利率基础上加 0.5%。

（3）在存取方式上,应"追涨杀跌",存期应以 3~6 个月为主,对于已超过一半存期的外币转存是不划算的。

（4）在币种兑换上,应"少兑少换"。当换存人民币的收益小于直接存外币时,不要轻易兑换。一旦将外币换成人民币后,若再想换回外币就比较困难了。

十一、法律常识

（一）公民享有的基本权利有哪些

我国规定的公民享有的基本权利主要有以下几条:

《中华人民共和国宪法》规定:"凡具有中华人民共和国国籍的人都是中华人民共和国公民。"宪法所规定的我国公民享有的基本权利有:言论、出版、集会、结社、游行、示威的自由;宗教信仰的自由;选举权和被选举权(依法被剥夺政治权利的人除外);人身自由、人格尊严、住宅不受侵犯和通信自由;受教育权,进行科学研究、文学艺术创作和其他文化活动的自由;劳动权、休息权、退休后的生活保障权以及在年老、疾病或丧失劳动能力时获得物质帮助的权利;妇女在政治、经济、文化、社会和家庭生活等各方面享有同男子平等的权利;华侨、归侨、侨眷的正当权利和利益得到保护;婚姻、家庭、母亲和儿童受国家保护;公民有对国家机关和国家机关工作人员提出批评和建议的权利,有对国家机关和国家机关工作人员的任何违法失职行为提出申斥、控告的权利;依法取得赔偿的权利。

公民可根据以上的规定,依法享有自己的基本权利。当公民的基本权利受到侵犯时,也可以要求法律的保护。

(二)违法就是犯罪吗

违法不一定就是犯罪,但所有的犯罪都是违法的。所以违法与犯罪既有相同之处,又有所区别。

(1)违法和犯罪都会危害社会公共安全,但是其危害程度有所不同。如跟人打架斗殴,是违法行为。但如果致人伤残或死亡,就是犯罪。

(2)违法和犯罪所触犯的法律和性质不同。违法行为,触犯的是刑事法规以外的法律规定,应该依法受到行政处罚或者民事制裁。而犯罪触犯的是刑事法规,是严重违法行为,应该依法受到刑事处罚。

(3)对违法者和犯罪者的处罚方法不同。违法者依触犯具体法规的不同,处罚方法也不同。如触犯民事法规者可执行强制履行、权利剥夺、损害赔偿等处罚;对违反国家治安管理法规的可执行拘留、罚款、警告等处罚,对国家职工违反劳动法规、经济法规等可警告直至开除等。而对犯罪则是根据我国刑罚种类规定,剥夺罪犯的政治权利、人身自由、财产,直至剥夺生命。

(4)对违法和犯罪处罚的机关不同。对违法行为,按其管辖分工不同,可由人民法院判决或者公安机关裁决,或由劳动教养管理委员会决定,甚至还可以由行政管理机关或行为人所在单位决定。而对犯罪案件,只能由公安、司法机关进行侦查、审判。

(三)什么是正当防卫

当公民在遇到危险时,可以进行正当防卫,但什么情况下才属于正当防卫呢?

根据《中华人民共和国刑法》第十七条中的相关规定:"为了使公共利益、本人或者他人的人身和其他权利免受正在进行的不法侵害,而采取的正当防卫行为,不负刑事责任。正当防卫超过必要限度造成不应有的危害的,应当负刑事责任,但是应当酌情减轻或者免除处罚。"所以正当防卫必须同时具备四个条件:(1)正当防卫必须有不法侵害行为的发生;(2)正当防卫必须是针对正在进行的不法侵害;(3)正当防卫必须是对不法侵害的本人实行;(4)防卫行为不能超过必要的限度。只有同时满足这四个条件,才是正当防卫。

超过了正当防卫的必要限度的行为,属防卫过当。虽然防卫过当造成不应有的损害,应负刑事责任,但可酌情减轻或免除处罚。

(四)侵犯公民人身权利的行为有哪些

公民的人身权利包括姓名权、住宅权、通信自由权、身体健康权及名誉权、荣誉权等。它受到法律的保护。哪些行为属于侵犯公民人身权利呢?

《治安管理处罚条例》第二十二条中明文规定:对下列侵犯公民人身权利的行为中尚不够刑事处罚的,公安机关可视违法情节、程度,对违法者处 15 日以下拘留、200 元以下罚款或者警告。包括:隐匿、毁弃或者私自开拆他人邮件、电报的;写恐吓信或者用其他方法威胁他人安全或者干扰他人正常生活的;胁迫或者诱骗不满 18 岁的人表演恐怖、残忍节目,摧残其身心健康的;殴打他人,造成轻微伤害的;非法限制他人人身自由或者非法侵入他人住宅的;公然侮辱他人或者捏造事实诽谤他人的;虐待家庭成员,受虐待人要求处理的。

上述行为都属于侵犯公民人身权利的违法行为。可根据《治安管理处罚条例》依法对其进行相应的处罚,而情节严重构成犯罪的,要依法追究其刑事责任。

(五)劳动合同有哪些基本内容

劳动合同是指劳动者与用工单位建立劳动关系,并明确双方劳动权利、义务的协议。

根据国务院制定的《国营企业实行劳动合同制暂行规定》规定,企业在国家劳动工资计划指标内招用常年性工作岗位上的工作,除国家另有特别规定的外,统一实行劳动合同制。劳动合同制工人是企业的正式工人,享有与固定工人同等的劳动、工作、学习、参加企业的民主管理、获得政治荣誉和物质鼓励等权利。签订劳动合同必须符合国家政策和法规,并坚持协商一致、平等自愿的原则。

劳动合同的内容应包括:

(1)在生产上应当达到的数量和质量指标或应当完成的任务;

(2)合同期限、使用期限;

(3)生产、工作条件和劳动安全、卫生条件;

(4)劳动报酬和保险、福利待遇;

(5)劳动纪律;

(6)违反劳动合同者应当承担的责任;

（7）双方认为需要规定的其他事项。

劳动合同的当事人必须一方是劳动者，另一方是用工单位，而且两者之间是被管理与管理的关系。劳动合同一经合法签订，就受法律保护，所以合同双方必须严格遵守。如因一方违约给对方造成经济损失的，应给予赔偿。

（六）女职工应受到哪些劳动保护

根据我国现行《劳动保护法》规定，对女职工主要有以下劳动保护：

（1）禁止安排女职工从事危害妇女生理特点的工作和无法承受的体力劳动；

（2）禁止以结婚、怀孕、生育、哺乳为由降低其工资或辞退女职工；

（3）不得安排怀孕7个月或哺乳未满4个月的女职工做上午10时起到次日晨6时止的夜班；

（4）禁止安排怀孕和哺乳未满8个月的女工在正常工作时间以外加班加点。

如果单位确有困难，为保护怀孕和哺乳的女职工，也必须缩短其夜班的工作时间。因为怀孕，女职工不能胜任原工作时，应根据医疗机构的证明，在行政方面做出减轻工作并照发原工资的处理办法。如女职工生育后由于体弱确实不能胜任原工作的，经有关领导同意，可以调做其他适当工作。女职工在哺乳未满12个月的婴儿期间，根据婴儿成长的月份，可以在工作时间内哺乳1~2次，每隔3~4小时1次，每次哺乳时间为20分钟。哺乳时间和哺乳往返所费时间，应算作工作时间。对哺乳已满12个月的女职工，如因为正值夏季或其他特殊原因暂不宜断奶的，经医生证明，也可酌情延长哺乳期限。对怀孕女职工应进行定期的产前检查。超过百名以上女职工的单位应该设哺乳室、托儿所及女职工卫生室内的温水箱和冲水器。

（七）劳动合同在什么情况下可终止、变更或解除

国务院为对劳动合同的终止、变更和解除有明确的规定，制定了《国营企业实行劳动合同制暂行规定》，其主要内容如下：

应由企业和合同制工人共同协商确定劳动合同的期限。合同期一满，应立即终止执行合同，但为了工作、生产需要双方可以协商续订合同，但这一例外不适用于定期轮换制的劳动合同。

由于生产、工作需要，或按照国家有关规定，合同制工人需要跨地区转移工作单位时，须经有关地区劳动行政部门协商同意，并办理退休养老基金和户口的转移

手续,才可以与所在企业解除劳动合同,并与新单位签订劳动合同。

在签订劳动合同所依据的法规、政策已经修改或者企业经上级主管部门批准转产或调整生产任务等情况发生变化时,在合同双方协商同意的情况下,劳动合同的相关内容可以变更。

劳动合同制工人在企业出现下列情况之一,可以解除劳动合同:经国家有关部门确认劳动卫生、安全条件恶劣,并严重危害工人身体健康的;企业不能按照劳动合同规定支付劳动报酬的;经企业同意,自费考入中等专业以上学校学习的或者经批准出国定居的;企业不履行劳动合同或者违反国家有关政策、法规,侵害合同制工人合法权益的。

企业可以在下列情况下与劳动合同制工人解除劳动合同:企业宣告破产,或者濒临破产处于法定整顿期间的;患病或非因工负伤,医疗期满后不能从事原工作的;按照《国务院关于国营企业辞退违纪职工暂行规定》应予辞退的;在试用期内发现合同制工人不符合录用条件的。

合同制工人如被劳动教养、判刑的,劳动合同即自行解除。

该规定要求企业应当征求本企业工会的意见后,才能解除劳动合同。无论符合规定哪一方要求解除劳动合同,在办理解除劳动合同的手续之前,都必须提前一个月通知对方,否则如因一方违反劳动合同,而给对方造成经济损失的,则应当根据损害后果和责任大小给以赔偿。

(八)民事诉讼法包括哪些内容

民事诉讼是指作为平等主体的公民之间,法人之间以及其他组织之间或相互之间因财产关系和人身关系发生的纠纷,也即打民事官司。其具体内容包括:经济合同纠纷、财产所有权纠纷、婚姻家庭纠纷、侵权纠纷、知识产权纠纷、财产继承纠纷等,发生争议时,当事人可通过向人民法院提起诉讼,请求人民法院通过审判解决争议,从而保护自身的合法民事权益。民事诉讼包括以下两方面内容:第一是民事诉讼活动,这一活动是指在当事人和其他诉讼参与人的参加下,人民法院审理和解决民事案件;第二是民事诉讼法律关系,这一关系是因民事诉讼活动而产生的人民法院、当事人、其他诉讼参与人之间在诉讼法律上的权利义务关系,一旦进行诉讼活动,在审判人员、原告和被告、受当事人委托的诉讼代理人之间,使产生了诉讼法律上的权利义务关系。

民事诉讼的特点如下：民事诉讼必须依照民事诉讼法规定的程序进行，一旦违背民事诉讼法规定程序，则该民事诉讼活动不具有法律效力，不能产生诉讼法律上的权利义务关系；民事诉讼法律关系的主体包括人民法院、当事人以及其他诉讼参与人；人民法院在诉讼的整个过程中，起主导和决定作用。

整个诉讼活动由若干个相互连贯、彼此联系的阶段组成。

（九）提起诉讼需要哪些条件

根据民事诉讼法第一百零八条的规定，只有符合下列条件，才可提起诉讼：

（1）"原告是与本案有直接利害关系的公民、法人或其他组织。"这里明确规定了原告必须与提起诉讼的案件有直接的利害关系，即案件所涉及的实质权利义务关系对原告的合法民事权益有直接的影响，只有具备了这一条件，公民、法人及其他组织才有权以原告身份起诉。

（2）有明确的被告。必须有发生民事权益纠纷的双方当事人是诉讼的前提条件，因此，原告提起诉讼时，必须有明确的被告。

（3）有具体的诉讼请求事实和理由。诉讼请求是指当事人通过诉讼最终要达到什么目的，一般包括请求法院确定财产所有权和某种法律关系等。缺少具体的诉讼请求，会使法院无从审理案件。理由是用来支持诉讼请求的，任何诉讼请求都需要有支持的理由，如在离婚案件中，虽有明确的被告，离婚的理由还需要说明，这样才能支持原告的请求。但仅仅有理由还不足以说明诉讼请求的合理性，还要有事实根据，如当离婚是以感情不和为由提出时，当事人则需要举证说明。

（4）属于人民法院受理民事诉讼的范围和受诉人民法院管辖。即原告应当依照民事诉讼法关于法院管辖的规定，向有管辖权的法院提起诉讼。

（十）哪些东西可以成为证据

证据是指在诉讼程序中能够证明待证事物是否客观存在的材料。根据民事诉讼法的规定，证据有以下种类：

书证，即以文字、符号等形式记录的、能证明待证事物的文书。书证是民事诉讼中普遍应用的一种证据，有书信、文件、票据、合同等多种。

物证，即用物品的外形、特征、质量等对待证事物的一部分或全部进行证明的物品，如变质食品、质量不合格化妆品等。

视听材料，即以录音、录像的方法记录下来的，能对案件事实加以证明的材料。

证人证言,即以书面方式或口头向法院陈述案件事实的证据形式。证人所做的陈述包括直接接触到的和间接接触到的两种。

当事人陈述,即案件的原、被告对法院提出的关于案件事实证明情况的陈述。由于案件的纠纷是基于当事人之间发生的,所以当事人最了解情况,因而当事人的陈述是查明案件的重要线索。

鉴定结论,即由法院指定的专门机关通过技术,对民事案件中出现的专门问题进行鉴定而做出的结论,包括指纹鉴定、医学鉴定等多种。

勘验笔录,即法院对能够证明案件事实的现场进行勘查后做出的记录或者对那些不能、不便拿到法庭的物证就地进行检验分析后做出的记录。

(十一)怎样履行结婚手续

作为确立婚姻关系的法律行为,结婚必须履行以下法律手续:

(1)进行申请和提交有关证件。自愿结婚的男女双方必须亲自到一方户口所在地的婚姻登记机关申请结婚登记,并将本人居民身份证或户籍证明或所在单位或居民委员会出具的写明当事人出生年月日和婚姻状况的证明提交上去。离过婚的申请再婚时,还应持离婚证件。有下列情况的,不予登记:未到法定结婚年龄的;有配偶的;非自愿的;属于直系血亲或三代以内旁系血亲的;弄虚作假的;患有麻风病或性病未治愈的。申请结婚的当事人如果由于单位或他人干涉而不能获得所需证明时,但经查明确实与婚姻法和《婚姻登记办法》的规定相符合的,婚姻登记机关应予登记并发给《结婚证》或《夫妻关系证明书》。

(2)婚姻登记机关进行审查和发放证明。婚姻登记机关的工作人员应对接到的申请认真地进行调查了解,若是符合婚姻法和《婚姻登记办法》的规定,则予以登记,并发给《结婚证》或《夫妻关系证明书》。

(十二)法律怎样处理重婚问题

何谓重婚?法律是怎样处理重婚问题的?

重婚是指男女双方或一方有配偶,但又与他人登记结婚或虽未登记,却以被周围群众所共认的夫妻关系共同生活的行为。由此可见,重婚包括两种,即法律上的重婚和事实上的重婚,但法律上的重婚和事实上的重婚一样都是违法的婚姻关系。

虽然形成重婚的原因很多,其情况也很复杂,但在处理时,应始终坚持一夫一妻制原则;坚持保护前婚解除后婚或者解除前婚、后婚才有效的原则;坚持保护丹女儿童利益的原则,总之,处理时应具体分析,区别对待:对因喜新厌旧、"传宗接代"、好逸恶劳而形成的重婚,应解除重婚关系,若是构成重婚罪,还应依刑法追究其刑事责任。对因反抗包办婚姻或不堪虐待或夫妻感情确已破裂而迫不得已外出与他人同居的,可不视为重婚,在女方坚决要求离婚,并经调解无效的情况下,可判离。对因自然灾害等原因夫妻失散且生死下落不明而与人重婚的,可不按重婚论处,但应尽力维持原来的婚姻关系,但如以前夫妻感情就不好,重婚时间又较长,并生有子女,女方也不愿回原夫处的情况下,可调解或判决解除前婚。处理重婚问题时,应注意防止发生侵犯人身权利和抢婚械斗等事件的发生。

(十三)受到丈夫虐待怎么办

许多丈夫常以极其残忍的手段虐待妻子,使得许多妇女由于不堪忍受而选择上吊、跳楼以自杀。丈夫虐待妻子使妇女身心和权益受到严重损害。夫妻之间应该互相尊重、互敬互爱、平等相处,而且我国婚姻法也明文规定"夫妻在家庭中地位平等"。所以应以平等协商等各种正确途径妥善解决夫妻之间的分歧和矛盾,绝不可采用非法的、不人道的手段迫害女方,这既是对女方人身权利的侵犯,也是法律所不允许的。我国婚姻法第三条规定"禁止家庭成员间的虐待和遗弃",刑法第一百八十二条也规定"虐待家庭成员,情节恶劣的,处 2 年以下有期徒刑、拘役或管制,引起被害人重伤、死亡的,处 2 年以上 7 年以下有期徒刑"。因此,一旦发生丈夫虐待妻子的情况,被虐待人应该请求单位或当地政府部门的支援来解决、劝止虐待行为,如劝止无效,可到人民法院对其虐待行为进行诉讼,以保护自己切身的合法权益不受侵害。人民法院受理后,应根据虐徒人所施虐待行为情节的轻重,裁定行政处罚、民事制裁以至追究刑事责任,从而保护女方的人身民主权利和合法权益不受非法侵犯。

(十四)夫妻离婚需有哪些条件

离婚是指夫妻双方依照法律的规定,解除婚姻关系的行为。我国婚姻法第二十五条规定:"男女一方要求离婚,感情确已破裂,调解无效,应准予离婚。"由此可见,离婚必须符合一定的条件,只有符合法律规定的条件,双方才可以离婚:一要符合离婚自愿的原则。结婚要男女双方自愿,离婚也是夫妻双方自愿的,是不受他人干涉的。二要符合"感情破裂,调解无效"的原则,这是由于婚姻是以感情为基础的,一旦感情破裂,婚姻的基础消失,经法律承认其消失后,双方即可离婚。实际生

活中,不同的婚姻有不同的情况,应具体分析处理。一般应掌握的原则是:

(1)若是以索取财物为目的的婚姻和强迫、包办、买卖婚姻,在一方要求离婚且经调解无效的情况下,应准予离婚。

(2)因第三者介入而引起的离婚,应处分、批评第三者和有过错的一方,若夫妻感情确已破裂,调解无效的,应准予离婚。

(3)对因一方招工、提干、升学等引起的离婚,如果夫妻感情确已破裂,经调解无效的,可准予离婚。

(4)因对方好逸恶劳、不务正业而引起离婚的,应批评教育有过错的一方,调解无效的,应准予离婚。

(5)没有配偶的双方,未经登记便以夫妻关系同居的,若是未到法定婚龄,或存在其他不符合结婚条件的,应解除其同居关系。

(6)因一方有精神病而引起离婚的,若是婚前隐瞒了病情的,应准予离婚;若是原夫妻感情较好,可不判离;若是久病不愈,夫妻关系无法维持,也应准予离婚。

(7)夫妻双方均提出离婚的,可调解离婚。

离婚时,双方应亲自到婚姻登记机关申请离婚,取得离婚证书后,才能解除夫妻关系,同时夫妻间权利义务也随即消亡。

(十五)男方是否可以在女方怀孕期间提出离婚

我国婚姻法第二十七条规定:"女方在怀孕期间和分娩后一年内,男女不得提出离婚。若是女方提出离婚的或人民法院认为确有必要受理男方离婚请求的,不在此限。"这一规定限制了男方在特定的期间内不能行使其离婚诉讼权,或者说短期剥夺了男方的离婚的讼权,但这种剥夺有一定的时效性,其有效性仅为一年,超过一年时间便不再有法律效力,这主要是为了更好地保护妇女、胎儿、婴儿的权益。但在此期间,若女方提出离婚要求的,则不在此限,这是因为女方一般在紧急无奈时才会在怀孕和分娩期间要求离婚,若不及时处理,便无法及时保护妇女、胎儿、婴儿的权益。例外情况还包括人民法院认为确有必要受理男方提出的离婚要求,如女方因与他人通奸怀孕,在男方坚持要求离婚的情况下,如不及时受理,可能危及妇女、胎儿、婴儿的生命安全,因而人民法院可以受理男方提出的离婚请求,但是,是否判决离婚则要根据具体情况和有关法律规定进行处理。

（十六）子女是否有权干涉丧偶老人再婚

对丧偶老人的再婚,子女是否有权干涉?

法律明文规定婚姻自由。婚姻自由要求:双方自愿即不受他人的强迫和第三者的干涉;符合结婚的年龄;不是直系血亲或三代以内的旁系血亲;没有配偶;没有不准结婚的疾病。如符合这些要求所有人都可以自由结婚。但老年人的婚姻却成为社会普遍关注的问题。老年人的心理、精神和生活等方面都要求他(她)能有一位伴侣,这是子女所不能替代的。如老年人婚姻处理得好,则有利于老年人自我身心保养。因此,老年人丧偶再婚是一件合理、合法的事。我们应该帮助丧偶的老人找到知心的伴侣,支持他们成立幸福的家庭,只有这样,才能使他们愉快地度过晚年生活。

（十七）遗嘱有哪些形式

根据我国继承法的规定,遗嘱有以下五种形式:自写遗嘱、代写遗嘱、录音遗嘱、公证遗嘱与口头遗嘱,其中前四种为一般方式,而最后一种则是特殊方式。

（1）自写遗嘱,即由遗嘱人亲笔书写的遗嘱,这种遗书只要由遗嘱人亲笔书写,并亲自签名,并不需要见证人在场见证,即能发生法律效力。签名时,同时要将年月日的时间亲笔写清,这样才能保证遗嘱继承的法律效力。

（2）代写遗嘱,即由遗嘱人口述遗嘱内容,由他人代为记录的遗嘱。这种遗嘱必须有两个以上见证人在场见证,且由遗嘱人亲口叙述遗嘱内容,若是代述,则会使遗嘱无效;而且代书人不能是见证人,代书人应为一般群众,不能为公证机关的公证员,由代书人注明年月日,并由代书人、见证人、遗嘱人共同在遗嘱上签名。

（3）录音遗嘱,即由遗嘱人以录音方式制作的遗嘱,这样的遗嘱生效须有两个以上的见证人在场见证。

（4）公证遗嘱。由遗嘱人申请,公证机关办理公证手续而制定的遗嘱。公证遗嘱的订立必须由遗嘱人亲自到公证机关提出口头申请或书面申请,在不能行走的情况下,可请公证员前往住所办理公证遗嘱,同时,公证机关要严格审查遗嘱内容,只有那些经核实确属真实、合法的,方可予以公证;如遗嘱是由遗嘱人口述、公证员记录的,只有将所记录的遗嘱向遗嘱人宣读,确认无误后,遗嘱才可成立。同时,注明年月日并由遗嘱人、公证员共同署名,加盖公证机关的印章,由遗嘱人保存公证遗嘱的正本,由公证机关保存副本。当遗嘱人死亡时,公证机关指派人员宣读遗嘱.并指定遗嘱执行人执行遗嘱。

（5）口头遗嘱，又称口授遗嘱和口述遗嘱，是由遗嘱人在危急情况下用口头说话形式留下的遗嘱，这种遗嘱是遗嘱人在生命垂危、飞机船舶遇难等危急情况下制作的遗嘱，而且要有两个以上见证人在场见证，遗嘱才能生效。危急情况一旦解除，口头遗嘱便即失效。

（十八）遗产继承分配原则是什么

继承分配应按如下原则进行：

（1）第一顺序继承人即配偶、子女、父母，拥有先继承权。

（2）无第一顺序继承人或第一顺序继承人放弃继承的，由第二顺序继承人即兄弟姐妹、祖父母、外祖父母继承。

（3）在同一顺序继承人有数人的情况下，遗产份额均等。

（4）当被继承人的子女先于被继承人死亡的，实行代位继承，即由被继承人子女的晚辈即直系血亲继承，但继承时，仅限于他们父亲或母亲有权继承的遗产份额。

（5）应当保留胎儿的继承份额，当胎儿出生时是死体时，再将保留的份额按法定继承处理。

（6）丧偶儿媳对公婆、丧偶女婿对岳父母尽了主要赡养义务的，视为第一顺序继承人。

（7）对继承人以外的、依靠被继承人扶养的、缺乏劳动能力又没有生活来源的人或者继承人以外的对被继承人抚养较多的人，可继承适当的遗产。

（8）若是遗产无人继承或是无人受遗赠，则归国家集体所有。

（十九）如何办理收养关系的手续

收养关系是法律规定的一种必须由双方的法律行为完成的姻亲关系。因此，收养关系的成立，须双方自愿。若是收养年满10周岁以上的未成年人，应征得被收养人的同意。生父母如要送养子女，须双方同意，夫妻收养子女的，须双方共同收养。

办理收养关系的手续。收养法根据不同情况，规定了办理收养关系的不同手续：

（1）对那些查找不到生父母的弃婴和儿童或是社会福利机构抚养的孤儿的收

养,应向民政部门登记。

（2）收养生父母有特殊困难且无力抚养的子女以及收养三代以内同辈旁系血亲的子女等,首先应符合法律规定的收养、送养的条件,并且,收养人、送养人还要订立书面协议,并办理收养公证;公证机构应对收养人或送养人要求办理的收养公证予以公证,这样,才能有效预防收养关系当事人之间发生纠纷,从而有助于收养关系的稳固。

（3）监护人须征得有抚养义务的人同意,才可送养未成年的孤儿。

（4）经继子女的生父母同意,继父或继母可以收养继子女。

（5）外国人如在我国收养子女,应明确收养人的年龄、婚姻、职业、财产、健康、有无受过刑事处罚等状况,并须经收养人所在国的公证机关或者公证人公证和我国驻该国使、领馆认证方可。收养人应向民政部门登记,并到指定的公证处办理收养公证。收养子女应符合法律规定,这样,才能使收养行为具有法律效力。

（二十）法律是否保护私人借贷

根据我国民法通则第九十条的规定,"合法的借贷关系受法律保护"。这里的借贷关系也包括私人间的借贷关系。借贷合同是借贷关系的表现形式,借贷合同是指出借人把一定数量的货币交付借款人所有,借款人在约定期间内归还同等数额的货币或者同等数额的货币加利息的协议。借贷合同包括有息和无息两种。根据最高人民法院的有关规定,公民之间的无息借款人有按期偿还借款的义务。如果借款人不按期偿还,出借人有要求借款人偿付逾期利息的权利。公民之间的有息借贷,其借贷利率可适当于银行利率或略高,生产经营性借贷的利率可以高于生活性借贷利率。借贷合同中的利率问题是引起纠纷的关键,因此在解决此类纠纷时,应当首先保护合法借贷关系,本着有利于生产和稳定经济秩序的原则,结合当地的实际情况进行处理,在双方对利率有约定的情况下,若利率不属于高利贷性质的,则按约定办;如果利率约定不明且不能证明的,则比照银行同类贷款利率计息。还有,法律不保护出借人将利息计入本金计算复利的行为。

第二十三章　健康养生万年历

一、养生保健基本常识

（一）保持健康长寿的要诀

保持健康长寿,除去遗传等一些不可抗拒的因素外,可以由自己掌握的因素还是很多的,包括饮食、心态、生活习惯等,这些都是保持健康长寿的重要因素。科学家研究发现人类长寿必须具备以下五要素:

1. 要心态平和,处世乐观。

凡是长寿老人,一般都有良好的性格和生活习惯,大多是胸怀开阔、心情平静、活泼开朗、遇事不怒的人。要想长寿,最重要的是能以积极和放松的心态看待人生。

一个人乐观、心理平衡、情绪愉快,则免疫系统功能好,抵抗力增强,不易生病。多数癌症都是由于长期抑郁、免疫系统功能下降所致。

中医理论讲,人的精神状态,包括"喜怒哀乐"同人的内脏的健康有直接关系。如喜伤心、忧伤肺、怒伤肝、思伤脾、恐伤肾。当心、肺、肝、脾、肾这"五脏"有病时,它们相对应的小肠、大肠、胆、胃、膀胱也会有病。因此说,遇事不怒、不慌、不躁、心平气和地应对,这对健康大有益处。

老人处事要放得下,淡泊名利,所谓"笑口常开促健康,心平气和保寿长!"

2. 要起居有常,生活规律。

睡眠时间与长寿也有关。成人每天睡上 8 小时左右,对身心健康极为重要。睡眠不足,不仅使人感到疲倦和精神分散,而且也容易使人消极地看待人生。科学家发现,百岁老人的睡眠时间都比较长,一般都在 8—10 个小时。每晚睡眠不足 6 小时的人,比睡 7—8 小时的人更易早死。还有,高质量的睡眠对人的免疫系统发挥作用,抵抗疾病的发生很有益处。

每夜以 22 点熄灯上床为好,睡 7—9 个小时,如果夜间没睡好,中午必须补上一觉。每天24小时中,有两个时辰对人体最重要,一是午时(11—13点),二是子时(23—1点),这期间正是骨髓造血时间。这段时间内能休息好,精力会充沛。

3. 要饮食有节,合理营养。

饮食对长寿也起着不可低估的作用。长寿老人主要习惯低脂肪、低热量、低动物蛋白和多纤维的食物,主要特点是多样化,荤素兼有,坚持适量,定时。俗话说:"吃糠咽菜并不坏,大鱼大肉却有害,戒烟限酒把住嘴,营养均衡保康泰。"少吃盐,少吃大鱼大肉;多吃蔬菜,水果;多喝牛奶、酸奶。不偏食,不暴饮暴食;不酗酒,不吸烟。防止发胖,身体过胖可能引发多种疾病,如心血管病和癌症等。

不要吃太多东西。研究表明,低热量和低脂肪的食物有助于延长寿命。吃饭时,讲究适宜的气氛,大家心情愉快,注重细嚼细咽;讲究卫生,吃新鲜的饭菜,多吃五谷杂粮,这样易于消化,有利于健康,增强免疫力,不容易得病。

4. 要适量运动,持之以恒。

勤于劳动也是长寿的重要因素之一,中医认为:"动则谷气易消,血脉流利,病不能生。"经常参加劳动,可以促进机体血液循环,增加心脏冠状动脉血流量,改善心肌的营养和代谢;消耗体内过多的脂肪和低密度脂蛋白胆固醇,有利于延缓动脉硬化形成,防止心、脑血管疾病的发生。

适当运动就是做有氧运动。就是在运动时微微出汗或不出汗,不主张汗流浃背。如散步、登楼梯、做健身操、打太极拳、游泳、打打球、慢骑自行车、做家务等,其运动目的就是活动身躯,起到舒筋活血,促进血液循环,减少得病机会。上班族,步行上下班,平时在室内踱踱步,站着接打电话。平时无法抽出太多时间锻炼,可分时、分段锻炼,只要锻炼并且长期保持,肯定有益。

5. 要根据体质,适度滋补。

老年人身体本身是越来越弱的,适当地根据自己的身体状况和自然环境的变化,进行有针对性的滋补。这类滋补可有保健药物的作用,也可以直接是食补的选择。一般来说,食补的作用会更好些,食补也是根据一年四季的更替进行的食物的养生之道。

无病养身的滋补,应根据自身体质、年龄、性别、生活环境、气候等情况,选择合适的滋补品。从时间、气候上来说,一年四季皆可补。春温、夏热、秋凉、冬寒,气候的不断变化,对人体生理机能会产生一定影响。中医学认为饮食顺应四时变化,能保养体内阴阳气血,使"正气存内,邪不可干"。春天,气候转暖,宜用平补之剂,目的是协助人体正气之生发,可选用红参、太子参、党参等,以补益元气,但用量不宜太大;夏季,气候炎热,宜用清补剂,可选用玉竹、绿豆、百合、莲子等;秋天,风物干燥,以滋养为主,可选用茯苓、麦冬、莲藕、香蕉、银耳等;冬天,气候寒冷、宜用温补,可选用枸杞子、附子、肉苁蓉、冬虫草、核桃、大枣、鹿肉、狗肉、羊肉等。

当然,滋补之时也要注意,不能贪多,凡是过了度就不能起到理想的作用,相反还会对身体有害。另外还有一些东西对身体有好处,长期使用会有意想不到的效果,如长喝茶,茶内的茶多酚可清除自由基对细胞的危害,可强抑细胞的突变及癌变,增强细胞介质的免疫功能,加以茶内富含多种维生素及微量元素,有防治老年常见心血管病及癌症的双重功效;红葡萄酒也有活血化瘀、降血脂、软化血管的多种功效;酸奶可使肠内 ph 值变化,不利细菌生长,加以酸奶中含有酶类抗生物质,更可控制腐败菌之滋生,从而减少机体自我中毒而延年益寿;蜂蜜中营养丰富且易吸收,特别是蜂王浆能刺激大脑及促进主要分泌腺的功能,促进组织供氧,增强细胞活力,从而大大推迟衰老过程。

此外,保持健康长寿的方法除了上面提到的,还有很多方式方法,如尝试给自己减轻压力,参加艺术表演等节目,陶冶自己的情操,活动自己的大脑,多与朋友来往,排解郁闷,舒缓情绪等。

(二)世界卫生组织制定的人体健康标准

20 世纪 70 年代,世界卫生组织(WHO)制定了著名的人体健康十条标准:

1. 有充沛的精力,能从容不迫地担负日常生活和繁重的工作,而且不感到过分紧张疲劳;

2. 处世乐观,态度积极,乐于承担责任,事无大小,不挑剔;

3. 善于休息,睡眠好;

4. 应变能力强,能适应外界环境各种变化;

5. 能抵抗一般疾病如感冒,传染病;

6. 体质适当,身体均匀,站立时头、肩、臀的位置协调;

7. 眼睛明亮,反应敏捷,眼睑不发炎;

8. 牙齿清洁,无龋齿,不疼痛,牙龈颜色正常,无出血现象;

9. 头发有光泽,无头屑;

10. 肌肉、皮肤丰满、有弹性,走路感觉轻松。

按照这十条来检查我们的身体状况,普及保健知识,注意均衡营养,加强全民健身运动,保持良好平和的心态,认真积极地进行人体健康的维护保养。

另外,1992 年,世界卫生组织在维多利亚宣言中提出健康的四大基石为:合理膳食、适量运动、戒烟限酒、心理平衡。

(三)身体健康各正常值范围

我们的身体中有很多数据可以帮助我们衡量健康与否的尺度。这些数据的由来,可能是自身的自我测试,也可能是医院特殊器材的检测。不管是哪种测试,得出来的真实数据才是我们对自身健康的关注。

1. 标准体重指数

(1)身高在 165 厘米以下者:体重(千克) = 身高(厘米) - 100;

(2)身高在 166—175 厘米之间者:体重(千克) = 身高(厘米) - 105;

(3)身高在 176 厘米以上者:体重(千克) = 身高(厘米) - 110。

长江流域以北的地区比长江流域以南的地区可以多 1 - 2 千克。

对于肥胖度,也可以按如下公式计算:

得数在 10% 以内为正常,但也不能小于 1% ,在 10—20% 之间为过重;超过 20% 为肥胖。

2. 肺活量正常值

成年人的肺活量平均值:男性为 3500—4000 毫升,女性为 2500—3500 毫升,经常参加体育运动的人可达到 5000 毫升以上,肺活量是随着年龄的增长而下降。一般来说,年龄越大肺活量越小。

3. 血脂正常值

甘油三酯 < 1.7mmol/L;

总胆固醇 < 5.2mmol/L;

高密度脂蛋白 > 0.91mmol/L;

低密度脂蛋白 < 3.12mmol/L。

4. 血常规正常值

红细胞总数:男 $(4.0—5.0) \times 10^{12}/L$;女 $(3.5—5.0) \times 10^{12}/L$;

白细胞总数: $4.0 \times 10^9/L$;

血小板总数: $(100—300) \times 10^9/L$。

5. 血糖检测标准

正常空腹血糖的范围：

3.15—6.19mmol/L；

餐后血糖2小时血糖＜7.8mmol/L；

当空腹血糖≥7.0mmol/L，餐后2小时血糖≥11.1mmol/L为糖尿病；如果空腹血糖在6.1mmol/L—7.0mmol/L则称为空腹血糖损害；如果空腹血糖正常，餐后血糖在7.8mmol/L—11.1mmol/L则称为糖耐量减低。空腹血糖损害与糖耐量减低可看做从正常到糖尿病的一个过渡阶段，但如果治疗得当，可以逆转为正常。如果治疗不得当，则发展为糖尿病。

空腹血糖低于2.77mmol/L为低血糖。

6. 血常规检测

（1）红细胞计数（RBC）正常参考值：

成年女性：$(3.5—5.0) \times 10^{12}$/L（350万—500万/mm³）；

新生儿：$(6.0—7.0) \times 10^{12}$/L（600万—700万/mm³）2周岁后逐渐下降。

（2）白细胞分类计数（DC）正常参考值：

中性粒细胞（N）：50%—70%；

嗜酸性粒细胞（E）：0.5%—5%；

嗜碱性粒细胞（B）：0%—1%；

淋巴细胞（L）：20%—40%；

单核细胞（Mon）：3%—8%。

（3）血红蛋白（Hb）正常参考值：

成年男性：120—160克/L；

成年女性：110—150克/L；

血红蛋白值90—110克/L属轻度贫血；60—90克/L属中度贫血；30—60克/L属重度贫血。

（4）白细胞计数（WBC）正常参考值：

成人：$(4—10) \times 10^{9}$/L（4000—10000/mm³）；

儿童：$(5—12) \times 10^{9}$/L（5000—12000/mm³）；

新生儿：$(15—20) \times 10^{9}$/L（15000—20000/mm³）。

7. 血压正常值

理想血压:收缩压 < 120mmHg,舒张压 < 80mmHg;

正常高限:收缩压 130—139mmHg,舒张压 85~89mmHg;

Ⅰ级高血压:收缩压 140—159mmHg,舒张压 90~99mmHg;

Ⅱ级高血压:收缩压 160—179mmHg,舒张压 100—109mmHg;

Ⅲ级高血压:收缩压 ≥180mmHg,舒张压 ≥110mmHg。

当收缩压和舒张压分属于不同分级时,以较高的级别作为标准。

8. 正常平均心率

健康成年人在安静状态下,心率平均为 75 次/分(正常范围为每分钟 60—100 次)成人安静心率超过 100 次/分,为心动过速;低于 60 次/分,为心动过缓。

固有心率正常值可参照以下公式计算:118.1 – (0.57 × 年龄)

心率可因年龄、性别及其他生理情况而不同。

9. 正常体温

临床上通常用口腔温度、直肠温度和腋窝温度来代表。体温口测法(舌下含 5 分钟)正常值为 36.3 度—37.2 度;腋测法(腋下夹紧 5 分钟)为 36 度—37 度;肛测法(表头涂润滑剂,插入肛门 5 分钟)为 36.5 度—37.7 度。

在一昼夜中,人体体温呈周期性波动,一般清晨 2—6 时最低,下午 13—18 时最高,但波动幅度一般不超过 1 度。只要体温不超过 37.3 度,就算正常。

10. 尿量

正常尿量为 1000—2000 毫升/24 小时;

24 小时尿量 > 2500 毫升为多尿,多见于饮水过多或使用利尿药后病理性多尿;

24 小时尿量 < 400 毫升为少尿,多见于饮水过少、脱水或肾功能不全等;

24 小时尿量 < 100 毫升为无尿,多见于肾功能衰竭、休克等严重疾病。

夜尿指晚 8 时至次日晨 8 时的总尿量,一般为 500 毫升,排尿 2—3 次若夜尿量超过白天尿量,且排尿次数明显增多,称为夜尿增多。生理性夜尿增多与睡前饮水过多有关;病理性夜尿增多常为肾脏浓缩功能受损的表现,是肾功能减退的早期信号。

11. 血型

分为 4 型:A 型、B 型、AB 型和 O 型。

父母血型与所生育子女血型的配对情况:

A 型和 A 型:A 型、O 型;

A 型和 B 型:A 型、B 型、O 型、AB 型;

A 型和 AB 型:A 型、B 型、AB 型;

A 型和 O 型:A 型、O 型;

B 型和 B 型:B 型、O 型;

B 型和 AB 型:A 型、B 型、AB 型;

B 型和 O 型:B 型、O 型;

O 型和 AB 型:A 型、B 型;

O 型和 O 型:O 型;

AB 型和 AB 型:A 型、B 型、AB 型。

注意:双方若有一人为 AB 型,宝宝就不可能是 O 型;双方若都是 O 型,宝宝只能是 O 型。

(四)心理健康的 10 条标准

由联合国世界卫生组织制订的,较全面地概括了健康心理的特征,有下面 10 条心理标准:

1. 是否有足够的自我安全感;

2. 是否能充分地了解自己,并正确认识和评价自己的能力;

3. 自己的生活理想是否切合实际;

4. 能否与现在环境保持良好接触,不脱离周围现实环境;

5. 能否保持人性的完整与和谐;

6. 是否具备从经验中学习的能力;

7. 是否能保持良好的人际关系;

8. 能否适度地表达和控制自己的情绪;

9. 能否在集体允许的前提下,有限地发挥自己的个性;

10. 能否在社会规范的范围内,适当地满足个人的基本需求。

(五)身心健康的标志:"五快"

1999 年世界卫生组织(WHO)提出健康标准,称为身体健康"五快":

1. 吃得快。它反映一个人食欲良好。因为许多疾病先驱症状就是胃口不好。

2. 走得快。人老的一个现象就是腿脚的不灵便,它反映了人体神经中枢和心脏等器官的健康。

3. 睡得快。它反映神经中枢的兴奋抑制功能协调,内脏没有任何病理信息干扰神经中枢。

4. 说得快。它反映一个人头脑清醒、思路敏捷。

5. 便得快。它反映肠胃消化功能好,既能吸收营养,又能排除毒素。

(六)有关人体的各个奇妙数字

我们人类的身体有很多我们不知道的秘密,其中关于人体在一些奇妙数字中,既可给我们带来健康的提示,也可以知道一些身体中蕴藏着的巨大潜力。

1. 一个人每分钟要眨眼 10—15 次,每次眨眼要用 0.3—0.4 秒钟,每次之间相隔约 2.8—4 秒。每天留下各种不同的影像高达 5 万种以上;人眼很敏锐,在没有月亮的黑夜,站到高处,可以看到 80 公里以外燃烧的火柴光;可以辨别超过 800 万种深浅不同的色调;当人的眼睛发现一个物体,再将其信号送到大脑辨识,所需的时间为 0.05 秒。人眼一年中上下左右的运动至少有 3600 万次,而眼皮开合有9400 万次。

眼睛蒙黑一分钟,它对光的敏感程度就增加到 10 倍;蒙黑 20 分钟增加到 6000倍,蒙黑 40 分钟增加到 25000 倍。

2. 男性脑重平均为 1.45 公斤,而女性的只有 1.133 公斤,占体重的 2% 左右,一个体重 50 公斤的人,脑子大约有 1 公斤重。大脑皮层的厚度平均为 2—3 毫米,其中约有 140 亿个神经元。从脑底发出 12 对脑神经,分布到头面部和胸腹腔中的内脏器官上。

3. 大脑有 1000 亿个神经元,其中的每一个神经元都能与 2 万个类似的神经元建立联系,总共有 2000 万亿个神经元连接用于译码和存储信息。

4. 成人的肺在胸腔扩张最大时,能容纳 4 公斤半的空气,肺由很多很小的肺泡组成。肺泡为肺内最小的呼吸单位,略呈半球形,表面积和空气相互接触。肺的吸收面积约为 13 万平方厘米,换言之,同一间小房子的占地面积一般大。

5. 肺的内表面积是皮肤表面积的 50 倍。

6. 身体到 30 岁以后,便开始逐渐缩短,不过缩得很少,每天仅缩短十万分之七英寸。但持续下来,再过 20 年,可能已缩短了半英寸。

7. 人身体上的皮肤最薄的有 0.5 毫米,最厚的约 4—5 毫米。一个成人的皮肤,展开后面积约 1.8 平方米。每平方米的皮肤有 14000 个毛孔。

人的全身皮肤相当于人体重量的 20%,每个人在其一生中,平均脱落的皮肤,其总重量超过 227 公斤。皮肤可以感觉出使其下陷 1/1000 厘米的触压,初为人母的妈妈竟能用嘴感觉出自己婴儿前额 0.0006 摄氏度的温差变化。

1 平方厘米的皮肤中有 100 根汗腺、12 根皮脂腺、4 米神经纤维、150 多根神经末梢和近一米长的血管。

8. 一个体重 67 公斤的男子,其所有的脂肪,能制成 7 块肥皂。

9. 人体每日产生 10 亿新的红血球,其生存寿命大约为 4 个月。这期间,它在人体内所走的路程,约为 1609 公里。

10. 我们的十根手指上根本没有肌肉。

11. 每一天,大约有 14 立方米的空气,通过我们的气管,由气管加以清洁、润湿和加热。这股温热气体,足可以充满 300 多个大型气球。

12. 大脑的需血量很大,每分钟流经脑的血液有 700 多毫升,占心脏输出血量的 1/6。人脑中的血管纵横交错,总长度达 12 万米以上。

人的大脑有 100 多亿个神经细胞,每天能记录大约 8600 万条信息。在 1 秒钟之内,可产生 10 万次化学反应。大脑能容纳数量巨大的信息,可达 1000 万亿比特信息单位,相当于 10 亿册书的内容。大脑每立方厘米可以储存 1 万亿比特的信息。

13. 人体中水的重量约占 65%,蛋白质、矿物质等固体成分则占 35%。

14. 人体 24 小时内释放出来的热量,可以烧沸 30 斤的冷水。

15. 人体共有 206 块骨头,约占人体重量的 1/10 至 2/10,其中 1/4 在脚上。人的指甲每年约长 6 厘米。

16. 人的皮肤重量约占体重的 1/20。手掌、脚跟皮厚约 4 毫米左右,而眼皮、耳朵等部位只有 0.5 毫米厚。

17. 人的舌头平均长 9 厘米,重 50 克。舌头由 17 块肌肉组成,所以异常灵活。

18. 耳朵有 10 万个听觉神经细胞,它将大小声音调节后,清晰地传至脑部,使人能分辨出各种声音,人耳对 2000—5000 赫兹的声频最敏感,婴儿的哭声频率恰好在这个范围内。

19. 人鼻里约有 1000 万个嗅觉细胞,平均每个能嗅出 4000 种气味,个别香水鉴别专家最多可嗅出 1 万种气味。

20. 人舌头上每1个小阜，都含有250个味蕾，舌面分布着1万个味蕾，每个味蕾又由50—70个味觉细胞组成。味觉细胞主要划分为5种，而每一颗味蕾只能尝辨一种味道。酸、咸、苦、辣、甜分别由不同味蕾来辨别。

21. 如果将人体内所有血管连接起来，其长度可达16万公里。遍布我们全身的微细血管，可覆盖680平方米的面积。

22. 喷嚏在口腔中的运行时速为965公里。

23. 人体肌肉中劳动最多、最持久的是心肌，它一天24小时不停地"工作"。若以每分钟跳72次，一直至70岁计算，心脏要跳动25亿次。人皱一下眉头时，需动用脸部43块肌肉，发笑时却只有17块肌肉在活动。

24. 冬天，健康人的体重比夏天重1.25—1.5公斤。

25. 身高等于自己两臂平伸的长度。

26. 脚长等于自己拳头的周长。7个脚底的长度等于自己的身高。

27. 热能食物在人体内消化吸收后，就转化为热能来维持人体各部机能的动力。在完全安静的情况下，一个成年人昼夜释放的热量约有2000卡，这些热量可使一桶冷水达到沸腾。

28. 一个成年人每天呼出、吸入的空气可吹胀一个体积等于20万立方米的气球。

29. 人体中有钾、钠、钙、镁、碳、磷、硫等50多种元素。所含的碳达20公斤，可制作9000支铅笔；所含的磷有1公斤，可制作2000个火柴头；含的铁可制1枚铁钉。

30. 人的大脑重量只占人体重的2%，且80%是水分，却要耗费全身所需氧气的25%，肾脏和心脏分别耗氧12%和7%。

31. 一个人每天大约掉45根头发，多的可达60根。人一生中平均掉发150多万根。因为人发平均约有125000根，黑发者为12万根左右，金发者为14万根左右，少女可多到20万根左右。每月约长1厘米左右。

32. 人体一个最大的机能是呼吸，它使5.51亿个肺泡动起来。通过这些小泡泡，被吸入的空气中的氧气进入血液中，通过950公里长的单向血管，氧气到达各个器官。由于一个人体内有5000亿个氧分子，大约有25万亿个红血球首尾相接，可以形成5000公里长的大圈，铺平的面积有半个足球场那么大。

33. 咳嗽是人体排斥异物的反应，咳嗽的平均速度为每小时140公里。

34.心脏只占人体体重的 0.5% ,但功能却很大,能以每秒 8 米的速度喷出血流,一分钟使血液流动 500 米,一小时约 30 公里,一昼夜 700 公里,一年 25 万公里。60 年血液流经的距离是 1.5 亿公里,等于绕地球赤道 375 圈。

35.当一个精子与一个卵子结合时,由于各个染色体的可能组合,一对夫妇生出不同类型的子女的机会,可达到 70 多亿种。

36.额上长出一条皱纹,那至少要皱眉达 20 万次。

37.细胞的寿命依组织而定,如肠黏膜细胞的寿命为 3 天,肝细胞的寿命为 500 天,只有心脏细胞和神经细胞同人体寿命相接近,在良好条件下,可发挥作用百余年。

38.体格正常的中年人,每分钟呼吸的次数约等于他脉搏次数的 1/4。

39.人体骨骼的承重强度就像花岗岩一样,火柴盒般大小的骨头能够承重九吨,要比混凝土的强度大上三倍。

40.人体内最健壮的肌肉是心脏。在人的一生里,心脏大约平均跳动 20 亿次以上;一共压送大约 5 亿升的血液。睡眠的时候成年人拳头般大小的心脏每小时能够压送 340 升左右的血液,每隔 7 分钟就可以灌满一辆普通汽车的汽油箱。心肌每天所做的功能能把一辆普通汽车抬高 15 米。

41.成年男人坐下休息的时候,每分钟平均脉搏达 70 次左右,成年女人每分钟达 80 次左右。剧烈运动的时候,脉搏能够增加到每分钟 200 次左右。

42.成年人的肠子,总长度约为本人身高的 4 倍;婴儿的肠子,长度约是他身高的 6 倍。

43.一个人两肺的重量,女子为 800—1000 克,男子为 1000—1300 克。一个人的肾脏约长 9.9 厘米。膀胱容尿量一般为 350—500 毫升。

44.女人一生可吃掉 25 吨食物,喝掉 3.7 万升液体。男人一生可吃掉 22 吨食物,喝掉 3.3 万升液体。女人一生吃得比男人要多些,是因为女人的平均寿命比男人要长。女人哭的次数是男人的 5 倍,结果她们的平均寿命比男人长 7 岁。

(七)中老年人最容易患的疾病有哪些

一般情况下,随着年龄的增长,人身体中的各种器官会随着岁月增长而逐渐衰退,因此,到了中老年之后,会有一些疾病不断地"找上门"来。那么中老年人最容易患有哪些疾病呢?

1，高血脂

由于脂肪代谢或运转异常使血浆一种或多种脂质高于正常称为高血脂症。血脂主要是指血清中的胆固醇和甘油三酯。无论是胆固醇含量增高，还是甘油三酯的含量增高，或是两者皆增高，统称为高血脂症。

高血脂已成为中老年人的常见病，而由此引发的各种心脑血管病已成为威胁中老年人生命的主要祸首。

胆固醇轻度增高，可能由于胆固醇和动物性脂肪摄入过多所致。吸烟、糖尿病、甲状腺机能减退症等，也可以引起胆固醇增高。轻度甘油三酯增高，可能由于糖类食物摄入过多、吸烟、肥胖等因素引起。重度的高甘油三酯，多与糖尿病、肝病、慢性肾炎等有关。

高血脂症的主要危害是导致动脉粥样硬化，进而导致众多的相关疾病，大量研究资料表明，高血脂症是脑卒中、冠心病、心肌梗死、猝死的危险因素。此外，高血脂可引发高血压，诱发胆结石、胰腺炎，加重肝炎，导致男性性功能障碍、老年痴呆等疾病。所以必须高度重视高血脂的危害，积极地预防和治疗。

2. 老年性痴呆

老年痴呆症，又称阿尔茨海默病，是发生在老年期及老年前期的一种原发性退行性脑病，指的是一种持续性高级神经功能活动障碍，即在没有意识障碍的状态下，记忆、思维、分析判断、视空间辨认、情绪等方面的障碍。目前尚无特效治疗或逆转疾病进展的治疗药物。

它的主要表现有：言语幼稚、举止轻浮，有的人反应迟钝；有的人烦躁易怒，哭笑无常；有的人出现记忆力严重减退乃至消失，不能识别亲人，甚至不能说出自己的名字、年龄及有几个子女等。年龄越大发病越多，发病很隐匿。

老年痴呆症的十大预防警钟：

（1）记忆力日渐衰退，影响日常起居活动；

（2）处理熟悉的事情出现困难；

（3）对时间、地点及人物日渐感到混淆；

（4）判断力日渐减退；

（5）常把东西乱放在不适当的地方；

（6）抽象思维开始出现问题；

（7）情绪表现不稳及行为较前显得异常；

（8）性格出现转变；

（9）失去做事的主动性；

（10）明了事物能力及语言表达方面出现困难。

3. 冠心病

冠心病是中老年的一种常见病和多发病，多见于 40 岁以上，男性多于女性，且以脑力劳动者为多。它是老年人易患的三类心脏病之一，是因冠状动脉硬化造成心肌血液供应减少的一种心脏病。当冠状动脉，也就是供应心脏血液的血管发生明显的粥样硬化性狭窄或阻塞，或在此基础上合并痉挛、血栓形成等而造成管腔部分或全部阻塞，造成冠状动脉供血不足、心肌缺血或梗塞坏死时就导致了冠心病。最常见的是心绞痛和心肌梗塞。

它是在精神、饮食等因素的作用下，经过十几年至几十年的时间逐渐形成的一种器质性的病变。冠状动脉粥样硬化发展到一定程度，在疲劳，饱餐，情绪激动，受寒等外因作用下，使心肌缺血缺氧即发为冠心病心绞痛，心肌梗塞等。

冠心病发病无定时且病情严重，常危及人的生命，发病后，应根据病情的轻重，及时服用急救药物并立即送往医院进行抢救，否则，由于长时间的供血不足，造成心肌缺血、坏死或心脏破裂就会导致死亡。

冠心病的发病率随着增龄而增高，老年期每增加 10 岁，发病率就约上升 1 倍。国际上公认的冠心病主要致病因素有：高血压、高血脂、糖尿病、吸烟、肥胖、饮食习惯、缺乏体力劳动等。在我国，冠心病的发病北方多于南方。

4. 中风

中风又称卒中，是中老年人常见的脑血管疾病。它分为两类，一类是脑血栓形成，一类是脑出血。脑血栓是因为人脑的动脉血管由于某种原因发生堵塞，血流中断，使该血管支配的脑组织失去血液供应而坏死，并产生相应的临床症状与体征，如偏瘫、偏身感觉障碍、偏盲、失语等。

脑溢血，是由于脑血管破裂，血液溢出压迫了脑组织而发生的脑功能障碍。此病多在高血压、脑动脉硬化的基础上发生。发病急、症状重、病情变化快，是直接威胁中老年人生命的严重疾病。60% 以上的中风是由高血压引起的。

容易患中风的人群：中老年人、高血压、冠心病、糖尿病、高血脂、家族遗传、喜好吃咸食的人、有烟酒嗜好，并且量较大的人、高血压伴有严重的便秘者。

5. 慢性气管炎

慢性支气管炎是一种常见的呼吸道疾病。据普查表明,慢性支气管炎的平均发病率为4%,北方多于南方,它的主要症状是咳嗽、咳痰,有时由于气管痉挛而发生气喘,严重的会引起肺气肿,最后导致心肺功能衰竭。当每年发作3个月以上,连续2年以上,排除了其他呼吸道疾病者,即为老年性慢性支气管炎(简称老慢支)。

老慢支发病多隐匿,病程较长,主要是以咳嗽、咳痰或伴有喘息、反复感染为主要症状,引起老慢支的原因很多,主要是感染;其次,物理、化学因素也是主要原因之一,如吸烟对呼吸道的刺激等;另外,过敏可以造成慢性喘息性支气管炎。以上原因还可造成细菌乘虚而入,引起急性支气管炎,如治疗不彻底,便逐渐发展为慢性支气管炎。

如果老慢支反复发作,可引起其他严重的并发症。最常见的是支气管炎性肺炎、阻塞性肺气肿、肺心病。

6. 肩周炎

肩周炎是肩关节周围炎的简称,中医称为"漏肩风"或"肩痹",是肩关节周围的肌肉、肌腱、滑囊及关节囊的慢性损伤性炎症,以疼痛、功能受限为其临床特点。此病多发生于50岁左右的人,又称"五十肩"。中老年人肩痛大多是由肩周炎引起的。但其他疾病,如颈椎病,甚至肺部肿瘤等,有的表现也与肩周炎相似,如不注意,可导致误诊。

肩周炎的发病女性多于男性,左侧多于右侧,也有两侧先后发病的。开始时,逐渐出现肩部某一处疼痛,与动作姿势有明显关系,随着病程的延长、疼痛范围扩大,并牵涉到上臂中段,同时伴有肩关节活动受限,如果想增加活动范围,则会有剧痛发生,严重时患肢不能做梳头、上举、洗脸或其他动作,夜间睡眠期间翻身,会因疼痛惊醒。

肩周炎多有自愈趋势。治疗方法主要有推拿、理疗、封闭、针灸、拔火罐、贴膏药及局部熏洗等,可以单用、交替应用或联合应用。

7. 高血压

收缩压≥160mmHg,舒张压≥95mmHg,且无明显病因,医学上称为原发性高血压病,它在老年人中发病率比较高,患病率随着年龄增高而增加,同时高血压又是老年人患冠心病、脑血栓病、心力衰竭和中风的主要病因。所以,对高血压病切忌掉以轻心。

8. 糖尿病

糖尿病是一种由多种原因引起的综合病症，其共同点是胰岛素不足或相对不足，分胰岛素依赖型和非胰岛素依赖型，均有遗传倾向，以后者遗传因素更强。它有明显的口渴、多饮、多尿、多食或身体消瘦的症状。分原发性、继发性两大类，通常以前者居多。老年糖尿病绝大部分为非胰岛素依赖型，并随着年龄增长其发病率亦增加。

糖尿病到目前为止尚无根治方法，目前治疗糖尿病的方法主要有饮食治疗、口服降糖药和胰岛素。

9. 支气管哮喘

支气管哮喘，简称哮喘，是由多种细胞特别是肥大细胞、嗜酸性粒细胞和 T 淋巴细胞参与的慢性气道炎症。所表现出的症状为反复发作的哮喘、气促、胸闷、咳嗽等症状，而且多在夜间或凌晨发生，有些症状可经治疗或自行缓解。我国的哮喘发病率为 1%，儿童达 3%。凡有哮喘症状年龄超过 60 岁的病例也可称为老年哮喘。

10. 胰腺炎

胰腺炎是胰腺因胰蛋白酶的自身消化作用而引起的疾病。可分为急性及慢性二种。胰腺分泌消化糖、蛋白质、脂肪的消化酶。胰腺位于左上腹部，胃的后方，呈细长带状形。

急性胰腺炎是临床上常见的引发急性腹痛的病症（急腹症）。发生急性胰腺炎时，临床的表现为腹痛、腹胀、恶心、呕吐、发热等症状，化验血和尿中淀粉酶含量升高等，病情凶险，合并症多。

11. 肝硬化

肝硬化是一种常见的慢性肝病，可由一种或多种原因引起肝脏损害，肝脏呈进行性、弥漫性、纤维性病变。具体表现为肝细胞弥漫性变性坏死，继而出现纤维组织增生和肝细胞结节状再生，这三种改变反复交错进行，结果肝小叶结构和血液循环途径逐渐被改建，使肝变形、变硬而导致肝硬化。

肝硬化的起病和过程一般较缓慢进行，也可能隐伏数年之久（平均 2—5 年），在我国，以 20—50 岁的男性多见。肝硬化可由多种致病因素引起，如慢性病毒性肝炎、长期饮酒、血吸虫病、长期严重心脏病、胆道梗阻、药物或化学毒害、营养不良、遗传性代谢缺陷、自身免疫疾病等。

临床上早期由于肝脏功能代谢较强可无明显症状;后期则有多系统受累以肝功能损害和门脉高压为主要表现并常出现消化道出血,肝性脑病继发感染癌变等严重并发症。

12. 乳腺癌

乳腺癌是女性最常见的恶性肿瘤之一,它的发病常与遗传有关,年龄在40—60岁之间、绝经期前后的妇女发病率较高。仅约1—2%的乳腺患者是男性。

乳腺癌是乳房腺上皮细胞在多种致癌因子作用下,发生了基因突变,致使细胞增生失控。由于癌细胞的生物行为发生了改变,呈现出无序、无限制的恶性增生,破坏乳房的正常组织结构。

乳癌的病因尚不能完全明了,绝经前和绝经后雌激素是刺激发生乳腺癌的明显因素;此外,遗传因素、饮食因素、外界刺激因素,以及某些乳房良性疾病与乳癌的发生有一定关系。

13. 结石

结石病是人体异常矿化所致的一种以钙盐或脂类积聚成形而引起的一种疾病。在内、外界各种因素的干扰下导致人体内外环境失调、体内代谢产物异常积聚或沉淀所致在人体内发生一些异常矿化。新陈代谢紊乱、饮食与营养、长期卧床、生活环境、精神、性别、遗传因素等这些都可能是结石的诱因。

常见的结石有胆结石、膀胱结石、输尿管结石、胰导管结石、唾液腺导管结石、阑尾粪石、胃石、包皮石和牙石等。结石病是一种顽固性疾病,症状复杂,并发症多,易于残留。

14. 颈椎病

颈椎病又称颈椎综合征,是颈椎骨关节炎、增生性颈椎炎、颈神经根综合征、颈椎间盘脱出症的总称,是一种以退行性病理改变为基础的疾病。主要由于颈椎长期劳损、骨质增生,或椎间盘脱出、韧带增厚,致使颈椎脊髓、神经根或椎动脉受压,出现一系列功能障碍的临床综合征。

临床常表现为颈、肩臂、肩胛上背及胸前区疼痛,臂手麻木,肌肉萎缩,甚至四肢瘫痪。可发生于任何年龄,以40岁以上的中老年人为多。有统计表明,50岁左右的人群中大约有25%的人患过或正患此病,60岁左右则达50%,70岁左右几乎为100%,可见此病是中、老年人的常见病和多发病。

15. 心梗

心肌梗死是指心肌的缺血性坏死,为在冠状动脉病变的基础上,冠状动脉的血流急剧减少或中断,使相应的心肌出现严重而持久地急性缺血,最终导致心肌的缺血性坏死。

心肌梗死的原因,多数是冠状动脉粥样硬化斑块或在此基础上血栓形成,造成血管管腔堵塞所致。心肌梗死常见的诱发因素:情绪激动,劳累过度,大手术等。此外便秘后用力解便、各种感染、休克、持续较长时间的心动过速及气候突变等,也可使冠心病患者诱发心肌梗死。

16. 便秘

便秘是指排便次数减少,每2—3天或更长时间一次,无规律性,粪质干硬,常伴有排便困难感,是一种临床常见的症状。便秘可分为急性与慢性两类。多见于老年人。中老年人活动量小,长期卧床或有慢性疾病,使正常的排便反射受到抑制,再有,中老年人消化功能逐渐减退,肠蠕动减弱,吃的食物少或进食过于讲究精细都可引起便秘。

17. 更年期综合征

更年期综合症是由雌激素水平下降而引起的一系列症状。女性45—55岁,男性55—65岁为更年期。在更年期内,由于生理功能变化而出现一系列植物神经功能失调和内分泌功能减退的表现,统称为更年期综合征。主要表现有:头面部潮红、头晕、心悸、血压升高,伴有眩晕、耳鸣、眼花、记忆力减退、失眠、焦虑、抑郁、容易激动等症状。

18. 前列腺肥大

前列腺肥大是男性老年人的常见病,早期表现为夜尿增多、排尿费力、排尿时间延长等,初不引起人注意。直到排尿发生严重困难或尿液只能呈点滴流出时,才被重视。所以,老年人一旦发现排尿次数增多(尤其在夜间),或发现尿流变细、射程不远、间歇性排尿等,应尽早到医院检查以明确诊断。

19. 白内障

白内障是指透明的晶状体发生混浊后的一种眼病,除了先天性白内障外,后天的以外伤性及老年性白内障为多。老化、遗传、代谢异常、外伤、辐射、中毒和局部营养不良等可引起晶状体囊膜损伤,使其渗透性增加,丧失屏障作用,或导致晶状体代谢紊乱,使晶状体蛋白发生变性,形成混浊。

白内障的主要症状是视力障碍,它与晶状体浑浊程度和部位有关。严重的白内障可致盲。

20. 青光眼

青光眼是眼内压调整功能发生障碍使眼压异常升高,因而影响视功能障碍,并伴有视网膜形态变化的疾病。因瞳孔多少带有青绿色,故有此名。

青光眼是致盲的最常见病,主要是因遗传因素或眼部疾患,主要症状是视力疲劳、头痛,看灯光时,周围可见一彩色圈。急性发作时,会出现恶心、呕吐、剧烈头痛、眼睛充血、潮红、瞳孔扩大、视物模糊等。

(八)哪些食物促人衰老

衰老是自然规律。人到了中年以后,会逐渐出现皮肤弹性变差、皱纹增多、头发变稀、听力和视力减退、记忆力下降、免疫力降低等衰老症状。虽然造成早衰的原因很多,但有些与平时饮食习惯不当,摄入催人衰老的食品有关。

1. 含铅食品

铅会使神经传导阻滞,引起智力下降、记忆力减退,易患痴呆症。人体摄铅过多,还会直接破坏神经细胞内遗传物质脱氧核糖核酸的功能,不仅易使人患痴呆症,而且还会使人脸色灰暗过早衰老。

含铝食品不会因加热而被破坏。用熟铝制的锅和壶可用于煮饭、烧粥和水,但不要烧酸性的菜和汤。生铝做的锅(炒菜锅)可用于蒸菜肴和馒头,最好不要用于炒菜,更不能用于酸性食物的烧、炒。铝炊具也不应储存酸性食物。不要把铝锅、铝壶接触食物的内面擦亮,因为灰暗的表面是氧化铝,它有很好地防止铝溶出的作用。

含铅的食物:松花蛋、薯片、爆米花、罐头食品、膨化食品、油条及油煎饼,应尽量少吃。

2. 腌制食品

在腌制鱼、肉、菜等食物时,容易使加入的食盐转化成亚硝酸盐,亚硝酸盐易与蛋白质降解时产生的二级胺发生反应,生成亚硝胺,亚硝胺不仅可致人早衰,还是一种致癌物质。

亚硝酸盐及亚硝胺不会因加热烧煮而减少。勿食大量刚腌不久的菜。腌菜时春秋季用盐 15%—20%,冬季 10% 以上。吃暴腌的咸菜应在腌制后的 4 小时之内,因为这期间蔬菜中的硝酸盐还没有转变成亚硝酸盐,否则要腌制 15 天以上才能吃,最好是超过 20 天。

3. 霉变食物

腐烂变质的食品中常含有细菌分泌的毒素和食品腐败产物,会干扰人体的新陈代谢,影响人体组织的正常功能。花生、黄豆、玉米、肉类、油类等发生霉变时,会产生大量的病菌和黄曲霉素。这些发霉物一旦被人食用后,轻则发生腹泻、呕吐、头昏、眼花、烦躁、肠炎、听力下降和全身无力等症状,重则可致癌,并促使人早衰。

4. 水垢

茶具或水具用久以后会产生水垢,如不及时清除干净,经常饮用会引起消化、神经、泌尿、造血、循环等系统的病变以致加速人的衰老。这是由于水垢中含有较多的有害金属元素如镉、汞、砷、铝等造成的。

5. 过氧脂质

过氧脂质是一种不饱和脂肪酸的过氧化物。油脂及含脂肪高的食品如腌肉、火腿、饼干、鱼干等放久后,尤其是受阳光照射或受热后很易被氧化,产生醛类、酮类等过氧化脂质类毒物,出现酸败的哈喇味。油脂酸败后会产生过氧脂质。研究人员发现,过氧脂质进入人体后,会对人体内的酸系统以及维生素等产生极大破坏作用,加速衰老。

6. 含酒精饮品

生活中大量或经常饮酒,会使肝脏发生酒精中毒而发炎肿大,神经系统遭受损伤,还可导致男性性功能减退、精子畸形;女子月经不调、排卵不规律、性欲减退等早衰症状。

(九)看懂化验单上的各个数值

化验单或报告单的结果常常用" + 、-"来表示。这里的" + 、-"通常用来表示结果的阳性、阴性。一般来说,阳性(+)是表示疾病或体内生理的变化有一定的结果。乙型肝炎表面抗原检查结果为阳性(+),说明这是一位乙型肝炎病人或是乙型肝炎病毒携带者。相反,化验单或报告单上的阴性(-),则多数基本上否定或排除某种病变的可能性。有时," + "的多少,还能表示某种疾病病情发展程度上的严重性,也就是代表数量上的变化。

但是,阳性或阴性," + "或" - "的结果有时也代表着相反的一面。乙型肝炎表面抗体阳性(+)表示对乙肝病毒有抵抗力,阴性(-)则表示尚没有。注射乙肝疫苗可使阴性变成阳性。

血常规是体检中最常见的一项，很多人看到自己有的检查结果在参考值内，有的却标着"↑"、"↓"，检验参考值异常并不等于健康出了问题。在血常规检查中，只要主要指标正常，其他次要指标高点儿或低点儿问题并不大，拿到化验单后主要看四项指标：白细胞总数、红细胞总数、血红蛋白和血小板。通常白细胞参考值为7—10，红细胞的参考值在3.5—5.5之间。

尿常规一般以尿蛋白质、尿糖、尿酮体、尿红细胞、白细胞、尿比重等作为主要判断的依据，其他项目可同时作为参考。在尿化验单上，常会看到一些符号，"＋"表示阳性结果（"＋＋"、"＋＋＋"，表示程度不同）而"－"则表示阴性结果，阳性结果通常是泌尿系统疾病的标志。

正常情况下尿常规的参考值是：尿酸碱度（pH）4.51—8；尿比重（S克）1.015—1.025；蛋白质（PRO）阴性；葡萄糖（GLU）阴性；酮体（KET）阴性；胆红素（BIL）阴性；亚硝酸盐（NIT）阴性；白细胞（LEU）阴性；红细胞（RBC）阴性。

参考值实际上是正常人群中绝大多数人的平均数值，参考值只是一个统计学上的概念。像心跳，一个人的心跳每分钟60—100次是参考值范围，如果体检时心跳是50次，就是不正常了，但少数人可以不在这个范围；还有血常规中的白细胞总数，有时检验结果数值虽然不在参考值的范围内，但却不代表健康有异常。

二、经络与养生

（一）经络与人体的健康关系

经络学说是中医学理论体系的重要组成部分，它贯穿于中医生理、病理、诊断、治疗等各个方面，几千年来指导着我国针灸、推拿、按摩及中医各种临床实践。

经络，是经脉和络脉的总称。经脉是主干，络脉是分支。人体有12条主干线，也叫做"十二正经"。还有无数条络脉，经和络纵横交错，在人体内共同构成一个环流网状系统，分布在人体的每一个角落，起着输送营养，调整人体各部分功能的作用，对于维护人体健康有着非常重要的意义。

按中医经络原理来养生，符合阴阳五行学说。经属阳，络属阴，经又分阴经、阳经。因此用经络调理身体阴阳失调部分，就可以起到养生作用。由于经络有一定的循行路线和络属脏腑，因此它可以反映所属脏腑的病变。比如我们在梳头时，前额发际处及两侧痛的，多为胃肠功能不好，因为此处是胃经循行的部位；梳到头顶感觉痛，多是肝血不足、肝经虚弱的表现，因为此处是肝经循行的部位。这在中医里有句术语，叫"诸病于内，必形于外。"

络脉又分阳络和阴络，阳络是分布在皮肤表面，它起着温煦、营养、护卫皮肤的作用，使人体不受外来致病因素的侵害。阴络是走行身体内部，分布于五脏六腑的络脉，是五脏六腑结构、功能的有机组成部分，分布在心脏的称为心络，分布在肝脏的称为肝络，阴络主要是输送气血、营养、传递信息以保证五脏六腑发挥各自的正常功能。

络脉除了分成阴络和阳络之外，它还要分成经络之络和脉络之络。经络之络主要运输气，所以又称气络。脉络之络主要运输血液，故称之为血络。气络的作用是保护人体、传达信息、调节人体各组织器官功能的作用，它包含了现代医学神经系统、内分泌系统、免疫系统的功能。血络不仅是运输血液，也是血液生成的主要场所，血液从经脉流到络脉，在络脉末端将营养物质输送给人体的器官组织，将代谢后的废物带走，然后又从络脉流入经脉，完成血液的循环，实现了血液的营养作用。

中医学"痛则不通，通则不痛"的观点，说明保持经络通畅是预防疾病的首要前提。在现实生活中，如散步、跑步、游泳、跳舞、意念入静及各种体育运动等均可使经脉疏畅，运行通达各脏器，从而达到健身、养生的目的。

最简单五大经络保健手法：刮痧、拔罐、艾灸、热敷、日常穴位推揉。

认识和掌握经络在人体的分布情况，运行线路及主要功能等情况，将对保健养生起到很大作用。经络养生具有适应性广，疗效显著，操作方便，经济安全等特点。

（二）让人长寿的足三里穴

足三里又名下陵，为胃的下合穴，胃经的合穴，之所以称它足三里，一是因为此穴位于膝下 3 寸；二是因为此穴统治腹部上、中、下三部诸症。

足三里穴位于外膝眼下 10 厘米，用自己的掌心盖住自己的膝盖骨，五指朝下，中指尽处便是此穴。

在五行学说中，胃属土，胃经上的足三里是土经中的土穴，尤善健脾和胃。凡胃肠道疾病，不论虚实寒热之症，都可针灸足三里调治。

中医药认为足三里穴是胃经的合穴，所谓合穴就是全身经脉流注会合的穴位，全身气血不和或阳气虚衰引起的病症,尤其是胃经气血不和,敲打足三里都能够进行调整,可以治疗胃痛、呕吐、腹胀、肠鸣、泻泄、便秘等胃肠道消化不良的病症。

本穴能补中益气,故有回阳固脱之效。前人把它列为回阳九针穴之一。凡久病元气虚衰,急症阳气暴脱,灸之按摩之皆效。我们在日常生活中,可以通过针灸或按压足三里穴起到补脾健胃、消除疲劳、增强免疫力、保持精力旺盛的功效,同时还能延年益寿。同时按压足三里穴可以对胃病、胃痉挛以及胃溃疡病症的穿孔或急性胰腺炎等急性剧烈的腹部疼痛有很好的治疗效果。

具体方法是:用大拇指或中指在足三里穴做按压动作,每次 5—10 分钟,注意每次按压要使足三里穴有针刺一样的酸胀、发热的感觉。

(三)腹部按摩保健

腹部按揉能保健养生。中医学认为,"背为阳,腹为阴。"古人有"脐为五脏六腑之本"的说法,腹部不仅有肝、胆、脾、胃、肾等脏器分布,而且有足阳明胃肠、足太阳脾经、足少阴肾经、足少阳胆经、足厥阴肝经和任脉等经脉通过,因而被中医认为,人体的腹部为"五脏六腑之宫城,阴阳气血之发源。"

《黄帝内经》中记载:"腹部按揉,养生一诀。"唐代名医孙思邈也曾写道:"腹宜常摩,可去百病。"

现代医学认为,揉腹可增加腹肌和肠平滑肌的血流量,增加胃肠内壁肌肉的张力及淋巴系统功能,使胃肠等脏器的分泌功能活跃,从而有助于防治消化不良、胃炎、胃下垂、慢性结肠炎和便秘等疾病,经常按摩腹部能平息肝火、畅通血脉,有预防中风的作用,这对老年人尤其需要。

经常巧妙地按揉腹部,还可以使胃肠道黏膜产生足量的"前列腺素",能有效地防止胃酸分泌过多,并能预防消化性溃疡的发生。另外,坚持揉腹还可消除积存在腹部的脂肪,有助于防治肥胖症、高血压病、糖尿病和冠心病等疾病。

经常按揉腹部,还有利于人体保持精神愉悦。睡觉前按揉腹部,有助于入睡,防止失眠。对于患有动脉硬化、高血压、脑血管疾病的患者,按揉腹部能平息肝火、心平气和,血脉流通,可起到辅助治疗的良好作用。

具体操作方法:一般选择在夜间入睡前和起床前进行,可取仰卧位或坐位,先做数次深呼吸,以放松肌肉,排除杂念,然后将右手掌贴于脐部,左手掌放在右手背上,以脐部为中心,稍稍用力,先按顺时针方向,绕脐揉腹 50 次,再逆时针方向按揉

50次,中间可以调换左右手,如此反复3—5次,持之以恒。

按摩腹部的注意事项:

1. 要求安静放松,排除杂念,专心操作,指压时不要弄伤皮肤。揉腹时,出现腹内温热感、饥饿感,或产生肠鸣音、排气等,属于正常反应,不必担心。

2. 操作宜在饭后1小时后进行。

3. 每次操作前,应先排小便。

4. 有下列病症不宜做腹部的按摩:恶性肿瘤、急性传染病、急性腹痛、皮肤病病灶区、孕妇及月经期、胃及十二指肠溃疡等。

(四)刮痧防病

刮痧,是传统的自然疗法之一,它是以中医皮部理论为基础,是根据中医十二经脉及奇经八脉、遵循"急则治其标"的原则,用器具(牛角、玉石、火罐)等在皮肤相关部位刮拭,使局部皮肤发红充血,从而起到醒神救厥、解毒祛邪、清热解表、行气止痛、健脾和胃的效用。

现代科学证明,刮痧可以扩张毛细血管,增加汗腺分泌,促进血液循环,对于高血压、中暑、肌肉酸疼等所致的风寒痹症都有立竿见影之效。经常刮痧,可起到调整经气,解除疲劳,增加免疫功能的作用。对感冒、发烧、中暑、头痛、肠胃病、落枕、肩周炎、腰肌劳损、肌肉痉挛、风湿性关节炎等病症都有治疗和预防的作用。

刮痧,通常采用刮痧板在皮肤上(刮痧板一般采用牛角、玉石或者犀牛角做成,以前曾经用铜钱或者汤匙柄代替,现在也可以用塑料梳子背代替),沿经络刺激穴位,用疏经活血、清瘀排毒的办法,将体内的邪气外排,内病外治。特别对一些功能性疾病,如颈椎、腰肌劳损,肩肘炎,坐骨神经痛,止痛,退烧等病症均有立竿见影之效。

中医经络学说和现代生物全息理论已经发现和总结出每个内在脏腑器官在皮肤上特定的表现部位。刮拭这些部位不仅能治疗各科常见病、多发病,对及时发现和早期治疗潜伏的疾病,改善亚健康状态更有独到之处。

刮痧后皮肤表面会出现红、紫、黑斑或黑疱的现象,称为"出痧"。这是一种刮痧后出现的正常反应,数天后可自行消失,不需做特殊处理。红斑颜色的深浅通常是病症轻重的反映。较重的病,"痧"就出得多,颜色也深,如果病情较轻,"痧"出得少些,颜色也较浅。

刮痧之前,为了防止划破皮肤,还要在皮肤表面涂一层润滑剂,香油、色拉油。当然,最好采用专门的"刮痧活血剂"。

刮痧要注意事项:

1. 刮痧治疗时应注意室内保暖,尤其是在冬季应避寒冷与风口。夏季刮痧时,应回避风扇直接吹刮拭部位。

2. 刮痧出痧后 30 分钟以内忌洗凉水澡。

3. 前一次刮痧部位的痧斑未退之前,不宜在原处进行再次刮拭出痧。再次刮痧时间需间隔 3—6 天,以皮肤上痧退为标准。

4. 刮痧出痧后最好饮一杯温开水(最好为淡糖盐水),并休息 15—20 分钟。

刮痧禁忌:

1. 孕妇的腹部、腰骶部,妇女的乳头禁刮。

2. 有出血倾向的疾病如糖尿病晚期、严重贫血、白血病、再生障碍性贫血和血小板减少患者不要刮痧,因为这类患者在刮痧时所产生的皮下出血不易被吸收。

3. 皮肤高度过敏,或患皮肤病的人禁刮。

4. 心脏病出现心力衰竭者、肾功能衰竭者,肝硬化腹水,全身重度浮肿者禁刮。

5. 久病年老、极度虚弱、消瘦者慎刮。

6. 醉酒、过饥、过饱、过渴、过度疲劳者禁刮。

7. 扭伤、创伤的疼痛部位或骨折部位禁止刮痧,因为刮痧会加重伤口处的出血。

8. 精神病患者禁用刮痧法,因为刮痧会刺激这类患者发病。

中国刮痧健康法的治疗范围得到扩展,已能治疗内科、妇科、男科、儿科、外科、皮肤科、伤科、眼科等十一大类 400 种病症。在理论方面,中国刮痧健康法以中医脏腑经络学说为理论指导,比传统刮痧疗法的经验方法有质的提高。

(五)按摩耳朵提高免疫力

中医五行学说认为,"肾主藏精,开窍于耳"。耳朵与人体脏腑相关相连,当人体器官有疾病时,耳朵会发出信号,如肾气衰退就会出现耳鸣;动脉硬化的人也常先发生耳聋。经常按摩自己的耳朵,不仅能增强耳朵的听力,而且能起到养生保健作用。

耳部约 6 厘米左右长短,其外形似贝壳,又好像是一个蜷缩在母腹子宫中的胎儿。其穴位分布甚至多过足部穴位。传统医学称,"耳为宗脉之所聚",十二经脉皆通过于耳,人体各器官组织在耳上都有相应的刺激点,因此当刺激某个耳穴时,就可以诊断和治疗体内相应部位的疾病。常见的如某些冠心病病人的耳垂处可见到一条斜形的皱痕,此皱痕被称为"冠心病沟"。这条斜线状的皱痕出现在诊断冠心病时,准确率可达90%左右。

人的双耳的耳廓的每一条沟沟坎坎都有其特定的耳穴定位意义,并有肢体或内脏的相应点存在其上,且按系统呈一定的规律性。耳廓三角窝内为内生殖系统穴位所在处;耳轮脚周围则分布着胃肠系统的穴位;耳垂部位为眼区,按摩耳垂对肾有好处,可以起到补肾的作用;耳还与肝胆二经有密切关系,按摩耳朵有清肝胆之火的作用,所以对高血压也有预防作用。

从耳朵的形态和色泽可判断人们的身体状况,比如:耳朵大而厚者,体格健壮;耳朵小而薄者,瘦弱多病;耳朵红润者,面部气色亦好,精力充沛;耳朵萎黄、苍白,多见于慢性消耗性疾病的晚期。

运用耳穴按摩方法,可起到改善睡眠、增进食欲、大便通畅、平稳血压的效果,长此下去,自然会神清气爽、精力充沛、面色红润、耳聪目明,达到健身强体、延年益寿的目的。

按摩耳朵防病的具体部位有以下几处:

1. 耳垂。与面部相对应。用拇指和食指揉捏耳垂,直至发红发热,每天2次。经常按捏耳垂,可用于防治牙龈、面部肿痛,调节因"上火"而致的脸上小疙瘩,而且有着美容养颜的功效。

2. 耳甲腔,在正对外耳孔的开口凹陷处。与胸腔内的各个脏器相对应,经常刺激这个部位,对心脑肺和血液系统有补益作用。将食指放到耳孔处,拇指放到耳的背面对捏即可,每日3次。有保护心肺功能,缓解咳喘痰多、胸闷气短等心肺病症的功效。

3. 耳甲艇,位于耳甲腔上方的凹陷处。对应于人的腹腔。用手指肚旋转按摩刺激这个部位,每次5分钟,每天3次。有助消化、强肾健脾功效,可有效缓解腹胀、便秘、腹泻等肠道功能失调的症状。

4. 耳轮,位于耳廓的外周。与躯干四肢相对应。耳轮顶端凹陷处,从上到下分别与足趾、脚踝、小腿、膝盖、大腿、腰椎、颈椎、肩背等部位相对应。因此按摩此处,可有效缓解颈肩腰腿痛患者的疼痛症状。

5.耳尖。将耳朵向前方对折时,耳廓的上缘所出现的尖端处为耳尖。用食、拇指肚捏、揉、抖耳尖端半分钟,有退热、镇痛、消炎、降压的作用。可用于治疗发热、头痛、血压升高等不适症状。

你可以在睡觉前和起床后坐在床上每天做两次,方法很简单却起到了全身保健治病的效果,特别是坚持耳部的按摩可以起到补肾、固肾及补气、治疗气虚的保健功效,对患肾虚、尿频、夜尿多、前列腺炎的老年人及患有阳痿的病人,只要长期坚持对耳部的按摩,几个月后都可以见到明显的效果。

(六)乳腺经络保养大全

女性在即将行经的前几天常发生乳房胀痛的现象,这种胀痛在月经来潮以后自然消失。很多女性认为这是经前正常现象而不去治疗,结果年龄大了以后就容易患上子宫肌瘤、乳腺增生甚至妇科肿瘤等严重的妇科疾病。

中医经络学说认为肝、肾两经与乳房关系最密切,其次是冲、任两脉。乳房属足阳明胃经,乳头、乳晕属足厥阴肝经,通过冲、任、督三脉与子宫相联系。肝郁气滞、情志内伤在乳腺增生的发病过程中有重要影响。平素情志抑郁,气滞不舒,气血周流失度,蕴结于乳房胃络,乳络经脉阻塞不通,而引起乳房疼痛;肝气横逆犯胃,脾失健运,痰浊内生,气滞血瘀挟痰结聚为核,循经留聚乳中,故乳中结块。肝肾不足,冲任失调也是引起乳腺增生的重要原因。

女性最容易发生的与足厥阴肝经有联系的就是肝郁气滞。肝郁气滞具体的表现有烦躁、抑郁、两胁胀满等,郁久化热就会导致心烦急躁、易怒、口干、头疼等。如果肝经气郁不舒时间过久,就容易使足厥阴肝经经过的部位出现病理改变。于是乳腺增生、子宫肌瘤就会随之产生。

中医有句老话"药补不如食补,食补不如神补"。这句话着重强调了调神的重要性。也就是说,在日常生活中要保持开朗乐观的心态,不生气、不着急、不上火,心平气和地处理事情,这就能有效预防肝郁气滞地发生,也就预防了乳房胀痛的发生。

乳腺增生是女性最常见的乳房疾病,可发生于青春期以后的任何年龄。是由于人体内分泌功能紊乱而引起乳腺结构异常的一种疾病。此病多发于20—40岁妇女。

乳腺增生以乳房肿块和乳房疼痛为主要表现,具有周期性,月经前期发生或加重,月经后减轻或消失。乳房肿块,常为多发性,扁平或呈串珠状结节,大小不一,质韧不硬,周界不清,推之可动,与皮肤不相连,经前增大,经后缩小,病程长,发展缓慢,有时还有乳头溢液等表现。

乳腺炎是乳腺组织急性化脓性感染引起,也有因哺乳期间乳头破裂或乳汁排出不畅而引起。急性乳腺炎是30%—40%的年轻母亲都可能遭遇的状况,症状为局部红肿、疼痛、有硬块,触痛,全身可有发冷、发热,患侧腋下淋巴结肿大,也有硬条状向腋窝延伸的。

从古至今,民间一直都有很多治疗乳腺炎的偏方,比如把仙人掌、芦荟、蒲公英等消热、解毒、化瘀的草药,剁碎、剁烂后敷于乳房上,能消肿块。但偏方不是对任何人都有效。

据最新医学报告显示,乳房疾病患者越来越年轻化,25—50岁之间的女性中有70%—80%患有乳腺增生。如不重视并及时治疗将有很大几率恶化为癌症。

三、中老年人四季养生

(一)春季养生要诀

俗话说:"一年之计在于春",春日融融,万物吐芽生发,是一切新生能量的觉醒时刻,也是净化调养身体的最佳季节。然而,春季冷暖空气活动频繁,时而风和日丽,时而阴雨连绵,又是一年中天气变化最大的季节。

春天人体阳气生发、气血流畅、肝气舒展、肌肤润泽、腠理开疏,因此要从饮食、起居各方面加以调适。

1. 调养情志,振奋精神

春天风和日丽,精神调摄应做到心胸开阔,情绪乐观,戒郁怒以养性。老年人不要孤眠独坐,自生郁闷。可外出踏春赏花,游山玩水,散步练功等,以此陶冶性情,会使气血调畅,精神旺盛。

2. 起居有常,防风御寒

春天的作息制度适宜于晚睡早起,但值得提醒的一点是,由于老年人各器官功能的退化,早晨醒来后不要马上起床,因为老年人韧带组织比较松弛,如果突然由卧位变为立位,不仅容易扭伤腰背部,还可能发生意外。老年人醒来后,可在床上伸伸懒腰,舒展一下四肢关节,躺在床上休息一会儿再下床。

根据初春天气多变的特点,衣服不可顿减,过早脱去冬衣,极易受寒伤肺,引发呼吸系统疾患。此外被褥也不可马上减薄,以符合"春捂秋冻"的养生之道。

3. 饮食有节,补益阳气

随着白昼增长、阳光增强、气温升高,人体血液循环旺盛,生理机能和新陈代谢相应增强。因此,春天要增加食品的摄取。

中医认为,春天是阳气生发的季节,所以人应该顺应天时的变化,通过饮食调养阳气以保持身体的健康,总的饮食养生原则是:选择高热量的食物;保证充足的优质蛋白质;保证充足的维生素。

老年人要注意多吃富有营养而又容易消化的清淡食物,饮食宜甘而温,富含营养,以健脾扶阳为原则,忌过于酸涩,忌油腻生冷,尤不宜多进大辛大热之品,如参、烈酒等,以免助热生火。宜多吃含蛋白质、矿物质、维生素(特别是 B 族维生素)丰富的食品,如瘦肉、豆制品、蛋类、胡萝卜、菜花、大白菜、柿子椒、芹菜、菠菜、韭菜等。此外,还应注意不可过早贪吃冷饮等,以免伤胃损阳。

4. 强身健体,锻炼体魄

春天空气清新,最有利于吐故纳新,充养脏腑。春天常锻炼,会增强免疫力与抗病能力,少患流感等各种疾病,且令人思维敏捷,不易疲劳。人们可根据自己年龄与体质状况选择户外活动,运动量不宜过大,以免大汗淋漓而伤阳气,以运动后精力充沛、身体轻松、舒服为度。如太极拳、慢跑、放风筝、春游踏青等。

5. 预防春困

春天风和日丽,有人却感到困倦,头昏欲睡,到早晨也睡不醒,这种现象就是大家常说的"春困"。春天犯困不是需要更多的睡眠,而是因春天气候转暖,皮肤血管舒张,循环系统功能增强,皮肤末梢血液供应增多,汗液分泌增加,各器官负荷加重,供应大脑的血液相对减少,大脑的氧气供应不足,因而困倦乏力。

怎样减轻并预防春困呢? 一要保证睡眠,克服消极懒惰情绪;二要积极参加锻炼和户外活动,改善血液循环;三要适当增加营养。研究证明,缺乏 B 族维生素与饮食过量是引发春困的重要原因,故宜多吃含维生素 B 族丰富的食品,吃饭不宜太饱;四要保持室内空气流通,少吸烟,如不太冷,适当减些衣服,或用冷水洗脸,都会使困意尽快消除。

6. 保健防病

春季万物复苏,富有生机,各种病毒、细菌也易于传播,所以各种疫病较多见。

如流感、流脑、百日咳、猩红热、麻疹、水痘、白喉、流行性腮腺炎等。所以一定要讲卫生，勤洗勤晒衣被，消除虫害，开窗通风，提高防病能力，传染病流行时少去公共场所，避免传染。春天又是气候交替的过度季节，若不重视保健或过食辛热助火之品，再被时令之邪引发，一些旧病宿疾极易复发，如偏头痛、慢性咽炎、慢性支气管炎、过敏性哮喘、高血压、精神病等，故应特别注意从衣食住行各方面调摄预防。

除了由内调养身体，增强免疫力之外，也要预防外在气候对身体造成的伤害。处于冷暖气团过渡时期的春天，特别多风，忽冷忽热的气候，加上日夜温差大，春寒经常会乘虚而入，使人生病，像是感冒、咳嗽、鼻塞等，特别容易伴随春天而来。对气候变化敏感的过敏患者和慢性病患者，在春天时则要特别注意保暖，以防旧病复发。

研究发现，心脏疾病和中风在春天发生的几率较高。中国北京针对四千多名患者的研究发现，急性心肌梗塞发病期多在 3—4 月；根据美国统计，出血性脑中风也多发生于春季。

此外，对应春天自然环境的万物俱生，身体的机能也会变得旺盛。尤其春天对应五行中的木，木代表无止境的能量，像是冲动的年轻人，有时情绪特别容易失去控制，因此一些精神疾病经常在春天发作。

春属木，和五脏之肝相通，故肝病患者和高血压病人要特别注意调养身心，保持乐观，心情舒畅。有资料表明，患有心血管病变的人，特别是中、老年人，春季易发生中风。

春天生机旺盛，人体对营养物质的需求也随之增多，此时，适当吃点补品，对身体大有裨益。有资料显示，人参、西洋参、蛤蚧是春季进补的首选佳品。

中医认为："百草回芽，百病发作。"因此，春天外感较多，对身体虚弱的老年人来说，更应引起重视。

（二）夏季养生要诀

夏天，指阴历 4 月—6 月，即从立夏之日起，到立秋之日止。期间包括立夏、小满、芒种、夏至、小暑、大暑等六个节气。一年四季中，夏季是阳气最盛的季节，气候炎热而生机旺盛。此时是人体新陈代谢旺盛的时期，阳气外发，伏阴在内，气血运行亦相应地旺盛起来，活跃于机体表面。皮肤毛孔开泄，而使汗液排出。通过出汗以调节体温，适应暑热的气候。

要保持身体健康、精力充沛，就需要从饮食起居等方面加以注意，并注意精神的调养。如果不注意养生，人体的平衡就会受到影响，易出现食欲不振、烦躁困倦等不适感，还会出现口苦、目赤、头眩等现象。所以，要轻松健康地度夏，就要讲究衣食住行，把握养生要诀。

1. 注意起居

夏季暖热之气盛，人应晚睡早起，顺应自然，保养阳气。清晨要早一些起床，深深呼吸几口新鲜空气，吸进空气中的大量负（阳）离子，这对人体中枢神经系统有良好的作用，负离子还能促进人体细胞代谢活跃，增强人体抵抗力。由于夏天中气温特别高，晚上睡眠时间较短，要适当午睡，以保持充沛的精力，午睡一般一小时左右为宜。

在起居上，要避免过于疲劳，早晚应开窗通风，中午宜将门窗紧闭，拉好窗帘。但要注意睡觉时不能对扇当窗，或卧睡席地、凉床，或把空调的温度调得过低。另外，夏天洗澡，建议淋浴，可促进人体新陈代谢，提高人体免疫力，还能消除疲劳，振奋精神。不要大汗淋漓时马上用冷水冲澡，不要用空调、电扇直吹身体，不要移床室外在星月下露宿，更不要在湿地卧睡，这些不良习惯会导致人全身困倦以及头痛、发烧、恶寒、恶心、呕吐、腹痛、腹泻等。

保持床铺整洁。夏天炎热，易生菌，保持床铺整洁。床和被子要软硬适当。枕头不宜太高，在炎热的夏天再使用布棉枕头会使头颈长痱子，汗水浸湿枕头没有及时洗净晾晒，汗臭霉臭味会使人昏头昏脑。夏天睡宜用天然草本植物精细编织而成的草席或以中国特有的瓷竹、毛竹为原料制成的竹席，用竹子等材料制作的凉枕。不要为贪图凉快铺席在潮湿及冷石冷地或木板上睡卧。这样湿气透入筋脉后易导致头重身疼，生疔疮，或患各种风湿性关节炎。赤体单衣切不可坐卧漆凳，容易令毛孔闭塞，血气凝滞。晒热的椅凳及砖石之类的不可就坐，恐热毒侵肤，多患坐板疮，或生毒疖。

2. 饮食要节制

夏季饮食宜苦、辛、酸、咸、少甜。按照五行学说的理论，五味与五行、五脏是相对应的，即酸入肝，苦入心，甘入脾，辛入肺，咸入肾。不同的味有不同的作用：

酸味有敛汗、止汗、止泻、涩精、收缩小便等作用，如乌梅、山楂、山萸肉、石榴等。

苦味有清热、泻火、燥湿、降气、解毒等作用，如橘皮、苦杏仁、苦瓜、百合等。

甜味有补益和缓解痉挛等作用,如红糖、桂圆肉、蜂蜜、米面食品等。

咸味有泻下、软坚、散结和补益阴血等作用,如盐、海带、紫菜、海蜇等。

辛味有发散、行气、活血等作用,如姜、葱、蒜、辣椒、胡椒等。

适量地摄取五味对人的身体是有益的,能维持人体阴阳的平衡。但五味摄取过多或不足,都会引起身体的不适,甚至致病。因为五味与五行、五脏相应,所以过食五味,就会对相应的脏腑造成损伤。

人要和自然界的变化相适应,所以五味的调和也不是一成不变的。必须根据每个人不同的年龄、身体状况、环境特点和季节气候进行调整。就夏季而言,夏季气候潮湿闷热,人体本来就容易生湿,过食甜味更助湿热,导致胃胀不想吃东西,所以夏季不宜过食甜味,应该适当多吃些苦味及酸味、咸味和辛味的食物。

夏天出汗过多,尤其是从事体力活动大量出汗后,要及时补充盐分。出汗多而最易丢失津液,喝水较多会冲淡胃酸,此时宜多食酸味,以固表,多食咸味以补心。

同时适当吃些冷饮,不仅能消暑解渴,还可帮助消化,促进食欲,有益于健康。但冷饮吃得太多则胃肠道受到大量冷食的刺激,蠕动就会加快,这样便缩短食物在胃肠的停留时间,直接影响人体对食物营养的吸收。同时由于夏季气温高,体内的热量不易散发,胃肠内的温度也比较高,如果突然受到大量的冷刺激,有可能导致胃肠痉挛,引起胃痛、腹痛、腹泻等消化系统疾病。尤其是老年人脾胃阳气已逐渐衰退,过食生冷会进一步伤及肾阳。

夏季阳气在外,阴气内伏,人的消化功能较弱,饮食应以健脾、消暑、清淡易消化食物为主,并注意补充一些富含维生素、蛋白质的食物,如鱼、豆腐、绿豆、西瓜等。节制冷饮,不吃过于肥腻及辛辣刺激的食物。

夏季潮热的气候特别适合细菌和病毒的滋生繁殖,是人类疾病尤其是肠道传染病多发季节。所以养成良好的饮食卫生和个人卫生习惯是预防夏季肠道传染病的最主要的措施。多吃些"杀菌"蔬菜,可预防疾病。这类蔬菜包括:大蒜、洋葱、韭菜、大葱等。这些葱蒜类蔬菜中,含有丰富的植物广谱杀菌素,对各种球菌、杆菌、真菌、病毒有杀灭和抑制作用。

3. 勤换衣

夏季衣裤宜单薄宽大,通风透凉,衣料选纯棉、麻、丝等,以便吸汗散热,色泽上应选择色彩明快的浅色,因为浅色布料不易吸热,还具有阻隔外部炎热的作用。衣服勤换勤洗。

4. 多饮水,防中暑

夏天由于气候炎热、出汗多,人体的水分大量丢失,在水分丢失的同时,各种矿物质也丢失,体内的各种分泌物也相对减少,所以应适当多饮水或其他饮料。

夏日口干舌燥,应选饮菊花茶、薄荷茶、金银花、盐茶水等。可清热解暑,防病治病。有医生还指出,饮热茶防暑降温效果最佳,热茶水能使毛孔张开,汗腺舒张,排汗畅快,从而散发体内热量,达到全面降温效果。

夏天外出一定要做好防护工作,要防止太阳照射人体头部而引起的辐射病:如头晕、头痛、眼花、昏睡、痉挛等。要用太阳伞、太阳帽、太阳镜防止紫外线、热辐射对皮肤和眼睛的伤害。外出带适量的水或饮料以及防暑降温药品,如十滴水、藿香正气水、仁丹、风油精等,以抵御紫外线伤害。喝一些绿豆汤、赤豆汤等豆类饮料,对机体防暑有好处。偶尔喝一些药粥,能达到清热消暑、养心健胃益肾的功效。

另外,夏日清晨应到草木生长的林园,既能吸入新鲜空气,排泄废物,又能振作精神和强筋健骨,晚上可漫步或跳舞,保持乐观向上的情绪。

5. 精神调养

气温升高后,人们情绪容易波动,烦躁不安,睡眠不好,很容易发生健康问题。《素问·灵兰秘典论》提出"夏三月……使志无怒",就是要我们保持恬淡的心理状态,减少争执。

烈日酷暑,腠理张开,汗液外泄,汗为心之液,心气最易耗伤,所谓"壮火食气"。夏季神气调养要做到神清气和,快乐欢畅,胸怀宽阔,使心神得养。因此,在夏季,应有广泛的兴趣爱好,多参加一些文娱活动,这样既使人心旷神怡,又可锻炼身体。最好在清晨或傍晚天气凉爽时,到公园、河岸、湖边,或庭院,选择合适的项目锻炼。

夏属"火","火"对应"心"。中医的"心"掌控人体整个神经系统功能。静心就是"灭火",人体只有在静心和经脉疏通时才能更好地发挥自我调节功能,抵抗外界暑热的侵袭。

老年人在精神、心理方面应息其怒,静其心,安其神,使神经系统处于宁静状态。在日常生活中,要养成心平气和的性格,切不可烦躁激动。

(三)秋季养生要诀

秋天,是从立秋之日起,到立冬之日止,其间经过处暑、白露、秋分、寒露、霜降等节气。并以中秋(农历八月十五日)作为气候转化的分界。《黄帝内经》里说"秋冬养阴"。所谓秋冬养阴,是指在秋冬养收气、养藏气,以适应自然界阴气渐生而旺的规律,从而为来年阳气生发打基础,不应耗精而伤阴气。所以秋季养生一定要把保养体内的阴气作为首要任务。从中医养生角度讲,秋季养生不仅能防治秋季常见病、多发病,还能增强人体对秋季之后寒冷气候的适应能力,改善体质。

1. 防燥护阴

秋季养生要保养体内的阴气。从中医学上说,燥为秋季的主气,称为"秋燥"。秋燥消耗津液,并从口鼻先行入肺。肺为娇脏,性喜润而恶燥,燥邪犯肺,轻则干咳少痰,痰黏难咳,重则肺络受伤而出血,见痰中带血。因此,秋季的养生主要应从养肺、润肺、补肺入手。

正常体质者秋季一般应以养肺平补为宜。所谓平补,即指那些黑木耳、白木耳、银杏、花生、杏仁、杏子、无花果、万寿果、乌梅等。

有秋燥征象的人,吃点辛味食物可以驱散肺中的郁气。清肺润燥的食物可选择枇杷、梨、甘蔗、荸荠、橙、萝卜、竹笋、丝瓜、白菜、紫菜、鸭蛋等。

另外,有肺气阴虚征象的人,应辨证予以补气、补阴或气阴俱补。可食用百合、薏米仁、淮山药、蜂蜜、核桃仁、芡实、瘦肉类、蛋类、乳类、芝麻、雪梨、藕汁及牛奶、麻仁、海参、鸡肉等。

2. 饮食:少辛增酸

秋季干燥凉爽,易出现燥热感,如鼻干、口干、皮肤干等,所以,秋季不吃或少吃燥热伤津的食物。如煎炸鱼、烧鸡、烧鸭、烧鹅、油条、炒花生、板栗、蚕豆、煎蛋等。同时饮食不要过分清淡,应适当增加些油腻,以润燥益气,健脾补肝,清润甘酸,寒凉调配为主。

益肺气滋肾阴,养肝血润肠燥是秋天饮食之要。要多吃些滋阴润燥的食物,如银耳、甘蔗、燕窝、梨、芝麻、鳖肉、藕、菠菜、乌骨鸡、猪肺、豆浆、鸭蛋、蜂蜜、橄榄等。

初秋时节,仍然是湿热交蒸,以致脾胃内虚,抵抗力下降,这时若能吃些温食,特别是食用粳米或糯米,均有极好的健脾胃、补中气的功能。

少吃辛味,肺气太盛可损伤肝的功能,故在秋天要"增酸"(肝五味主酸),以增加肝脏的功能。在秋天一定要少吃葱、姜、蒜、韭、椒等一些辛味之品,而要多吃一些酸味的水果和蔬菜。可选择苹果、石榴、葡萄、芒果、杨桃、柚子、柠檬、山楂等。平时要多饮水,以维持水代谢平衡,防止皮肤干裂,多吃蔬菜、水果,如冬瓜、萝卜、西葫芦、茄子、绿叶菜、苹果、香蕉等,以补充体内维生素和矿物质,中和体内多余的酸性代谢物,起到清火解毒的作用。

一般人到了秋季,往往进食过多,使人发胖,俗话叫"长秋膘",因此在秋季饮食中,要注意适量,而不能放纵食欲,暴饮暴食。

此外,秋季过食寒凉的食品或生冷、不洁瓜果,会导致寒湿内蕴,引起腹泻、痢疾等,故有"秋瓜坏肚"的民谚。

3.运动养神

从时令上看,秋天是人们调养身心的大好时节。从中医养生角度讲,秋季养生不仅能防治秋季常见病、多发病,还能增强人体对秋季之后寒冷气候的适应能力,改善体质。

秋天不宜做运动量较大的运动,尤其是老年人、小儿和体质虚弱者。秋季天气转凉,地气清爽,人们宜早睡早起,这样可使心境安逸宁静,神气收敛,避免肺气受燥邪的损害,保持肺的清爽功能。

秋季日夜温差较大,早晚气温较低,根据身体状况,不可顿添厚衣,宜稍穿薄衣,稍带寒冷,民间有"春捂秋冻"即是此意,有利于人体对气候变化的适应能力。

秋景凋零肃杀,易引起伤感忧郁的情绪,而致情志疾病。因此,要注意保持心情宁静。在秋高气爽时,不妨外出旅游,登高望远,陶冶情操,增进健康。

(四)冬季养生要诀

冬季养生,对人体有着良好的作用。我国民间习惯上把"立冬"作为冬季的开始。包括立冬、小雪、大雪、冬至、小寒、大寒等6个节气。冬季天寒地冻,朔风凛冽,草本凋零,是一年中气温最低的季节,万物生机隐伏,人体阳气也潜藏于内,阴精充盛,这就是人体顺应自然的"养藏"之道。因此,冬季养生很重要的一点是养肾防寒、敛阳护阴,着眼于一个"藏"字。

1.生活规律起居有常

冬季三月,昼短而夜长,起居作息应当顺应人体养精固阳的需要。《黄帝内经》称"冬三月……早卧晚起,必待日光",意思是说在冬季应该早睡晚起,等太阳出来以后再活动。从阳气闭藏这个角度来讲,冬天阳气肃杀,夜间尤甚。天黑早,阳气收藏早,因此早睡以养人体阳气,保持温热的身体;天亮迟,阳气升发也迟,因此晚起可以固阴,能使人体达到"阴平阳秘,精神乃治"的健康状态。

所以,冬季的作息安排,要早睡晚起,日落而睡,日出而起,以此避寒就温。唐代医学家孙思邈说:"冬月不宜清早出夜深归,冒犯寒威。"调神宜清静深思,摒除不良情志刺激,神藏则形安,形安则体健。

冬季虽然寒冷,但不可蒙头而睡,蒙头而卧会使人神懵不清。被褥也不可太厚太热,否则热迫汗出,反易受凉感冒。冬季穿衣勿忽增忽减,"温足冻脑"这是经验。冬季人体特别要注意的保暖部位是颈部、背部和脚。每晚坚持用热水洗脚可促进全身的血液循环,有增强机体防御能力和消除疲劳、改善睡眠的作用。

2. 饮食调摄科学合理

按照我国的传统习惯,都知道冬天是进补的最好季节。中医认为,药补不如食补,冬季饮食应当遵循"秋冬养阴"的原则,食物既不宜生冷,也不宜燥热,最宜滋阴补阳、热能较高的膳食。

现代医学认为,人体在冬季受到寒冷天气的影响,甲状腺、肾上腺等内分泌腺的分泌功能增强,从而促进和加速蛋白质、脂肪、碳水化合物三大类热源营养素的分解,以增加机体的御寒能力,这样就造成人体热量散失过多。因此,冬天营养应以增加热能为主,可适当多摄入富含碳水化合物和脂肪的食物。以提高机体对低温的耐受力。

冬季饮食养生的基本原则应该是以"藏热量"为主,同时还要遵循"少食咸、多食苦"的原则:冬季为肾经旺盛之时,而肾主咸,心主苦,所以,应多食些苦味的食物,以助心阳。如我国北方冬季爱吃羊肉,南方爱吃狗肉,皆为合于时令温补之品。

此外,还要注意补充维生素和微量元素钙、铁等。如补充含维生素食物,冬季可适当吃些薯类,如甘薯、马铃薯、大白菜、圆白菜、心里美萝卜、白萝卜、胡萝卜、黄豆芽、绿豆芽、油菜等。这些蔬菜中维生素含量均较丰富。补充富含钙和铁的食物可提高御寒能力,含钙的食物主要包括牛奶、豆制品、海带、紫菜、贝类、鱼虾等;含铁的食物则主要为动物血、蛋黄、猪肝、黄豆、芝麻、黑木耳和红枣等。

3. 加强锻炼增强体质

中医素有食补不如气补之说。"冬天动一动,少闹一场病;冬天懒一懒,多喝药一碗。"这里所讲的就是日常的运动,锻炼身体。

寒冬季节,坚持室外锻炼,能提高大脑皮层的兴奋性,增强中枢神经系统体温调节功能,使身体与寒冷的气候环境取得平衡,适应寒冷的刺激,有效地改善机体抗寒能力。

冬季昼短夜长,阳光微弱,应多在室外锻炼,以补阳光照射不足。冬季的运动量不宜过大,不宜出大汗,以防感冒。避免在大风、大雾、雨雪等恶劣天气中锻炼。可选择运动量较适宜的全身性运动如太极拳、慢跑、做操等,以保持充足的体力。

长期坚持冬季锻炼的人,耐寒力强,不易患感冒、支气管炎、肺炎、冻疮等病,还能够预防老年人常见的骨质疏松症。

4.惜精养神

在五行中,肾主水,心主火。根据五行生克关系,在冬季肾水当令,较强的肾水易克心火(水克火),所以冬天里心气容易低迷,有些人易产生绝望、孤立等负面情绪。

惜精养神应该是一个贯彻始终的养生法则。尤其在冬天,这个阳气闭藏的季节,惜精养神显得尤为重要。《黄帝内经》中提到的"使志若伏若匿,若有私意,若已有得",意思就是说在冬季应避免各种不良情绪的干扰和刺激,让自己的心情始终处于淡泊宁静的状态,遇事做到含而不露,秘而不宣,使心神安静自如,让自己的内心世界充满乐观和喜悦。

精神调养除了重视保持精神上的安静以外,在神藏于内时还要学会及时调摄不良情绪,当处于紧张、激动、焦虑、抑郁等状态时,应尽快恢复心理平静。

5.进补保健

民间有"冬补三九"的习俗,在此时进补可扶正固本,萌育元气,增强抵抗力,为下一年的身体健康打下良好的基础。也即有"冬季进补,上山打虎"的形象说法。

冬季进补是养生调理方法的一种,现代医学认为,冬令进补能提高免疫功能,中医讲"虚则补之,实则泄之",由于一年四季中,肾经在冬天最为活跃,进补宜予温补肾阳、益精添髓的药膳调摄。肾阴虚者,常见有肺热、咽燥、腰膝酸软、头昏耳鸣、舌苔偏红,可选用海参、枸杞、甲鱼、银耳进行滋补。肾阳虚者,肢体畏寒,精神萎靡,腰酸耳鸣,舌淡体胖,则应选择羊肉、鹿茸、补骨脂、肉苁蓉、肉桂、益智仁补之。

此外,冬季还要注意保暖,洗澡不要太勤,每天注意热水泡脚,多参加室外活动,多晒太阳等,这些都是冬季养生中容易做到而又对身体大有好处的生活习惯。

四、食补食疗

（一）痛风

痛风病人的饮食治疗非常重要。在进行饮食治疗过程中，除了遵循低嘌呤膳食的原则之外，在食物的选择上还应注意选择具有特殊疗效功能的食物。食疗的含义不仅包括用食物治病，而且还包括日常饮食的调理。

1. 百合薏米粥：干百合、薏米、粳米各 60 克，将上述三味洗净后放锅中煮粥，每日分中、晚两次服完，为痛风病人主食。连服，症状改善后仍须坚持，每周至少一至二次，以防痛风复发。

2. 红萝卜：日食 2—3 次，早饭前一小时、晚饭后一小时（或睡前半小时），每次食用 1—2 个（每个 100—250 克）。

食法（任选其一）：

①将洗净的鲜大红萝卜带皮生吃；

②将鲜大红萝卜洗净，带皮切成细丝，然后加入适量白糖（或木糖醇）和醋拌匀后食用；

③将鲜大红萝卜洗净，带皮切块，加 150 毫升 50 度温开水，加适量蜂蜜，榨汁后饮用。

3. 樱桃酒：樱桃与酒的比例为 1：10，即 100 克樱桃用 1000 毫升酒。樱桃入酒中泡 1 周即可饮用，可以早晚各饮 20 毫升；疼痛不太剧烈时，可以只在晚间饮 25 毫升。酒将饮完时，可适量添加酒再泡。樱桃酒虽对缓解关节痛有良效，但决不能代替必要的药物治疗。高血压者应慎用。

痛风病人宜选用基本无嘌呤或低嘌呤食物，如大米、苏打饼干、馒头、面包、奶类及奶制品、蛋类、各类油脂、水果、干果、糖及糖果；除菜花、菠菜等少数蔬菜以外的大部分蔬菜，如胡萝卜、芹菜、卷心菜、黄瓜、茄子、西红柿、西葫芦、土豆等。

需要注意的是，痛风病人戒吃某些食物，食用这些食物或引发病症或加重病症。要戒酒；戒吃高嘌呤的食物，如动物内脏（肝、肠、肾、脑）、海产（鲍鱼、蟹、龙虾、三文鱼、沙丁鱼、吞拿鱼、鲤鱼、鲈鱼、鳟鱼、鳕鱼）、贝壳食物、肉类（牛、羊、鸭、鹅、鸽）、黄豆食物、扁豆、菠菜、椰菜花、芦笋、蘑菇、浓汤、麦皮；戒吃酸性食物，如咖啡、煎炸食物、高脂食物。酸碱不平衡，会影响身体机能，加重肝肾负担。

（二）胃与十二指肠溃疡

胃与十二指肠溃疡，一般认为是由于大脑皮质接受外界的不良刺激后，导致胃和十二指肠壁血管和肌肉发生痉挛，使胃肠壁细胞营养发生障碍和胃肠黏膜的抵抗力降低，致使胃肠黏膜易受胃液消化而形成溃疡。它的食补食疗的方法有：

1. 土豆 500 克连皮切碎，纱布包裹挤汁。每日早晨空腹服新鲜土豆汁 1—2 茶杯，连服 2—3 周。对胃与十二指肠溃疡有效。

2. 白芨粉 35 克，大枣 10 枚，糯米 140 克，蜂蜜 70 克。将大枣去核，与糯米同煮为粥，等熟时调入白芨、蜂蜜，稍煮即成，每日早晚各服 1 次，连续 10 天。

3. 香椿根（干品）18 克，水煎，一日分 3 次服完，连服 3 天以上。适用于胃及十二指肠溃疡出血。

4. 鲜柚子皮 30 克，洗净切细粒，粳米 10 克炒至微黄出香气，二者合一泡开水当茶饮。适用于胃与十二指肠溃疡。

5. 仙人掌切片晒干研粉 30 克与乌贼骨粉 30 克，混匀，每次 5 克，白开水送服，每日两次，连服 3 周。适用于胃及十二指肠溃疡胃酸高者。

6. 小白菜 250 克，洗净，切细，用少量食盐拌腌 10 分钟，用洁净纱布绞取液汁，加入适量的糖食用。1 日内分 3 次，空腹服下。适用于治胃及十二指肠溃疡、出血。

7. 糯米煮粥至极烂，加红枣十枚同煮更好，适用于胃寒痛和胃及十二指肠溃疡。

8. 麦芽糖两匙，开水化服，治胃溃疡及十二指肠溃疡，有缓解胃痛之效。

9. 鲜旱莲草 50 克（干品 30 克），红枣 10 枚，水煎服。有滋阴补血补肝肾，止血作用。适用于胃及十二指肠溃疡出血，失血性贫血等症。

10. 麦冬 20 克，粳米 50 克，冰糖适量。将麦冬煎汁，与粳米共煮成粥，加入冰糖，待糖溶后即可食用。每日早晚服食 1 次。适用于胃脘隐隐作痛、口燥咽干、大便干结的阴虚症者。

11. 花生米 500 克，红糖 100 克，精面粉 200 克，发酵粉 5 克，熟猪油 20 克，花生油 1000 克。花生米用冷水洗净，晾干；面粉盛入碗内，加冷水调成糊后，加红糖、发酵粉拌和，再加猪油拌匀，成为粉料待用。炒锅内，加生油，待油烧至七成热时，将花生米放入粉料内拌和，一粒粒地放入油锅，并即转用小火炸至熟后捞出即成。适用于胃及十二指肠溃疡病患者。常常吃些花生米,十分有益。

12. 甘蓝菜心 250 克,水发香菇 100 克,白糖适量。甘蓝菜心切碎,水发香菇切丝,旺火起锅,先放香菇丝炒 10 分钟,再入甘蓝同炒。加入酱油、白糖、精盐、味精和清水少许,盖上锅盖稍焖即成。适用于胃及十二指肠溃疡。

13. 包心菜 500 克,粳米 50 克。先将包心菜水煮半小时,捞出菜后,入米煮粥。日服 2 次,温热服。适用于胃脘疼痛,对胃及十二指肠溃疡有止痛和促进溃疡愈合作用。

14. 红萝卜、水荸荠各 20 克,粳米 60 克,陈皮 9 克。先将红萝卜和水荸荠洗净,煮熟,再入粳米和陈皮煮粥食。适用于实热型胃与十二指肠溃疡。

此外,还要避免一些强烈刺激性食物的使用,如葱、姜、蒜、辣椒等;一些强烈刺激胃液分泌的食物,如咖啡、浓茶、可可、巧克力、浓肉汤、鸡汤、过甜食物、酒精、地瓜等食物;以及含粗纤维多的食物,如玉米面、高粱米等粗粮都要加以限制。

(三)糖尿病

糖尿病饮食主张低热量、低糖、低盐、低胆固醇饮食。增加膳食纤维、维生素、微量元素摄入,反对精细加工及快餐食品,提倡食物品种多样化。

1. 葛根粉 30 克,粳米 100 克。粳米加水适量武火煮沸,改文火再煮半小时加葛根粉拌匀,至米烂成粥即可。每日早晚服用,可连服 3—4 周。适用于老年人糖尿病,或伴有高血压、冠心病者,葛根及其制品有清火、排毒、降血糖、降血脂、降血压、降胆固醇、减肥、预防老年痴呆、预防心脑血管疾病之功效。

2. 生山药 60 克,大米 50 克,先煮米为粥,山药为糊、酥油蜜炒合凝,用匙揉碎,放入粥内食用。适用于气阴两虚或阴阳两虚型糖尿病。对口干咽干、食欲减退、腰膝酸软、眩晕耳鸣、肢体麻痛、视物模糊有疗效。

3. 南瓜 1000 克切块加水适量煮汤熟后随饭饮用。南瓜富含维生素是一种高纤维食品能降低糖尿病人的血糖并能增加饱腹感。

4. 鲜菠菜根 150 克洗净切碎,鸡内金 10 克加水适量煎煮 30 分钟,加进淘净的大米适量煮烂成粥调味,1 日内分数次食用,治糖尿病。

5. 鲜芹菜 60—100 克,切碎,粳米 50 克,煮粥食用。适用于糖尿病合并高血压者。

6. 银耳 5—10 克(或黑木耳 30 克),粳米 50 克,大枣 3 枚,先浸泡木耳,将粳米、大枣煮熟后加木耳共煮粥食用。适用于糖尿病血管病变者。木耳有破血作用，糖尿病孕妇慎用。

7. 新鲜白萝卜适量，粳米 50 克，煮粥服用，适用于糖尿病痰气互结者。

8. 鲜生地 150 克，洗净捣烂取汁，先煮粳米 50 克为粥，再加入生地汁，稍煮服用。适用于气阴两虚型糖尿病者。

9. 粳米 50 克，绿豆 50 克，共煮粥食用。绿豆有降血脂作用，适用于糖尿病伴高血压、冠心病者，糖尿病肾病肾衰者不宜服用。

10. 赤小豆 50 克，鲤鱼 1 尾，先煮鱼取汁，后加赤小豆煮烂。适用于糖尿病水肿者。

11. 洋葱味淡性平，具有降低血糖作用，可用洋葱 50—100 克水煎服，也可当菜食用。每餐可炒食 1 个葱头，1 日 2 次，炒时以嫩脆为佳不可煮烂。

12. 沙参 30—50 克，玉竹 30 克，老雄鸭 1 只，葱、姜盐少许焖煮，熟后食肉饮汤。适用于中老年糖尿病患者。

13. 玉米须 100 克，乌龟 1 只，葱、盐、料酒适量，炖熟食肉饮汤。适用于一般糖尿病患者。

14. 韭菜 250 克，蛤蜊肉 250 克，料酒、姜、盐少许，煮熟饮汤食肉。适用于糖尿病肾阴不足者。

15. 枸杞子 15 克，子母鸡 1 只，加料酒、姜、葱、调料共煮熟，食枸杞子、鸡肉并饮汤，适用于糖尿病肾气虚弱者。

16. 地骨皮 30 克，桑白皮 15 克，麦冬 15 克，面粉 100 克，先煎 3 味药去渣取汁与面粉共煮为稀粥。渴即食之不拘时。清肺生津止渴。适用于消渴、多饮、身体消瘦。

17. 南瓜 1000—1500 克，大茴香、蒜、香油各适量，精盐少许。南瓜洗净切成约 3 厘米见方的块，蒜去皮。净锅放入香油，用旺火烧至七成热，倒入南瓜翻炒片刻，然后放入大茴香、蒜瓣及适量水，改用中火熬至南瓜熟饮，加入精盐即可。单食或佐餐食，每天分 2 次食完。可以补中益气，降低血糖。适用于糖尿病引起的白内障。

18. 鲜番薯叶 250 克，鲜冬瓜 250 克，水煎服每日 1 次。或番薯叶 100 克，花粉 20 克，玉竹 20 克，水煎服，每日 2 次，治糖尿病。

19. 黄豆 100 克，猪排骨 150 克。黄豆用清水泡软，排骨洗净剁块，一起入砂锅,加水文火煮至黄豆烂熟调味即可。适用于糖尿病、老年骨质疏松、贫血。

20.海带、蚌肉各适量洗净文火炖汤,少许盐佐味,饮汤食用海带及蚌肉。海带性凉蚌肉性冷,可滋阴解渴、清热泻火,主治糖尿病口渴多饮。

21.鲫鱼约500克,绿茶适量。将鲫鱼去鳃、内脏留下鱼鳞腹内装满绿茶放盘中上蒸锅清蒸熟透即可。1日1次。淡食鱼肉。适用于糖尿病口渴多饮不止以及热病伤阴。

22.鸡脯肉、冬瓜片200克。鸡肉切成细丝后入水,以文火炖至八成熟,入冬瓜片调味,冬瓜熟透即可。适用于糖尿病属脾气虚弱者。

23.绿豆250克,加水煮成绿豆汤频喝之。绿豆较冷具有延缓血糖升高作用亦可延缓碳水化合物的吸收,降低餐后血糖标准。

24.鲜菠菜根150—200克,银耳20克,放在一起煮汤,饮汤食银耳,适用于糖尿病大便秘结者。

25.天花粉30克,粳米100克。先煎天花粉去渣取汁再入米煮作粥。任意食用。清肺止渴生津。适用于糖尿病及肺热咳嗽。

26.西瓜皮30克,冬瓜皮20克,花粉15克,玉竹15克,水煎服每日2次。治糖尿病。

27.鲜葫芦60克,或干品30克,水煎饮汤。适用于糖尿病皮肤疖肿。

28.菊花、槐花、绿茶各3克。将三味同入瓷杯中,以沸水冲泡,盖严温浸5分钟。代茶饮服,每日数次。

29.玉米须30克,瘦猪肉100克,煮熟饮汤食肉,适用于一般糖尿病患者。

30.活甲鱼500克,葱、姜、笋片、酒适量,炖熟饮汤。适用于老年糖尿病肾阴不足患者。

(四)高血压

高血压病人的饮食,要以减少钠盐、减少膳食脂肪并补充适量优质蛋白,注重补充钙和钾,多吃蔬菜和水果、戒烟戒酒、科学饮水为原则。

1.松花蛋1个,淡菜50克,大米50克。松花蛋去皮,淡菜浸泡洗净,同大米共煮粥,可加少许盐调味。每日早晚空腹服用。清心降火,治高血压、耳鸣、眩晕、牙齿肿痛等。

2.柠檬1个,荸荠1个。水煎。可食可饮,常服有效。用治高血压。

3. 菊花、槐花、绿茶各 3 克。以沸水沏。待浓后频频饮用,平时可当茶饮。清热,散风。治高血压引起的头晕头痛。

4. 鲜西红柿 2 个。将西红柿洗净,蘸白糖每早空腹吃。清热降压,止血。用治高血压、眼底出血。

5. 莲心 2—3 克。以开水沏,代茶饮用。清心,涩精,止血,降压。治疗高血压引起的头晕脑涨、心悸失眠等。

6. 鲜葫芦、蜂蜜各适量。将鲜葫芦捣烂绞取其汁水,以蜂蜜调匀。每次服用半杯至一杯,每日 2 次。可用于治高血压引起的烦热口渴症。

7. 决明子(炒)10—15 克,粳米 50 克,冰糖适量,先把决明子放入锅内炒至微有香气,取出,待冷后煎汁,去渣,放入粳米煮粥,粥将熟时,加入冰糖,再煮沸即可食用。清肝,明目,通便。适用于高血压、高血脂症以及习惯性便秘等。大便泄泻者忌服。

8. 猪苦胆汁 200 克,绿豆粉 100 克。将绿豆粉拌入胆汁内,晒干,研成细末。每服 10 克,每日 2 次。清热,平肝。治高血压。

9. 小苏打 2—3 勺。将水烧开,放入小苏打,每次泡脚 20—30 分钟。用治高血压。

10. 干黄瓜藤 1 把。洗净加水煎成浓汤,每日 2 次,每次 1 杯。清热,利尿。治高血压。

11. 黑木耳 6 克,柿饼 50 克,冰糖少许。加水共煮至烂熟。1 日内服完,常服有效。清热,润燥。治老年人高血压。

12. 生花生,精醋适量,倒醋浸泡 7 天,早晚各 10 粒,待血压降后可隔日服用。具有清热等功效,可治高血压症,对保护毛细管壁,阻止血栓形成都有较好作用。

13. 生白芍、生杜仲、夏枯草各 15 克,生黄芩 6 克。将生白芍、生杜仲、夏枯草先煎半小时,再入生黄芩,继续煎 5 分钟。早晚各服 1 次。用治单纯性高血压头晕别无他症者。

14. 海带根适量。将海带根晒干粉碎为末,每次服 6—12 克,每日 1—2 次,温水送服。清热利水,去脂降压。治高血压。

15. 山楂 30—40 克,粳米 100 克,砂糖 10 克。先将山楂进砂锅煎取浓汁,去渣,然后加入粳米、砂糖煮粥。可在两餐之间当点心服食,不宜空腹食。适用于高血压、冠心病、心绞痛等。

16. 桃仁 10—15 克，粳米 50—100 克。先将桃仁捣烂如泥，加水研汁去渣，同粳米煮为稀粥。每日 1 次。活血通经，祛痰止痛。适用于高血压、冠心病、心绞痛等。用量不宜过大，怀孕妇女及大便淡薄者不宜服用。

17. 新玉米面 450 克，红糖 200 克，食用碱 4 克，熟猪油 15 克，发酵面 50 克。把发酵粉和玉米面掺适量净水合成团后发酵，发酵好之后加上述其他原料揉均匀，然后用湿布盖好，饧一小时。再反复揉已饧好的面团，整块投入蒸锅展平，用旺火蒸 25 分钟左右。出笼略凉后刀切为块或菱状即可随意食用。适用于高血压，咯血等症。

18. 海带 150 克，浸泡、洗净、切碎，绿豆 150 克洗净，共入锅内煮至烂熟，用红糖调服，每日 2 次。

19. 芹菜 500 克、苦瓜 60 克，二者同煮汤饮。治高血压头晕、目眩、耳鸣、心悸、易燥、失眠多梦等症。

20. 豆腐适量，粳米 60 克，冰糖适量。用豆浆煮硬米，煮好后加冰糖煮沸即成。适用于高血压食欲不振、面色苍白、头晕目眩、失眠多梦等症。

21. 新鲜胡萝卜、粳米各适量，将胡萝卜洗净切碎，与粳米同入锅内，加清水适量，煮至米开粥稠即可。早晚餐温热食。适用于高血压。

（五）哮喘

某些食物常常是引发哮喘的重要因素，包括麦类、蛋、牛奶、肉、番茄、巧克力、鲜鱼、虾、蟹等都可以引起哮喘。因此，哮喘患者平时要注意饮食。

1. 大葱 60 克，淡豆豉 30 克，煎汤服。适用于多为风寒或风热犯肺，主要为咳嗽喘促、痰黏而多者。

2. 气喘较重者可用柚子 1 个，母鸡一只，切去柚子顶盖，去瓤，将鸡去毛和内脏，切块塞入柚子皮内，加少许盐和水，用柚子盖盖好，隔水炖 3—4 小时后吃肉喝汤。

3. 蛤蚧 2 条，党参、黄芪各 50 克，米酒 1.5 公斤，将药放入浸泡两周后，每天饮用 20 毫升，用于气虚效果最佳。多为咳嗽乏力，痰少而黏，咽喉干痒，身体消瘦者。

4. 老南瓜皮 200 克，牛肉 100—200 克。共煮烂熟，吃肉、喝汤，每日 2 次，可常食用。能补脾胃、益气血、止咳定喘。

5. 银杏仁 50 克，小火炒熟，用刀拍破果皮，去外壳及外衣，清水洗净切成小丁。

锅洗净,入清水一碗,投入银杏,上旺火,烧沸后转小火焖煮片刻,入白糖50克,烧沸滚,入糖、桂花少许,即可食用。适用于老年哮喘。

6. 对急性支气管哮喘,取豆腐一碗,饴糖二两,生萝卜汁半酒杯,混合煮沸,一日二次分服,适用于痰火哮喘。

7. 葶苈子10克,大枣5枚,粳米50克,冰糖适量。把葶苈子拿纱布包好,放入水锅中煎汁,滤渣取汁,加入去核的红枣、粳米,煮粥,加入冰糖即可。早晚2次,温服。泻肺定喘;对咳嗽气喘、痰多有疗效。肺气虚患者忌食。

8. 淮山药60克,甘蔗汁250克左右。将淮山药捣烂,加甘蔗汁,放锅中隔水炖熟即成。每日早晚当点心吃。适用于支气管哮喘。

9. 鲤鱼一条,去鳞、鳃、内脏,洗净切块,先以素油煎至焦黄,烹酱油少许,加糖、料酒适量,加水炖烂,收汁后,上撒姜、蒜、韭菜末和醋少许。有补虚下气功效,治体虚久咳、气喘、胸闷不舒。

10. 白果仁三至四钱炒(去壳),加水煮熟,加入少许砂糖或蜂蜜,连汤食之。

11. 绿茶15克,鸡蛋2个。用绿茶、鸡蛋加水一碗半同煮,蛋熟后去壳再煮,至水煮干时取蛋吃。每日2次。

12. 炒甜杏仁250克,水煮一小时,加核桃仁250克,收汁将干时,加蜂蜜500克,搅匀煮沸即可。补肾益肺、止咳平喘润燥,常食久服,治肺肾两虚型久咳久喘。

13. 白胡椒10克,置青蛙口内,用针缝合后,放在碗内加水适量,隔水炖之。饮汤食部分蛙肉(肠、肚不宜食)。2日服1次,连服5—8次,对寒性哮喘有效。

14. 梨1个挖空芯,加入半夏10克、冰糖少许,隔水蒸熟,吃时去半夏,每日1次,连服数日。适用于痰多、气喘、咳嗽者。

15. 葵花子15克,红糖适量。葵花子、红糖入锅,加水,沸后5分钟即可。趁热饮用,每天1剂,代茶饮,连服7天。行气化痰、温肺平喘,对支气管哮喘有疗效。

16. 金橘干5个,鸭喉管1条,生姜5片。鸭喉管洗净切段,与其他二味加水一起煎煮,饮汤吃果,每日1剂。止咳平喘,可辅助治疗哮喘性支气管炎、百日咳等。

17. 南瓜1个(约500克),冰糖、蜂蜜各50克,姜汁适量。南瓜外表洗净,切开顶盖,除去瓤及瓜子,放入姜汁、冰糖及蜂蜜,盖上顶盖,用竹签固定,隔水蒸2小时即成。每日吃一半,每日分2次食用,能补肺肾、止咳喘。可辅助治疗肺肾两虚型哮喘。

18. 黑木耳6克,冰糖9克,加水煮熟,每日2次,常食有效。

19. 核桃仁 30 克,南杏仁 10 克,姜汁少许,捣碎后加蜂蜜适量蒸服。

20. 银杏 8 枚,红枣 10 枚,糯米 50 克。将银杏、红枣、糯米加水适量煮粥服。每日早晚 2 次分服,15 日为一疗程,可连服 3 个疗程,适用于哮喘缓解期。

21. 核桃仁 10 克,菠菜籽 6 克,甜杏仁 15 克,猪肺 500 克,生姜 9 克,酱油、葱段、味精、食盐、大蒜皆适量。把猪肺洗净,拿沸水焯掉血水,切块,与核桃仁、菠菜籽、甜杏仁、生姜、酱油、葱段、大蒜同入砂锅,加水,用武火煮沸,用微火炖烂,放调味品。分两次食用,每天 1 剂,连服 7 日。补肺益肾、止咳平喘;对老年性肺虚哮喘、肺气肿有疗效。

22. 新鲜鸡苦胆 1—2 个剪开,挤出胆汁,每个加水 30 毫升及白糖 10 克,用文火煎至 10 毫升左右,上下午空腹各服 1 次。2 岁以内者,每天 1 个,2 岁以上者酌加。能清肺止咳平喘。可用于哮喘性支气管炎治疗。

(六)感冒

感冒,俗称伤风。根据发病季节或症状不同,中医通常分为风寒感冒和风热感冒两大类型。风寒感冒多表现为发热怕冷,头痛全身痛,鼻塞流清涕,咳嗽痰为白黏痰,舌苔薄白;风热感冒者发热不怕冷,头痛,咽喉痛,咳嗽痰为黄稠脓性痰,舌苔微黄。

1. 用菊花 30 克,瘦猪肉 50 克,大米 100 克。先把菊花洗净,猪肉剁成肉末。再把大米淘洗后与肉末一同放入锅中,加水 3000 毫升左右,用小火煨稠,再加入菊花共煮 2 分钟即成。凉后加点味精、食盐即可服用,每日 3 次。适用于感冒后头昏头痛、不思饮食等症。

2. 甘草 25 克,桔梗 25 克,大米 100 克。将甘草、桔梗洗净后切碎,与淘净的大米共放入砂锅中,加水 3000 毫升,小火煨熟,待稍凉后,加入适量白糖,即可服用,每日 2—3 次。适用于感冒咳嗽、吐痰不畅、口渴、咽干等。

3. 葱白头 3 个,生姜 10 克,糯米 100 克,先将糯米煮成粥,再把葱、姜捣烂,同煮热服,出汗即愈。适用于风寒型感冒。

4. 西瓜 500 克,番茄 200 克。西瓜(去皮,去子),用纱布绞挤汁液;番茄用沸水烫,剥去皮,去子,用纱布绞挤汁液,然后两汁合并,代茶饮用。适用于风热型感冒。

5. 鸡蛋 1 枚,苦参 10 克,先将苦参水煎取汁,然后将鸡蛋打碎搅匀,用煮沸的药汁冲鸡蛋,趁热服,一般 3 次即可见效。对风热型感冒有效。

国学经典文库

中华历书大全

·健康养生万年历·

图文珍藏版

6. 老生姜 3 克,苏叶 3 克,红糖 15 克,把姜洗净,切丝,与苏叶同装入茶杯,加沸水冲泡,盖上盖,泡 10 分钟,加红糖拌匀。趁热饮完。祛风散寒;对恶心、呕吐、风寒感冒有疗效。

7. 黄豆 10 克,香菜 30 克。把黄豆用水煎煮,15 分钟后放入香菜,煎 15 分钟,滤渣饮汁。每天 2 次,1 次服完。辛温解表、健脾胃;对流行性感冒有疗效。

8. 桑叶 18 克,枇杷叶 10 克,甘蔗 100 克,薄荷 6 克,大米 60 克。将上述药物洗净切碎,加水适量,煎煮取汁,加入大米煮至粥稠,趁热服。

9. 茶叶 5 克,川芎 5 克,葱白 2 段。将三者加水适量煎煮,去渣取汁当茶饮。具有祛风散寒、通阳止痛作用。适用于风寒感冒的头痛、恶寒、发热、周身骨痛的患者。

10. 豆腐 200 克,淡豆豉 15 克,葱白 15 克。先将豆腐切成小块放入锅中略煎,加入淡豆豉与水适量,煮沸后 10 分钟,再加入葱白煮沸,趁热服用,具有发散风热的作用。适用于感受风热、鼻塞、咽痛的患者。

11. 银花 20 克,茶叶 5 克,白糖 15 克。将银花、茶叶洗净,加水适量煎煮,待药快煎好时加入白糖,再煮片刻即可饮服,每天一次。具有疏风清热的作用,适用于发热微恶风寒、咳嗽咽痛、鼻塞流浊涕的患者。

12. 香菜 15 克,葱白 15 克。将两者洗净,加水适量,煮沸后再煮 5 分钟即可。具有发散风寒的作用。适用于恶寒重、发热轻、鼻塞流清涕、肌肉酸痛、口淡不渴的患者。

13. 生姜 5 克,红糖 30 克。将生姜洗净切成片,加水适量煎煮 20 分钟,再加入红糖煮 10 分钟即可。具有解表、暖胃、散寒作用。适用于风寒感冒、恶寒、口淡、周身酸痛、打喷嚏的患者。

14. 白菜心 500 克,切成碎末,白萝卜 120 克,切成薄片,加水 800 毫升,煮至 400 毫升看,加红糖适量。每次 200 毫升,一天 2 次,连服三四天即可治愈。

15. 姜丝 25 克,萝卜 50 克切片,加水 500 毫升,煮 15 分钟,加红糖适量。每次 200 毫升,每天 1—2 次。

16. 鲜姜丝 50 克,加 1000 毫升可乐,煮沸,热饮,每次 100 毫升,每天数次。

17. 粳米 50 克,葱白、白糖各适量,先煮粳米,待粳米将熟时把切成段的葱白 2—3 段及白糖放入即可。每日 1 次。热服,取微汗。解表散寒,和胃补中。适用于风寒感冒。

18. 生姜 15 克, 紫苏叶 10 克, 放入砂锅或搪瓷杯, 加水 500 毫升煮沸, 加入红糖 20 克, 趁热服, 每日 2 次。

19. 大葱白 3 段, 姜片 5 片, 胡桃 5 个取肉, 绿茶叶 1 小撮, 绿豆 30 克, 水煎服。每日服 2 次。

20. 葱白 2 段, 豆豉 10 克。用水 500 毫升, 入豆豉煮沸 2—3 分钟, 之后加入葱白、调料出锅。趁热服用, 服后盖被取汗。

21. 苦瓜 30 克, 莲叶 1 张, 猪瘦肉 50 克。将苦瓜、鲜莲叶、猪瘦肉均切片, 把全部用料一起放入锅内, 加清水适量, 武火煮沸后, 文火煮约 1 小时. 至肉熟, 调味即可。清暑解毒, 利湿和中。饮汤食肉。

22. 生姜 50 克(去皮), 鸭蛋 2 个, 白酒 20 毫升。生姜洗净去皮, 切成丝, 加水 200 毫升煮沸, 鸭蛋去壳打散, 倒入生姜汤中, 稍搅, 再加入白酒, 煮沸即可。解表散寒。每日 1 次, 吃蛋饮汤, 顿服, 可连服 3 日。

23. 糯米 30 克, 生姜片 10 克, 葱白 6 克。用砂锅加水煮糯米、生姜片, 粥成入葱白, 煮至米烂, 再加米醋 20 毫升, 和匀即可。益气补虚, 散寒解表。趁热喝粥, 以汗出为佳。

24. 防风 10—15 克, 葱白 2 段, 粳米 50—100 克。取防风、葱白煎取药汁, 去渣取汁。粳米洗净煮粥, 待粥将熟时加入药汁, 煮成稀粥。每日 2 次, 趁热服食, 连服 2—3 日。祛风解表, 散寒止痛。适应于感冒风寒、发热畏冷、恶风、自汗、头痛、身痛、风寒痹痛、关节酸楚、肠鸣腹泻。对老幼体弱病人较适宜。

(七) 便秘

便秘指大便干结、排出困难、排便间隔时间延长, 通常两三天不大便, 或有便意, 但排便困难者。本病发生原因常有燥热内结、气虚传送无力或阴虚血少等。日常饮食中可以注意预防和调节这种情况的出现。

1. 香蕉 1—2 个, 冰糖适量。将香蕉去皮, 加冰糖适量, 隔水炖服, 每日 1—2 次, 连服数日。

2. 马铃薯不拘量。将其洗净, 压碎, 挤汁, 纱布过滤。每早空腹及午饭前各服半杯。适用于各种原因引起的便秘。

3. 细嫩竹笋 100 克, 去皮、切片, 与猪瘦肉 100 克同煮熟, 加精盐、味精、葱末、姜丝等调味, 每日 1 次。

4. 菠菜 200 克, 猪血 150 克同煮, 熟后放盐少许, 然后饮汤。

5. 猪脊瘦肉、粳米各 100 克, 茴香、食盐、香油、川椒粉各少许。先将脊肉切成小块, 在香油中稍炒, 后入粳米煮粥, 熟后入茴香、川椒、食盐等, 再煮 1—2 分钟, 早晚空腹食用。

6. 菠菜 200 克, 粳米 30 克。先煮粳米粥, 将熟, 入菠菜, 凡沸即熟, 任意食。适用于体弱, 久病大便涩滞不通。

7. 决明子 30 克, 加入 700 毫升的水, 熬至药汤一半的时候关火。经常饮用可以治疗高血压, 明目, 通便。

8. 蜂蜜 65 克, 香油 35 毫升。用沸水将蜂蜜和香油冲调后温服。每日早晚各服 1 次。

9. 新鲜菠菜 250 克, 食盐、麻油少许。将菠菜洗净, 待锅中水煮沸, 放入食盐, 再把菠菜放入沸水中烫约 3 分钟取出, 加入麻油拌匀即成。常食有效。

10. 郁李仁 15 克, 白米 50 克。将郁李仁捣烂, 置水中搅匀, 滤去渣取其汁, 亦可将郁李仁加 500 毫升水煎煮取汁, 以药汁同白米煮粥, 每日早晚温热服食。本方润燥滑肠, 适用于老人便秘。

11. 白萝卜 500 克, 洗净, 切碎, 加水煎汤, 服用时兑入适量蜂蜜。适用于习惯性便秘。

12. 北杏 10 克, 雪梨 1 个, 白砂糖 30—50 克, 同放碗中, 加适量清水, 隔水蒸熟 (1 小时) 即成。喝汤吃梨, 常食有效。

13. 黑木耳 6 克, 煮烂, 加蜂蜜 2 匙, 调服, 每日 2—3 次。治疗习惯性便秘。

14. 芋头 250 克, 大米 50 克, 盐适量。将芋头去皮切块与大米加水煮粥, 用油、盐调味服食。本方适用于大便干燥硬结。

15. 牛乳 250 毫升, 蜂蜜 100 毫升, 葱汁少许。每日早晨煮热吃。本方滑肠通便, 适用于习惯性便秘。

16. 地瓜 1 条, 白木耳 3 朵, 蜂蜜适量。地瓜去皮切块, 白木耳泡软切碎后, 两者一起加水煮烂, 加入蜂蜜调味, 一天吃 2 次, 2 餐之间吃。胃酸过多者勿食用。

17. 将 300 克海带切丝, 用开水焯熟, 100 克黄豆用水煮熟后, 将海带和黄豆放凉, 控干水分, 再在其中加入盐、酱油、味精、葱花搅拌均匀即可。海带含有丰富的食物纤维, 可以促进肠道蠕动、增加排便量。

18. 松子仁 300 克, 炒熟, 加白糖 500 克和水适量, 用小火煎煮成糊状, 冷却装瓶,每次 1 匙,空腹开水冲服,每日 2 次。

19. 何首乌 50 克,以砂锅煎取浓汁去渣,再入粳米 100 克、大枣 3 枚、冰糖适量同煮为粥。每日分 2 次服。

20. 鲜桑椹 60 克水煎服;或取鲜桑椹 1000 克,煎煮 2 次,取煎液 1000 毫升,文火浓缩至黏稠状.加蜂蜜 300 克,煮开即成,再装瓶备用,每次服 20 毫升,每日 2—3 次。适于老年体弱、气血虚亏及便秘者食用。

21. 用黑芝麻适量,粳米 100 克。做法是将黑芝麻淘洗干净,晾干炒熟研碎,每次取 30 克,与粳米 100 克同煮成粥即成。常食有效。

22. 胡萝卜适量.洗净榨汁,兑蜂蜜适量,每次 80 毫升,早晚各 1 次。

(八)慢性前列腺炎

患有前列腺症的人应注意饮食清淡,多食青菜水果,必须忌烟酒、戒辛辣。慢性前列腺炎患者一定要克服不良嗜好,尤其在疾病的缓解期,更应注意,以免因一时的痛快而加重病情。

1. 绿豆 100 克。绿豆洗净,置锅中,加清水 500 毫升。急火煮开 10 分钟,每次 10 毫升。再加开水,代茶冲饮。

2. 杨梅 60 克,去核捣烂后加温开水 250 毫升,用小勺调匀后饮服,每天服用 2 次,连服 2 个月。可以治疗前列腺炎、小便涩痛。

3. 西瓜 1 个。洗净,剖开,以瓜代食。

4. 竹叶 15 克,鲜葫子 500 克。竹叶、鲜葫子洗净,切成段状,置锅中,加清水 1000 毫升,急火煮开 3 分钟,改文火煮 5 分钟,分次饮用。前列腺肥大,属积热型,小便赤少,不畅者。

5. 车前子 60 克,橘皮 15 克,通草 10 克,用纱布包,煮汁去渣,入绿豆 50 克和高粱米 100 克煮粥。适用于老年人前列腺炎、前列腺增生。

6. 紫花地丁、紫参、车前草各 15 克。海金砂 30 克。上药研为粗末,置保温瓶中,以沸水 500 毫升泡闷 15 分钟。代茶饮用,每日 1 剂,连服 5—7 天。消炎利尿。适用于前列腺炎、排尿困难及尿频尿痛症者。脾胃虚寒者忌用。

7. 将枸杞子与茯苓共研为细末.每次取 5—10 克,加红茶 6 克,用开水冲泡 10 分钟即可,每日 2 次,代茶饮用。

8. 将山慈菇花 30 克,凌霄花 20 克共研为细末。每次取 6 克,白开水送服,每日 3 次。适用于前列腺炎。

9. 甘蔗 500 克,去皮切成小段后榨取汁液饮服,每日 2 次。

10. 荸荠 150 克(带皮),洗净去蒂,切碎捣烂,加温开水 250 毫升,充分拌匀,滤去渣皮,饮汁,每日 2 次。适用于前列腺疾病。

11. 猕猴桃 50 克,捣烂后加温开水 250 毫升,调匀后饮服,连服 2 周。

12. 田螺 500 克,黄酒、姜、葱、酱油。将田螺洗净,剪去尾尖,加姜、葱,用素油煸炒,加黄油、盐、酱油少许,糖适量,烧熟食用。清利湿热,利水利尿。

13. 生黄芪 30 克,白茅根 30 克(鲜品 60 克),肉苁蓉 20 克,西瓜皮 60 克(鲜品 200 克),砂糖适量。将黄芪、白茅根切段,与肉苁蓉、西瓜皮同放进砂锅内,用中火煮汤饮用,每日饮 2—3 次。

14. 栗子仁 200 克. 乌鸡一只。海马五只。将乌鸡去肠杂、毛,切块,与栗子仁、海马及盐、姜同放锅内,加水适量蒸熟。分 2—3 次食完。适用于前列腺炎。

15. 猪瘦肉 150—200 克. 鲜白兰花 30 克(干品 10 克)。将猪瘦肉洗净,切小块,与鲜白兰花加水煲汤,加食盐少许调味。饮汤食肉,每日 1 次。适用于男子前列腺炎及女子白带过多等症。

16. 淡竹叶 6 克,山药 6 克,绿茶。将山药碎为颗粒,同淡竹叶、茶叶用热水冲泡,代茶饮。每日 1 剂,连用 3 剂。

17. 薏苡仁 60 克,木通 10 克,白糖 10 克。将木通水煎取汁,加入薏苡仁煮粥,用白糖调味服食。每日 1 剂,连用 6 剂。

18. 将萝卜 1500 克洗净,去皮切片,用蜂蜜浸泡 15 分钟,放在瓦上焙干,再浸再焙,不要焙焦,连焙 3 次。每次嚼服数片,盐水送服。每日 4—5 次,适用于气滞血瘀型慢性前列腺炎。

19. 党参 30 克,黄芪 30 克,枸杞子 10 克,大米 100 克,制作时,先将党参、黄芪同放砂锅内,加适量清水,用中火煎汁。与此同时,将枸杞子、大米共放进另一锅内煮粥。待煮至粥半熟时,倒入参芪药汁再煮成粥,调味后早晚服食。

20. 鲜嫩丝瓜 1 条,白米 50 克,白糖适量。丝瓜能清热利解毒。白米煮成粥,半熟时放入鲜丝瓜(洗净切成粗段),候熟,加糖食之。作早餐食用。用于湿热型急性前列腺炎。

21. 蜂王浆、开水配制成 1：100 的溶液。每日口服 2 次,每次 20—30 毫升,长期服用。适用于慢性前列腺炎。

22. 鲜葡萄 250 克,去皮、核,捣烂后加适量温开水饮用,每日 1—2 次,连服 2 周。治前列腺炎和小便短赤涩痛。

23. 鲜爵床草 100 克(干品减半),洗净切碎,同红枣 30 克,加水 1000 毫升,煎至 400 毫升左右,饮药汁吃红枣,每日 2 次分服。适用于慢性前列腺炎。

(九)脂肪肝

脂肪肝的饮食调养也非常重要,饮食以高蛋白、适当脂肪、补充各种维生素为原则,少吃糖类食品,控制热量摄入。还要配合适当的身体锻炼,消耗多余的脂肪,减少沉积。嗜酒者要戒酒,制定并坚持合理的饮食制度,瘦肉、鱼类、蛋清及新鲜蔬菜等富含亲脂性物质的膳食,有助于促进肝内脂肪消退,高纤维类的食物有助于增加饱腹感及控制血糖和血脂,这对于因营养过剩引起的脂肪肝尤其重要。

1. 黄豆 50 克,花生 10 克。将黄豆和花生淘洗干净后,用冷水浸泡 6 小时。待黄豆、花生充分浸胀,加清水 500 毫升磨碎,用洁净纱布滤汁去渣。将滤液置锅中煮沸,加适量白糖调味,即可饮用。早晚各 1 次,温服。

2. 鲜蘑菇 100 克,豆腐 200 克,党参 20 克,蒜苗 25 克,海米 25 克,精盐、味精、麻油、胡椒粉、醋适量。把蘑菇和豆腐切成小片;锅内添清汤,放入豆腐、鲜蘑菇、泡洗好的海米、精盐烧开,撇去浮沫,加入胡椒粉、醋,淋入麻油,放味精,出锅,放点洗净的蒜苗即成。益气健脾,适用于肝脾气虚型脂肪肝。

3. 生山楂 30 克,每日煎水代茶饮,或饮用山楂冲剂,每次 1 包,一日 3 次。

4. 何首乌 20 克,粳米 50 克,大枣 2 枚。将何首乌洗净晒干,打碎备用,再将粳米、红枣加清水 600 毫升,放入锅内煮成稀粥,兑入何首乌末搅匀,文火煮沸,早晨空腹温热服食。

5. 灵芝 15 克,黄精 15 克,瘦猪肉 500 克,料酒、精盐、葱、姜、胡椒粉适量。一起放到锅内,注入适量水,用武火烧沸,撇去浮沫,改用文火炖,炖至猪肉熟烂,用盐、胡椒粉调味即成。补益肝肾、养心安神,适用于肝肾亏虚型脂肪肝。

6. 赤小豆 150 克,鲤鱼 1 条(约 500 克),玫瑰花 6 克。将鲤鱼活杀去肠杂,与赤小豆和玫瑰花加水,共煮至烂熟。去花调味,分 2—3 次服食。

7. 大枣 10 枚,芹菜 30 克,煎汤饮用,一日 1 次。

8. 兔肉 100 克,佐以麻油 10 克煮食,一日 1 次。

9. 灵芝 20 克,蚌肉 250 克,冰糖 60 克。将河蚌去壳取肉,用清水洗净待用。

灵芝入砂锅加水煎煮约1小时,取浓汁加入蚌肉再煮,放入冰糖,待溶化即成,饮汤吃肉。

10.菠菜200克,鸡蛋2只。将菠菜洗净,入锅内煸炒,加水适量,煮沸后,打入鸡蛋,加盐、味精调味,佐餐。

11.兔肉500克,淮山药50克,盐少许。将兔肉洗净切块,与淮山药共煮,沸后改用文火煨,直至烂熟,饮汤吃肉。

12.马兰头100克,豆腐250克。将马兰头洗净,入沸水中略煮,捞出切成片,拌豆腐,可常吃。

13.赤小豆100克,粳米50克。将赤小豆洗净,和粳米一起常法煮粥,每日早晚温热服食。

14.黑鱼1条,冬瓜250克,葱、姜、盐、味精适量。将黑鱼洗净,去鳞和肠杂,冬瓜切块,然后一起入锅煮,加调味品,分2次服食。

15.鲜嫩荷叶60克,生山楂、生薏苡仁各10克,橘皮5克,均晒干研为细末,混合均匀。将药末放入杯中,开水冲泡,加盖焖约30分钟左右即可,代茶频饮,水喝完后可再加开水冲泡,每日1剂,连服3～4个月。

16.瘦羊肉200克,生姜10克,将上两味洗净切丝。葱头100克,植物油50克,辣椒适量。先用植物油将辣椒炸焦后捞出,再放入羊肉丝、姜丝、葱头煸炒,加入适量调料,熟后收汁出锅即可,佐餐食用。阴虚火旺者不宜食用。

17.新鲜连皮冬瓜80～100克(冬瓜子,干者10—15克,鲜者30克),同粳米100克共煮为稀粥,佐餐食。

18.鸡脯肉200克(切成丝),参、黄芪各6克,加水500毫升,小火炖至八成熟,再放入冬瓜片200克,加调料,小火慢炖,炖至冬瓜熟烂即成。适用于年老体弱或脂肪肝病程较长的患者。

19.葛花15克,葛根粉240克,赤小豆花、绿豆花各60克,白豆蔻15克,柿霜120克,共研为细末,用生藕汁调和为丸,每日1丸,嚼碎吞服。适用于长期饮酒而致肝区不适的患者。

20.沸水放入几枚大蒜瓣,略煮软,加入用凉水调和好的玉米粉糊,共煮成粥,早、晚食用。

21.海带丝、动物脊骨各适量,调料少许,将海带丝洗净先蒸一下,将动物脊骨炖汤,开后去沫,投入海带丝,加盐、醋、味精等调料即可。

22. 西红柿 200 克,酸牛奶 200 毫升,将西红柿洗净后用温水浸泡片刻,连皮切碎,在榨汁机中绞 1 分钟后加酸牛奶拌匀即成。早晚服用。

23. 紫菜 10 克,鸡蛋 1 枚,调料适量,按常法煮汤即成。饮汤吃菜、鸡蛋,宜长期食用。具有降脂作用。适宜于各类脂肪肝患者的保健膳食。

24. 鲜芹菜 100 克,洗净切成片,黄豆 20 克(先用水泡胀),锅内加水适量黄豆与芹菜同煮熟,吃豆吃菜喝汤,一日一次,连服三个月。

25. 将山楂糕 500 克切成 3 厘米长,1.5 厘米宽的条,鸡蛋 3 个打入碗内,放入面粉和淀粉,调匀成稠糊。山楂条放蛋糊内滚满蛋糊,用猪油炸成焦黄,捞出装盘,撒上少许白糖。做点心食用,任意取食。

26. 将白萝卜 1000 克放入清水中,浸泡片刻用温开水冲洗后连皮切成小丁块状,放入家用电动粉碎机中,压榨成汁即可。上、下午分服。具有护肝消脂、顺气消食的作用。

27. 金钱草、车前草各 60 克,砂仁 10 克,鲤鱼 1 尾,盐、姜各适量。将鲤鱼去鳞、鳃及内脏,同其他 3 味加水同煮,鱼熟后加盐、姜调味。

28. 玉米须 60 克,冬葵子 15 克,赤小豆 100 克,白糖适量。将玉米须、冬葵子煎水取汁,入赤小豆煮成汤,加白糖调味。分 2 次饮服,吃豆,饮汤。

29. 红花 10 克,山楂 50 克,橘皮 12 克。加水煎煮,取汁。分 2—3 次服。

30. 胡萝卜缨 250 克,白糖、米醋、味精适量。胡萝卜缨洗净后放锅内,加水 400 毫升,煎至 150 毫升,滤汁。加水再煎,共取汁 300 毫升,混匀即可放入米醋、白糖和味精各适量。佐餐,每日 1 次。温服。

31. 鸡蛋 2 个,枸杞子 15—30 克,大枣 6—8 枚。三物同煮,待蛋熟后,去蛋壳,再煮 5—10 分钟,即可。吃蛋饮汤,每次 1 个,每日 2 次。用于慢性肝炎或急性肝炎恢复期。

(十)癌症

癌症早中期,多属阴虚内热,应忌辛温燥热属性的食品;在癌症中晚期多为虚证,宜吃温补脾胃、益气生血等食物,而性属寒凉的食品,则应少吃或不吃。通过科学饮食改善机体的营养状况,会提高治疗效果及生活质量。

1. 西红柿花生大枣粥:花生米、大枣各 30—50 克,先煮之,熟时再加入洗净的粳米 100 克煮成粥,食用前拌入适量的西红柿,每日 1—2 次。该粥适用于虚弱的癌症患者,如消化系统(食道、胃、肠、肝、胰、胆)癌症手术后的病人。

2. 海带肉冻:将海带泡软洗净切丝,带皮猪肉等量,洗后切成小块,放锅内加适量水,再加桂皮、大茴香等调味品,用文火煨成烂泥状,加盐,盛入容器内,冷凝成冻,吃时切成条佐饭食之。适用于内分泌系统的肿瘤(如甲状腺、乳腺、前列腺等)病人食用。

3. 菱粉粥:先用粳米 100 克煮粥,待煮至米熟后,调入菱粉 40 克,同煮为粥。适用于食道癌、胃癌、乳腺癌、宫颈癌病人食用。

4. 薏苡仁粥:先将薏苡仁洗净晒干,研成细粉,每次取 30—60 克,同粳米 100克煮粥,可供早晚餐服食。适用于胃癌、肠癌、宫颈癌的辅助食疗。

5. 芦笋茶:鲜芦笋 100 克、绿茶 5 克。鲜芦笋洗净,切成一厘米的小段,砂锅内加水后,中火煮沸放入芦笋,加入用纱布裹扎的绿茶,煎煮 20 分钟,取出茶叶袋即成。代茶频频饮服,鲜芦笋可同时嚼服。可润肺祛痰,解毒抗癌,适用于鼻咽癌、食道癌、乳腺癌、宫颈癌等。

6. 大蒜粥:取生大蒜汁半匙,炒陈皮末半匙,加冰糖一匙,拌入糯米粥内,1 次吃完。对防治各种癌症有益。

7. 玉米粥:黄玉米 100 克碾成细粉,浸泡 2 小时后,入砂锅中加水 600 毫升,用文火煮成粥,酌加白糖即可食用,日食 1 次,对防癌抗癌有益。或将玉米 100 克熬烂,后入白萝卜 500 克,切碎块同煮粥,常食以防癌。

8. 百合粥:鲜百合 60 克或百合干粉 30 克,粳米 100 克,同煮粥作为晚餐或午后点心服食,服时可适量调入冰糖或蜂蜜。有润肺清心调中之效,可止咳、止血、开胃、安神,有助于增强体质,缓解癌症放疗反应。若用百合 50 克,白莲肉 100 克,薏苡仁 50 克,白木耳 50 克,莲藕片 100 克,荞麦粉 200 克,粳米 50 克,同熬成粥,适用于肺癌。

9. 乌贼炒猪肉:乌贼 1 只,猪肉 120 克。将乌贼洗净、切片,猪肉切块。起油锅,将乌贼、猪肉一起炒,加适量调味料,炒熟即可。适用于月经过多的卵巢癌患者。

10. 红烧鳝鱼:黄鳝 1 条,猪肉 120 克,大蒜、酱油适量。黄鳝洗净切块,猪肉切块。先热油锅,倒入黄鳝、猪肉翻炒,再加酱油、大蒜红烧。适用于体力虚弱的卵巢癌患者。

11. 海蜇荸荠:海蜇皮 50 克,荸荠 50 克,白糖适量。荸荠去皮洗净。先以适量开水煮海蜇皮,捞去海蜇皮留下汤汁备用。再以此水煮荸荠,加入白糖少许,煮至水收干。取食荸荠。可蘸白糖随时食用。适用于伴有口干咽痛、低热、舌质红、舌苔黄的睾丸癌患者。

12.羊肉汤:羊肉1000克,茴香、肉桂、米酒适量。羊肉切成小块,先以米酒加水烫过,除去血水、膻味。将烫好的羊肉与茴香、肉桂一起放入砂锅,以慢火炖煮2小时,即可食用。适用于睾丸肿瘤手术后,腰酸乏力、恶寒者。

13.何首乌粥:何首乌60克,粳米200克,大枣6枚,冰糖少许。粳米、大枣洗净。何首乌放入砂锅内,加清水适量煎煮,去渣留药汁备用。粳米、大枣放入砂锅内,加清水适量,先用大火烧开,再加入药汁,转用中火熬煮。米熟时放入冰糖,继续用小火熬煮成粥。作早、晚餐食用。补肝肾健脾、益气血乌发。适用于肝肾不足、头晕耳鸣、贫血、神经衰弱、血脂高、便秘尿赤和子宫颈癌阴道不规则出血等症。大便稀溏者忌服;勿用铁锅煎煮。

14.丝瓜鸭血汤:丝瓜100克,鸭血块100克,米酒、味精、香油、花生油、姜末、盐、生粉各适量,高汤少许。用小刀将丝瓜外皮轻轻刮去,洗净沥干,切成小块。鸭血放入开水中烫熟,切成片。加花生油,先热油锅,油至八成热,将丝瓜过油盛出备用。锅内加高汤、鸭血、丝瓜、米酒、盐、姜末,烧开。加味精调味,用生粉勾芡。淋上香油即可食用。清热解毒、消淤利湿、补血凉血。适用于损伤出血及湿热淤毒型膀胱癌患者。

15.桑椹枸杞粥:桑椹、枸杞子各30克,粳米100克,蜂蜜适量。桑椹、枸杞子洗净,拣去杂物。粳米加适量清水,先用大火烧开,转用中火熬煮至米熟。加入桑椹、枸杞子,再加水,熬煮成粥,加入蜂蜜调味,即可食用。补肝益肾、滋阴润燥、清热止血。适用于久病体虚、肝肾不足、头晕目眩、口干便燥、尿血等症及肝肾阴虚型膀胱癌患者。

16.赤豆鲤鱼汤:大鲤鱼1尾(约1000克),赤小豆50克,陈皮6克,玫瑰花15克,姜、盐、鸡汤、绿叶蔬菜各适量。鲤鱼去鳞、鳃和内脏,洗净待用。赤小豆洗净,加水煮开(赤小豆汤留用),赤小豆与陈皮放入鱼腹内。鱼放盆内加入姜、盐、赤小豆汤、鸡汤、玫瑰花,上蒸笼蒸约60—90分钟,待鱼熟透后即可取出。将绿叶蔬菜用开水烫熟后,放入鱼汤内即可。有抗胰腺癌的功效。

17.胡萝卜鸡肝粥:胡萝卜、糯米各90克,鸡肝50克,香菜末、香油、盐、味精、胡椒粉各适量。糯米洗净,胡萝卜切成丝。先热油锅,油热后加入鸡肝、胡萝卜快炒,加盐少许,炒入味后,盛入碗内备用。将糯米放入锅内,加水适量,先用大火烧开,转用小火熬煮,至粥熟烂后,加入盐、香菜末、香油各适量。将煮好的粥加入鸡肝、胡萝卜、味精、胡椒粉调味后,略煮,即可食用。每日1次,连服3—4周。适用于肝气郁结、脾胃虚、食少、气滞、胸闷、腹胀、肝癌等症。

18. 韭汁牛乳饮:生韭菜根、叶适量,牛奶200毫升,生姜汁250毫升。韭菜洗净、捣烂,用纱布包住绞汁。每次取韭菜汁100毫升,加牛奶烧开,冲入姜汁。缓缓咽下,每日频服。适用于胃脘胀痛、呕吐、心烦、胃口差、胃有肿块且坚硬等症及气滞血瘀型胃癌。

19. 黄芪阿胶薏仁汤:黄芪30克,薏苡仁50克,阿胶12克,冰糖适量。薏苡仁洗净;阿胶打碎备用。黄芪洗净,放入砂锅中,加水适量,烧开,转用小火熬煎1小时,去药渣,留取药汁液。将薏苡仁放进锅中,加水适量,烧开,转用中火熬煮至米熟,加药汁,继续熬煎,加阿胶搅匀,熬煎至成稀粥时,加冰糖调味,即可食用。适用于气血两虚、久病体弱、面色萎黄、食欲不振、四肢乏力、胃痛腹胀、呃逆呕吐等症及气血双亏型胃癌。

20. 柿饼蒸米饭:柿饼、薏苡仁各60克,粳米230克。薏苡仁洗净,加水浸透。柿饼去蒂切成小丁,粳米洗净。将薏苡仁、粳米、柿饼丁拌匀,加水适量,上蒸笼蒸熟即可。每天服食1—2次,连服1—2周为一疗程。适用于气阴不足、神倦食少、气阴两虚型食道癌的患者。

21. 冰糖银耳燕窝汤:西洋参片5克,银耳15克,桔梗15克,燕窝30克,冰糖20克。先把银耳洗净泡水,燕窝撕碎、洗净、去杂质。再把全部材料一齐放入炖盅内,加开水适量,炖盅加盖,文火炖煮2小时。随时饮用。适用于肺癌晚期体质虚弱的病人。

化疗期间,由于药物在杀伤肿瘤细胞的同时,难免会使正常的细胞受到一定损害,产生相应的毒副反应,如免疫功能下降、白细胞减少、消化道黏膜溃疡、脱发等。此时,病人宜补充高蛋白质食品,如奶类、瘦肉、鱼、动物肝脏、红枣、赤豆等。食用牛肉也有助于升高白细胞。如出现食欲不振、消化不良,可增加健脾开胃食品,如山楂、白扁豆、萝卜、陈皮等,并可根据病情做饮食调整。

日常饮食中有些致癌食物要少吃:

1. 腌制食品:咸鱼产生的二甲基亚硝酸盐,在体内可以转化为致癌物质二甲基亚硝酸胺。

2. 烧烤食物：烤牛肉、烤鸭、烤羊肉、烤鹅、烤乳猪、烤羊肉串等。

3. 熏制食品：如熏肉、熏肝、熏鱼、熏蛋、熏豆腐干等含苯并芘致癌物，常食易患食道癌和胃癌。

4. 油炸食品：油煎饼、臭豆腐、煎炸芋角、油条等，煎炸过焦后，产生致癌物质多环芳烃。

5. 隔夜熟白菜和酸菜：会产生亚硝酸盐，在体内会转化为致癌的亚硝酸胺。

6. 反复烧开的水含亚硝酸盐，进入人体后生成致癌的亚硝酸胺。

（十一）白发

白发出现，并不是这个人一定到了老年了，有些时候，会因为营养和外界环境的影响或者病变产生白发，为了治疗和预防白发的产生，我们可以在日常饮食中找到一些方法。

1. 黑豆淘洗干净并经反复蒸、晒后，贮于瓷瓶内，每日食 2 次，每次食 6 克，嚼后淡盐水送下。同时，每天吃鸡蛋 1 个，大核桃仁 2 个，长期服用有效。

2. 大核桃 12 个，剥去外壳及肉上衣膜，将核桃肉炒香切碎备用，另取枸杞子、何首乌各 60 克，小豆或黑大豆 240 克。先将枸杞子与何首乌加适量水同煎，至汁浓后滤去渣，然后将炒香切碎的核桃肉和黑豆一起投入汁中，再同煎至核桃肉稀烂、汁液全部被黑豆吸收为度。最后取出晾干或低温烘干即可服用。每日服 2 次，每次 6—9 克，早晚空腹或饥饿时随时服用。

3. 核桃仁 1000 克，放冷水中浸泡 3 天，取出后去掉皮尖，然后将适量白糖放入锅中，待溶化后倒入桃仁中搅匀，冷后即可食用。每日吃 2 次。每次 10 克。

4. 将黑芝麻、鲜桑椹各 250 克捣烂，再加入蜂蜜少许调匀置瓶中，每次 1 汤匙，用白开水送服，每日 3 次。

5. 黑豆 250 克，银杏 30 粒，研碎炒熟，黑芝麻 100 克，何首乌 150 克炒熟，四味混合后放入瓶中，每天早饭后服用 30 克。

6. 黑芝麻、黄豆、花生、核桃各等份，分别炒香、炒熟，研成细粉后调匀。每日睡前用牛奶、豆浆或开水冲服一小匙。腹泻时不宜使用。

7. 红糖 500 克入锅内，加水少许。以文火煎熬至较稠厚时，再放入炒熟之黑芝麻、核桃仁各 150 克，调匀，即停火。趁热熔糖液到在表面涂有食用油的搪瓷盘中，待稍冷，将糖压平，用刀划成小块，冷却后随意食用。

8. 鹌鹑蛋 2 个, 何首乌 30 克, 生地 20 克, 加水共煎, 蛋熟去壳, 放回汤中再煮一会儿, 弃渣食蛋饮汤。

9. 何首乌 100 克, 红枣 10 枚, 白葡萄酒 500 毫升, 浸泡半个月, 每天晨起服 1 匙, 长期服用, 可使头发乌黑发亮。

10. 黑芝麻 25 克捣碎, 大米适量洗净, 加水共煮为粥, 经常佐餐食用。

(十二) 冠心病

在冠心病发病的危险因素中, 最主要的是高血压、高胆固醇血症、吸烟; 其次是肥胖、糖尿病及精神神经因素; 还有一些不能改变的因素, 如家族遗传史、年龄、性别 (男性) 等。冠心病的发病同饮食营养因素有直接或间接关系, 因此注重合理营养是防治冠心病的重要措施之一。

1. 活泥鳅 100 克, 党参 20 克。将泥鳅去头尾洗净, 入少许盐及姜腌渍 15 分钟。锅内放油烧七成热, 入泥鳅炒至半熟, 加党参、清汤适量, 同炖至熟烂, 加入姜末、盐、葱花、味精调味即可。有益气扶阳, 健脾利湿功效。可佐餐食用。

2. 人参 5 克, 银耳 10—15 克。银耳用温水浸泡 12 小时, 洗净。人参去头, 切成薄片, 入砂锅中, 用文火煮熬 2 小时, 再加入银耳熬 1 小时即可。每日 1 剂, 饮汤食银耳, 分 2 次食完, 连用 10—15 日。

3. 丹参 9 克, 绿茶 3 克。将丹参制成粗末, 与茶叶以沸水冲泡 10 分钟, 即可饮用。用活血祛瘀, 止痛除烦的作用。

4. 玉竹 50 克, 猪心 500 克。玉竹洗净, 切成节, 用水稍润, 煎熬 2 次, 收取药液约 500 升。猪心剖开, 洗净血水, 与药液、生姜、葱、花椒同置锅内, 用文火煮熟捞起。在锅内留原汁适量, 放入食盐、白糖、味精和香油, 熬成浓汁即成。每日 2 次, 佐餐食。

5. 鸡肉 100 克, 嫩豌豆 150 克。将鸡肉切成细丝, 用料酒、葱、姜、盐少许调汁浸好, 淀粉加水调汁待用。把豌豆剥好洗净, 将油熬热, 放入盐, 倒入豌豆略炒, 再把鸡丝倒入, 急炒几下, 加肉汤或开水 50—100 毫升焖烧 15 分钟, 再加入淀粉汁, 烩熟即成。佐餐食用, 可常食。

6. 红山楂 5 个, 去核切碎, 用蜂蜜 1 匙调匀, 加在玉米面粥中服食。每日服 1—2 次。

7. 牛腿精肉 500 克, 黄精 30 克, 玉竹 15 克, 龙眼肉 15 克, 生姜 4 片。牛腿精肉洗净,切块,并用开水汆去膻味。把全部用料一齐放入锅内,加清水适量,武火煮沸后,文火煮2—3小时,调味即可。饮汤食肉。

8.杜鹃叶15克,鲜猪肺500克,冰糖15克,鸡汤500克。将杜鹃叶洗净放碗内,加入绍酒、冰糖上屉蒸40分钟,取出用洁净纱布绞汁过滤备用。把猪肺用水冲洗干净,下锅煮透,捞出切片,放入砂锅内,加入鸡汤、葱白、姜片、花椒水、精盐,上火炖熟。拣去葱、姜块,再加入杜鹃汁、味精、香油,开锅盛入碗内即可食用。佐餐食用,可常食。

9.蚯蚓3—5克,鸡蛋3—4枚。将活蚯蚓先放盆内2—3天,使其排出体内泥垢,剖开洗净,切段,将鸡蛋清与蚯蚓同炒,盐调味。佐餐食用。

10.鹌鹑蛋10只,红参、当归、肉桂、丹参各5克。将红参、当归、肉桂、丹参煎成药汁,取鹌鹑蛋打入瓷碗内,入药汁搅匀,加海米2—5克,食盐、麻油少许,上蒸笼蒸熟。每日1次。

11.石菖蒲6克,猪心1个。石菖蒲研成末,猪心切片,用水一起煮熟。空腹食,每天2次,忌用铁器盛煮。

12.黑木耳10克,红糖适量。把黑木耳泡10小时,蒸1小时后加红糖。睡前服。

13.山楂肉200克,桃仁20克,浸蜂蜜400毫升内,一周后每次白开水冲服1匙,日服3次。

14.鲜香菇50克(干品减半),大枣(去核)3各,共煮熟食用,每日1剂。

15.芹菜根5个,红枣10个,水煎服,食枣饮汤。每日2次。

16.冰糖500克,加醋2500毫升,待冰糖全部溶化后饮服,饭后服1匙。

17.菊花、生山楂各15—20克,水煎或开水冲浸,每日1剂,代茶饮用。

18.葛根粉30克,粳米100克,煮粥,每日早晚服食。

19.玉米粉50克用冷水调和,煮成玉米粥,粥成后加入蜂蜜1匙服食。每日2次。

20.豆浆汁500克,粳米50克,砂糖或细盐适量,将豆浆汁、粳米同入砂锅内,煮至粥稠,以表面有粥油为度,加入砂糖或细盐即可食用。每日早晚餐,温热食。

21.菊花、生山楂各15—20克,水煎或开水冲浸。每日1剂,代茶饮用,适用于冠心病、高血压、高脂血症。

22.荷叶、山楂叶各适量,水煎或开水冲浸,代茶随饮或每日3次。

23. 何首乌、草决明、枸杞子各 5 克,烧一暖瓶开水,代茶饮。

24. 柠檬 1 个,切成片,用蜂蜜 3 匙渍透,每次 5 片,加入玉米面粥内服食。每日服 2 次。

25. 海参 50 克,莲藕 20 克,大枣 5 枚、冰糖适量。把发好的海参炖烂,加连藕、大枣、冰糖炖 20 分钟。早饭前空腹食用。

26. 紫皮蒜 30 克,置沸水中煮 1 分钟后捞出蒜瓣,再将粳米 100 克煮粥,待粥煮好后,将蒜再放入粥中略煮。可早晚食用。

27. 荸荠 300 克,山楂糕 60 克,白糖适量,甜青梅脯丁、桂花糖各少许。荸荠洗净,去皮、切丁,用小砂锅加水煮荸荠,煮沸后加白糖少许,再以文火煮 10—15 分钟。山楂糕切丁,放入荸荠汤内,立即离火,加入青梅脯丁及桂花糖少许,拌匀吃。每次 1 小碗,日服 2 次。对高血压、动脉硬化及冠心病有辅助治疗作用。

(十三)老年人的健脑食品

随着年龄的增加,老年人的一些机体器官趋于"老化"。大脑就是这其中的重要器官之一,为了脑清目明,老年人可以在日常生活中,选用一些健脑食品。

1. 核桃

核桃仁含有丰富的营养素,它不仅含有蛋白质、脂肪、碳水化合物,而且含有人体必需的钙、磷、铁等多种微量元素和矿物质,以及胡萝卜素、核黄素等多种维生素。核桃中所含脂肪的主要成分是亚油酸甘油脂,可供给大脑基质的需要。核桃中所含的微量元素锌和锰是脑垂体的重要成分,常食有益于脑的营养补充,有健脑益智作用。

2. 蜂王浆

蜂王浆中含有多种氨基酸、维生素、微量元素及多种酶类及激素等。所以具有很好的促进新陈代谢、增进食欲、营养健脑、安神补血的作用。

3. 黄花菜

又名金针菜、萱草、忘忧草。黄花菜的营养价值很高。不仅含有钙、磷等微量元素以及多种维生素,特别是胡萝卜素的含量最为丰富,具有较佳的健脑、抗衰功能。

4. 香蕉

香蕉的营养非常丰富,含蛋白质、脂肪、碳水化合物、粗纤维、钙、磷、铁、胡萝卜素、硫胺素、烟酸、维生素 C、维生素 E 及丰富的微量元素钾等。香蕉在人体内能帮助大脑制造血清素,这种物质能刺激神经系统,给人带来欢乐、平静及瞌睡的信号,甚至还有镇痛的效应。常食香蕉不仅有益于大脑,预防神经疲劳,还有润肺止咳、防止便秘的作用。

5. 龙眼

龙眼异名桂圆、益智。龙眼具有较高的营养价值,自古被视为滋补佳品。清代著名医学家王士雄则称赞龙眼为“果中神品,老弱皆宜”。龙眼性味甘、平。主要功用为“开胃益脾,养血安神,补虚长智”。

6. 苹果

其味道酸甜适口,营养丰富。除含果糖、葡萄糖、蔗糖外,还含有微量元素锌、钙、磷、铁、钾及维生素 B1、维生素 B2、维生素 C 和胡萝卜素等。苹果所含的营养既全面又易被人体消化吸收,所以,非常适合婴幼儿、老人和病人食用。多吃苹果有增进记忆、提高智能的效果。

7. 豆奶

豆奶中所含的大豆磷脂可以激活脑细胞,提高老年人的记忆力与注意力。老年人经常服用大豆磷脂对改善神经化学功能和大脑机能,起到了促进作用。因此,对老年人来说,大豆磷脂是一种激发脑细胞活力效果比较明显的保健食品。

当然,健脑的食品很多,大致上对脑的健康发育起到重要作用的营养主要有:不饱和脂肪酸、维生素 C、葡萄糖、蛋白质、钙、维生素 B、维生素 A、维生素 E 等营养素。根据这些营养素,可以挑选相应的食物补充。

(十四)饮食禁忌表

日常饮食是有些相克的,一些食物不适合一起食用,有些食物跟其他食物同食也会造成营养价值缺失或者食物中毒现象。注意日常饮食中的禁忌,保证自己的饮食安全、卫生、营养。

名称	禁忌
主食类	
大米(粳米)	忌与马肉同食;忌与苍耳同食。
小米(粟米)	忌与杏同食。
高粱	忌常吃加热后放置的高粱米饭或煮剩的高粱米饭;忌加碱煮食。

名称	禁忌
黄豆	忌与猪血、蕨菜同食;服四环素药物时忌用;不宜多食炒熟的黄豆;不宜煮食时加碱;不宜多食。
豆浆	忌与鸡蛋同时煮食;忌加红糖饮用;忌与红薯或橘子同食;忌与蜂蜜同食。
绿豆	忌与狗肉、榧子同食。
豆腐	忌与葱同食,影响钙的吸收;忌与生蜜同食。
黑豆	忌与厚朴、蓖麻籽、四环素同用。
红豆	忌与米同煮;忌与羊肉同食;蛇咬伤,忌食百日;多尿者忌用。
肉类	
猪肉	忌与菱角、黄豆、蕨菜、桔梗、巴豆、大黄、黄连、苍术、芫荽同食;忌与杏仁、莲子、鸭梨、乌梅、百合同食;忌与鹌鹑、鸽肉、鲫鱼、虾同食;忌与牛肉、驴肉、羊肝同食;忌与荞麦同食。
猪肝	忌与山楂、番茄、辣椒、菜花同食;忌与雀肉、山鸡、鹌鹑肉同食;忌与荞麦、黄豆、豆腐同食;忌与鱼肉同食。
猪血	忌与地黄、何首乌同食;忌黄豆、海带同食。
羊肉	忌与乳酪、豆酱、醋同食;忌与荞麦、田螺、栗子同食;忌与竹笋、梅干菜、南瓜同食;服用中药半夏、菖蒲时禁忌食用。
羊肝	不宜与富含维生素C的蔬菜同食;忌与生椒、猪肉同食;忌与红豆、竹笋同食。
狗肉	忌与鲤鱼、泥鳅、黄鳝、绿豆同食;忌在服用商陆、杏仁同食;忌与大蒜、姜、葱同食;忌与狗肾同食;食后不宜饮茶。
牛肉	忌与红糖、橄榄、盐菜、韭菜、薤(小蒜)、生姜同食;忌与猪肉、田螺、鲶鱼、白酒、栗子同食;忌与牛膝、仙茅同食。
牛肝	忌与富含维生素C的食物同食;忌鲇鱼、鳗鱼同食。
骡肉	忌与金针菇同食。
鸡肉	忌与芹菜、糯米、豆浆、地瓜、菊花同食;忌与鲤鱼、兔肉、狗肾同食;忌与大蒜、芥末、芝麻同食;禁忌食用多龄鸡头;忌与消炎片同食。
鸭肉	忌与木耳、胡桃同食;忌与鳖肉同食。
兔肉	忌与芹菜、小白菜、人参、红萝卜同食;忌与橘子、芥末、姜同食;忌与鸡蛋同食。
驴肉	忌与猪肉同食;忌与金针菇同食。
马肉	忌与大米(粳米)、猪肉同食;忌与生姜、苍耳、木耳同食。
鹅肉	忌与鸭梨、鸡蛋、柿子同食。
鹿肉	忌与雉鸡、鱼虾、蒲白同食。
雀肉	春夏不宜食,冬三月为食雀季节;忌与猪肝、牛肉、羊肉同食;忌与李子、白术同食。
野鸭	忌与木耳、核桃、荞麦同食。
鹧鸪肉	忌与竹笋同食。
水獭肉	忌与兔肉、柿子同食。

名称	禁忌
獐肉	忌与虾、生菜、梅子、李子同食
鹌鹑肉	忌与猪肉、猪肝、蘑菇、木耳同食。
雉鸡	忌与猪肝、鲇鱼、鲫鱼、木耳、胡桃、荞麦同食。
猫肉	忌与藜芦同食，孕妇忌食。
水产类（凡海味均禁甘草）	
鲤鱼	忌与赤小豆、小豆藿、辣椒、芹菜、黄瓜、南瓜、酸菜、成菜食；忌与麦冬、紫苏、龙骨、朱砂、天门冬、甘草同食；忌与狗肉、猪肉、猪肝同食。
蟹	忌与冰水、冰棒、冰淇淋同食；忌与梨、香瓜、柿子同食；忌与花生仁、大枣同食；忌与泥鳅同食。
田螺	忌与石榴、葡萄、青果、柿子、香瓜同食；忌与玉米、木耳、蚕豆同食；忌与猪肉、牛肉、蛤同食；忌与冰制品同食。
虾	忌与猪肉、狗肉、鸡肉同食；忌与糖、金瓜、红枣同食；忌与黄豆、果汁同食；严禁同时服用大量维生素 C。
泥鳅	忌与狗肉同食。
鲑鱼	忌与河豚同食。
海带	忌与甘草同食。
鳗鱼	忌与橘子同食。
章鱼	忌与螺肉同食。
鲫鱼	忌与芥菜、猪肝、猪肉、蒜、鸡肉、鹿肉同食；忌与山药、厚朴、麦冬、甘草同食；忌与冬瓜、树豆花、蜂蜜同食。
鲶鱼	忌与牛肝同食；忌用牛、羊油煎炸。忌与中药荆芥同食。
鳝鱼	忌与狗血、狗肉同食；忌与中药荆芥同食。
螃蟹	忌与茄子、花生仁、地瓜、南瓜、芹菜、香瓜同食；忌与柿子、梨、大枣、石榴同食；忌与泥鳅同食。
海鳗鱼	忌与银杏（白果）、甘草同食。
青鱼	忌用牛、羊油煎炸；忌与荆芥、白术、苍术同食。
牡蛎肉	忌与糖同食。
鳖肉	忌与猪肉、兔肉、鸭肉、鸭蛋、鸡蛋同食；忌与苋菜、芹菜同食；忌与薄荷同煮。
黄花鱼	忌用牛、羊油煎炸。
龟肉	忌与酒、果、瓜、猪肉、苋菜同食。
蜗牛	忌蝎子
蔬菜类	
韭菜	忌与菠菜、蜂蜜、牛肉、白酒同食。
茄子	忌与墨鱼、蟹、茄子同食。

国学经典文库

中华历书大全

·健康养生万年历·

图文珍藏版

名称	禁忌
菠菜（菠棱菜、赤根菜）	忌与豆腐、韭菜、黄瓜同食；忌与猪肝、鳝鱼同食；忌与乳酪同食。
南瓜	忌与富含维生素C的蔬菜、水果同食；忌与羊肉、海鱼、虾同食。
竹笋（笋）	忌与豆腐鹧鸪肉、羊肝同食；忌与糖同食。
茭白	忌与豆腐同食。
芹菜	忌与甲鱼、蚬、蛤、毛蚶、蟹同食；忌与菊花、鸡肉、黄瓜同食；忌与醋同食。
芥菜	忌与鲫鱼同食。
木耳	忌与萝卜、茶、麦冬同食；忌与马肉、田螺同食。
海带	忌与猪血同食；
萝卜	忌与蛇肉、橘子、人参、木耳同食；忌与何首乌、地黄同食；忌与橘子同食。
苦菜	忌与蜂蜜同食。
胡萝卜	忌与西红柿、白萝卜、辣椒、石榴、莴苣、木瓜同食。
马齿苋	忌与鳖肉、甲鱼同食。
白萝卜	忌与人参、西洋参同食。
山药	忌与鲫鱼、甘遂同食。
菜瓜	忌与牛奶、奶酪、鱼类同食。
蕨菜	忌与黄豆、花生、毛豆同食。
香菜	忌与一切补药同食；忌与白术、牡丹皮同食。
莼菜	忌与人参、西洋参同食。
甘薯	忌与柿子同食；忌与香蕉同食。
苋菜	忌与菠菜、蕨粉同食。
茭白	忌与豆腐同食。
小白菜	忌兔肉。
西红柿	忌与黄瓜、地瓜、胡萝卜、土豆、白酒同食；忌与猪肝、咸鱼、毛蟹同食。
黄瓜	忌与花生、柑橘、辣椒、花菜、菠菜、西红柿同食。
土豆	忌与香蕉、西红柿同食。
辣椒	忌与羊肝、胡萝卜、南瓜同食。
黄豆	忌与酸牛奶、猪血同食。
红豆	忌与羊肚同食。
蛋奶类	
牛奶	服丹参片、红霉素及四环素类药物时不宜饮用；忌与橘子、菠菜、生鱼、菜花、韭菜同食；忌与巧克力、果汁、醋同食；忌与豆浆同煮；煮沸时忌加糖。
鸡蛋	忌与甲鱼、鲤鱼、兔肉同食；忌与生葱、蒜、地瓜同食；忌与豆浆、味精同食；忌与消炎片同食。
酸牛奶	服磺胺类药及碳酸氢钠时禁忌饮用；忌加热后食用；忌与香蕉同食。

名称	禁忌
	水果类
苹果	忌与萝卜、绿豆、鹅肉同食；忌与海味同食。
梨	忌与鹅肉、蟹、萝卜同食；忌与油腻、冷热之物杂食；不宜食后饮开水。
桃	忌与龟肉、鳖肉、蟹肉同食；忌与白酒、萝卜同食。
李子	忌与鸡蛋、鸭蛋同食；忌与青鱼、蜂蜜同食；忌与雀肉、鸡肉同食。
荔枝	忌与动物肝脏同食；忌与胡萝卜、黄瓜同食。
枣	忌与黄瓜、萝卜同食；忌与动物肝脏同食；忌与海鲜同食；忌与葱同食。
香蕉	忌空腹食用及与马铃薯、红薯、芋头同食。
花生	忌与毛蟹、黄瓜、蕨菜同食。
猕猴桃	忌与黄瓜、胡萝卜、动物肝脏同食。
菠萝	忌与萝卜、牛奶、鸡蛋同食。
橘子	忌与萝卜同食；忌与牛奶、蟹、蛤同食。
杏仁	忌与猪肉、猪肺、狗肉同食；忌与栗子、菱角同食。
核桃	忌与鸡肉、荔枝、黄豆同食。
柑橘	忌与蟹、蛤蜊、牛奶、动物肝脏、桃同食。
葡萄	忌与海鲜类、鱼类、骆驼肉、萝卜同食；忌食后饮开水。
杨梅	忌与萝卜、黄瓜、葱、牛奶、羊肚、鲤鱼同食。
柿子	忌与章鱼、蟹、海带、鱼、虾、水獭肉同食；忌与土豆、萝卜、紫菜、酸菜、红薯、酒同食。
杏	忌与小米同食。
芒果	忌与大蒜同食。
柠檬	忌与牛奶、黄瓜、海味、萝卜、山楂同食。
银杏(白果)	严禁多吃。忌与鱼同食。
西瓜	忌与油炸物、羊肉食用。
香瓜	忌与蟹、田螺同食。
木瓜	忌与油炸物同食。
石榴	忌与土豆、带鱼、蟹同食。
	饮料类
茶叶	忌与白糖、鸡蛋、羊肉、狗肉同食；忌酒后饮茶；忌用茶水煮鸡蛋；茶与药物相克。
酒	忌酒后食用牛肉、柿子、牛奶、糖、辣物及芥末；忌与咖啡、啤酒、胡萝卜、核桃同食；服用一些药物后禁忌饮酒。
啤酒	忌与白酒、汽水、腌熏食品同食；忌与海味同食。
咖啡	忌与茶、红酒同饮；忌与海藻、黑木耳同食。
	调味品
葱	忌与杨梅、蜜糖、枣同食；忌与常山、地黄同食；忌与狗肉、豆腐同食。

名称	禁忌
醋	忌与猪骨汤、青菜、胡萝卜同食;忌与海参、羊肉、奶粉同食;忌与丹参、茯苓同食;忌壁虎,可致死。
糖	忌与生鸡蛋、牛奶、含铜食物同食;忌与竹笋同煮;忌虾。
蒜	忌与蜜、地黄、何首乌、牡丹皮同食。
花椒	忌与防风、附子同食。
蜜	忌与葱、蒜、韭菜、莴苣、豆腐、洋葱同食;忌与大米、豆腐、毛蟹同食;忌与地黄、何首乌同食;忌与油炸物同食。

(十五) 孕妇饮食宜忌

生活中,对孕妇的饮食有很多限制,既要保证孕妇的营养,又不能食用对胎儿不利的食物。所以对于孕妇的饮食,大都是从营养的角度考虑。在孕妇的饮食中,注意一些食物的宜忌,有利于孕妇保持自身和婴儿的营养平衡。

孕妇宜选用的健康饮食:

1. 主食。米、面不要过分精白,尽量采用中等加工程度的米面。主食不要太单一,应米面、杂粮、干豆类掺杂食用,粗细搭配,有利于获得全面营养和提高食物蛋白质的营养价值。

2. 水果。水果类是孕妇的首选之一,水果种类很多,孕妇食用不仅可以补充水分,而且水果中富含丰富的维生素、叶酸和纤维,在提供孕妇能量的基础上,可以帮助孕妇保持体力、防止疲劳。如香蕉还能帮助严重孕吐的孕妇缓解不舒服的程度。

3. 瘦肉。瘦肉中富含丰富的铁,并且极容易被人体吸收,怀孕时孕妇血液总量会增加,为的是满足胎儿的营养供给,因此,孕妇对铁的需要也会增加,如果铁缺失,孕妇会感觉到极易疲劳。通过食用瘦肉,提供所需要的铁。

4. 蔬菜。蔬菜的营养成分不需要多说,如莴苣中含有大量的维生素;甘蓝中含有钙,对人体的吸收非常有利;菠菜中含有大量影响锌、钙吸收的叶酸;花椰菜富含钙、叶酸,大量的纤维和抵抗疾病的抗氧化剂,还有助于其他绿色蔬菜中铁的吸收。

5. 干果。花生、核桃、杏脯、干樱桃等干果味美、方便,可随时满足孕妇想吃甜食的欲望,但因为干果的热量和脂肪含量较高,所以每天的食用量要有所控制。

6. 全麦食品。孕妇选用全麦食品,可以保持充沛的精力,同时还能降低体内的胆固醇水平。如果孕吐反应比较厉害的孕妇,还可以食用全麦产品进行缓解。

7. 奶、豆制品。孕妇需要钙的吸收很重要,每天应该摄取大约 1000 毫克的钙,只要 3 杯脱脂牛奶即可满足她一天的需求量。同时孕妇需要的蛋白质,也可以在豆制品中吸取。酸奶算是比较好的食品,它里边既含有丰富的钙,又含有蛋白质,同时还有助于胃肠道的健康。

当然,日常的生活中,我们会经常记住孕妇的饮食禁忌,只要记住禁忌,其他的就可以食用了,这个说法也不是没有道理,只不过是有些东西不能吃得太多,有些东西也不能吃得太少。最理想的饮食,是根据孕妇自己喜爱吃的食物,同时又是有利于孕妇和胎儿的营养平衡。

孕妇饮食禁忌,也是我们日常说的忌口:

1. 甜食。糖类在人体内的代谢会消耗大量的钙,而孕期钙的缺失会影响胎儿的牙齿、骨骼的发育,如糖果、酒酿、蜜饯、饴糖、白糖、冰糖、蜂蜜、甜点等甘味之物。

2. 味精。味精的主要成分是谷氨酸钠,它与血液中的锌结合后便从尿液中排出,而锌元素的缺失会影响胎儿的神经系统的发育。所以孕妇在饮食中要避免味精的摄入。可以不吃或者少吃。

3. 人参、桂圆等补品。中医认为孕妇多数阴血偏虚,食用人参等会引起气盛阴耗,加重早孕反应、水肿和高血压的危险。桂圆辛温助阳,孕妇食用后易动血动胎,所以不宜食用。

4. 含有添加剂的食品及"垃圾食品"。这一类食品中含有多种添加剂,其中有些添加剂会对胎儿造成影响,容易导致畸形或流产的危险。

5. 辛热辣食品和作料。辣椒、芥末、花椒、胡椒、八角、桂皮、五香粉、小茴香等容易损耗肠道水分而使胃肠分泌减少,造成胃痛、痔疮、便秘。

6. 含有兴奋剂的食品或者有兴奋作用的食品。咖啡、浓茶等。孕妇大量饮用咖啡,会出现恶心、呕吐、头痛、心跳加快等症状,而茶叶也会加剧孕妇的心跳速度,增加心、肾负担,不利于胎儿的健康发育。

另外,孕妇禁忌的饮食还有,忌吃柿子、柿饼、田螺、螺蛳、蟹、蚌、蚬以及各种冰镇冷饮等大凉性寒之物;忌吃咸鱼、腌菜、酱菜、咸肉等过咸高盐食品;忌吃糯米饭、糍粑、龙眼肉、荔枝、大枣等黏糯滋腻食品;忌吃萝卜、槟榔、山楂、金橘、慈姑、落葵、海带、海马、海龙、肉桂等耗气破气、活血动胎食品等。

(十六)常见疾病饮食宜忌

俗话说:"病从口入",虽然说法有点欠缺精确性,但是饮食中的事项,还是可以对疾病有些影响,一些食物对某些疾病会有促使发作的可能,而有些食物会对疾病起到辅助治疗作用。下面就是一些常见疾病中,要求我们对饮食应该有所宜忌的事项。

常见疾病	宜	忌
胃及十二指肠溃疡	进食软质的富含蛋白质、维生素和必需微量元素的食物。为减少胃酸对胃肠黏膜的刺激,可吃一些易消化、营养丰富的食物中和胃酸。五谷杂粮、豆浆、豆腐、蛋、鱼、嫩瘦肉、动物肝脏等都很适合。平时的食物应以清淡为主,可选择喝鲜果汁、麦片和小米粥来帮助消化,少量多餐。	不宜食用粗糙、过冷过热的食物和各种刺激性食物、饮料,如辛辣食物、酒类、浓茶、咖啡,忌食油腻食物(油炸物、汉堡、薯条),应尽量减少易产生气体的食物,如豆类、番薯、芋头以及会改变肠蠕动的食物,如巧克力、甜品(蛋糕、饼干),粗纤维多的蔬菜(竹笋、芹菜),含皮、籽、纤维多的水果(香蕉、龙眼、柠檬、凤梨)。此外,腌制品、酸物和糖类亦不宜多食。
胃酸过多	高蛋白(禽蛋)、含纤维食物(蔬菜、谷类)、易于消化的米粥等。	巧克力、咖啡、辛辣、薄荷、柑橘、番茄、全脂牛奶及洋葱等。
胃炎	饮食要定时定量,易于消化。少食多餐,细嚼慢咽。萎缩性胃炎,胃阴不足者,宜食滋润多汁食物,如藕粉、粥类、果汁、酸味水果或乌梅制品,副食烹调中,也可用些醋,以增加胃酸。肥厚性胃炎,宜进食一些碱性食物,如苋菜、芹菜、海带、牛奶、豆制品等。在面食和米粥中也可以适当加碱以中和胃酸。	应忌烈酒、浓茶、咖啡等刺激性饮料和辣椒、胡椒、芥末等辛辣芳香调料。
感冒	感冒病人每天应多饮水,多吃含维生素C丰富的水果和新鲜蔬菜。风寒感冒者宜吃温热性或平性的食物,诸如辣椒、花椒、肉桂、大米粥、砂仁、金橘、柠檬、佛手柑、洋葱、南瓜、青菜、扁豆、赤小豆、黄芽菜、豇豆、杏子、桃子、樱桃、山楂等;风热型感冒者宜食用寒凉性物品,如绿豆、苹果、柿霜、枇杷、柑、橙子、猕猴桃、草莓、罗汉果、无花果、旱芹、水芹、蕹菜、苋菜、菠菜、金针菜、莴苣、枸杞头、豆腐、面筋、冬瓜、瓠子、地瓜、丝瓜、胖大海、马兰头、菜瓜、绿豆芽、柿子、香蕉、西瓜、苦瓜、甘蔗、番茄等。	忌吃油腻、粘滞、酸腥、滋补食品。如猪肉、鸭肉、鸡肉、羊肉、糯米饭、黄芪、黄精、麦冬、人参、胎盘、阿胶和各种海鱼、虾子、螃蟹、龙眼肉、石榴、乌梅以及各种粘糯的甜点食品。风寒感冒者还要忌吃寒凉性食品,如柿子、柿饼、豆腐、绿豆芽、田螺、螺蛳、蚌肉、蚬肉、生萝卜、生藕、生地瓜、生菜瓜、生梨、生冷荸荠、罗汉果、冷茶、菊花脑、薄荷、金银花、白菊花、胖大海。风热感冒者还应忌食生姜、胡椒、桂皮、茴香、丁香、砂仁、白酒、冬虫夏草等。大汗后忌吃羊、鸡、猪、狗、兔等肉。
银屑病(牛皮癣)	多吃富含维生素C、维生素E和维生素A的食物,如新鲜绿叶蔬菜、番茄、胡萝卜、瘦肉和各种水果,以得病情缓解和皮损的康复。	忌烟酒、辛辣刺激之品,少吃羊肉、海鲜等发物,以免诱发或加重病情。

常见疾病	宜	忌
哮喘	实喘热症者,饮食宜清淡,多吃梨、橘子、枇杷等新鲜水果及萝卜、刀豆、丝瓜、核桃等。可服蜂蜜、芝麻,使大便通畅,减轻喘促。虚喘则宜进滋养补益性食物,如鸡肉、鱼、海蜇、鸭、燕窝等。	忌烟、酒等辛辣刺激物;忌海鲜、油腻食物,如虾(尤其是油爆虾、醉虾)、螃蟹、桂鱼、黄鱼、带鱼、鲥鱼、肥肉、鸡蛋等;忌食雪里蕻、芥菜、黄瓜、米糟、酒酿等发物,调味不宜过咸、过甜,冷热要适中;忌食易产气食物,如豆类、红薯、土豆、汽水等,产气易致腹胀、上顶及胸腔,加重喘促。寒喘忌食生冷瓜果。
慢性支气管炎	宜多饮水,如淡茶水、姜糖水等;可多吃新鲜蔬菜,如白菜、菠菜、胡萝卜、西红柿、黄瓜、冬瓜、莲藕、银杏、百合等以及豆制品等。	忌辛辣刺激性食物,如辣椒、胡椒、洋葱、大蒜等;忌海腥发物、寒凉食物、油炸食物。慎吃禽蛋类、鲜奶及乳制品。
咳嗽	宜多食新鲜蔬菜、黄豆及豆制品,如萝卜、大白菜、菠菜等,食物宜清淡。咳嗽属虚者,可以用补,但亦宜清补。选用益肺、健肺、理气之物,如百合、大枣、莲子、橘子、核桃、梨、蜂蜜、猪肺、牛肺、羊肺等食物。平时宜多吃水果,如枇杷、生梨、苹果等。	忌烟、酒及一切辛辣刺激品;忌肥甘油腻、粘滞、海腥等食物,如肥肉、油煎炙炒等;忌食物过咸。
冠心病	多食含维生素、矿物质、纤维素的果蔬。如菠菜、大蒜、马铃薯、蘑菇、木耳、萝卜、燕麦片、小米、干香菇、木耳、番茄、青蒜、荠菜、洋葱、芹菜、枸杞、茄子、芦笋、草头、冬瓜、荔枝、桂圆、苹果、兔肉、瘦猪肉、瘦牛肉、紫菜、海参、河蚌、带鱼、青鱼、橘子、香蕉、苹果、红果、玉米;多食植物蛋白,如豆类、豆制品;多吃鱼。	忌食或少食高胆固醇食物和含饱和脂肪酸食物如猪油、肥肉、奶油、猪肝、猪肾、猪蹄、鸡蛋黄、巧克力、白糖、猪皮、猪肺、盐。
高血压	清淡而富营养,低胆固醇、低盐、低糖饮食。多食富含维生素素食物,如橘子、柠檬、苹果、梨、桃、樱桃、石榴、葡萄、西红柿、芝麻、花生、鲜玉米、枸杞、芹菜、荸荠、茭白、茄子、黄瓜、豌豆、鲫鱼、青鱼、乌贼、红果、葫芦、海蜇皮、荠菜、炒葵花子、黄豆、赤豆、腐竹、土豆、芋头、竹笋、柿饼、黑枣、核桃、菠菜。	忌食刺激性食物,如酒类、辣椒等;限制摄入高热量食物,如米面、糖类;勿吃高胆固醇食物如蛋黄、猪肝、猪肾、蛤蜊、海鳗、猪油、猪皮、奶油、奶酪、酸奶;少食用盐、味精、酱油、咸蛋等。
糖尿病	青菜、白萝卜、苦瓜、芹菜、莴笋、番茄、茄子、刀豆、豇豆、冬瓜、豆腐、豆浆、纯牛奶、黄鳝、瘦猪肉、燕麦片、香菇。	白糖、红糖、甜点、蛋糕、巧克力、香蕉、甜瓜、西瓜、土豆、甘薯、粉丝。

常见疾病	宜	忌
头痛	实症头痛,饮食宜清淡,除米、面为主食外,宜多食青菜、水果类食物;虚症头痛,宜食富有营养的食物,如母鸡、瘦猪肉、猪肝、蛋类以及桂圆汤、莲子汤等;有发热者,更宜多吃新鲜蔬菜、水果、绿豆汤、赤豆汤等。	烟、酒、茶等刺激物;肥甘厚腻,如公鸡、螃蟹、虾、鹅肉、羊肉、狗肉等食物。
发热	饮食宜清淡易消化,如米汤、藕粉、豆浆、牛奶、蛋花汤、鲜果汁、绿豆汤、白米粥等;宜少食多餐,补充多种营养。	忌油腻、煎炸食物及生冷、硬固、不易消化食物;忌烟、酒及辛辣有刺激的食物。另外也不能多食。
胸痛	多食辛温宣化、通气活血之品,如葱、蒜、香菜、杏仁霜、红萝卜、大枣、韭菜、酒等;多食具有降血压、降血脂的食物,如小麦粉、玉米粉、芹菜、山楂、椰子、菊花、桑椹子、莲子等。	忌肥腻类食物,如肥肉、海鲜等。忌寒凉性的食物。
痢疾	宜进食清淡流质,如米汤、藕粉,无渣的菜汤及富含维生素C的果汁等;大蒜汁、浓绿茶、马齿苋汁可作为食疗使用。在好转与恢复期,可选用半流质及软食,如藕粉、稀粥(山药粥)、面条、菜泥、苹果泥等,随着体质恢复可逐渐转为正常饮食。	急性期,应禁食油腻、荤腥、多渣(粗纤维)、辛辣刺激性食物,如肉类、鱼类、牛奶、鸡蛋、韭菜、芥菜、辣椒等,蔗糖亦应少用,以免发酵腹胀。在恢复好转期内,凡寒凉、滑腻食物,均应少食或不食。
白血病	宜多吃具有抗白血病作用的食物,如蟾蜍、苜蓿、蒜、小麦、胡萝卜、核桃、蒲公英、牡蛎等,以及其他一些食物,如豆豉、葱白、冬菜、蕹菜、李、银杏、绿豆、苦瓜、菱、节瓜、海鳗、鳖鱼、猪脊髓、大枣、裙带菜、甲鱼、龟、海带、紫菜、葡萄、荠菜、蘑菇、香菇、木耳、金针菜、猫肉、鲛鱼、牡蛎、龟、甲鱼等。	忌咖啡、浓茶等兴奋性饮料;忌葱、蒜、姜、桂等刺激食品;忌肥腻、油煎、霉变、腌制食物;忌公鸡、猪面肉等发物;忌羊肉、狗肉、韭菜、胡椒等温热性食物;忌猪脚、鸡内脏及头脚、蟹、鲤鱼、鲫鱼等;忌烟、酒。
尿血	食清淡素菜类,少食荤油食物,如西瓜、橘子、苹果、梨子、马兰、荠菜、鲜藕、荸荠、冬瓜、蚕豆、柿饼、莲子、芹菜、金针菜等。	忌食一切辛辣刺激食品,如酒、烟、葱、蒜、韭菜、辣椒等;忌食煎炙、烧烤、肥甘厚腻食物;忌海鲜、虾、蟹、羊肉等发物;少食温热性食物,如狗肉、羊肉等。
打嗝儿	宜清淡易消化,多食青菜等清淡食品,如刀豆、柿蒂、柿饼、萝卜、皮蛋、鸡蛋黄、生姜、胡椒、鲫鱼、核桃、甘蔗汁、荔枝等。	忌肥甘油腻、饱食过量;忌一切辛辣刺激、油煎炙烤食品;忌一切生冷瓜果。
黄疸	宜食高糖低脂肪食物,如豆类、豆浆、鸡蛋、米粉、白糖、大米、小米、玉米、赤豆等,并多食新鲜蔬菜、水果。	忌酒、油腻、辛辣、海鲜及不易消化食物,如鱼、虾、肥肉、煎蛋、葱、蒜及生冷瓜果。

常见疾病	宜	忌
腹胀	宜吃无盐、无碱食物,多食蔬菜、豆类等清淡及具有利尿作用的食物,如青菜、芹菜、苋菜、豆腐、茭白、蕨菜等。	忌食过咸,如咸鱼、腐乳、咸肉食物;忌油腻荤腥、油炸坚硬食物,如肥猪肉、羊肉、狗肉等,动物内脏可吃但要少吃;忌海鲜、发物、寒凉生冷食物以及含水量多的食物。如海鱼、蟹、虾、公鸡、菠萝、醋等;忌食过饱。
水肿	宜食清淡饮食、蔬菜,如冬瓜、葫芦、赤豆、薏米、玉米、鲤鱼、鲫鱼、瘦肉、鸭肉;宜吃含糖量高的水果,如西瓜、甘蔗、苹果、橘子、水蜜桃、椰子等。除米面主食外,宜吃豆类,如绿豆、赤豆。	忌过咸食物,限制水分摄入;忌烟、酒及醋等刺激性食物;忌葱、韭菜、蒜、姜等辛辣食物;忌油腻、海鲜、生冷水果,如虾、蟹、海鱼、南瓜、雪里蕻等。
疟疾	高热时,可进食清凉饮料或食物,如西瓜、蔗汁等。热退汗出后,宜补充富含蛋白质及维生素食物,注意弥补因高热所造成之损失。	疟疾应忌食羊肉、公鸡肉、鲤鱼、鹅肉、竹笋、糯米等腥发食物。疟疾未愈时,亦忌食寒凉生冷之物。
甲状腺机能亢进	宜食具有高热能、高维生素和足够的碳水化合物与蛋白质的饮食。应多吃含钾高的食物,宜食富含钙和磷的食物,宜多吃蔬菜水果,单纯甲状腺肿宜多食含碘食物,如海产、藻类等。	各种刺激性食物、酒类。单纯甲状腺肿,忌食萝卜、芥菜等十字花科蔬菜。不宜多吃含有大量植物色素的橘子、苹果、梨、葡萄等水果。
呕吐	呕吐时宜进富有营养的流质饮食,或加少许生姜汁。可进食藕粉、稀粥、面片、牛奶等,宜少食多餐,也可进食蛋汤、鸡汤、肝汤、红枣汤等。呕吐止后宜进食清淡、容易消化的食物,如蛋羹、蛋花、鲫鱼汤、鸡汤、红枣汤、莲子汤、墨鱼、猪腰、猪肚、猪肺等。	忌烟、酒及葱、蒜、韭菜等刺激性食品及海鲜,有特殊气味的食物亦应避免食用、闻及;忌甘味、油腻、坚硬不易消化食物及生冷、水果等。
牙龈出血	宜多食富含维生素C的水果,如梨、枇杷、苹果、荸荠等;宜多食具有清热、凉血、止血作用的新鲜蔬菜、豆类,如青菜、西红柿、藕、海带、紫菜等。多喝饮料,如菊花茶、芦根汁、马兰头以及各种果汁、花露。	忌食油煎炙炒、辛辣刺激、生硬的食品,如大椒、生姜、洋葱、韭菜、胡椒之类以及酸醋腌过的食物;忌烟、酒;忌食海腥等发物,如虾、蟹、海鱼等。
鼻出血	多吃富含维生素C和维生素K的食物,新鲜蔬菜和水果,如青菜、芹菜、菊花、荠菜、马兰头、梨、荸荠、藕、枇杷、橘子。宜吃红枣、山楂、西红柿、绿叶蔬菜、猪肝、豆油、猪蹄、柿饼等;宜吃西瓜、萝卜等凉性食物;可吃葱、蒜、韭菜、食盐、米醋。	忌食辛辣刺激食品,如辣椒、生姜、胡椒、花椒等;忌食油煎炒炸、海鲜等发物。
便血	宜食用新鲜水果、蔬菜,如梨、橘子、柿子、柠檬、青菜等;宜食用清淡少油的荤素食品,如瘦肉、猪肝、蛋汤、菊花精、藕、藕粉、荸荠、胡桃仁等;宜多食猪肠、白木耳、黑木耳。	忌食鸡汤、肉汤、甜羹;忌烟、酒、葱、蒜、韭菜、辣椒等辛辣刺激食物。忌油煎、炙炒食物。

常见疾病	宜	忌
咯血	宜多食滋阴生津、清热降火作用的果汁,如梨汁、藕汁、白萝卜汁、鲜柏叶汁、西瓜汁等;宜多食蔬菜、豆类等清淡而富有营养之品,多食水果,如藕、梨、荸荠、枇杷、橘子、西瓜。	忌烟、酒;忌一切辛辣刺激动火之物,如辣椒、生姜、洋葱、韭菜、胡椒等;忌食酸醋及酸醋腌过的食物;忌海鲜等发物,如海鱼、虾、螃蟹等易动血食物;忌油煎炙烤等热性食物;忌饮食过饱。
腹痛	以稀软少渣、容易消化为原则,常用食物为稀饭、面条、藕粉、馄饨、牛奶、橘子等。	忌油腻、海鲜等肥甘厚腻食物,如狗肉、肥猪肉、羊肉、海鱼、虾、蟹等;忌生冷、酸醋、坚硬不易消化、粘滞食物,如冰制品、酸菜、坚果、糯米类。
胃痛	饮食宜松软易消化,注意饮食卫生,脾胃虚弱之人,应常吃益气健脾的食物,如莲子、山药、猪肚、胡椒等。胃痛以中寒、气滞为多,饮食宜偏温热,主食以面食、软饭等为主;副食可用白菜、茴香、山药、扁豆、胡椒、牛乳、红枣及一般蔬菜等。胃寒痛者宜食具有温中散寒作用的食物,如姜、枣、小米面粥、胡椒、荔枝、狗肉、雀肉、饴糖、鲢鱼、鳟鱼、猪肚、茴香、山药、羊肉、蚕豆、佛手、肉桂、丁香等。食积滞胃痛者,宜消食导滞、理气止痛,可食山楂、苦杏仁、萝卜、豇豆、麻油、火腿等。气郁胃痛宜食具有疏肝理气食物,如蕨菜、苦瓜、杨梅、橙子等。宜定量定时,少吃多餐。	忌酸辣、过冷、过热及含渣食物以及具有促进胃酸分泌的食物,如浓肉汁、肉汤、辣椒、浓茶、酒、味精、粗粮、芹菜、韭菜、藕、豆芽、蒜、泡菜等;忌油腻、腥味、硬固食物。胃酸过多者,忌吃酸性食物。
肥胖症	多食富含 B 族维生素(B1、B2、B6、烟酸等)的食物;多食含纤维素食物如新鲜蔬菜、水果、豆类、豆制品和含辣椒素食物。	忌食含动物脂肪高的食物,如黄油、奶油、油酥点心、肥鹅、烤鸭、肥肉、花生、核桃及油炸食物;限制高胆固醇食物,如动物肝、脑、鱼子、蛋黄等;戒饮酒和咖啡。少吃或不吃甘薯、马铃薯、甜藕粉、果酱、蜂蜜、糖果、蜜饯、麦乳精、果汁等甜食。
低血压	富含蛋白质、铜、铁元素的食物,如肝类、鱼类、奶类、蛋类、豆类以及含铁多的蔬菜水果等。	食生冷及寒凉、破气食物,如菠菜、萝卜、芹菜、冷饮等。
癌症	豆谷类、奶、蛋、海产品、蔬菜类、食用菌和水果类,如海参、鳖肉、木耳、豆腐、牛、羊、鸡肉、鸡蛋等;宜食含锌多的食物,如牡蛎、贝类、章鱼、海参、动物肝脏、莴苣、卷心菜、茄子、血萝卜、黄豆等。	忌食发物,如猪头肉、狗肉、公鸡、老鹅、母猪肉、荞麦面等;忌食辛辣食物及调味品,如辣椒、姜、葱、生蒜等;忌食油炸、烟熏、烘烤、腌腊食物。

常见疾病	宜	忌
便秘	主食宜以糙米、麦类为主,宜多食产气食物,如豆类、红薯、土豆、汽水等;宜多食含粗纤维多的蔬菜和水果,如菠菜、雍菜等;宜多食植物油,如芝麻、花生、菜油等;宜多食具润肠通便作用的食品,如银耳、蜂蜜、洋粉、芝麻、核桃等;清晨宜空腹饮温盐开水、淡盐汤、菜汤、豆浆、果汁等;宜饮红茶。宜多进富含维生素 B 族的食物,如粗粮、豆类等。	忌酒、咖啡、浓茶、大蒜、辣椒等热性辛辣刺激品;忌食生冷瓜果及冷饮。
骨质疏松症	发酵谷类、牛奶、豆制品、鸡、鱼、瘦肉、蛋类、绿叶蔬菜或黄红色蔬菜、水果、植物油。	菠菜、空心菜、茭白、笋类、洋葱(均可先焯后再炒)、酒、肥肉、猪牛羊油脂。
痔疮	谷类、豆类、赤小豆、鲫鱼、鳗鱼、牛奶、荠菜、马齿苋、蘑菇、木耳、冬瓜、鲜藕、荸荠、百合、水果。	羊、狗、葱、蒜、姜、韭菜、辣椒。
心悸	宜食清淡而富有营养的食物,如蔬菜、豆类、鸡汤、鸭汤、猪肝汤、猪心汤等。常以煨莲心、桂圆肉、大枣作点心或煨汤饮。夜间心悸甚者,宜睡前饮汤。饮食宜少量多餐,病重者宜进流质或半流质食物,多饮橘子汁、椰子汁、蔗汁、山楂汁等。心悸较甚伴心痛时,宜食大蒜、大枣、无花果、核桃仁、蜂蜜、羊血、韭菜等食物。	忌烟、酒及浓茶、咖啡。忌一切辛辣刺激品和肥甘厚味。忌咸食,如咸鱼、咸肉等。
中风	饮食宜清淡、易消化吸收,多吃新鲜蔬菜及水产品,如青菜、萝卜、海带、紫菜、淡菜等,少食多餐。宜多吃含纤维多的食物,如青菜、大白菜、芹菜;多吃蜂蜜等润肠食物,保持大便通畅。宜限制总热量,减少饱和脂肪酸和胆固醇的摄入。	忌烟、酒。忌咖啡、可可、葱、蒜、姜、韭菜、花椒、辣椒等刺激、兴奋、燥热食品。忌一切肥甘厚味、生痰动火的食物,如肥肉、狗肉、羊肉、油煎食品。
痛风	粳米、富强粉、鲜玉米、馒头挂面、莲子、苏打饼干、圆白菜、甘薯干、芹菜、黄瓜、茄子、莴笋、刀豆、南瓜、番茄、白萝卜、甘薯、土豆、牛奶、羊奶、炼乳、酸奶、汽水、琼脂、果酱、苹果、梨、葡萄、鸡蛋、蜂蜜、白菜、杏、西瓜。	鲚鱼、猪肝扁豆、鲤鱼、河蚌、螺蛳、米仁、鹌鹑、兔肉、羊肉、鳗鱼、黄鳝、猪肾、猪心、黄豆、赤豆、绿豆、酵母、菠菜、芦笋、鲜蘑菇、肥瘦猪肉、肥瘦牛肉、鸽、鸭、鹅。
遗精	以虚为主的遗精,饮食宜偏补益,但不宜温补,除主食米、面外,可食玉米面、栗子面、核桃肉、黑豆、莲子、油菜、白菜、豆芽等。	忌动火助阳食物,如公鸡、虾、葱、蒜、韭菜、羊肉、雀肉、狗肉等温热性、刺激食物;忌酒、烟。
阳痿	饮食宜松软易消化,适当进滋补性食物,如蛋类、骨汤、枣、莲子、核桃等。肾虚者可适当进温补肾阳的食品,如鸡、鸽蛋、狗肉、鹿肉、虾、海参等。	忌生冷、寒性食物;忌酒、烟。
缺铁性贫血	发面面食(馒头、花卷、豆包等)、肝脏、动物血、瘦猪牛羊肉、牛奶、鸡蛋、新鲜蔬菜、豆制品等。	菠菜、空心菜、茭白、笋类(先焯后再炒)、浓茶。

常见疾病	宜	忌
多梦	宜食清淡新鲜蔬菜及水果,如大小白菜、菠菜、芹菜、四季豆、冬瓜、苹果、橘子、龙眼、柑橘等。食物宜丰富,谷类、豆类、奶类、蛋类、鱼类、肉类均可适当选用。	忌食辣椒、葱、韭菜、大蒜、酒、烟等刺激性食物;忌食油腻、煎炸、烧烤等燥热性食物。
健忘	宜摄入足够营养,如蛋白质(奶、蛋、鱼、豆类)、维生素(谷物、蔬菜、水果)、微量元素(动物肝、血、瘦肉、硬壳果类)。年老神衰型宜温补食物,如羊肉、狗肉、野鸡、雀肉、虾、核桃肉等心肾不交型宜滋补食物,如猪蹄、鸭、蛋、龟、鳖、梨、桑椹子、黑豆、白木耳等。心脾两虚宜平补食物,如粟米、莲子、龙眼、牛肉、胡萝卜、鲫鱼、黄鳝、泥鳅等。痰淤痹阻型宜进化痰祛淤食品:萝卜、海带、海蜇、紫菜、橘子等。	忌肥甘厚腻,如动物脂肪等;忌刺激性食物,姜、葱、蒜、胡椒、辣椒、茶、咖啡、可可等;忌偏食或暴饮暴食及过冷过热食物;忌烟、酒。

(十七)新婚饮食宜忌

婚姻是人一生中的重要转折点,因为筹备结婚典礼上的事情,夫妻双方在脑力和体力上都会很劳累,尤其是婚后性生活比较频繁,导致精血消耗,男子出现疲倦,阴茎举而不坚,早泄。女子则阴部不适,白带增多,腰酸腿软,精神倦怠,短气乏力。所以在适当节制性生活的频率外,还应该增加营养,以补充体能消耗,注意饮食营养搭配,使新婚生活幸福甜蜜。

对新婚有益的饮食:

1. 摄入足够蛋白质

新婚期间热量和蛋白质的需要量增加,应在供给充足热量的前提下,摄入富含优质蛋白质的食物。优质蛋白质是合成精液的重要原料,可以强精益气,消除性交后的疲劳感,有利于男子精液的生成,及提高精液质量,增加精子的质量和数量;优质蛋白质还能使女子在新婚时会因处女膜破裂而少量失血创面愈合,提高受孕率。

瘦肉、鱼、虾、蛋类、乳类、鸡鸭、豆类及制品等属于优质蛋白质,其营养价值一般高于植物性食物米、面、大豆、蔬菜等。

虾仁是高蛋白食品,又是一个完整的个体,其体内激素水平平衡,有利于补充人体之需,因此,多吃点虾仁有助于提高性欲,保持良好的性功能,还可以促进男子精液的再生。

鸡是常见食品,但是只有公鸡才能更好地促进、激发男子的性功能,因此,新婚期间,应该多吃成熟的公鸡。

2. 补充足量的维生素

现代医学研究表明,维生素对性器官的生长、发育,生精、排卵、怀孕等都发挥着重要的作用。维生素 A 与生殖器官关系密切,可以促进蛋白质的合成,加速细胞的合成,促进脂肪代谢,女子缺乏维生素 A 可导致经血过多,男子缺乏维生素 A 则精子发育不成熟;B 族维生素参与蛋白质和脂肪的代谢,可调节神经、肌肉功能,增强人体免疫力;维生素 C 可调整性腺功能的作用,增强精子活力,延长存活期;维生素 E 则有调整性腺功能的作用,并可增强精子的活力。

含维生素 A 丰富的食物有:动物肝脏、菠菜、甜瓜、杏仁、葵花子、食油等。

含维生素 B1 丰富的食物有:全麦粉、燕麦片、粗粮、啤酒、酵母、火腿、瘦猪肉等。

含维生素 B2 较多的食物有:动物肝、牛肉、蛋类、花菜、鳝鱼、鲜豆类等。

含维生素 C 丰富的食物有:青辣椒、鲜枣、山楂、草莓、甘蓝、橙等绿叶蔬菜和水果。

含维生素 D 丰富的食物有:鳕鱼、大马哈鱼、金枪鱼等。

3. 保证无机盐及微量元素的供给

应注意补充富含无机盐和微量元素的食物。其中微量元素锌、磷、硫、铬、硒等是精液的组成物质,对激发精子的活力有特殊功效,但是这些元素又最容易缺乏,所以在新婚饮食中要注意及时补充,这些矿物质存在于绿叶蔬菜及动物肝脏、植物油等食物中。

钙元素有利于改善男子的性功能。如缺钙,在多次性生活之后,男子可出现腰痛、手足抽搐现象;女子则会感到腰痛、腿痛、骨盆痛。钙在豆制品和鱼虾中含量丰富。

铁是制造红细胞的必需原料,缺铁会发生贫血。患缺铁性贫血的新婚夫妇常常会因紧张而频繁的性生活感到疲乏无力、腰酸背痛、头晕眼花、面色苍白、注意力不集中和记忆力减退。严重贫血可影响性生活和胎儿发育。新婚夫妇应多食含铁丰富的食物,以防贫血发生。

锌是一种具有多功能的营养素,参与体内 80 多种酶的活动,虽然含量甚微,但对于男女性功能的作用十分重要。它能增加血液中性激素水平及精子的数量,促进性腺的分泌。如果体内缺少锌,会使性欲低下,性交能力减退。男性易发生睾丸萎缩,并能使精子数量下降,女性可出现性欲淡漠,如怀孕易导致胎儿畸形。含锌较多的食物有:牡蛎、肝、粗粮、干豆、坚果、蛋、肉、鱼等。

有些食物是天然的补品,如韭菜,男子吃韭菜,可以助性起阳,强筋举痿;海带含碘十分丰富,碘是甲状腺素合成必需的原料,除了维持甲状腺的正常功能外,还能提高"性"致,增强性欲,因此,新婚期间宜多吃;鸡蛋黄中含有大量的胆固醇,胆固醇是合成性激素的原料,而且鸡蛋黄中还含有大量钙,因此,新婚期间要多吃鸡蛋黄。

如经济条件许可,还可多吃一些具有食疗保健作用的食品,如黑木耳、桂圆、蜂王浆、枸杞子、甲鱼、蛇肉、骨头汤、芝麻、香菇、百合、酸奶、扇贝、黑豆、大豆、大枣、山楂、蜂蜜、羊肉、狗肉、莲子、麻雀、鹌鹑、海参等。

新婚者应注意下面几种禁忌:

1. 忌吸烟

临床资料表明,过多吸烟可造成阴茎血流循环障碍,影响阴茎勃起,烟中的尼古丁能降低激素分泌和杀伤精子。吸烟严重者可导致阳痿。

2. 忌饮酒

饮酒干扰性兴奋与抑制的正常规律,影响性欲及高潮失败。明代龚迁贤说:"大醉入房,气竭肝肠,男子则精液衰少,阳痿不举,女子则月事衰微,恶血淹留,生恶疮。"饮酒还会影响精子的质量,结果引起不育,长期饮酒者,还可出现精子畸形。女性酒精中毒也会发生不孕症,因酒精可损害卵巢功能,使女性激素分泌异常,而引起月经异常、无月经及性欲低下。

3. 忌饮咖啡、可乐型饮料

咖啡、可乐型饮料会直接杀伤精子,影响正常的受孕过程。

4. 忌食辣性的食物

辣味性燥,刺激性大,易伤脾胃,脾胃是精气化生的源泉,脾胃受损,精气就不足。

另外,新婚期间,每次房事之后,最好喝一杯热牛奶,吃几片面包再去睡觉。同时还应注意饮食卫生。

(十八)早泄、遗精

早泄、遗精,对男人来说是一件羞于说出口的事情,求助医生治疗也不及时,往往有人还会对自己性功能产生怀疑甚至失去信心,造成夫妻生活出现恶化局面。对此,可以搭配食用一些食物,以达到食疗食补的效果。

1. 桂圆肉 200 克,放在细口瓶内,倒入 60 度白酒 400 毫升,封闭瓶口,半个月后可饮用。每日 2 次,每次 10—20 毫升。适用于治疗早泄。

2. 虾仁 200 克,青豆 100 克,冬菇 30 克,鸡蛋 1 个,食用油,精盐,味精各适量。按常法煮汤食用。每日 1 剂,2 次分服。适用于早泄遗精。

3. 苦瓜 1 条,芡实末 15 克,冰糖 30 克。把苦瓜捣成泥,加芡实粉、冰糖拌匀。每天 1 剂。对早泄、梦遗、耳鸣、心悸、乏力、腰痛有疗效。

4. 银杏 12 克,腐皮 45—80 克,大米适量。银杏去壳与腐皮,白米置砂锅中加水适量,煮调当早点吃。每日 1 次。适用于治疗早泄。

5. 韭菜 150 克,鲜虾仁 50 克。将韭菜洗净切成寸段,鲜虾去壳取仁。先将虾放入油锅内大火急炒,随即放入韭菜同炒,下酱油、盐、味精少许即成。1 周服食 2—3 次,连食数周。

6. 麻雀 5 只,陈皮 3 克,料酒、花椒、胡椒、盐、味精各少许,水适量。将陈皮洗净,切片;麻雀宰杀去毛、肠杂洗净,与料酒、陈皮、花椒、胡椒、盐等共入锅加水,用旺火煮沸后改文火煨熟加入味精即成。每日 1 次,食肉饮汤,连服半月为 1 疗程。

7. 金樱子、覆盆子各 30 克,五味子 15 克,粳米 50 克。先煮上三药 15—20 分钟,去渣取汁,用药汁煮米成粥。每晚睡前服食,连服 1 个月。

8. 金橘 500 克,糖 500 克。金橘洗净,放在锅中,用勺将金橘压扁去核,加糖 250 克,放盘中风干数日,装瓶备用。经常食用。

9. 狗肉 250 克,黑豆 50 克,加水煮熟,调以盐、姜、五香粉及少量糖服食。

10. 泥鳅 500 克,豆腐 250 克。泥鳅去鳃肠内脏,洗净放大锅中,加食盐少许及适量水,料酒,清炖至五成熟,加入豆腐,再炖至鱼熟烂即可,吃鱼和豆腐,并饮汤。

11. 鹿肉 50 克,加枸杞子,何首乌适量共炖,弃药渣,食肉饮汤。

12. 公鸡 1 只,去肠杂,切碎,加油、盐炒熟,盛碗内加糯米酒 500 克,隔水蒸熟食用。

13. 菟丝子 15 克,柴胡 3 克,山萸肉 15 克,麻雀 3 只(去毛和内脏),共放炖盅炖至麻雀肉熟,去菟丝子、柴胡、山萸肉,加少许盐调味服食,每天 1 料。用于遗精。

14. 韭菜 100 克(洗净切段),羊肝 120 克(切片)。明火炒熟、食之。用于遗精。

15. 椰子肉、糯米、鸡肉各适量。椰子肉切成小块,糯米,鸡肉适量,置有盖瓦盅内,隔水蒸至熟,当饭吃,每日 1 次。

国学经典文库

中华历书大全

·健康养生万年历·

图文珍藏版

16. 芡实 100 克,莲子 60 克,老鸭 1 只。将老鸭去毛及内脏,洗净,把芡实、莲子放入鸭腹内,加清水适量,文火煮 2—3 小时左右,调味服食。用于遗精。

17. 核桃仁 60 克,韭菜 150 克,鸡蛋 2 枚。麻油下锅烧热,炒核桃、韭菜,加食盐。每天 2 次。

18. 葫芦瓜 50 克,冰糖适量。把葫芦瓜连皮切块,水煎。每天 3 次。

19. 羊肉 150 克,淮山药 120 克,肉苁蓉 100 克,菟丝子 150 克,核桃仁 150 克,葱白 10 根,粳米适量做汤食。

20. 猪肾 1 个,淮山药,枸杞子各 15 克,山萸肉 12 克,放砂锅内,加水适量煲汤,吃肉饮汤。

21. 猪腰 1 个,剥去中间白色筋膜,切成薄片,鲜韭黄 100 克,切小段同放锅内加油、盐炒熟,佐餐食用。

22. 豆腐、羊肉、虾、生姜、香葱各适量,同煮熟后加入食盐调味食用,适用于气血不足脾肾阳虚、阳痿、遗精等症。

23. 何首乌 60—100 克,加水煮半小时,待药水降温后,加入鸡蛋 2—4 个,煮熟后捞出剥去蛋壳,再放入药汤中煮片刻,吃蛋喝汤。

24. 韭菜 100 克左右,洗净切碎,与鸡蛋 2 个同放锅内,用油盐炒熟食用。

25. 羊肉 100—150 克,粳米 100 克,生姜 3—5 片共煮粥,加适量油盐调味食用。

26. 莲子 100 克,猪肚 250 克。先将莲子劈开,去莲子心。把猪肚洗净切成小块加水适量煲汤,加少许食盐、味精调味品服用。

五、民间偏方秘方大全

(一)前列腺肥大

前列腺是男性健康中的一大隐患,尤其是成年男性患有前列腺病的很多,有的会有明显的病症,有的病症则不明显。治疗前列腺肥大的偏方可总结为:

1. 用坐浴的方法治疗前列腺肥大(增生),具体方法是:将草药艾叶、赤芍、泽兰、苦参、蒲公英各 30 克,桂枝、红花各 20 克,加水煎,取药液熏洗外阴,待温度能耐受时坐浴(坐浴前洗净会阴、肛门),每晚 1 次,其间不断加热保温,以不烫伤为度,次日稍加水,煎沸后,再熏洗和坐浴,1 剂药可连用 3 天。

2. 采用中药制剂,选取中药黄芪、海藻各 20 克,党参、丹参各 15 克,菟丝子、枸杞子、怀牛膝、泽泻各 10 克,白花蛇舌草、半枝莲各 30 克,王不留行子 12 克,甘草 5 克。用水煎服,每日 1 剂,每日服用 2 次。

3. 生黄芪 30 克,当归、滑石各 10 克,升麻、柴胡各 8 克,甘草、石菖蒲各 5 克,竹叶 2 克。用水煎服,每日 1 剂,日服 2 次。可以起到益气升提,利水通窍的作用。

4. 柴胡、白芍、青皮、陈皮、半夏、茯苓、白芥子、香附、莪术各 9 克,牡蛎 15 克,瓜蒌 12 克。用水煎服,每日 1 剂,日服 2 次。

5. 大蚯蚓 150 克,茴香菜 150 克。将蚯蚓剖开,刮洗净加白糖腌渍,1 小时后即化成蚯蚓水,将此水滤清蒸热。茴香菜去须根,洗净切段,用洁净纱布包好,捣烂绞汁。将茴香菜汁,蚯蚓汁混合,时时饮用,小便通即停饮用。清热解毒,利尿通淋。适用治前列腺肥大,老人尿闭。

6. 猪膀胱 1 个,砂糖适量。将猪膀胱洗净,切碎,加水煮熟。食用,为解其味可适量加糖。用治前列腺肥大。

7. 葫芦壳 50 克,冬瓜皮 50 克,西瓜皮 30 克,红枣 10 克。放入锅中加水 400 毫升,煮至约 150 毫升时,去渣取汁饮服。本方利尿除湿,适于前列腺肥大患者,可减少腹胀,解湿毒。每日 1 剂。

(二)高血压

高血压病是指在静息状态下动脉收缩压和舒张压增高(≥140/90mmHg),常伴有脂肪和糖代谢紊乱以及心、脑、肾和视网膜等器官功能性或器质性改变,以器官重塑为特征的全身性疾病。以下是民间治疗高血压的偏方。

1. 桑叶、桑枝各 30 克,芹菜 50 克,然后加水 4000 毫升煎煮取液,先熏足后浸足,逐日一次,发作时逐日 2 次,1 剂可用 2—3 次,10 天为 1 疗程。此方法可以达到清肝降压作用,适用于各类高血压患者。

2. 选取玉米须 60 克,并将其晒干,洗净加水煎。每日饮 3 次。

3. 菊花、槐花、绿茶各 3 克。以沸水沏。待浓后频频饮用,平时可当茶饮。清热,散风。治高血压引起的头晕头痛。

4. 柿漆(即未成熟柿子榨汁)30 毫升,牛奶 1 大碗。牛奶热沸,倒入柿漆,分 3 次服用。清热降压,用治高血压,对有中风倾向者,可作急救用。

5. 鲜姜 150 克,蓖麻仁 50 克,吴茱萸、附子各 20 克,冰片 10 克。将蓖麻仁、吴茱萸、附子先捣碎,研成细末。鲜姜捣烂为泥,再加冰片沫,共调成糊状。每晚睡前敷贴两足底涌泉穴,次日清晨取掉,连用 5 至 10 次可获显效。温补脾肾,平肝降压。

6. 香蕉 3 只,西瓜皮 60 克(鲜品加倍),玉米须 60 克,冰糖适量。香蕉去皮,与西瓜皮、玉米须共煮,加冰糖调服。每日 2 次。

7. 菊花 12 克,白芍、元参、怀牛膝各 15 克,炒黄芩 9 克,石决明 30 克,甘草 6 克。水煎服。

8. 猪毛菜 45—90 克,玉米须 20—30 克,地龙 15 克。共水煎,分 3 次服用。

9. 草决明 30 克,每日煎水服,不仅可以降压,还可以降低血脂。

10. 香蕉蒂 3—5 个,加水适量,文火煎煮,沸后 5 分钟即可,顿服。服药 1 周后血压多可降至正常。多用于高血压病初期效果明显。

11. 白术、天麻各 9 克,云苓、钩藤各 15 克,泽泻、菊花各 12 克,玉米须、荷叶、珍珠母各 30 克,地龙 21 克,甘草 3 克。水煎服,适用于高血压脾虚肝旺症。

(三) 中风

中风又称为急性脑血管疾病,是一种非外伤性而发病较急的脑局部血液供应障碍引起的神经性损害。一般分为出血性和缺血性两类。临床表现为突然昏厥,不省人事,并伴有口眼歪斜、舌僵语塞、半身瘫痪、牙关紧闭或目合口张、手撒肢冷、肢体软瘫。重者可突然摔倒、意识丧失、陷入昏迷、大小便失禁等。

1. 槐花茶 6 克,开水泡,当茶饮,可预防中风。

2. 香蕉花若干,水煎服,每周 1—2 次,可预防中风。

3. 大蒜 2 瓣,将蒜瓣去皮,捣烂如泥,涂于牙根部,可用治中风不语。

4. 松毛 1 千克,酒 1.5 千克,将松毛在酒中泡 7 日,每饮 1 杯,日服 2 次,用治中风口眼歪斜。

5. 当归、荆芥各等份,炒黑,共研细末,每用 9 克,水 1 杯,酒少许,煎服,用治中风不省人事、口吐白沫、产后风瘫。

6. 细辛(又名杜衡)适量,研为细末,吹入鼻孔,用治中风不省人事。

7. 白头蚯蚓 3—4 头,炒焦,用开水冲服,用治中风不语。

8. 鸡蛋 1 个,冲香油 60 克,调匀灌服,或以姜汤冲香油,患者能喝时,再以姜汤温灌;或白矾少许,搅入 60 克香油内,调匀灌之,以吐出痰涎为佳。治中风不语。

9. 用巴豆去壳,纸包捶油出尽,去豆,用纸作捻,捻烧熏入鼻内即醒。治中风、痰厥、昏迷猝倒不省人事,气欲绝者。

10. 芹菜洗净后捣碎取汁,每服3—4汤匙,1日3次,连服7日,可治中风。

11. 地龙10条,捣汁,加白糖调服,可治中风。

12. 猫肉炖服,可治中风引起的半身不遂。

13. 黄瓜藤煎水,熏洗,对中风引起的瘫痪有疗效。

14. 生地、熟地、枸杞、木通、牛膝、川芎、生苡仁、当归、金银花各60克,五加皮、苍术各30克,川乌、草乌各15克,甘草、黄柏各15克,松节100克。以上药加酒8千克,煮半小时后,贮入罐内,密封埋于土内退火气,3日后,可食用。每日早、中、晚各服25—50毫升,主治半身不遂,全身关节作痛。

15. 芝麻外壳25克,黄酒适量,煎,趁热服,微微发汗即可,治中风半身不遂。

16. 乌龟3只,冰糖5克,切龟头取血,碗中放入冰糖共隔水炖熟食用,适用于半身不遂,四肢麻木者。

17. 天麻20克,钩藤30克,全蝎10克,白蜜适量。天麻、全蝎加水500毫升,煎取300毫升后入钩藤煮10分钟,去渣,加白蜜混匀,每服100毫升,每日3次。通络止痛,适用于中风。

18. 葛粉250克,荆芥穗50克,豆豉150克。葛粉作面条,荆芥穗、豆豉共煮沸,去渣留汁,葛粉面条放药汁中煮熟,空腹食用。适用于中风,言语蹇涩,神昏,手足不遂。

19. 川乌、草乌、附子各100克(皆炮制去毒,俱用生姜煮过),川椒60克,共研末,酒糊为丸,如绿豆大。每服9丸,每日早、午、晚服3次,空腹送下。可治疗半身不遂。

20. 中风引起的口眼歪斜时,用蓖麻子仁40粒,研作饼,右歪安左手心,左歪安右手心,以铜盂盛热水,坐药上,冷即换,对于口眼歪斜症状,用作5—6次即正。

21. 公鸡血趁热涂于患侧。可治愈口眼歪斜。

22. 全蝎3个,焙研细末,黄酒送下。用于口眼歪斜。

23. 蜜蜂(蜂毒),轻轻捏住蜜蜂腰部,将其尾部放在患处,待蜜蜂螫刺入肌体后,再用手指轻轻压其腹部,使蜂毒尽量排入人体。对口眼歪斜有疗效。

24. 黑芝麻适量、黄酒少许。将芝麻洗净,重复蒸3次、晒干、炒熟研细,用蜂蜜或枣泥为丸,每丸约10克。温黄酒送下,每次服1丸,每日3次。治血虚风痹、中风偏瘫、便秘。

25．姜汁1杯、白矾6克，开水冲化白矾后兑姜汁，灌服。治中风休克、不省人事。

26．菊花、槐花各5克。放入杯中，沸水冲泡代茶饮，每日1剂。适应中风伴有头胀耳鸣。

（四）冠心病

冠心病，系冠状动脉粥样硬化所致的心肌缺血性疾病。冠状动脉是供应心脏自身血液的小动脉，当其发生粥样硬化后，血管壁上可出现脂质沉着，产生粥样斑块，使动脉管腔狭窄，造成心肌供血不足，甚至可引起心肌缺血性坏死。主要临床表现是心肌缺血缺氧而导致的心绞痛、心律失常，严重者可发生心肌梗塞，使心肌大面积坏死，危及生命。

1．瓜蒌20克，薤白15克，白酒15毫升。加水200毫升煎取100毫升，每日分2次服。

2．羊奶适量，煮熟温服，经常服用。

3．七成熟青柿子1000克，蜂蜜2000克。柿子去蒂柄，切碎捣烂绞汁，汁入砂锅以大火再改用小火煎至浓稠，加蜂蜜再熬至稠，停火冷却。每次1汤匙，开水冲饮，日服3次。主治冠心病、动脉硬化、高血压病。

4牡丹皮30克，田三七10克，川芎10克，白酒1000毫升。密封浸制2个月后，每晚睡前取15毫升饮。

5．黑木耳、白木耳各10克，用温水泡发并洗净，放入锅中，加冰糖和水各适量，入锅蒸1小时，每日1次。对预防冠心病有效。

6．茶叶15克，素馨花6克，茉莉花1.5克，川尊6克，红花1克。后两味焙黄研末，用过滤纸袋装，与前三味同泡茶常年饮用，每日1—2次。主治冠心病、胸闷、心悸、夜寐不安、头晕头痛。

7．绿茶1克，山楂片25克。加水400毫升煮沸5分钟，分3次温服，可加开水续泡饮，每日1剂。

8．丹参50—100克、白酒（55度）1000毫升。丹参制成粗末，浸酒中15天，配制为5%—10%的药酒，每服20—30毫升，每日3次。

9．好茶末120克，炼乳香30克，食醋、兔血各适量。共研末，用醋同兔血和丸，如鸡头大，每服 1 丸，温醋送服，每日 1 次。可用于治疗冠心病、心绞痛。

10. 茶叶 10 克，香蕉 50 克，蜂蜜少许。沸水冲泡茶叶，香蕉去皮研碎加蜜调入茶水中，当茶饮，每日 1 剂。主治冠心病，动脉硬化。

11. 党参（人参）、瓜蒌皮、丹参、川芎、赤芍、莪术各 15 克，麦冬 12 克，五味子、桂枝各 8 克，红花 10 克。水煎，饮药汤，主治冠心病、心绞痛。

12. 灵芝 50 克，三七粉 8 克，将上料加适量水，用小火炖。饮药汤，每日早、晚各 1 次。适用于冠心病、心绞痛。

13. 灵芝 60 克，黄豆 180 克。将灵芝、黄豆焙干，炒热后磨成粉，每日服 3 次，每次 9—16 克。适用于冠心病。

14. 薤白 10—15 克（鲜者 30—60 克），葱白 2 段，白面粉 100—150 克（或粳米 50—100 克），先把薤白，葱白洗净切碎，与白面粉用冷水和匀后，调入沸水中煮熟即可。或用粳米一同煮为稀粥。适用于冠心病、心绞痛以及急慢性痢疾、肠炎。发热病人不宜选用。

15. 丹参 50 克。取低度白酒 1000 毫升，先将白酒兑成 40 度，再将丹参兑入酒中，浸泡 7 天即可服用，每天早晚各饮 25～50 毫升。此方对冠心病有疗效。

（五）癌症

癌症有很多种类型，不同的癌症。有不同的治疗方法，以下是各种癌症的治疗偏方。

胃癌

1. 党参、黄芪各 60 克，茯苓、生薏苡仁各 30 克，半夏 18 克，枳壳、陈皮、厚朴、乌蛇、土鳖虫、全蝎各 10 克，蜈蚣 2 条，甘草 6 克。水煎服，每日 1 剂。

2. 乌蛇 120 克，蜈蚣 10 条，土鳖、全蝎各 60 克，白术、枳壳各 100 克。共研为细末，每次 6 克，1 日 3 次，温开水送服。

3. 生党参 15 克，茯苓 12 克，生黄芪 15 克，炒白术 10 克，生白芍 12 克，炒当归、广郁金各 10 克，醋青皮 9 克，炒莪术、京三棱各 10 克，绿萼梅 6 克，香谷芽 10 克。水煎服，每日 1 剂。

4. 党参 15 克，白术、茯苓各 12 克，甘草 3 克，生黄芪、熟地各 15 克，黄精 12 克，白毛藤、白花蛇舌草 30 克，莲子肉 15 克，田三七 15 克，大枣 6 枚，沙参、羊肚枣各 10 克，枸杞子 9 克。每日 1 剂，水煎服。

5. 棉花根 60 克,白茅根 15 克,藤梨根、半枝莲各 60 克,车前草 15 克,大枣 3 个。每日 1 剂,水煎服。

6. 羚羊骨、半枝莲、白花蛇舌草、威灵仙、黄芪各 100 克,大黄、木香各 60 克,核桃树枝、石斛、炮山甲、砂仁、山豆根、蜂房、马鞭草、地骨皮各 50 克。共研细末,炼蜜为丸,每丸 9 克,每服 1 丸,每日 3 次。

7. 花生米、鲜藕根各 50 克,鲜牛奶 200 毫升,蜂蜜 30 毫升。捣烂共煮,每晚 50 毫升。

8. 猪肚 1 个,胡椒、花生各 30 克,肉桂 9 克,砂仁 6 克。加盐少许煮烂,每日 50 克。

鼻咽癌

1. 蜈蚣 3 条,炮山甲、土元、地龙、田三七各 3 克。将药焙干,共研细末,用米醋调成悬浊液服,每日 1 剂。

2. 山苦瓜 10 克,甘油 20 克,75% 乙醇 25 克。先将山苦瓜切碎,浸泡于乙醇中,添蒸馏水 50 毫升,搅匀后用纱布滤除药渣,加入甘油制成滴鼻剂,每日滴鼻 3— 6 次。

3. 陈葫芦 250 克,麝香 30 克,冰片 30 克。将葫芦炒灰存性、研末,再加入麝香,冰片混匀,把少许药粉吹入鼻咽部,每日数次。

4. 白花蛇舌草、半枝莲、党参、玄参各 15 克,石斛 30 克,生地、熟地、麦冬各 24 克,连翘 18 克,党参 15 克,天冬 24 克,刺蒺藜 18 克,玉竹、山药、赤芍各 12 克,黄芩、白芷、山豆根各 9 克。水煎服,每日 1 剂。

肝癌

1. 活蟾蜍 3 只,大蒜 1 枚。将其剥去皮,把大蒜捣烂涂在蟾蜍皮上,外敷于痛处。

2. 八月札、石燕、马鞭草各 30 克。每日 1 剂,水煎服。疏肝理气,活血解毒,适用于肝痛。

3. 木鳖子去壳 3 克,独头蒜、雄黄各 1.5 克。杵为膏,入醋少许,蜡纸贴患处。适用于肝癌疼痛。

4. 半枝莲、半边莲各 30 克,玉簪根 9 克,薏苡仁 130 克。每日 1 剂,水煎服。

5. 白芍、扁豆、薏苡仁各 30 克,白术 15 克,防风、陈皮各 10 克,柴胡、川芎、香附各 6 克,甘草、川芎各 9 克。每日 1 剂,水煎服。适用于肝癌化疗后胃肠道反应。

6. 川石斛、竹茹、佛手各 9 克,绿萼梅 6 克,生熟谷芽、北沙参各 12 克,芦根 30 克。每日 1 剂,水煎服。

7. 藤梨根、白花蛇舌草、生牡蛎各 30 克,党参、白术、白芍、茯苓、郁金、炮山甲各 9 克。每日 1 剂,水煎服。

肺癌

1. 丹皮、生地各 12 克,鱼腥草、蒲公英各 30 克,丹参、王不留行、野菊花各 12 克,五味子 9 克,夏枯草、海藻、海带各 15 克。水煎服,每日 1 剂,早、晚服。

2. 鱼腥草 30 克,瓜蒌皮、八月札各 15 克,生苡仁、石上柏、白花蛇舌草、石见穿各 30 克,山豆根 15 克,生牡蛎、夏枯草各 30 克,赤芍 12 克,龙葵 15 克。水煎服,每日 1 剂。

3. 垂盆草、白英各 30 克。水煎服,每日 1 剂。

4. 太子参 10 克,白术 10 克,冬虫夏草 6 克,茯苓 10 克,当归 15 克,白芍 15 克,生地 15 克,熟地 15 克,黄芪 30 克,菖蒲 10 克,儿茶 10 克。水煎服,每日 1 剂。主治晚期肺癌。

5. 黄芪 15 克,党参 15 克,象贝母 9 克,当归 6 克,白芍 12 克,麦冬 12 克,土茯苓 30 克,山慈菇 12 克。水煎服,每日 1 剂。主治晚期肺癌。

6. 核桃树枝 60 克,草河车、女贞子、白花蛇舌草、淡竹叶各 30 克。水煎服,每日 1 剂。

7. 当归、赤芍、川芎、枳壳、桔梗、桃仁、红花、牛膝、三棱、莪术各 12 克,生地、浙贝母、百部各 15 克,蚤休 30 克,柴胡 10 克,甘草 5 克。水煎服,每日 1 剂,早、晚分服。

8. 老母鸡 1 只,蟾蜍 4 只。把蟾蜍切碎喂鸡,如鸡不吃就用手往鸡嘴里填食。4—5 日后鸡呈嗜睡状即杀鸡,去五脏加食盐炖熟,吃肉喝汤。

9. 大蒜 20 瓣,木瓜、百部各 9 克,艾叶 18 克,陈皮、生姜、甘草各 9 克。水煎服,每日 1 剂。

10. 三棱、莪术、丹参各 15 克,桃仁 12 克,王不留行 15 克,大黄廖虫丸 12 克(包),石见穿 30 克,大黄 9 克,羊蹄根、铁树叶各 30 克,蜈蚣 3 条。水煎服,每日 1 剂。

11. 海带 50 克,米醋 200 毫升。海带切成细丝,或研成粉末,浸泡在米醋中,密闭贮存备用,每日服用 10 毫升,或此醋调制菜肴用。

食道癌

1. 大黄鱼鳔 100 克。将黄鱼鳔洗净，沥干，用香油炸至酥脆，取出，压成粉末，等冷装瓶备用。每次 5 克，每日 3 次，温水送服。

2. 僵蚕 15 克，玄参、夏枯草各 30 克，红枣 150 克，麦冬 30 克，莪术 10 克，金银花 15 克，壁虎 5 条，甘草 10 克。每日 1 剂，水煎服。

3. 龙葵、万毒虎、白英、白花蛇舌草，半枝莲各 100 克。每日 1 剂，水煎服。

4. 陈皮、清半夏、木香各 2 克，丹参 30 克，厚朴 12 克，三棱、莪术各 13 克，蚤休 30 克，枳壳 12 克，吴萸 5 克，黄连 12 克，大黄、白芷各 7 克，砂仁 6 克，甘草 5 克。每日 1 剂，水煎服。

白血病

1. 当归、秦艽、丹皮、地骨皮各 6 克，生地、白芍、鳖甲、鹿角霜、白茅根、龙骨、牡蛎、银花各 9 克，紫草、丝瓜络各 4.5 克，川芎 2.4 克。水煎服。适用于急性淋巴细胞性白血病。

2. 蟾蜍 15 只（每只约 125 克重），黄酒 150 毫升。将蟾蜍剖腹去内脏，置黄酒中煮沸 2 小时，将药液过滤即得。成人每次服 15—30 毫升，每日 3 次。适用于急、慢性白血病。

3. 鼢鼠 1 只。焙干研末。每服 10 克，每日 1—2 次。

4. 黄芪、生山药、白花蛇舌草、旱莲草各 30 克，麦冬、天冬、山豆根、地榆、藕节、元参各 15 克，女贞子 12 克。水煎。每日 1 剂，2 次分服。

5. 野苜蓿 15 克。水煎服。

6. 羚羊骨 18 克，水牛角、白花蛇舌草、半枝莲、山慈菇各 30 克，玄参 15 克，紫草根、细叶蛇泡各 30 克，土鳖虫 12 克，青黛末 15 克。水煎服，每日 1 剂。适用于急性粒细胞性淋巴性白血病。

7. 人参 20 克，麦冬 30 克，生地、白芍各 20 克，枣仁 25 克，五味子 6 克，山茱萸 30 克，黄芩 15 克，丹皮 30 克，白花蛇舌草 25 克，白薇、知母各 15 克，石膏 60 克，广角粉 5 克（冲服）。水煎服，每日 1 剂。适用于急性单核细胞白血病。

（六）慢性支气管炎

慢性支气管炎是由于感染或非感染因素引起气管、支气管黏膜及其周围组织的慢性非特异性炎症。临床症状表现为出现有连续两年以上，每持续三个月以上的咳嗽、咳痰或气喘等症状。

1. 50%酒精少量。每天将 50%酒精交替滴入双耳 3—6 次,每次滴一侧,约 2—3 滴,1 个月为 1 疗程。

2. 棉花根若干。每日取棉花根 100—200 克,水煎 2 小时以上。分 2—3 次服用。

3. 金银花、连翘、绿豆、白芷各 12 克,扁豆、赤小豆各 15 克,麻黄 10 克。水煎服。

4. 白果仁、甜杏仁各 1 份,胡桃仁、花生仁各 2 份。共研末和匀,每日早晨取 20 克,加鸡蛋 1 个,煮 1 小碗服下,连服半年。

5. 蝙蝠 1 只。将蝙蝠去毛爪和内脏,加白糖和清水适量,置瓦盅内,隔水炖熟,饮汤汁。适用于慢性支气管炎久咳不愈。

6. 冬瓜子仁 15 克,红糖适量。共捣烂碾细,开水冲服,每日 2 次。治疗慢性支气管炎剧烈咳嗽。

7. 灵芝 20 克。连续煎 3 天,第 1 天稍煎片刻,分 2 次服用,第 2、3 天再用其渣加水煎服。适用于慢性支气管炎咳嗽、咳痰。

8. 生萝卜、鲜藕、蜂蜜各 250 克,梨 2 个。将萝卜、藕、梨切碎后绞汁,加入蜂蜜服用。热咳者可生服,寒咳者蒸熟后,加 3—5 滴姜汁服用。

9. 炒芥菜子 3—6 克,炒萝卜子 6—9 克,橘皮、甘草各 6 克。水煎服。适用于慢性支气管炎咳嗽、痰多。

10. 红糖 100 克,豆腐 250 克,生姜 10 克,水煎,每晚睡前吃豆腐饮汤,连服 7 天。

11. 大蒜 20 头,瘦猪肉 100 克,精盐、酱油、食油各适量。将大蒜去皮、洗净,猪肉切片,锅内加油置于旺火上,油热后放入猪肉片煸炒,下蒜瓣再炒片刻,放入调料翻炒即成。

12. 大米 500 克,贝母 30 克,枇杷叶 30 克,冰糖 10 克。先将贝母去心,与枇杷叶共同研末,每次取 15 克和冰糖一起加入大米粥中调匀服食。

13. 鲜百合 30 克,荸荠 100 克,大米 100 克,蜂蜜适量。先将前 3 味加水煮成粥,然后调入蜂蜜服食。

14. 沙参、玉竹各 30 克,鸭子 1 只。将鸭子洗净去毛、内脏,与前 2 味药同入锅内,文火煎煮 1—2 小时,食肉饮汤。

15. 佛耳草 15 克,地龙 15 克。共研末,分为 2 包,用水冲服。每日 2 次,每次 1 包。

16. 鲜百合、鲜藕、枇杷(去核)各 30 克,淀粉、白糖各适量。鲜藕洗净切片,与鲜百合、枇杷肉一并放入锅内合煮,待熟时放入适量淀粉调匀,服时加少许白糖。

17. 柿饼 1 个,川贝母 10 克。将柿饼切开去核,纳入贝母,入锅炖熟后服之,连服数次。

18. 灵芝、百合各 15 克,南沙参、北沙参各 10 克。水煎,每日 1 剂,2 次分服。

19. 向日葵(干品)300 克,金钱草(干品)100 克。洗净后加水 1200 毫升,煎 1 小时后,滤渣加水再煎 1 小时,合并药液,浓缩为 240 毫升,成人每次 60 毫升,每日 1 次。

20. 紫河车(干鲜均可)适量。洗净焙干研面。每日 3 次,每次 5 克,温开水送服。

21. 川贝母末、杏仁末各 10 克,雪梨 1 个。将雪梨挖去心,装入前 2 味药后,封好口,放入豆浆里煮熟,空腹 1 次服下。

22. 羊肉 500 克,小麦 60 克(去皮),生姜 9 克。炖成稀糊状,用食盐调味。早晚分服,连用 1 个月。

23. 海蜇 50 克,马蹄 100 克。煮汤。可常食。

24. 大黄、五倍子、牡蛎各等量。焙干研末过筛,用醋调成膏状。敷肺俞(双)、膻中穴。适用于慢性支气管炎偏热证。

25. 绿茶 1 克,甜瓜 250 克,冰糖 25 克。甜瓜去皮切片与冰糖加水 500 毫升同煮,加入绿茶即可。每天 1 剂。

26. 橘红 30 克,白酒 500 毫升。橘红装袋浸酒中 7 天。每日 2 次,每次 20—30 毫升。

27. 白花蛇舌草 30 克,金荞麦、蔓荆子、鱼腥草各 20 克,天竺子、天浆壳各 10 克,橘红、甘草各 6 克。水煎服。

28. 土豆 1 个,胡椒 21 粒。土豆挖孔,将胡椒放入,烧熟共食之。

29. 满山红、蒲公英各 10 克,棉花根 30 克。水煎服。适用于老年慢性支气管炎。

30. 柿饼、核桃仁各适量。蒸服,每日 2 次,每次各 2 枚。

31. 萝卜子 10 克,核桃肉 30 克。用冰糖加水炖服。适用于老年慢性支气管炎。

32. 生、熟地各 15 克，山药 12 克，山萸肉 4.5 克，巴戟肉 6 克，仙灵脾、白术、党参、五灵脂各 9 克。上药 10 味共研细末，再用鱼腥草 30 克，佛耳草 15 克，野荞麦根 30 克，水煎服，每日 2—3 次，连用 3 个月，应在 7、8 月间即预服。

33. 用百部 100 克，蜂蜜 500 克，净水 5000 克，先用净水煎百部至 1000 毫升，滤往渣，再加蜂蜜慢火熬膏，饭后冲服，每次 1—2 汤匙，每天 3 次。

34. 炒杏仁、炒芝麻各等量捣烂，每次 6 克，一日 2 次，开水冲调服用。

35. 生黄芪 15 克，浮小麦、百部、茯苓、北沙参、麦冬、桑白皮、莱菔子各 10 克，半夏 5 克，陈皮 6 克，川贝母 6 克。上药先用清水浸泡半个小时，煎煮 2 次，药液对匀后，分 2 次服，每日一剂。适应小儿慢性支气管炎。

36. 萝卜 500 克，苦杏仁 15 克，牛肺(或猪肺)250 克，姜汁、料酒各适量。萝卜切块，苦杏仁去皮、尖。牛肺用开水烫过，再以姜汁、料酒旺火炒透。砂锅内加水适量，放进牛肺、萝卜、苦杏仁，煮熟即成。吃牛肺，饮汤。每周 2—3 次。适用于肺虚体弱，慢性支气管炎等症。尤宜冬、春季节选用。

37. 大蒜 10 个，醋 20 毫升，红糖 10 克。大蒜捣烂，醋内浸泡 3 天，去渣，每次半汤匙，每天 1 次。

38. 灵芝 30 克，白酒 500 毫升。浸泡 15 日，每天摇动数次，每次服 10 毫升，每天 2 次。

39. 绿茶 1 克、茄子茎根(干)10—20 克。9—10 月间茄子茎叶枯萎时，连根拔出，取根及粗茎，晒干，切碎，装瓶备用。用时同绿茶冲泡，10 分钟后饮用。

(七)糖尿病

糖尿病是由遗传因素、免疫功能紊乱、微生物感染及其毒素、自由基毒素、精神因素等各种致病因子作用于机体导致胰岛功能减退、胰岛素抵抗力弱等而引发的糖、蛋白质、脂肪、水和电解质等一系列代谢紊乱综合征，临床上以高血糖为主要特点，典型病例可出现多尿、多饮、多食、消瘦等症状。

1. 生地、山药各 20 克，五味子、麦门冬、葛根各 10 克，蛤粉、海浮石各 12 克，花粉 15 克，鸡内金 5 克，水煎服。

2. 赤小豆 30 克，怀山药 40 克，猪胰脏 1 具，水煎服，每日 1 剂，以血糖降低为度。

3. 西瓜子 50 克,粳米 30 克,先将西瓜子和水捣烂,水煎去渣取汁,后入米做粥。任意食用。

4. 西瓜皮、冬瓜皮各 15 克,天花粉 12 克,水煎。每日 2 次,每次半杯。适用于糖尿病口渴、尿浊症。

5. 生白茅根 60—90 克,水煎。代茶饮,每日 1 剂,连服 10 日。

6. 山药、天花粉等量,水煎服,每日 30 克。

7. 桑螵蛸 60 克,研粉末,用开水冲服,每次 6 克,每日 3 次,治愈为度。适用于糖尿病尿多、口渴。

8. 葛粉、天花粉各 30 克,猪胰 1 具,先将猪胰切片煎水,调葛粉、天花粉吞服,每日 1 剂,3 次分服。适用于糖尿病多饮、多食。

9. 知母、麦冬、党参各 10 克,生石膏 30 克(先煎),元参 12 克,生地 18 克,水煎服。

10. 生地、枸杞子各 12 克,天冬、金樱子、桑螵蛸、沙苑子各 10 克,山萸肉、芡实各 15 克,山药 30 克,水煎服。

11. 红薯叶 30 克,水煎服。

12. 木香 10 克,当归、川芎各 15 克,葛根、丹参、黄芪、益母草、山药各 30 克,赤芍、苍术各 12 克。水煎服。

13. 生黄芪、黄精、太子参、生地各 9 克,天花粉 6 克。共研为末。每日 3 次,每次 14 克水冲服。

14. 黄精、丹参、生地、元参、麦冬、葛根、天花粉、黄实各适量。水煎服,每日 1 剂。

15. 蚕茧 50 克。去掉蚕蛹,煎水。代茶饮,每日 1 剂。适用于糖尿病口渴多饮,尿糖持续不降。

16. 猪胰脏 1 具,低温干燥为末,炼蜜为丸。每次开水送服 15 克,经常服用。

17. 鲜竹笋 1 个,粳米 100 克,将鲜竹笋脱皮切片,与粳米同煮成粥。每日服 2 次。适用于糖尿病及久泻、久痢、脱肛等症。

18. 鲜枸杞 100 克,糯米 50 克,白糖适量。取鲜枸杞叶洗净加水 300 克,煮至 200 克时去叶,入糯米、白糖,再加水 300 克煮成稀粥。早晚餐温热食。适用于糖尿病以及虚劳发热、头晕目赤、夜盲症。

19. 熟地、黄芪各 15 克,山芋肉、补骨脂、五味子各 10 克,元参、山药、丹参各 12

克,苍术 6 克,肉桂 3 克,水煎服。

20. 猪肚、山药各适量。将猪肚煮熟,再入山药同炖至烂。稍加盐调味,空腹食用,每日 1 次。滋养肺肾。适用于消渴多尿。

21. 新鲜猪胰 1 具,薏苡仁 50 克或黄芪 100 克,猪胰用清水冲洗干净,切数片后,再与薏苡仁一块放入碗内,加水淹没。用铁锅隔水炖熟,加入适量食盐和调服用。

22. 鲜芹菜、青萝卜各 500 克,冬瓜 1000 克,绿豆 120 克,梨 2 个。先将芹菜和冬瓜略加水煮,用白纱布包住取汁,同绿豆、梨、青萝卜共煮熟服。

23. 枸杞子 15—20 克,粳米 50 克,白糖适量,将上 3 味放入砂锅内,加水 500克,用文火烧至沸腾,待米开花,汤稠时,停火焖 5 分钟即成。每日早晚温服,可长期服用。适用于糖尿病以及肝肾阴虚所致的头晕目眩、视力减退、腰膝酸软、阳痿、遗精等。

24. 党参 15 克,丹参 30 克,元参、沙参各 10 克,玉竹 12 克,乌梅 30 个。水煎服。

25. 苍术、元参、生黄芪各 30 克,山药、熟地、生地、党参、麦冬、五味子、五倍子、生龙骨、茯苓各 10 克,水煎服。

26. 干马齿苋 100 克。水煎服。每日 1 剂,一般服用 1—2 周尿糖即可转阴。

27. 泥鳅 10 条,干荷叶 3 张。将泥鳅阴干研末,与荷叶末混匀。每次服 10 克,每日 3 次。

28. 猪胰脏 1 具,菠菜 60 克,鸡蛋 3 个。先将猪胰切片煮熟,再将鸡蛋打入,加菠菜再煮沸。连汤食之,每日 1 次。

29. 猪脊骨 500 克,土茯苓 50—100 克。猪骨打碎,加水煎汤约 2 小时,去骨及浮油,剩下 3 大碗,入土茯苓,再煎至 2 碗,去渣。每日 1 剂,分 2 次服。

30. 淮山药 30 克,黄连 6 克,天花粉 15 克。水煎,取汤温服,每日 1 剂。

31. 天花粉、干地黄各 60 克,干葛根、麦门冬、五味子各 3 克,甘草 1.5 克,粳米10 克。以上各药和粳米共煮作粥,每日服 1 剂。

32. 炒苍术 20—40 克,炒白术 15—30 克,淮山药 30—50 克,生地黄 20—40 克,熟地黄 15—30 克,去参 15—30 克,北沙参 30—40 克,玉竹 20—40 克,五味子 15—25 克,桑螵蛸 10—15 克。水煎服,1 日 2 次,每日 1 剂。

33. 黄芪 40 克,生地黄 30 克,天花粉 25 克,黄精、生石膏各 30 克。水煎服,每日 1 剂,分 2 次服。

34. 淮山药 60 克,猪胰 150 克,食盐少许。将猪胰切成片,和山药一起煲汤,再用食盐调味服食。

35. 新鲜萝卜适量(约 250 克),粳米 100 克,将萝卜洗净切碎,同粳米煮粥。可供早晚服,温热服食。

36. 松树二层皮(干)100 克(老大松树为佳),猪骨 250 克。将树皮与猪骨一起煮,内服,每日 1 剂。

37. 熟地、淮山药各 50 克,党参、覆盆子各 15 克,五味子 3 克,五倍子 3 克。水煎服,每日 1 剂。

38. 生黄芪、生地各 30 克,苍术 15 克,人参 30 克,葛根 15 克,丹参 30 克。每日 1 剂,水煎分温服用。

39. 天门冬、麦冬各 10 克,粳米 100 克。先将天门冬、麦冬煎取汁,与粳米煮成粥,早、晚供餐用。

40. 黑木耳、扁豆各等分。共研成面,每次服 9 克,白水送服。

41. 鲜菠菜根 50 克,鸡内金 10 克,大米 50 克。把菠菜根洗净,切碎,加水同鸡内金共煎煮 30—40 分钟,然后下米煮作烂粥。每日分 2 次,连菜与粥服食。

42. 桃树胶 15—25 克,玉米须 30—60 克。加水共煎汁饮,代茶饮。

43. 人参 6 克,鸡蛋清 1 枚。将人参研末与蛋清调匀,1 次服下,每日 1 次,10 日为 1 疗程。

(八)痛风

痛风是人体内有一种叫做嘌呤的物质的新陈代谢发生了紊乱,尿酸(嘌呤的氧化代谢产物)的合成增加或排出减少,造成高尿酸血症,当血尿酸浓度过高时,尿酸即以钠盐的形式沉积在关节、软组织、软骨和肾脏中,引起组织的异物炎性反应,就叫痛风。

1. 鲜五色梅根 10—20 克,青壳鸭蛋 1 枚,和水酒(各半)适量,炖 1 小时服用,有活血止痛之效。

2. 虎刺鲜根或花 30 克(干根 10—15 克),煎汁用酒冲服,有清热通络之效。

3. 钩藤根 250 克,加烧酒适量,浸 1 天后分 3 天服完,有理气活血止痛之功。

4. 牡丹藤 1500 克,牛膝 30 克,钻地风 60 克,五加皮 250 克,红糖 250 克,红枣

250 克,烧酒 5000 克,密封 1 个月。每次 30 毫升,每日 3 次服,有活血祛风、通络止痛之效。

5. 苍术 15 克,黄柏 15 克,蚕沙 12 克,木瓜 10 克,牛膝 6 克,丹参 15 克,白芍 12 克,桑枝 12 克,五灵脂 9 克,元胡 15 克,路路通 15 克,槟榔 10 克,茯苓 15 克,升麻 3 克,甘草 3 克,水煎服,有祛风除湿、活血通络之功。

6. 凌霄花根(紫葳根)6—10 克,浸酒或以酒煎服,有活血止痛之功。

7. 珍珠莲根(或藤)、钻地风根、毛竹根、牛膝各 30—60 克,丹参 30—120 克,水煎服,兑黄酒,早晚空腹服,有祛风活血、通络止痛之功,主慢性痛风。

8. 红花、白芷、防风各 15 克,威灵仙 10 克,酒煎服,有活血祛风之功。

9. 党参、白术、熟地黄、黄柏各 60 克,山药、海浮石、南星、龟板各 30 克,锁阳、干姜灰各 15 克,共为末,粥糊为丸,每次 9 克,每日 3 次,主补脾益肾、化痰散结,治气血两虚,痰浊痛风。

10. 黄柏 6 克,威灵仙 6 克,苍术 10 克,陈皮 6 克,芍药 3 克,甘草 10 克,羌活 6 克,共为末服,有清热除湿、活血通络之功,主治湿热型痛风。

11. 生淮山药 100 克,薤白 10 克,粳米 50 克,清半夏 30 克,黄芪 30 克,白糖适量。先将米洗净,加入切细淮山药和洗净半夏、薤白,共煮,加入白糖后食用。适用于脾虚不运,痰浊内生而致气虚痰阻之痛风症。

12. 白芥子粉 5 克,莲子粉 100 克,鲜淮山药 200 克,陈皮丝 5 克,红枣肉 200 克。先将淮山药去皮切片,再将枣肉捣碎,与莲子粉、白芥子粉、陈皮丝共和,加适量水,调和均匀,蒸糕作早餐用,每次 50—100 克。益气化痰通痹。适用于脾胃气虚型痛风。

(九)老年性白内障

老年性白内障是指 40 岁以后晶状体逐渐混浊,通常为双眼。患者可表现为自觉眼前有固定不动的黑点,视物模糊,视物变形,复视或多视现象,以后视力逐渐下降,晚期都有严重视力障碍,最终失明。老年性白内障早期可用中西药物治疗,对于老年性白内障发展到成熟或接近成熟时,手术治疗是惟一能去除白内障的方法。

1. 夜明砂 6 克,猪肝 100 克。将猪肝切片与夜明砂拌匀,蒸熟趁热服食,本方具有养肝补肾、益精养血之功效,主治视物模糊不清。

2. 苍耳子 25 克,粳米 150 克。先将苍耳子捣烂,用纱布绞滤,用水 1 升,绞滤出汁后与粳米煮粥食之。主治老年白内障,视物不清,如隔薄烟轻雾。

3. 银耳 6 克,枸杞 4 克,猪肝半个。将上味共入砂锅以水煮熟即可。吃肉喝汤,每副食用 2 次,隔日 1 副,4 次为一疗程,2 个疗程即可见效。本方适用于老年人肝肾两亏所致的白内障。

4. 枸杞 5 克,党参 4 克,猪肝半个,粳米适量。将猪肝清除筋、油、腻杂物后洗净,切成丁粒状,与枸杞、党参、粳米一同煮粥。喝汤,每日 1 剂,每剂喝 2 次。本方适用于老年人脾虚气弱所致的白内障。

5. 淮山药 5 克,银耳 4 克,鸡肝 3 对,粳米适量。将鸡肝洗净,与淮山药、银耳、粳米一同煮粥。喝汤,每次 1 剂,每日早晚各 1 次。本方适用于老年人脾虚气弱所致的白内障。

6. 新鲜西红柿,开水烫洗,去皮后,每天早晚空腹时吃 1 个,或将鲜鸡蛋与西红柿烧汤,调味食用。对防治老年性白内障有很好的作用。

7. 金银花、杭菊花、蒙花、蝉花、宁杞、决明子各 18 克、红花 12 克,煎水服。同时,每天用开水热敷双眼。

8. 蔓荆子 5 克,猪肉 50 克。蔓荆子研粉,猪肉剁细,两者拌匀,蒸熟,1 次服完,每日 1 剂。连服 7 天即可见效,长期服用更好。主治老年性白内障。

9. 人参、生地、茺蔚子各 60 克,石决明、桔梗、车前子、白芍各 30 克,细辛 15 克,大黄 9 克。将上药共研成细末,等量蜜制成丸,每丸 9 克,早晚各服 1 丸。3 个月为 1 疗程。主治老年性白内障。

(十)耳聋

生活中,造成耳聋的原因很多,如遗传、产伤、感染、药物应用不当、免疫性疾病、生理机能退化、某些化学物质中毒等都能导致耳聋。对耳聋病人要早发现、早确诊、早治疗。

1. 槟榔一个,以刀从脐剜取一眼子大,贯以麝香,坐于所患耳内,从药上以艾炷灸之。主治突然耳聋。

2. 蚕蜕适量,麝香 3 克,蚕蜕作纸捻,入麝香即成。将纸捻入笔筒烧烟熏之,3 次即可。用于耳聋。

3. 木香一两,切小,放苦酒中浸一夜,取出,加麻油一合,微火煎过,滤去药渣,以油滴耳。一天 3—4 次。对突然耳聋有疗效。

4. 蓖麻子 100 个,去壳与大枣 15 枚,一起捣烂,稍加人乳,做成锭子。用时取一枚裹棉花中塞耳内。一天换药一次。大约 20 日左右即可见效果。用于治疗突然耳聋。

5. 对耳聋患者的食疗,猪肾 2 个,大米 60 克,葱白适量,猪肾洗净切块与米合煮成粥,加入葱白及调料服食。

6. 精羊肉 100 克,肉苁蓉 20 克,大米 60 克,将肉苁蓉加水煎汁去渣后,入羊肉、大米煮粥,熟后加调料服食。耳聋患者可以作为食疗食用。

7. 北细辛 3 克研末,将黄蜡化开和成丸,如绿豆。纱布裹住,塞耳内,2—3 次治愈。

8. 黄鱼脑(火内烧存性)研细末,用菜油调后,滴入耳内。

9. 用乌龟尿滴入耳内,一次 2 滴,每日 1 次,连用 7—10 天(取乌龟尿法:用一只镜子,对乌龟头照,即撒尿,最好用荷叶接)。

10. 小铁块、磁铁各 1 块。口含小铁块。耳上放磁铁听。每日 5 次,每次 20 分钟。此方对先天性耳聋无效。

11. 甘遂 1 克,棉球 1 枚。每晚睡觉时将甘遂放入耳内,棉球塞耳,早起时取出,连续 10 日为 1 疗程。

12. 狗肉 500 克,黑豆 100 克。将狗肉洗净,切成块,和黑豆一起加水煮沸后,炖至烂熟,加五香粉、盐、糖、姜调味服食。本方可用于防治老人肾虚耳鸣耳聋。

13. 葱汁适量。滴入耳内 2 滴,可用治疗因外伤淤血结聚所致耳鸣、耳聋。

(十一)胃病

人们常说的胃病,一般是指胃炎和胃、十二指肠溃疡病。胃炎是胃黏膜炎症的总称。经常发生于 40—50 岁之间,男性多于女性。引起胃病的原因很多,包括遗传、环境、饮食、药物、细菌感染等以及吸烟,过度酗酒都可引起。

1. 鸡内金 10 克,香橼皮 10 克,共研细末,每日服 1—2 克,对于治慢性胃炎有疗效。

2. 韭菜 250 克,生姜 250 克,共捣烂用清洁纱布绞汁,加入牛奶 250 克,煮沸后,趁热服用。适用于胃寒性胃溃疡,慢性胃炎胃脘疼痛,呕恶等症。

3. 荔枝核,烧焦,每 3 克加木香 0.5 克。共为细末,热汤调服。治慢性胃炎之胃寒气滞疼痛。

4. 糜子米、黍子米各 500 克，儿茶 100 克，将两种米炒焦后与儿茶研成细粉，每日早晚空腹服 25 克，坚持服用 2—3 个月。对各种胃炎及溃疡、返流，都能有效。

5. 生姜 200 克，醋 250 毫升，密封浸泡，空腹服 10 毫升，主治慢性胃炎。

6. 胃胀、疼痛、不知饥饿，可用 100 克白术放 1000 克温水浸泡 2 小时，取汁，将 500 克白粱米放入浸泡，待其吸进白术汁后用微火炒至外焦里黄放凉，研成细粉，每次服 20 克，每日 4 次，一般 3 个月可愈。

7. 新鲜甲鱼胆 3 个，用微火在瓦片上焙干，研成粉末，倒如入白酒瓶内（约 500 毫升）封闭瓶口，每天摇晃一次，使其更快溶解，浸泡 10 天后，每天早晚空腹服饮约 3—4 毫升，不间断地服完为止。对胃溃疡有效。

8. 将大枣洗净，炒到外皮微黑，以不焦煳为准，一次可多炒一些备用，把炒好的枣掰开口，放杯子里开水冲泡，一次放三四个，可适量加糖，颜色变后服用，当茶饮用，对治疗老胃病有特效。

9. 以小米磨粉，煮羹，加少量盐，早、晚各服一碗。对胃热、反胃呕吐有疗效。

10. 如若胃痛、腹胀、嗳气、吞酸。则用鸡内金 6 克炒成褐色，捣碎，粳米 15 克炒至微黄出香气，二者合一泡开水当茶饮。

11. 胃痛、腹胀、便秘时，用萝卜籽 20 克炒成褐色捣碎，粳米 15 克炒至微黄出香气，二者合一泡开水当茶饮。

12. 胃痉挛疼痛时用高粱米 60 克，水煎服。

13. 当有急性胃痛，且疼痛剧烈的。可用葱白 5 根捣烂入泥，以匙送入咽中，再用芝麻油适量送服。

14. 胃寒胃痛，饿时冷痛。红薯 1 个（约 100 克），加生姜 10 克煮熟，吃薯饮汤。

15. 砂仁 6 克，黄芪 20 克，猪肚 1 个。猪肚洗净，将砂仁、黄芪装入猪肚内，加水炖熟，调味食用。益气健脾，消食开胃。适用于脾胃虚弱之食少便溏、胃脘疼痛。可用于胃下垂及慢性胃炎病人。

16. 生黄芪 12 克，生薏米、赤小豆各 10 克，鸡内金粉 7 克，金橘饼 1 个，糯米 80 克。将生黄芪加水煮 20 分钟，取汁，加入薏米、赤小豆、糯米煮成粥，加入鸡内金粉即可。消食和胃。用于脾虚湿滞食停所致的脘腹胀闷、食欲不振、体困便溏等。

17. 乌贼骨 90 克，贝母 30 克，甘草 30 克。将三味药共研成粉即可。每日口服 3 次，每次 4 克。适用于胃痛、吐酸水、吐血等。

18. 蒲公英 120 克（炒焦），红糖 27 克。将两味共研成粉末即成。每日 3 次，每次 9 克。适用于胃热痛。

19. 肉豆蔻 6 克，砂仁 6 克，广木香 3 克，公丁香 3 克。将上述的药共研细末即成。每日服两次(早晚饭前服)，每次服 2 克(加入红糖 6 克)。适用于遇寒必犯的胃痛。

20. 陈皮 9 克，元胡 20 克。将二药用醋炒，研成粉末即成。每日 3 次，每次服 2 克。本方主治胃酸过多症。

21. 猪肚 100—150 克，金橘根 30 克，用水 4 碗煮至 1 碗半，加少许食盐调味食用。有健脾开胃，行气止痛作用。适用于慢性胃炎，胃溃疡，十二指肠球部溃疡等症。

22. 老鸭 1 只，去毛及内脏，北沙参、玉竹各 50 克。上述各料同煮汤，用食盐等调味食用。有滋阴清补功效。用于肺阴虚咳喘、糖尿病、慢性胃炎、津枯肠燥便秘。

23. 小羊羔肠子适量，将小羊羔肠浸泡，洗净、翻开，用玉米粉外撒。翻转羊肠，放适量油盐煮食。每天 3 次，连食 1 个月。说明:此方系新疆吐鲁番地区牧民所独用，对胃和十二指肠溃疡疗效显著。所用羊肠系取自 6 个月左右的绵羊或山羊的十二指肠。

24. 牛奶 250 克(或奶粉一汤匙)煮开后，打入鹌鹑蛋一个，煮成荷包蛋食用。有和胃补虚作用，适用于慢性胃炎。连服半年左右。

(十二)冻疮

冻疮是冬天的常见病，主要人群是儿童、妇女及老年人。在寒冷季节里常较难快速治愈，要等天气转暖后才会逐渐愈合。冻疮多在手脚的末端、鼻尖、面颊和耳部等处。患处皮肤苍白、发红、水肿、发痒热痛，有肿胀感。严重的可出现紫血疱引起患处坏死，溃烂流脓疼痛。患冻疮者刚刚入冬就应该做好防护准备，避免冻疮的再次发作和持续发作。治疗冻疮的偏方有:

1. 对于多年冻疮者，可以用取少量鲜山药捣碎，用红砂糖搅拌均匀，然后涂在患处。

2. 用辣椒秸秆或者茄子秸秆，泡在热水里烫脚，注意不要烫伤脚，温度达到能忍受为好。

3. 冻僵硬的蝗虫(蚂蚱)数只，将足、翅去掉，放在铁勺内焙酥，研成细粉，用香油拌成糊状，晚上用温水洗患处后涂抹。

4. 活麻雀 1 只,将头割开,挖出脑子,涂抹患处,接着揉搓 2—3 分钟,过 10 小时左右,再抹 1 次,连用 2—3 次(适于未破皮者)。

5. 山楂 60 克,烧熟搅烂,敷患处。

6. 鲜生姜外搽过去生过冻疮处,一日 2—3 次,可预防。

7. 用老樟树鲜叶和枝条适量,捣烂后入锅加水煎成浓汁,然后将冻疮患处浸泡 10—20 分钟,1—2 次即痊愈。此法也可起到预防作用。

8. 夏天取新鲜芝麻叶,在以往生过冻疮的皮肤处反复搓搽 20 分钟,1 小时后用水洗净,可达到根治的效果。

9. 用新鲜的生姜片涂搽常发冻疮的皮肤,连搽数天,可防止冻疮再生;若冻疮已生,可用鲜姜汁加热熬成糊状,待凉后涂冻疮患处,每日 2 次,连涂 3 天,就会见效。

10. 在夏天,将独头蒜捣烂放在太阳下晒热后,趁热在冬季易发生冻疮的皮肤部位揉搽,每天揉搽 2 次,每次揉搽 15 分钟,到了冬季原复发部位即可不再生冻疮。

11. 桂枝 50 克,红花、附子、荆芥、紫苏各 20 克,加水 3000 毫升,煎沸,稍冷却后即将患部浸于药液中,每日浸泡 3 次,每次 20—30 分钟,并用药渣揉搓患部,每剂可连用 3 天。一般用药 10 天以内,红肿、痒痛消失。

12. 如果冻疮处溃烂,可用山楂片 120 克,炒成炭(存性),研为细面,凡士林 60 克,溶解与细面混合搅匀,洗净伤口,用纱布涂药外敷,2 日换 1 次,生肌止痛。

13. 荞麦粉、麦粉各 15 克,硫磺 24 克。将硫磺研粉,与前 2 味混匀,撒于患处,纱布包扎。此方用于已溃破的冻疮。

14. 松香 60 克,黄蜡 30 克,二味熬匀,瓦罐收贮。用时先以热汤洗患处令皮软、拭干,将上药于慢火上烊化后涂之。

15. 辣椒、生姜、白萝卜。将辣椒的里层贴在冻疮处摩擦,或用生姜汁擦,将萝卜切成厚片,烤热后摩擦,1 日 3 次。

16. 将青矾 100 克溶化于 1500 毫升水中,先将受冻部位置于热水蒸气上熏,待水温后,再用药液频洗患部。第二次将此药液煎开,同上法治疗,连用 2—3 天。本方适用于手、脚、耳廓未破之冻疮,已溃烂者忌用。

17. 红辣椒 10 克,去子切碎,放入白酒 60 毫升中浸泡 7 天,再加樟脑 3 克摇匀,使用时用消毒棉签沾药液外搽生过冻疮的部位,每日 2 次,连续 1 周。

18. 黄丹 120 克,熟石膏 18 克,共研细末,或将药粉直接撒在疮面上,或用油调,或用凡士林配成 20% 软膏贴敷。

19. 肉桂、冰片、樟脑各 2 克,炙乳香、炙没药各 10 克,分别研细后拌匀,配入适量凡士林调成软膏,先以萝卜汤或淡盐水清洗溃烂面,再将此膏涂于患处,2—3 天1 次。

20. 每晚用热水洗患处后,取香蕉去皮,用香蕉肉擦涂皲裂处,涂擦后不要洗患处,每日 1—2 次,数天即愈。

21. 取白萝卜一个,洗净切成厚片,用火烤热,睡前蘸姜粉涂擦患处 10—20 分钟,每天 1 次,至痊愈为止。

(十三)脚气

脚气是民间的讲法,医学上把脚气称为足癣。中医学称为"脚湿气",是一种浅部霉菌感染的皮肤病,它可分为干性和湿性两种类型:干性主要表现是脚底皮肤干燥、粗糙、变厚、脱皮、冬季易皲裂;湿性主要表现是脚趾间有小水泡、糜烂、皮肤湿润、发白、擦破老皮后见潮红、渗出黄水。两者都具有奇痒,也可两者同时存在,反复发作,春夏加重,秋冬减轻。

第一种方式是,采用一般的药物偏方治疗。

1. 大黄、扁蓄各 10 克,蛇床子 15 克,水煎汤泡脚,每日 1 次。另外加用癣药水外涂患部,早晚各 1 次。此方适用于湿性足癣。

2. 苦参、白藓皮、黄柏各 10 克,共研细末,与冰片、枯矾各 5 克混匀,洗净患部,外涂患处,每日早晚各 1 次。

3. 苦参、白藓皮、马齿苋、车前草各 30 克,苍术、黄柏各 15 克,每日煎洗 1—2次。对水疱型或有感染时应用有良好效果。

4. 白凤仙花 30 克,皂角 30 克,花椒 15 克,任选一种,放入半斤醋内,浸泡一天后,于每晚临睡前泡脚 20 分钟。连续治疗 7 天,对角化型有良效。

5. 自制"蒜醋液"治脚癣:取大蒜 5 头(大约 20 克),去皮捣碎,加陈醋 800 毫升,搅匀泡脚,每日 1 次,每次 30 分钟。泡完用温水洗净双脚,换干净鞋袜,大蒜液每日更换。一般 3—5 次显效。尤其适用于皮肤未破溃者。

6. 蛇床子 15 克,苦参 18 克,蜂房 18 克,苍耳草 40 克,趾间水疱或糜烂加白矾20 克,黄柏 18 克。将上述药物放入瓦罐内加水 1000 毫升,煎至 800 毫升,滤出药渣,再加入 5—6 倍的 40℃温水泡脚,每次泡 20—30 分钟,每晚 1 次,连续 3 次。如未愈,2 周后,继续按上述方法治疗。

7. 蒲公英 40 克,苏木 30 克,茯苓 20 克,白矾 20 克,钩藤 30 克,防风 20 克,防己 20 克。诸药物放入洗脸盆中加水 2500 毫升,煮沸后待温,泡脚,每日 1 剂,早晚各 1 次,每次泡脚 40 分钟,3 日为 1 个疗程。如未愈,再进行第 2 个疗程,一般不超过 2 个疗程。

第二种方式是,采用食补食疗的方式。

1. 黄豆 100 克,米皮糖 160 克。将黄豆与米皮糠用水炖熟吃。

2. 陈皮 4 克,赤豆 70 克,花生仁 120 克,红枣 10 枚。将陈皮、赤豆、花生仁、红枣用水煎煮熟食用。

3. 大冬瓜一个,赤小豆 130 克。将冬瓜切盖去内瓤,装入赤小豆,放糖水中煨熟淡食,或焙燥为丸食,或加水煮至烂熟,分 2—3 次食用。

4. 黄豆 100 克,陈皮 3 克,羊脚骨 150 克。将黄豆、陈皮与羊脚骨用水炖烂,适加调味品盐等食用。

5. 青鱼 500 克,韭黄 250 克。青鱼洗净,加韭黄煮食。

同时还有生活中能够容易操作的偏方。

1. 藿香正气水:先用温开水或淡盐水洗净患处,擦干,用棉签沾本品适量外搽患处,至少保持 2 小时,每日 1—2 次;对起泡流黄水者,用药 4—8 小时后水泡逐渐消失,12 小时后渐变为干皮脱落。

2. 十滴水:先用蒲公英水煎汁足浴后,擦干,以棉签沾本品少许涂搽患处,每日 3—4 次,伴感染者可用本品浸湿纱布外敷患处,每日 2 次,连续 3—5 天。

3. 风油精:每晚睡前用温水洗足后,擦干,用棉签沾本品少许外搽患处,每天 1 次,连续 3—5 天,伴有水泡者先用消毒针将水泡挑破,然后用药棉将流水吸尽,再用棉签沾本品外搽患处,每日 1 次,症状较重者可同时配合龙胆紫或碘酒外涂,一般 3—4 次即可痊愈。

4. 冰硼散:每晚用温水洗脚后擦干,视患处面积大小,撒敷冰硼散约 2 毫米厚,后套一干净袜子,翌晨复用 1 次。若有小水泡,可用消毒针挑破,放液后再撒敷药粉,一般 5 天即可治愈。

5. 醋精适量外涂患部,每日 2 次,连续使用一个月以上,直至足癣完全消失。此方适用于多方无效者,或易复发者。

（十四）痔疮

痔疮患者要注意饮食，不要吃辛辣刺激的食物，忌烟酒、海鲜类食物，多做提肛运动。

1. 治痔疮汤：蒲公英 30 克，黄柏 30 克，赤芍 300 克，丹皮 30 克，桃仁 20 克，土茯苓 30 克，白芷 15 克。水煎外用，每日 1 剂，每日用 2—3 次，先加水 2500—3500 毫升，煮沸后过滤去渣，将药液倒入普通搪瓷盆内，患者趁热先熏后洗，每次 15—30 分钟。

2. 乌梅 10 克，五倍子 10 克，苦参 15 克，射干 10 克，炮山甲 10 克，煅牡蛎 30 克，火麻仁 10 克。水煎服，每日 1 剂，每日服 2 次。

3. 槐花 15 克，槐角 15 克，生地 12 克，黄连 10 克，银花 12 克，黄柏 10 克，滑石 15 克，当归 12 克，升麻 6 克，柴胡 6 克，枳壳 6 克，黄芩 10 克，甘草 3 克。水煎服，每日 1 剂，每日服 2 次。

4. 空心菜 2000 克洗净，切碎，捣汁。菜汁放入锅中用旺火烧开，后以温火煎煮浓缩，到煎液较稠时加入蜂蜜 250 克，再煎至稠粘如蜜时停火，待冷却后装瓶备用。每次 1 汤匙，以沸水冲化后饮用，每日 2 次。

5. 硫磺、雄黄各 10 克，樟脑 3 克，麻油适量。将药研成细末，用麻油调匀，擦患处。

6. 槐花、地榆各 10 克，仙鹤草、旱莲草、侧柏叶各 15 克，枳壳 10 克，黄芩 5 克，胡麻仁 15 克，勒菜苋 30 克。水煎服，每日 1 剂，每日服 2 次，另外，可用此药煎液熏洗肛门。

7. 取柿饼、香油、生蜂蜜各 250 克。将柿饼去核切片，入锅中用香油炸至八成熟（呈焦黄色，不可炸成焦黑色），出锅晾干，研成细末。把柿饼末、生姜及锅中剩余香油和合后分成三等份备用。晚上睡前取药一份，半杯开水冲解后温服，三份药连续三天服完。未愈者，半个月后，以同法再服三天可愈。

8. 将无花果叶放入瓷盆中煮 20 分钟，趁热熏洗患处。每日 3 次。

9. 红糖 100 克，金针菜 120 克。将金针菜用水 2 碗煎至 1 碗，加入红糖，温服，每日 1 次。

（十五）青光眼

当眼压高于正常或眼内组织不能承受某一水平的眼压时，会引起视神经的萎缩,损害视功能,被称为青光眼。

1. 白菊花适量,羚羊角粉0.3克。用白菊花泡茶送服羚羊角粉。每日2次。

2. 天冬15克,麦冬15克,粳米120克,冰糖适量。粳米洗净,加天冬、麦冬所煎之水,煮粥,加冰糖适量,每日2次,每次1小碗。

3. 桂圆肉20克,红枣20枚。同煮汤。每日食1剂。

4. 甲鱼1只(约置250克),杜仲9克,料酒、精盐各适量,甲鱼活杀去内脏,加杜仲(纱布包)。入碗以料酒、精盐调味,隔水蒸熟,去杜仲。食甲鱼喝汤。

5. 鲤鱼1条(约重500克),赤小豆40克,葱花、料酒、精盐各适置。鲤鱼活杀洗净,加赤小豆(纱布包),入锅同煮,至鱼熟汤浓,加葱花、料酒、精盐调味,去赤小豆。喝汤食鱼,每日2次,每次1小碗。

6. 羊肝100克,谷精草15克,白菊花15克,煎汤服羊肝。

7. 沙参15克,牛膝9克,枸杞子15克,决明子9克,煎汤去渣,加入蜂蜜适量服用。每日1剂,连服数剂。

8. 当归、地龙、黑地榆各12克,黑栀子13克,红花10克,川芎、桃仁、鸡内金、僵蚕各6克。水煎服。每日1剂。用治原发性青光眼。

9. 木贼草12克,牡蛎15克,菊花30克,石决明15克,夜明砂10克。先把药用水浸泡30分钟,再放火上煎30分钟,每剂煎2次,将2次煎出的药液混合。每日1剂,早、晚分服。

10. 夏枯草30克,香附10克,当归10克,白芍30克,川芎5克,熟地15克,双钩15克,珍珠母25克,泽泻15克,车前草25克,乌梅15克,槟榔6克,荷叶20克,菊花20克,甘草3克,琥珀3克(冲服)。每日1剂,水煎服。

11. 炒核桃仁20克捣烂,鸡蛋1个打散,冲入牛奶250克,另加核桃和蜂蜜30克,煮沸后食用,日服1次,连服数日。

12. 生地15克,青葙子9克,陈皮6克,加水煎汁,去渣后与洗净的粳米60克一起煮粥。日服1次,连服8天。

13. 槟榔10—20克,水煎服,服药后,以轻泻为度,如不泻可增加用量。

14. 熟地、当归各3克,川芎、白芍各6克,水煎服,每日2次。

15. 猪胆1个,蜂蜜约半匙入猪胆内,扎紧口,吊在檐下或遇风不见处,约3周之久,取下用猪胆汁点眼,使用前先用人乳点患处润之,片刻后用玻璃棒蘸胆汁点上,遍体凉透,流泪出汗,两次即可复明。用此法于百日内禁喝茶叶水,可喝开水。

16. 向日葵 3—4 朵。水煎,一半内服,一半熏洗眼部。

17. 土豆汁、藕汁各等份,点眼。每次 1—2 滴,每日 2—3 次。

18. 菊花 15 克,夏枯草 15 克,黄芩 10 克。水煎服,每日 2 次。

19. 猪眼 1 只,桂圆肉 7 只,盐适量。将猪眼切碎,与桂圆肉一起放锅中煮熟,加盐等调味品适量以调味。每日吃一副,连吃 15 副。能使眼内轻松、眼睛明亮,对于眼球压力高、角膜水肿或呈雾状、视力下降等有较好效果。忌酒、辣物、鹅肉、动物血。

(十六)失眠

失眠,指无法入睡或无法保持睡眠状态,导致睡眠不足。通常指对睡眠时间或质量不满足并影响白天社会功能的一种主观体验。

1. 灵芝 30 克,白酒 500 毫升。浸入酒中 5—7 日,密封。每日饮 1—2 次,每次 1 小杯。

2. 猪心 1 个,大枣 10 枚,加调料煮食。

3. 干姜 30 克。将干姜研为细末,贮罐备用。每晚服 3 克,米汤送服。

4. 葱白 8 根,大枣 15 个,白糖 5 克。用水 2 碗熬煮成 1 碗,临睡前 1 次服完。

5. 每天晨起服枸杞子 30 粒或早、晚各服 20 粒(感冒期间勿服)。

6. 炒枣仁粉 5—10 克,临睡前冲服,也可小剂量(15—20 粒)嚼服。

7. 何首乌的藤茎 60 克,粳米 50 克,大枣 2 枚,白糖适量,取何首乌的藤茎用温水浸泡片刻,加清水 500 毫升,煎取药汁约 300 毫升,加粳米、白糖、大枣,再加水 200 克煎至粥稠即可,每晚睡前 1 小时,趁热食,连服 10 天为一疗程。

8. 芦荟鲜叶 60 克,白酒 1 瓶,酸枣仁 30 克,夜交藤 45 克,茯神 45 克。将芦荟鲜叶洗净去刺,切成条状,浸入酒中,同时加入上述 3 种药物,密封阴凉处贮放,1 周后即可服用,每晚睡前坚持服用 1 小杯。

9. 小麦片 30 克,黑小豆 15 克,桂圆肉 15 克,红枣七枚同煮,当晚餐食用。

10. 白人参 50 克捣碎,装细口瓶中加白酒约 400 毫升,密封瓶口,每日振摇一次,半月后饮用,每日 10—20 毫升。

11. 大枣 5 枚,粟米 50 克,茯神 10 克。先煎煮茯神,滤取汁液,以茯神液与大枣、粟米同煮为粥,每日 2 次,早、晚服食。

六、常见疾病的自然疗法

生嚼大蒜治感冒

可把鲜蒜瓣含于口中，生嚼不咽下，直至大蒜无辣味时吐掉。连续用 3 瓣大蒜即可见效。一般用于感冒初起、鼻流清涕、风寒咳嗽等病症。

用大蒜塞鼻治感冒

可将大蒜削成圆锥状，裹上一层薄棉后塞入鼻孔，一般 1 次 5 分钟，连续几次后，清鼻涕可止。

用大蒜辣椒红糖治感冒

将辣椒粉 2 克、大蒜 4 瓣、红糖 30 克，加水 250 毫升，煮沸后趁热服下。适用于风寒感冒。

用大蒜冰糖治感冒

将不剥皮的大蒜捣碎与适当的冷开水混合并搅拌，把其密闭在常用容器中 6 ~7 小时，然后用纱布将蒜渣滤出，再加入打碎的冰糖，用小罐子装好，密封，感冒时打开服用。

注意事项：制作大蒜冰糖时动作一定要快，若让蒜味散发掉效果就不佳了，最好在它的气味最浓时用完，效果才好。容易感冒、扁桃体发炎、有鼻病的患者可用此配方。

用大葱治感冒

将 3 根葱白、3 片生姜一起煎煮，取出葱并捣汁，适量滴鼻或用冷开水冲服，可治疗风寒感冒症，且能预防感冒。

用葱白治鼻塞流涕

若因感冒而鼻塞流涕可以用适量葱白，捣汁滴鼻；也可加入苍耳子、辛夷花药汁同用，可治鼻塞。

做生姜粥治感冒

用鲜生姜约 10 克切碎,糯米 50 克。先将糯米加水入锅,粥煮成后,加入生姜,再煮片刻。睡前可温热顿服,服后即睡,出微汗为佳。解热驱寒,温中止呕。也可用生姜 30 克切片,糯米 50 克,煮成粥,放食盐、花生油等调味后食用。主治风寒感冒兼脾胃虚寒。

用茶叶生姜治感冒

可将 3 克茶叶、2 片生姜、19 克红糖、适量食醋放入杯中,用开水冲泡,5 分钟后饮用,1 日饮服 3 次。适用于感冒引起的头痛、鼻塞、流鼻涕。用适量茶叶加 1 片生姜,放在口中咀嚼片刻后用温水送服,也可治疗感冒。

用大白菜汤治风寒感冒

将几棵白菜根洗净切片,加入同等的大葱煎汤,并加白糖少许趁热服下。或用白菜心 250 克,加白萝卜 60 克,煎后加红糖适量,服下即可。

用黄豆萝卜防感冒

将适量黄豆与同等的葱白、白萝卜,加水煎汤,趁热服下,可防治感冒。

用鸡蛋治感冒

将一个鸡蛋打入茶杯内,加白糖 2 小匙或适量冰糖,倒入开水并搅匀,可趁热服用以达到治疗感冒的效果。

用醋治感冒流鼻涕

有过敏性鼻炎的患者,每到春秋季节,就容易伤风感冒。在刚刚患了伤风感冒流清鼻涕的时候,可以用棉花签蘸适量白醋,然后用棉签向左右鼻孔里均匀擦抹即可。

用牙膏治感冒

当患有感冒时,可用牙膏涂在前额正中的天庭穴、鼻下唇上的人中两侧、太阳穴等部位,10 分钟后洗去,可减轻感冒的症状。

国学经典文库

中华历书大全

·健康养生万年历·

图文珍藏版

用毛巾热敷治鼻塞流涕

冬天人们很易感冒,经常会有鼻塞、流鼻涕、头痛、耳鸣等症状。若发生上述症状时可以用热毛巾盖住整个鼻部,使鼻孔吸入热蒸汽并使鼻黏膜收缩以给鼻部起到热敷作用,数分钟后流鼻涕即可止住。每天热敷 4~5 次,每次约 5 分钟。

用酒精擦浴可退烧

取适量酒精倒进温水中,用毛巾浸泡后擦拭全身,重点擦腋下、肘部、颈部、腋窝等处,可暂时降低体温。适用于发热初期。

搓两脚治感冒

用手心搓两脚心和脚背,不久全身出汗,烧也退了,感冒好了。适用于抵抗感冒病毒能力强者。

用清水煮蒜治风寒咳嗽

取蒜一头、清水两杯,将蒜瓣剥皮洗净后与水放锅内煮,水开后煮 10 分钟,趁热将蒜、水全部喝掉,晚间临睡前服最佳。适用于风寒引起的咳嗽。

用绿豆汤煮梨治干咳

取大鸭梨 2 个洗净后切片,绿豆 100 克,置于锅内同煮,待七分熟时放入适量的冰糖。每天晾凉饮服,早晚各吃一碗,两个月后即可见效,适用于咳嗽、风热感冒、肺部燥热。

用冰糖香蕉止咳

取冰糖 5 克、香蕉 3~5 根,置入碗内上锅蒸,待开锅后用温火再蒸 15 分钟,即可食用,止咳效果较佳。适用于风热感冒引起的咳嗽。

用橘子止咳

取新鲜橘子 1 个,在陷窝处挖孔,滴入适量麻油,然后用手捏一下,放在炉盖上用文火慢烤,烤到油开后取下,温凉后剥皮食之;或吃 2~3 只用麻油炸的核桃仁,都有止咳之效。

用冬瓜子止咳化痰

先取 15 克冬瓜子,加适量红糖用力捣烂搅拌均匀,然后用开水冲服。每日 2 次,坚持服用数日,可治咳嗽多痰。

用红心萝卜治咳嗽

把红心萝卜切成约 5 厘米厚的条状或片状,放入锅内煎烤,烤至半生不熟的程度,从炉里取出后趁热食之。食用 2 次后咳嗽即可减轻。

用大白萝卜汤治风寒咳嗽

选用大白萝卜一个(约 200 克)切成小块,用白水清煮 20 分钟,煮热后放冰糖 20～30 克,趁热服下,15 分钟后可见效。适用于风寒咳嗽。

用紫菜治咳嗽

选用 40 克紫菜研末,加 30 克蜂蜜用文火炼成药丸,每次 6 克,每日 3 次,饭后吞服。适用于咳嗽、咯吐浓臭痰液。

用豆腐治咳嗽

先将植物油 50 克用火烧热,加适量葱花和盐,将 500 克豆腐倒入锅内,炒压成泥状,加食醋 50 克,然后再加少量水烧开,即可盛出趁热吃,可治咳嗽。

用香油拌鸡蛋治咳嗽

取香油 50 克,放入锅内加热之后打入一个鲜鸡蛋,再冲进沸水拌匀,趁热吃下,早晚各吃一次。

用白糖拌鸡蛋治咳嗽

选取鲜蛋一个,磕在小碗内,不要搅碎蛋黄、蛋白,加入适量白糖和一匙芝麻油,放锅中隔水蒸煮,在晚上临睡前趁热一次吃完。一天一次,2～3 次后咳嗽可愈。

用花生仁红枣蜂蜜止咳

将花生仁、红枣、蜂蜜各 30 克,用水煎煮饮汤,花生仁和枣一起吃下,每日 2

次。适用于久治不愈的咳嗽。

用生姜梨止咳化痰

取 1 只鲜梨、5 片生姜,加入适量水煎服,可止咳化痰。长期饮服对有肺部炎症的患者有辅助治疗的作用。

大蒜敷脚心可治咳嗽

取大蒜若干切片,睡觉前洗净脚后把大蒜薄片敷在脚心涌泉穴位上,并用医用专用胶布贴紧,保持时间在 8 小时左右。由于大蒜对皮肤有刺激,所以贴的时间不宜过长。连续敷 8 ~ 10 天,效果很好。有少数人脚心敷蒜后会起水泡,若有此现象可暂停敷贴,待水泡破后皮肤复原再敷贴,一般不再起水泡。适用于咳嗽、鼻子不通、便秘。

用香油治咳嗽

冬天中老年人由于慢性气管炎和咽炎引起咳嗽,吃多少药效果都不明显。可以试着每天早晚喝一小匙香油,坚持服用可去除咳嗽。

用萝卜生姜治头晕

选用白萝卜 50 克、生姜 50 克、大葱 50 克,共同捣碎,敷在面额部。每天一次,每次半小时,敷 2 天后有一定疗效。

用鸡蛋治头晕

选用几个受精的鸡蛋,将其存放 8 ~ 12 天,然后煮熟食用。每天 1 ~ 2 只,10 天为 1 个疗程,可治疗头晕乏力。

用生姜防晕车

乘车前,取适量生姜片,敷于内关穴,并用胶布包好即可。也可用大拇指捏掐此穴来代替贴姜片。风池穴、太阳穴处的防止办法均相同。注意:内关穴位于腕关节掌侧,腕横纹上约两横指,掌长肌腱与尺侧腕屈肌腱之间。

吃香蕉治失眠

失眠者如果在睡前吃 2 ~ 3 根香蕉就很容易入睡,这是因为香蕉含糖量高,能增加大脑中色胶化学成分的活力,可以催人入眠。

用核桃治失眠

将 10 克生核桃仁捣烂,用白开水泡 10～15 分钟,加适量白糖,睡前服用。

吃枸杞治失眠

每天早晨饭后吃 30 粒枸杞,坚持一段时间后,可治失眠。

用小米粥治失眠

每晚取适量小米,熬成较稠的小米粥,睡前半小时适量进食,能使人迅速发困入睡。小米性微寒、味甘,有健脾、和胃、安眠的功用;色氨酸含量高的食物具有催眠作用,在众多食物中,应首推小米。

用黄花菜治失眠

取 50 克黄花菜、15 克冰糖,把黄花菜泡在温水中,待泡软后将其切碎,加入适量水放在火上煎,煎好后将渣去除,加入适量的冰糖再煮,睡前饮服。

用大葱安眠

选取葱白 150 克,切碎后放入小盘内,临睡前把小盘摆在枕头边,闻其味便可以安然入睡。或将葱白洗净,切段和小枣若干粒与水共煮,饮汤后食用可消解心神不宁、烦躁不安的症状,有利于安然入睡。

吃大蒜可治失眠

每天晚饭后或临睡前,吃两瓣大蒜。如不习惯吃蒜,可以把蒜切成小碎块用水冲服,可治疗失眠。

用生姜治失眠

将适量生姜切碎,用纱布包裹好,放在枕边,闻其芳香气味,即可安然入睡。注意:姜属辛热燥烈之品,故阴虚者及孕妇均忌用。

喝奶治失眠

经常失眠、神经衰弱的患者,在每晚临睡前喝 1 杯热牛奶,可起到催眠的效果。

牛奶中含有丰富的生化物质氨基酸,它是人体中不可缺少的一部分,可对失眠、神经衰弱等症状有辅助疗效。

按摩印堂穴治失眠

先把两手搓热,然后用两手搓脸,再用中指按摩印堂穴。从下向上搓 50 次;再沿着两边的眉毛顺着推,从眉心到眉梢,一共做 30 次,以这些部位感到酸胀为好。

按摩涌泉穴治失眠

每天晚上用热水烫脚,两脚发红、血管扩张以后,用双手拇指按摩涌泉穴 90 次,有调肝、健脾、安眠的作用。

闭目养神摇晃身体治失眠

每晚临睡前,在床上坐定,呈闭目养神姿势,然后开始左右摇晃头额和躯体。每次坚持做摇晃动作 10 分钟。可感到心情恬静,头脑轻松,即可入眠。

按摩胸腹治失眠

每晚睡觉时躺平仰卧,用手按摩胸部,由胸部向下推至腹部,左右手轮换进行。每次坚持做 3 ~ 5 分钟,即可睡着,而且对疏肝顺气、提高消化系统的功能也有好处。

换方向和睡姿治失眠

经常变化睡觉的方位和睡姿,可改善失眠症状。若睡前用热水烫脚 20 分钟左右,效果更佳。

按摩小指消除疲劳

经常按摩刺激小指。小指属于心经,它的经络从心脏出发,经过身体正中,穿过横脑膜,和小肠连接。按摩小指后,双手可举在头上,将小指互相勾住,向左右拉,静止 3 秒钟后,再向左、右屈身各 5 次。

按摩头皮消除疲劳

当感到头重脚轻、头部晕眩、头脑极不清醒、精神无法集中时,可用手按摩头皮,也可用梳子等轻敲头皮,便可促进脑部血液循环,从而让头脑感到清醒。

轻弹后脑部消除疲劳

用两手掩两耳孔,五指自然斜向上按住后头骨,以食指压中指轻弹后脑部,弹击 30 次即可。

按摩耳轮消除疲劳

用两手的中、食指分别夹住左右耳轮,按顺时针方向揉动,速度要缓而匀,每次搓揉 30 下即可。

用韭菜治盗汗

选取 40～50 克韭菜,用其根加水煎服,每日 3 次,坚持服用 4～5 天,可治盗汗。

用蜂蜜梨汁生津止渴

取梨榨汁后加入适量蜂蜜熬成膏状,每天 1 次,每次服 1 汤匙,能生津止渴。

用黄瓜治暑热烦渴

适量酱油、麻油、精盐、味精,取鲜黄瓜 100 克切成薄片,浇上以上作料搅拌均匀食用;食用后清爽舒身。适用于暑热烦渴、咽喉肿痛、目赤、热病后厌食等症。

用苦瓜清热止渴

将适量鲜苦瓜去瓤后切碎,加水煎服,可治夏季烦热口渴。

做苦瓜猪肉汤消暑

用 200 克鲜苦瓜去籽后切块,将 100 克瘦猪肉切片,取 15 克杨梅煎后加入适量清水煮汤,再加少许食盐等调料,饮汤食瓜和肉,有消暑除热、明目解毒之功效。

用生姜治中暑

取鲜姜若干切片,用水煎出汁后,加入适量冰糖煮沸,晾凉后灌入中暑者的嘴里,片刻即可解暑。

用清凉油治中暑

当夏季发生轻度中暑时,应迅速将患者转移至阴凉通风处,在其太阳穴、人中穴适量抹点清凉油,再多饮水,即可好转。

吃草莓治呃逆

每天选取适量新鲜的草莓,洗干净后食用,每次吃 3~5 个,每天 2~3 次,可有效止嗝。

用韭菜治呃逆

将新鲜的韭菜榨汁后适量饮服;或将韭菜籽研末内服、生吃均能治久呃不止。

用醋治呃逆

当发生呃逆时,可取用少量米醋,缓缓咽下,即可制止。

用白砂糖治呃逆

因胃肠突然受热或受冷而引起的呃逆,可在口中含 1 汤匙白砂糖,待糖还没有溶化的时候弯腰将其咽下,可治呃逆。

饮水止呃逆

发生呃逆不止时,可饮一大口水含在嘴中,然后将其分几次咽下,中间不要换气,片刻后呃逆即停。

当呃逆不止的时候,抿一小口(不到 2 毫升)豆浆,仰头慢慢咽下,也可一口气喝几大杯水。

刮眉治呃逆

用两手的拇指顶端分别按在太阳穴上,用食指同附在两眉骨峰向两侧用力刮 3 下,呃逆会消失。

压眼球治呃逆

将两手掌稍稍用力按在眼球上,胃里即会感到有股气体排出来,此时呃逆便可止。若不止,可将手指压在眼眶边缘,寻找压痛点,然后再用力按揉几下,就能消除呃逆。注意:高度近视、心脏病患者和青光眼不宜采用此法。

呼吸治呃逆

在打嗝的时候做 3 次慢深呼吸。在吸气的时候使劲吸,待感觉再也吸不进气的时候,屏住气,待 5 ~ 10 秒钟后,慢慢使劲呼气,待感觉腹内的气将呼尽时,再屏住气 5 ~ 10 秒钟,再吸气。连续做 3 次,能治呃逆。

捏中指止呃逆

吃饭打嗝时,可立刻用力捏住自己的中指,左手右手都可以,片刻后会感觉食道内通畅,不再打嗝。

治婴儿呃逆

婴儿出现呃逆后,应抱起后,用食指尖在婴儿的嘴边或耳边轻搔 60 ~ 80 下,直至婴儿发出哭声,呃逆现象即会消除;或者用手抓捏婴儿的小腿肚子,同样有效。

用大蒜泥治痢疾肠炎

治疗方法 1:患有痢疾、肠炎,可用紫皮蒜 3 ~ 4 瓣捣成蒜泥,敷在肚脐眼上,外面包裹上纱布,再用医用胶布固定好,坚持 1 ~ 2 天可见效。注意:根据每人体质不同,须掌握用量,皮肤过敏的人可垫一块净布。

治疗方法 2:将茄子蒸熟,按正常餐饮比例加入适量蒜泥、姜末调味食用,即可见效。

治疗方法 3:用紫皮大蒜 50 克,将蒜捣碎后浸于 100 毫升温开水中 2 小时,然后用纱布过滤,加入适量的糖,每次服 20 ~ 30 毫升,每隔 4 ~ 6 小时服用 1 次,即可见效。

揉腹治肠胃病

将两手掌心搓热,用左手叉腰,右手顺时针沿肚脐周围揉搓腹部 50 次;右手叉腰,左手再揉腹 50 次,早晚各一次。长期坚持,可治疗肠胃病。

做土豆粥治胃病

取不去皮的新鲜土豆 250 克,蜂蜜适量。先将土豆切碎,用水煮至土豆成粥状,放入蜂蜜后调匀。每日清晨空腹食用,坚持服用 15 天即可达到效果。适用于胃脘隐痛不适、缓急止痛。

做卷心菜粥治胃病

选用卷心菜 500 克、糯米 100 克。先将卷心菜水煮半小时,捞出菜后,入米煮粥。每天服 2 次,可健身提神、散结止痛。适用于胃脘疼痛、肾阳虚衰等。

用花生米治风寒胃痛

日常生活中当身体受到某些冷风刺激后,通常会引起胃痛,这时可吃些熟的或生的花生米,胃疼的症状即可减轻或消失。

用香油炸生姜片治胃痛

将鲜姜洗净,切成薄片,带汁放在白糖里浸 3～5 分钟,然后用筷子夹放在烧至六七成热的香油锅内,待姜片颜色变深,轻翻一下,稍炸片刻即可出锅,每次 2 片,饭前趁热吃,一天 2～3 次,半个月左右见效。

用热敷治胃痛

治疗方法 1:以身体能够忍受的最高温度为限,用热水袋或热毛巾捂胸口、腹部即可治疗。

治疗方法 2:可将粗食盐 1 千克炒热,用布包成 2 包,反复轮换热敷寒处,有较好的止痛效果。

适用于胃酸过多及寒冷腹痛、受寒引起的胃痛。

吃苹果缓解胃酸

冬末春初,遇阴冷天气或饮食不当,会有胃酸出现。取一个苹果吃下即可立竿见影地缓解胃酸。注意:每回胃酸时,不用多吃,大苹果半个或小苹果一个即可。

用蜂蜜萝卜汁化痰消食

选用一个萝卜洗净,挖空中心,倒入蜂蜜,将萝卜加水蒸熟,吃萝卜饮汁。可化痰消食。

用茶叶米治消化不良

由于饮食的不当,一些中老年人饭后易感到消化不良。这时可取适量茶叶及大米,将两者炒至焦黄,再加水煮沸,一般服用 3 ~ 5 次,便可见效。

冬吃萝卜夏喝蜜治便秘

冬季选取适量大白萝卜,将其洗净切成小块,用清水煮沸食之;夏季在每晚睡前喝 1 小汤匙蜂蜜,用 1 杯温水送服,长期坚持可治疗习惯性便秘。

用食醋治便秘

每天清晨空腹饮用 1 杯加入少许食醋的白开水,早饭后再饮 1 杯白开水,然后室外散步 30 ~ 50 分钟,中午即可有便意,长年坚持效果佳。

用猕猴桃治便秘

猕猴桃大量上市的时候,每天坚持吃 2 ~ 3 个,大便即可正常。

用萝卜治便秘

取白萝卜 150 ~ 200 克、胡萝卜 60 克,一起入锅煮烂后,加适量的冰糖即可。

用土豆汁治便秘

选用若干新鲜的土豆洗净后捣烂取汁,每天早饭、午饭前各服 1 次,每次饮服 120 克左右,可治习惯性便秘。

用牛奶蜂蜜治便秘

选用 250 克牛奶加 100 克蜂蜜,再加入适量葱汁,一起煮熟后早上空腹饮完,即可治习惯性便秘。

用燕麦片牛奶治便秘

每天早饭时用 10 克左右的燕麦片与牛奶或豆浆一起煮熟饮服,有通便效果。

按压鼻穴治便秘

当便秘时,可用大拇指和中指的指甲掐压鼻翼两侧的迎香穴位,片刻后就会有便意。

用热敷治便秘

当患有便秘时可用热开水将毛巾打湿,热敷于肛门2～3分钟后即可有便感。

用肥皂通便

先将肥皂切成2厘米左右长、1厘米粗的锥形,在清水中泡10秒钟,外表润滑后,轻轻插入肛门,稍待片刻,即可排出大便。注意:此方法要慎用。

腹部按摩通便

清晨大便时,可将双手交叉压在肚脐部,顺时针方向按摩20次,再逆时针方向按摩20洗也可单做腹部收缩运动,同样有效。

用小米红薯粥治老年便秘

取小米100克、红薯200～350克,洗净后一起熬成红薯稀饭,在晚饭前后食用,第二天便秘即可缓解。

用洋葱拌香油治老年便秘

取新鲜洋葱若干,将其剥皮洗净后切成细丝,用150克香油拌500克洋葱为例,渍30分钟即可食用。每天3次,每次吃50～100克,常吃可防便秘。

用芹菜鸡蛋治老人便秘

选取芹菜150克,洗净切段后与1个鸡蛋炒熟,每天早上空腹食用。每次1剂,3～5剂便可见效。

散步拍臀治老年便秘

老年人患有便秘时,可在便前散步10～15分钟,同时拍打臀部约百次,便可有排便之意。

用红枣汤治小儿便秘

取适量红枣,将其洗干净后,放入锅.内用水煮沸,每天饮汤2～3次,常饮即可治疗小儿便秘。

国学经典文库

中华历书大全

·健康养生万年历·

图文珍藏版

用豆腐渣治便血

选用适量豆腐渣,将其炒焦后研细,用红糖水送服,每次 10 克,每日 2 次,可治大便下血。

搓揉耳垂缓腹痛

腹痛时,可揉搓两个耳垂,或将 1 个手指插入耳中,并不停地摇动,便可缓解腹痛和牙痛。

用馒头红糖治腹泻

取少量馒头,将其烤焦压成碎末,然后与少许红糖一起用热水冲服,每天 3 次,可治腹泻。

吃苹果治婴儿腹泻

将 1 ~ 2 个苹果,洗净后放入碗中隔水蒸熟即可,给小儿食用时去掉外皮,每天分 3 ~ 5 次,可治小儿腹泻。

用苦瓜汤治痢疾

取鲜苦瓜 150 克,水煎,加入适量红糖,每天早中晚服用,即可见效。

用食盐治痢疾

选取适量食盐,将其炒熟,用棉布包好,趁热敷在肚脐周围,可治痢疾引起的腹泻、腹痛、肛痛等。

用大蒜治小儿蛲虫

将大蒜捣烂,加入适量的凡士林,晚上涂在患儿的肛门周围,可有效治疗蛲虫。

将 25 克大蒜捣烂后,加 10 克陈醋、240 克清水,调匀后用来洗肛门,可有效杀灭蛲虫。

用大蒜治蛔虫

将大蒜捣烂后,熬制成膏状,每日服用 5 克,待服 2 小时后,再服用 2 汤匙蓖麻油,即可去除蛔虫。

用韭菜治蛔虫

每天在睡觉前,用韭菜煎成汤来清洗肛门,可治疗蛔虫。

每天晚上将新鲜的韭菜汁挤出来,滴入肛门,每次 3～5 滴,连用数日,可治疗蛔虫。

用大蒜猪肚治肝硬化

用大蒜瓣 60 克、砂仁 30 克、猪肚 1 个。前两味药共捣泥,装入猪肚内缝合,加热炖九分熟。分次食用即可,并饮其汤。

做泥鳅豆腐治黄疸

先将 500 克泥鳅放入盆中养 2～3 天,使其排净肠内异物,除内脏取其 50 克去切段,与 100 克豆腐一起加水煎煮,每日服食 1～2 次。

用蜂乳蜂蜜治急性传染性肝炎

先将适量的蜂乳与蜂蜜加水调成 1% 的浓度,每日饮服 2 次,每次 10 克,60 克为 1 个疗程,连服 2 个疗程,可治急性传染性肝炎。

用红茶糖水治甲肝

取 5 克红茶、30 克葡萄糖粉、100 克白糖用适量沸水冲泡,然后加水至 500 克,稍冷却时空腹饮用,当天上午饮完,连服 15 天,可使儿童甲肝患者的黄疸指数下降,肝功能恢复,转慢性率降低。成人服用,药量加倍。

用玉米须治胆囊炎

选用 30～60 克玉米须,煎汤代茶饮;或取 30 克玉米须,加 10 克鸡内金、10 克郁金,一同煎汁,每天 2 次,服用 1 周后可治胆囊炎,对胆石症也有一定疗效。

饮浓茶治胆绞痛

当胆结石急性发作时,饮 1 杯浓茶汁,可缓解胆区疼痛。注意:茶碱有松弛胆管平滑肌的作用。

用黑木耳治胆结石

每天多吃一些黑木耳,能缓解胆结石引起的恶心、呕吐、疼痛等症状。

用牛奶防胆结石

在临睡前喝 1 杯全脂牛奶,可防胆结石。因为牛奶能刺激胆囊,使其排空。这样胆囊内的胆汁就不易浓缩,结石就难形成。

用生姜治胆结石

日常多食用糖姜、腌姜等姜制品,从而相对减少胆汁中黏蛋白的形成,可起到抑制胆结石的作用。

用西瓜治肾炎

选用 1 个 500 克左右的小西瓜,用清水洗净,用刀挖一个三角口,将 5 个去皮的大蒜瓣塞入瓜内,再把口子盖好,口朝上用锅隔水蒸熟。一次吃掉瓜瓤或一日内吃完,服用 7 天。

用茄子干治肾炎

将适量茄子晒干,研成细末,每次 1 克,每日 3 次,用温开水送服,可治肾炎。

用玉米绿豆粥治慢性肾炎

用大白菜与玉米、绿豆一起熬粥,煮熟后放入适量食盐,一日 2 次,每次不限量。也可每天吃上 50 克生蚕豆。坚持数周,可以见效。

煮鲫鱼红小豆治慢性肾炎

选取活鲫鱼 1 条,去肠脏不去鳞;小冬瓜 1 个,用刀切开一头去其内瓤;然后把鲫鱼放入,适当加些姜、葱、黄酒,再加入红小豆 30 克,包紧盖好,放入砂锅内 2~3 小时煮沸。喝汤、吃鱼及瓜,淡食为主,每两天 1 剂,连吃 7 剂为 1 个疗程。具有消肿利水功效。适用于浮肿为主的慢性肾炎患者。

用猪腰煮粥治肾虚

选取一对去脂膜的猪腰、糯米 50 克、豆豉 10 克。先煎豆豉取汁,把汁入肾后与米煮粥,熟后适量加些调料即成。空腹服食。可治肾阴虚损、腰膝疼痛等。

按摩小指穴治肾虚

用大拇指和食指分别按摩双手小指的第一关节(即两肾穴),每天揉 2 次,每次坚持 10 分钟。适用于肾虚引起的头晕、眼花、健忘、耳鸣等症。

吃羊肉补肾

用羊肉 100 克、羊腰 1 对、枸杞 20 克,将羊腰去筋膜后洗净,与羊肉切成碎块,把枸杞用布包好与糯米适量共同煮粥,每日分 2 次食用。

用草莓治尿频

草莓性味酸甜,能清凉解热、生津止渴,对尿频、腹泻、糖尿病等症有治病功效。适用于遗精早泄、阳痿、尿频以及小儿遗尿等症。

用芹菜治尿频

将芹菜 1.5 千克,去掉根及老叶,洗净切碎后加适量食用油和盐,炒熟后分 2 次食用,2～3 天后便可治疗尿频。芹菜对治疗妇女虚寒性尿频有较好的功效。

做双手拍腰操治尿频

每天不定时用双掌有节奏地拍打后腰部,左右各拍打 150～200 下。常年坚持,可去除老年人夜间尿频。

用葱盐敷脐通尿

将 100 克带须葱、15 克食盐,捣烂后炒热,敷于脐中,能通小便。

食绿豆利尿

当小便不畅通时,可选用适量的绿豆皮煎汤饮用。若尿道灼痛,可用 500 克绿豆芽,将其挤汁后,配以适量白糖饮服,即可利尿止痛。

食洋葱利尿

洋葱内的槲皮苦素可产生明显的利尿作用,经常食用洋葱可治肾炎水肿等疾病。

用土豆利尿

选取新鲜土豆若干,切块后榨汁,取土豆汁煮沸饮用,每次饮服半杯即可有效。适用于排尿困难、便秘。

用红枣核桃红小豆治泌尿感染

将红枣、红小豆、核桃仁、花生仁、红糖各200克(入锅前先把红小豆和花生仁用温水泡2小时),放入锅内加水过10厘米左右,煮沸30分钟成豆沙羹,装盆盖好。每天早、晚空腹各服1~2匙。对治疗泌尿感染有疗效。

食蜂蜜治小儿遗尿

每天晚上睡前,给小孩服1汤匙蜂蜜,坚持连续服用数月后,可治小儿遗尿。

喝小米汤治小儿遗尿

每天早起盛碗小米汤,将其冷却后去除上层的薄膜,加入适量的白糖或盐服食,坚持1个月,可治愈小儿遗尿症。

做提肛运动治前列腺疾病

每天早晚在室外,用鼻子深深吸进一口气,然后气存丹田,意守丹田至裆下会阴部,全身放松,将气从口中慢出,这时做数十次提裆运动。如此反复,练15~30分钟,早晚各1次即可见效。一般患者坚持半年病情会有很大好转。

吃南瓜子治前列腺肥大症

大部分患有前列腺肥大症的病人,时有排尿困难、尿频等症状出现,尤其是晚间,排尿次数多。每天适量选取一些南瓜子吃,坚持一段时间即可见效。

按摩脚跟两侧治前列腺尿频

脚后跟两侧是前列腺的反射区,可在每晚睡前用双手按摩左右脚跟上面的两侧。每天按摩2~3次,每次8~10分钟,即可见效。

用西瓜皮白糖防治高血压

选取适量西瓜皮,将其削去外皮后洗净,然后上锅蒸沸10分钟,蘸取少量白糖食用,坚持食用,可治血压高。

用香蕉小枣治高血压

用 1 根带皮的香蕉、8 个小枣,一同放进锅内,加 2 杯凉水,文火煮 5 ~ 10 分钟,稍凉后服用。每天 2 次,饭前服用,一般连服 3 个月,即可见效。注意:服用时不能喝酒和吃油腻食品。

用黄瓜降血压

选取嫩黄瓜 3 根,用少许盐水洗净,再用清水冲洗后,在早、午、晚饭后 1 ~ 2 小时内各吃 1 根,可降血压。

吃洋葱降血压

每天坚持吃适量洋葱,有降血脂、预防血栓形成的功效,也能使高血压下降;而且还可减少胆固醇在血管壁上的积累。若用葱煮豆腐,食用后可协同降低血压。

用豆腐芹菜治高血压

日常生活中常吃豆腐能降低人体的胆固醇。常用豆腐煮芹菜叶吃,可辅助降低血压。

煮海带汤降血压

将水发海带 30 克、草决明 10 克放入清水 1000 毫升中,煎至一半时,去渣,分 2 次喝汤。适用于清肝、明目、化痰、降血压。海带可以预防体内动脉壁沉积,经常食用海带炖豆腐,也有同样疗效。

用玉米须治高血压

将玉米须 45 克、黄芪 30 克、白术 15 克与猪胰一具炖后,一天内服完,可治疗高血压。

喝醋降血压

患高血压和血管硬化的人,每天坚持喝适量的醋,可减少血液流通的阻塞。若喝醋减肥,平均每星期可减体重 300 ~ 600 克不等。

用绿豆花生米治高血压

选取绿豆、生花生米各 50 克。将以上两味一同煮成粥。任意食用即可有清热明目之效,适用于暑热眩晕、高血压、胸闷烦热等症。

搓脚心治高血压

每天早晚,先将双手搓热,用左手搓右脚、右手搓左脚各 300 次,直至搓得足心发热。晚上最好在用热水洗脚后,擦干脚再搓。注意:秋冬季要特别注意足部的保暖。

吃鸡蛋治低血压

每天食用 2 个鸡蛋即可达到治疗低血压的效果。吃法可采用蒸、煮、煎的任何方式。连续吃 3 天血压就会升到 70~110 毫米汞柱。

用绿豆降血糖

选取一把绿豆,将其洗净,用大火烧开,再改用微火煮烂至开花、汁成绿色。喝汤吃豆,可降血糖而且无副作用。长期食用即可。

喝南瓜绿豆汤降血糖

选取 100 克绿豆,洗净浸泡于水中;再取 2 千克去籽带皮的南瓜洗净后,与泡好的绿豆一起下锅,加水至没过南瓜,一同煮熟即可。吃肉喝汤,长期服用。能起到降低血糖、利便的疗效,同时也可代替主食。

用玉米须降尿塘

选取 100 克玉米须、50 克炒绿豆,用水煎,然后倒入茶杯中,每天 1 剂,早晚各 1 次,一个星期后,尿糖量将减少。

用蜂蜜治心脏病

若有心脏局部缺血症、冠状动脉硬化和心血管疾病的患者,应坚持每天 3 次服用蜂蜜,每次 2~3 汤匙,长期坚持,可有疗效。

拍打穴位治冠心病

先两脚平行站立,与肩同宽,排除杂念,轻松呼吸 3 分钟。然后拍打两眉间的印堂穴,自上而下依次拍打后颈部、上下嘴唇、下颌两侧、两肩、两肘、十指、胸背、腰骶、脚趾。吸气时,可默念"静"字,呼气时意守涌泉穴。全部操作完成后,搓热双手,以手浴面,缓缓睁眼,舌离上腭,长期坚持此项运动,可治疗冠心病。

用呼吸法治冠心病

在每晚睡前,躺在床上,仰面朝天,用手指按住一个鼻孔,闭住双唇,用另一个鼻孔自然匀称呼吸 10 分钟,早晨起床前重复一遍,同时可在户外做几次深呼吸,坚持此方法 1 个月,直至脚趾感到针麻状,便可停做,长期坚持可防治冠心病。

掐指甲缓心绞痛

当心绞痛发作时,可用拇指指甲掐患者中指指甲根部,让其有明显疼痛感,一压一放,反复坚持 5 分钟,可使症状缓解。

用鲤鱼治高脂血症

将 250 克左右的鲤鱼的内脏及鳞去掉,加 1 头紫皮大蒜、1 段葱白、60 克赤小豆,入锅,加水,用文火炖熟,喝汤吃鱼(勿放盐)。每天 1 次,一周为 1 个疗程,吃 6 个疗程可见效。

用手梳头防脑血栓

将两手张开,指头向下,在头皮上从前额向后梳抓至后发根,再从后发根向前梳推至前额,反复 200 次。然后再用右手指从右至左,左手指从左至右同时作环形梳抓 200 次。每天坚持 1 次,可预防脑血栓。注意:手指甲不宜尖长,力度不宜过重,以免损伤皮肤,应以舒适为度。

踩鹅卵石治大脑供血不足

大脑供血不足的患者,可每天早晚在铺有鹅卵石的街道上漫步 1000～1500 米,长期坚持,即可见效。注意:运动前应穿轻便软底鞋,要做好腿、脚、腰部的准备活动。

早晚一杯水保心脑平安

老年人在每天夜间或清晨起床前喝上一杯温开水,可对血液有良好的稀释作用。最好是凉开水,能使心脑血管疾病在清晨的发病率大大降低。

用黑芝麻治痔疮

选用50克黑芝麻,捣烂后,配以60克蜂蜜调成膏状服用,每次10克左右,3天内服完即可。

用牙膏治痔疮

用温热水洗干净肛门,取适量的药物牙膏,将其均匀地涂抹于患处即可,涂用后可见其症状明显好转,一般5~8次即可见效。

自我按摩治疗痔疮

晚睡觉前将肛门、会阴和手洗净,按摩前后各做提肛动作30~50次。然后在痔疮上进行按摩,内痔可在肛门和会阴穴之间进行按摩。按摩外痔时,可用中指或食指按摩,患处如果较大,可用双指或三指按摩。每次按摩3~5分钟。每天早晚坚持按摩一次,10天后即可见效。

用韭菜治外痔

取适量韭菜,加水煮沸后,每晚用其汁液擦洗患处,长期坚持,可治痔疮。

按足后跟治外痔

每天轮流用左右手的食指关节用力按压左右脚后跟的反射区,每次坚持3~5分钟,反复按压左右脚各1次,每天1~2次,2~3天即可见效。

空腹吃香蕉治痔疮出血

每天清晨起床后可空腹吃2~3个香蕉,即可防治大便干结和治疗痔疮出血。

用蜂蜜鸡蛋治气管炎

冬季时节,从立冬开始每天早晚用蜂蜜一汤匙与鸡蛋一个,加入适量水蒸蜂蜜鸡蛋羹,坚持吃到立春,即可治疗气管炎。

喝香油治气管炎

坚持每天早晚各喝一小勺香油,可使因气管炎、肺气肿等引起的咳嗽减轻。注:香油是一种不饱和的脂肪酸,人体服用后易于分解,并可促进血管壁沉积物的消除,有利于胆固醇代谢。

用蒸汽疗法治气管炎

准备一间房,将门窗闭合,在屋内烧一大锅水,让水沸开一直冒热气,直至屋内墙壁上凝结水珠。持续2~3个小时即可。期间不要外出,坚持疗养3~5天就可见效。注意:治疗时其他房间要留人,以便随时观察,预防意外。同时要谨防衣服、电器等物受潮损坏。

用大枣治慢性气管炎

将适量大红枣、桂圆肉、冰糖、山楂同煮成糊状,一次可多煮些,放在冰箱冷藏室保存。每天吃2饭勺,每年从冬至开始,坚持服用90天可见效。

用生姜红糖治慢性气管炎

将生姜30克洗净后切丝,与桔梗、红糖各20克搅拌均匀,置于暖瓶内,倒入开水,加盖一小时后当茶饮用,饮后出微汗为佳。此法可适用于慢性气管炎患者。

夏季用黄瓜鸡蛋治慢性支气管炎

夏季在数伏那天,食用洗净的鲜黄瓜和熟鸡蛋,以淡食为主、不加盐,不喝水,饿了吃煮鸡蛋,渴了吃生黄瓜。2天后可见效。

用脆梨治哮喘

选取适量的新鲜鸭梨洗净擦干;然后准备一个腌制的容器,洗净擦干后在容器中撒上一层盐,然后码上一层梨,再重复撒盐放梨,直到码完为止。比例大约是2500克梨、125克盐。腌制2个月后即可食用。用此法脆制的梨香甜爽口,对中老年哮喘的治疗很有帮助。

用豆浆治哮喘

每天将豆浆煮沸后,加少许食盐,早晨空腹饮用,坚持3个月,治哮喘即可见效。

用生姜鸡蛋治寒性哮喘

将一个新鲜鸡蛋打入碗内,加入 15 克切碎生姜,搅拌调匀,炒熟食用即可。以淡食为佳。注意:此方只适用于寒性的咳喘病人。

按摩治哮喘

让身体平躺在床上,将右手放在脖子下边,大拇指按在脖子下边的坑里,左手挨着排在右手下边稍偏左点,接近肺心部位置,少用些力轻轻上下揉动各一次,每晚坚持 2~3 分钟即可。注意:若遇有憋得喘不过气时,可随时减轻按摩。

用红糖鲜姜治痛经

选 500 克红糖和 150 克鲜姜,先把姜洗净后切成碎末,再与红糖拌匀,然后入锅蒸 20 分钟。在月经来临前的 3~5 天服用,每天早、晚各一勺,用温开水送服即可。注意:用红糖与姜末搅拌时不要加水。

用花生米可催奶

取适量当年的新鲜花生,将其剥皮晒干后碾碎成末,用开水冲后送服,切忌冲得太浓,连续喝 2~3 次即可见效。

用黄花菜回乳

取黄花菜 15~20 根,将其洗净后,选 3~5 根放在杯子里用开水泡开,每天当茶饮用,一般 3 天,即可回乳。

用人乳治婴儿鼻塞不通

当婴儿有鼻塞症状出现时,可用母亲的乳头对着小儿的鼻孔挤几滴奶汁,然后反复轻捏其鼻子,片刻后可见效。

给小儿去痱子

夏季炎热,小儿皮肤容易生长痱子,若有此情况时,可在为其洗澡时倒入盆中一支藿香正气水,可有同样疗效。

用香油治婴儿皮肤溃疡

夏天,婴儿出汗多,有些地方的皮肤被汗浸成了鲜红色,这时可取一块棉布浸透香油,用其擦拭患处,一般擦拭 3 天,即可痊愈。

用两瓜西红柿治小儿夏季发热

选取适量西瓜及西红柿,将西瓜去瓤去籽,把西红柿洗净去皮,一起用纱布挤汁,当水饮用,便可治疗感冒发热、口干、小便赤热。注意:挤成的汁液不宜存放过久,一般 1 天 1 剂,分次服用为宜。

用母乳治小儿中耳炎

取母乳适量,将其滴入耳朵内,1~2 分钟后将奶水倒出,每天滴 3~4 次,严重中耳炎 2~3 天可好,轻者 1~2 天就好。

按摩揉搓可治耳鸣

坚持每天早、中、晚用手掌按摩揉搓双耳,由上到下,由左到右,反复揉搓 3 分钟即可治疗。

小虫钻耳用光照

若有不明小虫钻入耳朵内,可用一个手电筒往耳朵里照,一般十几秒后,小虫便可往外爬出。

用大蒜止鼻血

取适量大蒜,将其捣烂成糊,若左鼻孔出血,则敷于右足心;如果是右鼻孔出鼻血,则敷于左足心,即刻治疗出鼻血,效果明显。

用萝卜治鼻出血

选用适量的白萝卜,将其洗净捣烂,取汁滴入鼻内,每次 3 滴,同时可配合饮汁 10~15 毫升,每天 3 次,坚持服用,即可治愈鼻出血。

用橡皮筋止鼻血

当右侧鼻孔出血时,可取 1 根橡皮筋扎在左手中指根部,不用太紧,反之,左鼻孔出血则扎右手中指根部；两鼻孔同时出血时扎两手，用此方法 2 ~ 3 分钟后即可止血。

按穴止鼻血

如果左鼻腔出血时，可用左手中指按压左耳后乳突处的鼓点；当右鼻腔出血时，可用右手中指按压右耳后乳突处的鼓点，同时将头往后仰，并轻轻用嘴呼吸，一般 30 秒内即可止住鼻血。

用蒸熏法消除鼻塞

取适量食醋，将其烧沸，用两鼻孔嗅吸蒸汽，便可治鼻塞；也可取 1 小把葱白或 2 个洋葱，切碎后煎汤，用其蒸汽熏鼻，可达到同样的疗效。

做运动消除鼻塞

当左鼻孔不通，可俯卧或右侧卧，然后将右手掌根靠在耳垂处撑住右后颈，并抬起头部，面向右侧，肘关节向右上方做伸展运动，1 ~ 2 分钟即可消除鼻塞。若是右侧鼻塞，则动作相反，两侧鼻塞，可先后轮换运动。

用醋除牙垢

常吸烟喝茶的人，往往牙齿上会有牙垢，用牙膏很难刷掉，这时可口含适量食醋，在口腔里含 1 ~ 2 分钟，然后吐出，再刷洗，反复几次即可除牙垢。

用大白菜治口腔溃疡

每天取用新鲜的大白菜若干，将其洗净切片后，做菜或做汤，保持饭菜清淡些，不要饮食刺激性调料和饮料。可防治口腔溃疡。

吃苦瓜除口腔溃疡

取 2 ~ 3 个苦瓜，洗净后去瓤，切成薄片，放少许食盐腌制 10 ~ 15 分钟，然后把腌制的苦瓜挤去水分后，加香油、味精调拌食用。每 2 天食用 1 次，一个星期后可治愈。

用维生素 C 治口腔溃疡

取 2 ~ 3 片维生素 C，捣成碎末后，均匀地覆盖在溃疡面上，10 ~ 15 分钟后，可解除疼痛,1~2 天可痊愈。此方法对慢性咽炎也有同样的疗效。

用醋治腮腺炎四法

（1）取适量老陈醋加入石灰粉少许,搅拌调匀后涂于患处。

（2）用大蒜 8~10 克、米醋 10 毫升。先把大蒜的皮剥去,再加入米醋同捣成泥,敷于患处,每天 2 次,直至肿消退为止。

（3）取用云南白药粉适量,用食醋或白糖调拌均匀后涂擦患处,2~3 天即可见效。

（4）用文火将醋烧开,用纱布浸湿敷与患处,用胶布固定,每天换数次,可治腮腺炎。

用仙人掌治腮腺炎

用 500 克仙人掌或仙人球,将其去刺洗净,加入 10 克明矾,一同捣成糊状,敷于患处,每天换 1 次,敷后 2~3 小时内保持口腔卫生,可治疗腮腺炎。

用士豆治湿疹

选用新鲜土豆若干,将其去皮后,捣烂成泥,敷干患处,并用纱布包扎好,每 24 小时内更换 3~5 次,3 天后皮肤湿疹即可消退。

涂擦蒜汁治湿疹

取 3~5 个大蒜瓣,去皮后榨汁,用纱布蘸蒜汁擦抹患处,每天 2~3 次,30 天后即可痊愈。注意:治疗期间忌腥臭及辛辣食物。

用牙膏防治脚癣

每年夏天,脚趾等部位很爱长脚癣水泡或溃烂发痒。这时,可在每晚洗完脚后,在患处涂抹适量药物牙膏,长期坚持,可防治脚癣。

干搓脸除老年斑

先将双手相合对搓生热后捂在脸上,上下反复轻轻地搓 100 次。搓手背也是这样,把双手心搓热后,捂在手背上反复地搓,各搓 100 次。每天早晚各搓一次。长期坚持可去除老年斑。

用橘皮治皮肤皲裂

取新鲜的橘皮若干,将其榨汁后涂擦在皮肤皲裂处,便可使裂口处的硬皮逐渐变软,裂口可愈合。也可将晒干后的橘子皮泡水后浸泡皮肤,一段时间后,可收到同样的治疗效果。

用烤香蕉治皮肤皲裂

选用熟透的、皮发黑的香蕉一个,将其放在火炉旁烤热,然后把皮涂抹于患处,可稍微摩擦,即可促使皲裂的皮肤愈合。

用白糖治脚气

先将双脚用温水浸泡洗净,然后取适量白糖涂抹于脚气部位,并用力反复揉搓,搓后洗净,不洗也可以。每3天1次,一般2次后脚气患者可痊愈。

用柚子皮治冻疮

将少量的柚子皮放在锅内加水煮,几分钟煮沸后离火,等水温适宜时,用其擦洗冻疮的部位,水凉后加热可再洗,每天坚持洗2~3次,几天后即愈。

用白萝卜姜防治冻疮

取用1个新鲜的白萝卜,生鲜姜少许,两者同切片放入锅里煮沸,待萝卜片烂后,将汤倒出,等温度合适时,可用其洗敷患部10分钟,一般5~7次即可根治;也可把萝卜片烤热后,涂抹患处,每天2~5次,可有同样疗效。注意:冻疮患者要平时注意保暖保温。

用苹果治烫伤

当出现轻度烫伤时,立即用自来水冲洗患部,使伤口冷却,再将苹果捣碎涂在上面,能够彻底治疗而不会留下疤痕。

用西瓜水治烫伤

选用1~2个西瓜,将其瓜瓤、瓜籽过滤出去,把汁放入一个干净的玻璃瓶里,盖严存放。遇有烫伤时,可取适量西瓜水抹在伤处,早晚各涂抹1次,3~5天后可见效。

用大白菜治烫伤

选用适量白菜帮,将其捣碎后敷患处,用药布包好,烫伤疼痛即可消失,一般 4 个小时更换 1 次,一周后即可痊愈。适用于轻度的烧伤、烫伤。

七、合理的饮食习惯

(一) 健康的饮食习惯

1. 食物多样、谷类为主

平衡膳食,多种食物搭配,才能摄取人体所需的各种营养素,达到营养合理、促进健康的目的。

食物应包括五大类:谷类及薯类、动物性食物、豆类及其制品、蔬菜水果类、纯热能食物。

谷类食物应该是在膳食中占主体。另外,要注意粗细搭配,经常吃一些粗粮、杂粮等。

2. 多吃蔬菜、水果和薯类

蔬菜与水果含有丰富的维生素、矿物质和膳食纤维。他们是胡萝卜素、维生素 B_2、维生素 C 和叶酸、矿物质(钙、磷、钾、镁、铁)、膳食纤维和天然抗氧化物的主要或重要来源。有丰富蔬菜、水果和薯类的膳食,对保护心血管健康、增强抗病能力、减少发生干眼病的概率及预防某些癌症等有着十分重要的作用。

3. 每天吃奶类、豆类或其制品

奶类除含有丰富的优质蛋白质和维生素外,含钙量较高,且利用率也很高,是天然钙质的极好来源。豆类是我国的传统食品,含有丰富的优质蛋白质、不饱和脂肪酸、钙及维生素 B_1、维生素 B_2、烟酸等。应大力提倡食用豆类,特别是大豆及其制品的生产和消费。

4. 经常吃适量的鱼、禽、蛋、瘦肉,少吃肥肉和荤油

鱼、禽、蛋、瘦肉等动物性食物是优质蛋白质、脂溶性维生素和矿物质的良好来源。

肥肉和荤油为高能量和高脂肪食物,摄入过多往往会引起肥胖,增加患某些慢

性病的危险,应当少吃。

5.体力活动要与食量要平衡,保持适宜体重

进食量与体力活动是控制体重的两个主要因素。体重过高或过低都是不健康的表现,会造成抵抗力下降,易患某些疾病。经常运动会增强心血管和呼吸系统的功能,保持良好的生理状态、提高工作效率、调节食欲、强壮骨骼、预防骨质疏松。

6.吃清淡少盐的膳食

吃清淡少盐的膳食有利于健康,即不要吃太油腻、太咸的食物,不要吃过多的动物性食物和油炸、烟熏食物。因为,摄取过量的钠会增加心肾负担,增加患高血压等疾病的风险,也会增加钙质的流失。世界卫生组织建议每人每天食盐摄入量以不超过6克为宜。钠的来源除食盐外还包括酱油、咸菜、味精等高钠食品及含钠的加工食品等。而油炸食品一般含有较高的热量,多食容易引发肥胖,还容易致癌。烟熏食物一般都含有致癌物质3,4－苯并芘,因此不宜多食。

7.饮酒应限量

适量饮酒可以驱寒、活血、杀菌、消毒、消除疲劳。但过量饮酒会给身体带来巨大的危害。一般饮入酒精量达到40毫升以上,就是过量饮酒了,对人的健康有害。过量饮酒会使食欲下降,食物摄入减少,以致发生多种营养素缺乏,甚至还会造成酒精性肝硬化,增加患高血压、中风等危险。

⑧注意清洁卫生、不食变质的食物

在选购食物时应当选择外观好,没有污染、杂质,没有变色、变味,并符合卫生标准的食物,严格把好卫生关,防止病从口入。进餐要注意卫生条件,包括进餐环境、餐具和供餐者的健康卫生状况。

(二)不良饮食习惯

营养素的摄取除了受饮食调配不当,烹调制作不合理的影响外,还和不良的饮食习惯有关。

1.零食

不少儿童终日膨化食品、糖果等零食不断,没有正常的饮食规律,消化系统没有建立定时进餐的条件反射,使胃肠得不到休息,会导致食欲减退,影响进食。久而久之,易造成各种营养素的缺乏。

2.偏食

不爱吃荤菜,优质蛋白质的来源会大大受限。只吃荤菜,不吃蔬菜,又会导致热量过剩和各种维生素及无机盐的缺乏。

3. 暴食

大吃大喝,不但可引起胃肠功能紊乱,还可诱发各种疾病,如急性胃扩张、胃下垂等。油腻食物迫使胆汁和胰液大量分泌,有发生胆道疾病和胰腺炎的可能。这些疾病会严重影响人体对营养素的摄取。

4. 快食

"狼吞虎咽",食物咀嚼不细,不仅加重了胃的负担,而且容易发生胃炎和胃溃疡,还会导致食物消化吸收不全,从而造成各种营养素的损失。

5. 烫食

太烫的食物容易烫伤舌头、口腔黏膜和食道等,对牙齿也可能造成损害。若食道烫伤留下伤痕和炎症,也会影响对营养素的消化。

(三) 偏食的饮食调理

偏食者要在饮食方面进行调整,从其他食物中摄取必需的营养物质,保证身体各方面的机能正常运转。

1. 不爱吃肉

不爱吃肉的人有可能缺乏:蛋白质、B 族维生素、维生素 A、铁。

调理办法:

(1)保证奶制品的摄取。每天至少要喝 250 毫升牛奶、1 杯酸奶或吃 2~3 块奶酪,最好都是低脂的。

(2)每周吃 1~2 次豆类,如黄豆、扁豆、豌豆,可以炖在菜里,也可以拌在沙拉里。

(3)吃谷物和蛋类可以补充蛋白质和 B 族维生素。五谷杂粮最好搭配食用,尽量避免只吃精米、精面。另外,每天最好吃 1 个鸡蛋。

(4)补充蛋白质营养素。如果所有富含蛋白质的食物都不吃,可以尝试吃一些富含蛋白质的营养素。

2. 不爱吃鱼

不爱吃鱼的人有可能缺乏:蛋白质、脂肪和各种无机盐,尤其是碘。

调理办法:

（1）坚果是个不错的选择。坚果一般都含有丰富的营养,蛋白质、油脂、矿物质、维生素含量较高,可以带在身边饿了的时候食用。

（2）食用鱼油。鱼油的主要成份是甘油三脂、磷甘油醚、类脂、脂溶性维生素以及蛋白质降解物等。最好选择深水鱼提炼的鱼油。

（3）做菜的时候使用含碘盐。

3. 不爱吃蔬菜

不爱吃蔬菜的人有可能缺乏:各种维生素、无机盐及纤维素。

调理办法:

（1）多吃高粱和燕麦。高粱和燕麦富含铁、B 族维生素、纤维素,可以把它们作为早餐。此外还可以吃些全谷物主食、新鲜的杏仁、芝麻和坚果。

（2）多喝鲜榨的橙汁能够帮助补充维生素 C。早餐可以用鲜橙汁配谷物麦片。也可以在加餐的时候吃个新鲜的水果。

4. 不爱喝牛奶

不爱喝牛奶的人有可能缺钙。

调理办法:

（1）可以利用酸奶和奶酪来代替。酸奶、奶酪等奶制品同样富含钙,而且酸奶中的乳酸菌对于便秘也有一定的改善作用。

（2）豆浆可以作为其次的选择。虽然豆浆中的钙含量比不上牛奶,但也是比较容易被人体吸收的。

（3）钙片。可以在医生的指导下吃些钙片。

（四）合理分配一日三餐

一日三餐的主食和副食应该粗细搭配,动物食品和植物食品要有一定的比例,最好每天吃些豆类、薯类和新鲜蔬菜。一日三餐的科学分配是根据每个人的生理状况和工作需要来决定的。按食量分配,早、中、晚三餐的比例最好为3: 4: 3。

1. 早餐

一般情况下,理想的早餐要掌握三个要素:就餐时间、营养量和主副食平衡搭配。起床后活动 30 分钟再吃早餐最为适宜,因为这时人的食欲最旺盛。早餐不但要注意数量,而且还要讲究质量。按成人计算,早餐的主食量应在 150 ~ 200 克之间,热量应为 700 千卡左右。早餐主食一般应吃含淀粉的食物,如馒头、豆包、面包等,还要适当增加些富含蛋白质的食物,如牛奶、豆浆、鸡蛋等,再配以一些小菜。

2. 午餐

午餐是一日中主要的一餐。由于上午体内热能消耗较大,午后还要继续工作和学习,因此,不同年龄、不同体力的人,午餐热量应占他们每天所需总热量的40%。

午餐中主食量应在150～200克左右,可在米饭、面制品(馒头、面条、大饼、玉米面发糕等)中间任意选择;副食在240～300克左右,以满足人体对无机盐和维生素的需要。副食种类的选择很广泛,如:肉、蛋、奶、禽、豆制品、海产品、蔬菜等,按照科学配餐的原则挑选几种,相互搭配食用,一般宜选择50～100克的肉禽蛋类,50克豆制品,再配上200～250克蔬菜,以保证下午的工作和学习。

3. 晚餐

一般,家庭晚餐十分丰盛,易造成晚餐过饱、暴饮暴食、多油荤、进食太晚,这些都对健康有害。

晚餐要少吃一些,以吃含脂肪少、易消化的食物为佳。一般来说,主食为100克花卷、馒头或米饭加一碗稀饭或面条汤;副食为50～100克肉禽类、100克鱼类及一些蔬菜作为一份晚餐,其热量、食量和营养成分完全可以满足正常人的需要。如晚间需工作,则可以在晚餐后2小时喝一杯牛奶,吃几片饼干或者吃一个苹果,以填补饥腹、增加热量、保持精力。

(五)主食的科学搭配

1. 粗细粮搭配、粮豆混食

每日摄取的主食应做到粗细粮搭配、粮豆混食。如二面发糕(小麦面粉、玉米面)、杂合面窝头(小麦面粉、玉米面、豆面、小米面)、绿豆干饭、红小豆大米粥等。

粗细粮搭配、粮豆混食,不仅增加了品种风味,可口好吃,而且营养价值得到了提高。有些粗粮蛋白质的营养价值比细粮还高。

2. 干稀搭配

干稀搭配能扩大粗粮搭配的范围,还能使食物有一定的体积。

如馒头、花卷、油条等可以和玉米面粥、绿豆小米粥、红小豆大米粥搭配。玉米面窝头、玉米面发糕可以和肉丝面汤、大米粥搭配。

（六）副食的科学搭配

副食的种类很多,如肉类、蛋类、奶类、禽类、鱼类、豆类和蔬菜等,其营养价值也各有长短,如果把各类副食搭配食用,相互取长补短,人体就可以获得较为全面的营养。

1. 荤素搭配

荤素搭配是副食品搭配上的一个重要原则。荤素搭配可以解决蛋白质的互补问题,如植物性蛋白质与动物性蛋白质搭配,能大大提高蛋白质的营养价值。含蛋白质丰富的食物和蔬菜搭配,除了充分利用蛋白质的互补作用外,还可以得到丰富的维生素和无机盐,如葱烧豆腐、腐竹炒芹等。

荤素搭配还能调整食物的酸碱失调。豆制品和肉类搭配,再和叶菜类或花苔类、果茄类蔬菜搭配,不仅可获得全面的营养,而且还能保持酸碱平衡,有利于身体健康。

2. 生熟搭配

蔬菜中维生素 C 和 B 族维生素遇热容易被破坏。经过烹调的蔬菜维生素总要损失一部分,因此生吃一些新鲜的蔬菜,既可保持蔬菜中的维生素含量,也可增进食欲。尤其在夏天,可以多吃些凉拌菜,如拍黄瓜、大丰收、拌生菜等。

吃生菜时一定要注意卫生,仔细洗净后再食用。

3. 数量搭配

在数量上要突出主要食物,以配合食物为辅,使配合食物起到补充、烘托、陪衬、协调的作用,而且主要食物与辅助食物的比例要恰当,一般为2∶1,4∶3,3∶2等。

4. 质地搭配

要根据食物的性味、质地做到软配软、脆配脆、韧配韧、嫩配嫩,但前提是着眼于营养的配合。

5. 色泽搭配

不论是同色还是异色食物搭配,都要使食品色泽协调,使人喜爱,引起食欲。

6. 口味搭配

一般分淡淡相配、浓淡相配和异香相配。淡淡相配要选主、辅食物都味淡,却又能相互衬托的,如蘑菇豆腐。浓淡相配即主要食物要选味道浓厚的,配合食物选味淡的,如菜心烧肘子。异香相配即主要食物要选味道较浓厚醇香的,配合食物选有特殊香的,二味融合,食之别有风味。

(七)饮食安全常识

①水果、蔬菜要洗净。虽然水果皮有丰富的营养,但果皮的农药含量也最高,所以一定要削皮吃。蔬菜也要先洗干净,再放入清水中浸泡一段时间,尤其是要生吃的蔬菜。有皮的蔬菜一定要削皮后再烹调。减少蔬菜中农药的残留。

②尽量按季节选择食物,不吃反季节的水果、蔬菜。

③挑选蔬菜水果时要选择形状、颜色正常的,不要挑选个头超大、奇形异状或形状、色泽过于诱人的蔬果,这类食物在生长中有可能使用了生长激素。

④烹饪食物尽量一次吃完。如果吃不完,要及时放入冰箱冷藏,避免腐败、污染。但冰箱也不是"保险箱",冰箱里的制冷剂对人体也有害,所以要尽快吃完,并且取出再吃前,一定要充分热透。

⑤咖啡、茶、各种饮料的饮用要适量,多喝白开水。咖啡、可可、茶叶、巧克力和可乐型饮料中均含有咖啡因,过量饮用会出现恶心、呕吐、头痛、心跳加快等症状。而饮料中大多含有色素,糖分也很高,容易引起血糖过高。因此应少喝饮料,多喝白开水。

⑥少吃辛辣刺激和过甜食物。辛辣食物虽然可以刺激食欲,但过量食用会引起上火、消化功能紊乱,如胃部不适、消化不良、便秘,甚至发生痔疮。经常食用高糖食物,会引起糖代谢紊乱,甚至成为潜在的糖尿病患者。

⑦少吃腌、腊制品及罐头等加工食品,这类食品多多少少都含量食品添加剂,长期食用对人体有害无益。

⑧保证食物多样化,并有针对性地选择抗污染强的食物。食物多样化,全面提高营养,可避免一种毒物在体内长时间的积蓄,并能增强人体自身的解毒能力。

(八)食物酸碱性与人体健康

食物的酸碱性与人体健康密切相关,维持机体的酸碱平衡,使机体各脏器组织有良好的、能发挥正常功能的体液环境,从而使人体更健康。在维持酸碱平衡中,应科学合理地摄入酸性食物和碱性食物,要防止酸性食物过多而碱性食物不足的现象。人体正常的体液是弱碱性的。当人的体液偏酸性时,即酸性体质,会引起一系列的生理改变,降低人体抵抗力。

酸性食物不是指一般的酸味食物,而是指含氯、硫、磷等酸性元素总量较高或含有不能完全氧化的有机酸、在体内氧化后最终产物呈酸性的食物。体内酸性物质的来源还有其他方面:重体力劳动、情志失调、精神压力,还有环境污染、水质及农药,所以保持良好的心情、注意饮食卫生也很重要。

　　食物内含有钙、钠、钾、镁等碱性元素总量较高、在体内氧化后的最终产物呈碱性的食物,称为碱性食物。

　　不同食物的酸碱性如下:

　　强酸性食品:蛋黄、乳酪、甜点、白糖、金枪鱼、比目鱼。

　　中酸性食品:火腿、培根、鸡肉、猪肉、鳗鱼、牛肉、面包、小麦。

　　弱酸性食品:白米、花生、啤酒、海苔、章鱼、巧克力、空心粉、葱。

　　强碱性食品:葡萄、茶叶、葡萄酒、海带、柑橘类、柿子、黄瓜、胡萝卜。

　　中碱性食品:大豆、西红柿、香蕉、草莓、蛋白、梅干、柠檬、菠菜等。

　　弱碱性食品:红豆、苹果、甘蓝菜、豆腐、卷心菜、油菜、梨、马铃薯。

(九)食品添加剂与健康

　　食品添加剂是为改善食品品质,色、香、味以及为防腐、保鲜和加工工艺的需要而加入食品的人工合成或者天然物质,可分为天然食品添加剂和化学合成添加。食品添加剂,特别是化学合成的食品添加剂大都有一定的毒性,所以使用时要严格按国家法律要求、按使用标准使用。食用含有添加剂的食物也要谨慎、适量。市场上销售的食品中常含有以下一些化学合成添加剂:

名称	学名	存在食品	对健康影响
防腐剂	去水醋酸钠	干酪、乳酪、奶油、人造奶油	致癌
抗氧化剂	BHA、BHT	油脂、速食面、口香糖、乳酪、奶油	BHA 已被确定为致癌剂,有些研究显示 BHT 具有致癌性
人工甘味剂	糖精、甜精	蜜饯、调味瓜子,酱菜、饮料	由动物试验显示,会致膀胱癌
阿斯巴甜		饮料,口香糖、蜜饯、代糖糖包	会引起眩晕.头痛,癫痫,月经不调,损害婴儿的代谢作用(苯酮尿症者不可以食用)
保色剂	亚硝酸盐	香肠、火腿.腊肉、培根、板鸭、鱼干	与食品中的胺结合成致癌物质——亚硝酸胺盐
漂白剂	亚硫酸盐	蜜饯、脱水蔬果、金针菇、虾、冰糖、新鲜蔬果沙拉、淀粉	可能引起荨麻疹、气喘、腹泻、呕吐,亦有气喘患者致死案例

名称	学名	存在食品	对健康影响
人工合成色素		饼干、糖果、油面、腌黄萝卜、火腿、香肠、饮料	非标准的人工合成色素有毒,有致癌性的隐忧,还会引起荨麻疹、气喘、过敏等(我国批准使用的食用合成色素有苋菜红、胭脂红、柠檬黄、日落黄、靛蓝和亮蓝6个品种)
杀菌剂	过氧化氢(双氧水)	豆腐、豆干、素鸡、面肠、鱼浆、肉酱制品	会刺激肠胃黏膜,吃多了可能引起头痛、呕吐,有致癌性

八、人体所需营养

(一)蛋白质——细胞的重要组成部分

蛋白质是人类及所有动物赖以生存的营养要素。蛋白质是细胞组织的重要组成部分,是生命的物质基础,是人体内一些生理活动性物质(如酶、激素、抗体)的重要组成部分,是维持体液酸碱平衡和正常渗透压的重要物质。当饮食中蛋白质不足时可引起儿童生长发育迟缓或体重减轻、肌肉萎缩;成人容易产生疲劳、贫血、创伤不易愈合、对传染病抵抗力下降和病后恢复缓慢等症状,严重缺乏时还可导致营养不良性水肿。

富含蛋白质的食物包括:牲畜的奶,如牛奶、羊奶、马奶等;畜肉,如牛、羊、猪、狗肉等;禽肉,如鸡、鸭、鹅、鹌鹑、鸵鸟等;蛋类,如鸡蛋、鸭蛋、鹌鹑蛋等;鱼、虾、蟹等;大豆类,包括黄豆、大青豆和黑豆等,其中以黄豆的营养价值最高,它是婴幼儿食品中优质的蛋白质来源。此外,芝麻、瓜子、核桃、杏仁、松子等干果的蛋白质含量也较高。

(二)糖——温柔的杀手

在食物中,如大米、面粉等都含有大量的糖,这种"糖"是以多糖形式存在的,也就是我们常说的"淀粉"。这种多糖是我们身体需要的。而摄入过多则有害处的糖,则是指蔗糖。

蔗糖摄入太多,尤其是儿童每天若是吃糖或甜食较多,那么其他富含营养的食物的摄入量就要减少,会使正餐食量减少,则蛋白质、矿物维生素等得不到及时补充导致营养不足。吃糖过多,剩余的部分就会转化为脂肪,引发肥胖,而且可导致糖尿病、高血脂、骨折,甚至癌症,还会缩短寿命。

含糖高的食物主要有:白糖、红糖、冰糖、葡萄糖、麦芽糖、蜂蜜、巧克力、奶糖、水果糖、蜜饯、水果罐头、汽水、果汁、甜饮料、果酱、冰淇淋、甜饼干、蛋糕、甜面包及糖制糕点等。

(三)维生素 A——保护视力

维生素 A 的主要功能是促进机体生长发育,维持表皮的完整性,促进生殖和骨骼的生长发育。而且它是保护眼睛、维持正常视觉的"灵丹妙药",还能预防和治疗呼吸系统感染的作用。

维生素 A 的食物来源:动物肝脏、蛋黄、鱼肝油、黄绿色蔬菜及水果中均含维生素 A。例如:牛奶、黄油、胡萝卜、甜菜、菜花、大蒜、甘蓝、芥末、桃、红辣椒、甘薯、菠菜、南瓜、芒果、西红柿、木瓜、柑橘等。

(四)维生素 B_6——维持生理机能和生命活动

维生素 B_6 是参与机体功能协调最多的一种维生素。它在人体内参加物质代谢,与蛋白质、脂肪、碳水化合物的代谢有密切关系,它可以帮助脑及免疫系统发挥正常的作用。细胞的增长、DNA 的分裂、RNA 遗传物质的形成都需要维生素 B_6 的参与。维生素 B_6 还有增强机体对癌症的免疫力。

维生素 B_6 的主要食物来源:酵母、麦麸、葵花子、大豆、糙米、香蕉、动物肝脏及肾脏、鱼类、瘦肉、坚果。一般蛋类、燕麦、水果(鳄梨和香蕉除外)、各种蔬菜中维生素 B_6 的含量均较低,而干酪、脂肪、糖、牛奶、白面包中只含有极其微量的维生素 B_6。

(五)维生素 B_{12}——促进氨基酸合成

维生素 B_{12} 能够促进氨基酸的生物合成,特别是蛋氨酸和谷氨酸,因此对各种蛋白质的合成有重要作用,尤其对于正在生长发育的婴幼儿来说,维生素 B_{12} 是必不可少的。由于有促进体内遗传物质合成的作用,所以 B_{12} 能促进红细胞的发育和成熟,从而保证机体的造血机能处于正常状态,避免了恶性贫血的发生。

维生素 B_{12} 含量丰富的食物有:动物的内脏,如牛、羊的肝、肾、心;牡蛎类;奶及奶制品;部分海产品,如蟹类、沙丁鱼、鳝鱼等。维生素 B_{12} 含量较少的食物:鸡肉,海产品中的龙虾、剑鱼、比目鱼、扇贝,发酵食物。

(六) 维生素 C——抗氧化剂

维生素 C 能够促进胶原蛋白的合成,使伤口迅速愈合,具有预防感染及阻止癌症发生、增强免疫力、防治坏血病、保护细胞膜、增进人体对铁的吸收、治疗贫血的作用。维生素 C 还可以降低胆固醇、预防高血压和动脉硬化、提高应激能力。维生素 C 还是极有效的抗氧化剂,能够保护细胞不被自由基破坏、抑制血液中胆固醇被氧化、有效预防心脏病。

食物中的维生素 C 主要存在于新鲜的蔬菜、水果中,人体自身不能合成。水果中的鲜枣、橘子、山楂、柠檬等含有丰富的维生素 C。蔬菜中以绿叶蔬菜、青椒、西红柿、大白菜等含维生素 C 较多。根茎类蔬菜,如马铃薯等维生素 C 的含量不高。谷类及豆类食物中几乎不含维生素 C。

(七) 维生素 D——增强骨骼

维生素 D 是调节人体钙、磷正常代谢的重要物质,可以加速小肠中钙、磷的吸收,促进钙化,使骨骼和牙齿正常生长。如果缺乏维生素 D,儿童可引起佝偻病,成年人则会引起软骨病,特别是孕妇和哺乳期妇女更易发生骨软化症。

食物中维生素 D 的含量比其他任何一种维生素的含量都少,其食物来源以动物肝脏、禽蛋、乳制品、鱼肝油为主,其中尤以鱼肝油中维生素 D 的含量最为丰富,而在蔬菜、谷物和水果中,维生素 D 的含量则比较少。

(八) 维生素 E——延缓衰老

维生素 E 能够维持肌肉的正常发育和生长,是机体内的强抗氧化剂,防止多不饱和脂肪酸发生过氧化作用,中断自由基循环反应,保持生物膜的正常结构和功能,并且防止产生毒性物质,因而人们认为可以防止和延缓衰老。维生素 E 对生殖有重大作用,当维生素 E 缺乏时,会出现精子不能生长、受精后不能成长、已怀孕的也会发生胎儿死亡、流产以及乳汁减少、影响胎儿发育等现象。

维生素 E 广泛地分布于动植物组织中,特别是油料种子、某些谷物、坚果和绿色蔬菜中,以麦胚和麦胚油的维生素 E 含量最为丰富,其次是植物油,如玉米油、棉籽油、橄榄油、棕榈油、花生油、菜子油、大豆油、红花油、葵花子油和人造黄油等(椰子油除外)。动物性食物的维生素 E 含量通常不高或很低。

（九）叶酸——促进儿童生长发育

叶酸是 B 族维生素的一种，是一种水溶性维生素，是人体必需的一种营养素，是参与人体很多重要物质合成和代谢的重要元素，是细胞制造过程中不可缺少的营养素。

含叶酸的食物：

绿色蔬菜：莴苣、菠菜、西红柿、胡萝卜、青菜、龙须菜、花椰菜、油菜、小白菜、扁豆、豆荚、蘑菇等。

水果类：橘子、草莓、樱桃、香蕉、柠檬、桃子、李、杏、杨梅、海棠、酸枣、山楂、石榴、葡萄、猕猴桃、草莓、梨、胡桃等。

动物食品：动物的肝脏、肾脏，禽肉，如猪肝、鸡肉、牛肉、羊肉等，蛋类。

豆类、坚果类食品：黄豆、核桃、腰果、栗子、杏仁、松子等。

谷物类：大麦、米糠、小麦胚芽、糙米等。

（十）钙——维持骨骼健康

钙能维持人体骨骼和牙齿的健康、调节心率、缓解失眠、刺激神经细胞的传达机能，并强化神经系统、促进体内铁的代谢。钙具有安定情绪的作用，能防止攻击性和破坏性行为的发生。

如果在日常饮食过程中不注意调节饮食平衡，则极易造成钙流失，引起骨骼、牙齿发育不正常，骨质疏松、骨质软化、血凝不正常、流血不止、佝偻等多种病症。若钙过量，并超过了血液的溶解能力，便会在人体其他组织中沉积溶解。若沉积在关节处，便会引起关节疼痛；沉积在肌肉里便会形成坚硬结节；沉积在心脏中会引起传导障碍，导致心律紊乱。

含钙丰富的食物有：鲜奶、奶粉、酸奶、奶酪、奶片等奶制品；海带和虾皮；豆腐、豆浆等各种豆制品；动物骨头；雪里蕻、小白菜、油菜、茴香、芫荽、芹菜等蔬菜。

（十一）磷——细胞的重要组成成分

磷是与钙同时构成骨骼和牙齿的重要成分，磷还是软组织的重要组成部分。人体的所有细胞中都含磷，其是 DNA 和 RNA 的组成成分，是传递遗传信息和控制机体细胞正常代谢的重要物质，同时参与体内的能量代谢、氨基酸代谢及蛋白质和磷脂的形成。磷能调节体内酸碱平衡和维持正常的渗透压。

磷在食物中分布很广,无论动物性食物还是植物性食物,在其细胞中,都含有丰富的磷。动物的乳汁中也含有磷,所以磷是与蛋白质并存的。瘦肉、蛋、奶和动物的肝、肾中的磷含量都很高。海带、紫菜、芝麻酱、花生、干豆类、坚果、粗粮含磷也较丰富。但粮谷中的磷为植酸磷,若不经过加工处理,吸收利用率较低。

(十二)镁——保护心血管

镁能防止身体软组织钙化,它能保护血管的内皮层,在骨骼的形成和矿物质及碳水化合物的代谢中也起着重要作用。与维生素 B_6 一起帮助溶解和减少肾的钙磷结石。最新的研究表明:镁能防治心血管疾病、骨质疏松症和某些肿瘤、降低血中的胆固醇、防止早产和孕妊期的痉挛。女性常食富含镁的食物,可以防止和减轻痛经的发生。

紫菜中镁含量最多,在每100克紫菜中,含镁最高达460毫克,居各种食物之首,被誉为"镁元素的宝库"。其他富含镁的食物主要有:谷类,如小米、玉米、荞麦面、高粱面等;黄豆、黑豆、蚕豆、豌豆、豇豆、豆腐和各种豆制品等;苋菜、荠菜、辣椒干、蘑菇等蔬菜;杨桃、桂圆、虾米、核桃仁、花生、芝麻、芝麻酱等。

(十三)铁——促进人体的生长发育

铁对生物氧化过程起到了重要的作用,能够促进人体的生长发育;增加免疫功能,提高机体对疾病的抵抗力;防止疲劳,使皮肤保持红润;可以预防和治疗缺铁性贫血。

饮食中铁的良好来源为动物性食品,如肝脏、肾脏。蛋黄、豆类和一些蔬菜里也含有丰富的铁。奶的含铁量较少,牛奶的含铁量最低。因此长期用牛奶喂养的婴儿,应及时补充含铁量较丰富的食物。使用铁锅炒菜,也是摄取铁的一个很好的途径。

(十四)锌——儿童生长必需营养

锌是合成蛋白质和胶原蛋白的重要成分;可以维持味觉和嗅觉的灵敏度;消除指甲上的白色斑点;减少胆固醇的积蓄;对前列腺疾病和精神失常有预防和治疗作用;人体内有足够的锌才能保证性欲旺盛、性功能和生殖能力正常。锌能加强机体的免疫力,对预防疾病有重要作用;能加速人体内部和外部伤口的愈合。

婴儿和儿童由于生长发育较快,所以每天对锌的摄入量相对较高。中国营养学会提出婴儿（0~1岁）每日锌的摄取量为5毫克，儿童（1~10岁）为10毫克。

锌普遍存在于各种食物中，其中动物性食品含锌丰富，且吸收率极高。蛋黄、鱼、海带、羊肉、豆类、动物肝脏、牡蛎、南瓜子、鲜虾、禽类、谷类等，都是富含锌的食物。

（十五）碘——提高机体活力

碘是组成甲状腺素的重要成分。甲状腺素有调节人体热能代谢及蛋白质、脂肪、碳水化合物的分解合成的作用，并能促进生长发育，从而使机体充满活力，提高反应的敏捷性，促进毛发、指甲、皮肤、牙齿的健康。

含碘量最高的食物为海产品，如海带、紫菜、鲜海鱼、蛤干、干贝、海参等。陆地食品则以蛋、奶含碘量较高，其次为肉类。淡水鱼的含碘量低于禽畜肉类、植物的含碘量，是最低的。

（十六）硒——延长寿命

硒是人体必需的微量元素之一，人体缺硒可出现脱发、指甲脆、易疲劳和激动等症状。硒在人体内起可以起到抗氧化作用，是延长寿命、防止细胞中毒的重要营养物质。硒对保护心肌的健康和视觉器官功能的健全有重要的作用。

含硒较多的食物有：鱼、虾、海藻、牡蛎、瘦肉、牛肝、牛肾、鸡肝、鸡肾、猪肝、猪肾、蛋黄、黄豆、小麦面粉、糙米、大麦等。含硒较多的蔬菜有：蘑菇、大蒜、芝麻、葱头、芦笋、芥菜、紫觅菜、胡萝卜等。此外，花生、葵花子、栗子、山核桃等也含硒较多。补硒应从饮食上多吃些富含硒的食物，需要时，也可适当服用硒制剂。

（十七）食物纤维——清除毒素

食物纤维能在人体内清除毒素、降低血脂。食物纤维能够调节营养物质在体内的消化和吸收，并影响内分泌，能起到降糖、降脂、减肥、通便等作用。食物纤维还能降低癌症发病率。由于体内食物纤维增多，大便相应增加，肠内含有的致癌物质密度会降低；食物纤维能促进肠内细菌增生，其中有些有益的细菌对致癌物质有抑制作用，并且高纤维食物是糖尿病和冠心病患者比较理想的食物。

增加食物纤维的摄入可以从日常饮食中多加注意：牛奶中不妨加入全谷脆片或早餐麦片；多食用糙米或不去皮的马铃薯、甘薯；面包、饼干、馒头、水饺等尽可能采用全麦或裸麦面粉、麸皮、核果来制作。

黄豆、绿豆、红豆、黑豆、豆干、豆腐等豆类及其制品都含有丰富的食物纤维,可以在三餐菜肴及点心中多加利用。最好选用种子、果皮都可食用的水果,例如苹果、梨、石榴、草莓、桑葚、杏、桃子、李子、葡萄等新鲜水果,或是杏脯、无花果、葡萄干等不添加糖或盐的脱水水果。花生、葵花子、巴西胡桃、大胡桃等是纤维含量高的食品。

增加饮食纤维,除了食用富含纤维的食物之外,还应注意食物的制作方法。捣泥、捣碎、磨粉等加工方式都会破坏食物纤维。加热并不影响食物的纤维含量,而油炸、煎或蒸的烹调过程会增加食物的纤维量,但增加量是很有限的。

九、不同人群饮食巧安排

(一)儿童饮食巧搭配

儿童正处于长身体的阶段,饮食营养搭配得好,可促进孩子健康成长。

首先,要保证充足的蛋白质。动物性食品,如鱼、肉、蛋、奶类等人体必需的氨基酸含量齐全,营养价值高,大豆的蛋白质也很优良,都是补充蛋白质的上好选择。豆类、花生、蔬菜与动物性食物搭配食用,可增加人体对维生素和矿物质的吸收。

其次,要保证充足的钙质。奶类、豆类及其制品,芝麻酱、海带、虾皮、瓜子仁及绿叶菜等含钙量较高,适当多吃对儿童长高有好处。

再次,菱白、竹笋、青蒜、菠菜等食物含草酸较多,食用后影响人体对钙的吸收利用,所以儿童要尽量少食用。也不要让孩子吃太多的糖,以免营养不良,发胖。

最后,食谱应注意多样化,注意食物的色、香、味、型和营养搭配,多种食物混合吃,以达到营养互补作用,使身体获得各种必需的营养素。要纠正孩子偏食、挑食等不良饮食习惯。

(二)上班族饮食巧安排

年轻人工作繁忙,为保证一天精力充沛,每天要吃一顿丰盛的早餐,晚餐则要尽可能清淡,不要太丰盛,也不要吃得太饱。

上班族压力大,想提神,最好多喝茶,尽量少喝咖啡。喝咖啡过多,会降低工作能力和效率,而且还可能会诱发心脏病。

筋疲力尽时,可在口中嚼上一些花生、杏仁、腰果、胡桃等干果,对恢复体能有

国学经典文库

中华历书大全

·健康养生万年历·

图文珍藏版

神奇的功效。

用眼过度时,可食鳗鱼。鳗鱼含有丰富的人体所必需的维生素 A,吃韭菜炒猪肝也有此功效。

上班族应酬多,饮酒不能过量,必须喝时,果酒是首选。喝酒时多吃鱼、肉、蛋、豆腐、奶酪等蛋白质高的食物可以防止酒醉,且有补给营养效果,可以保护的肝脏和生殖、泌尿系统。

(三)女性孕期饮食分阶段巧安排

孕期营养的优劣,对胎儿的智力、身高、体重、外貌等影响极大。为了适应孕期的各种生理变化,满足胎儿生长发育的需要,孕妇应注意合理膳食。

1. 孕初期

孕初期的膳食原则是易消化、少油腻、味清淡、少食多餐。在不妨碍身体健康的前提下,尽量适应孕妇胃口,提供孕妇喜好的食物。呕吐严重者,应多吃蔬菜、水果或清淡爽口的食物,如藕粉、稀粥、豆浆、牛奶、蛋类等,应适当给予碱性食物,以中和胃酸;同时补充足够的 B 族维生素及维生素 C,以减轻妊娠反应。

2. 孕中期

怀孕中期胎儿生长较快,营养摄入也应随之增加。孕妇应多摄入营养丰富的食物,如蛋类、乳类、瘦肉、鱼类、豆类和蔬菜、水果,并多食富含纤维素的食物,如芹菜、韭菜、苹果、香蕉等,以预防便秘。

3. 孕末期

孕末期是胎儿脑细胞和脂肪细胞增殖的"敏感期",要多吃奶类、蛋黄、肝、鱼、青菜和豆制品等,使蛋白质、磷脂和维生素供应充足,有利于胎儿的智力发育;多吃核桃、芝麻、花生等不饱和脂肪酸含量丰富的食物,可降低婴儿皮肤病的发病率;多吃富含铁和维生素 B_{12} 的食物,可减小孩子出生后贫血的发生概率。经常吃一些富含碘的食物可防止小儿痴呆。孕妇如有下肢浮肿的状况,应控制钠的摄入量。

(四)孕期饮食禁忌

①忌食桂圆:食桂圆容易引发流产,孕妇最好忌食。

②忌饮浓茶或咖啡:浓茶会导致新生儿体重不足,严重者还会导致流产、早产或死胎;咖啡因对胎儿生长发育极为有害。

③忌吃霉变食品:吃霉变食品会使染色体断裂和畸变,产生遗传性疾病和胎儿

畸形,甚至导致胚胎停止发育而夭折腹中或流产。

④不宜多吃山楂:有先兆性流产史的孕妇,应该避免吃山楂。

⑤不宜多摄入盐:可能引发先兆紫癜,会危害母子生命安全。

⑥不宜过量食用鸡蛋:孕妇每日吃鸡蛋不应超过三个。

⑦不宜服人参蜂王浆:容易引起中毒或过敏。

⑧不宜吃咸鱼:吃鲜鱼对孕妇有益,但不宜咸食。

⑨不宜多吃动物肝脏:最好不要过多吃鸡、猪、牛的肝脏。

⑩不宜多吃菠菜:会影响锌、钙的摄入,对母婴都不利。

⑪不宜常吃卤质食品:加有桂皮、八角及茴香的卤质食品,会增加胎儿畸形的概率。

⑫慎食罐头食品:罐头食品对孕妇自身的新陈代谢过程不利,影响胎儿发育。

⑬尽量少吃辣椒:多食辣椒会导致供血不足,使子宫、胎儿、血管局部受挤压,容易引起高血压、流产、早产等。

(五)中年人饮食要适量

中年人处于机体开始衰老阶段,如不注意合理调配饮食,衰老就可能加速,因此合理饮食非常重要。中年人要少吃热量高的食物,避免肥胖;适量多吃富含蛋白质的食物,如牛奶、禽蛋、瘦肉、鱼类、家禽、豆类与豆制品等;糖要少吃或不吃,以免诱发糖尿病;动物内脏、鱼子、乌贼和贝类等要适量进食,以避免胆固醇过高;多吃新鲜蔬菜、水果和大蒜、葱头;多吃含钙丰富的食品,以预防骨质疏松症。

(六)老年人饮食有讲究

随着年龄的增高,老年人的消化吸收机能降低,味觉、食欲较差,吃东西常觉得缺少滋味。因此,老年人饮食要注意色、香、味俱全,但要多素少荤、少食盐,忌肥甘厚味。宜选用植物油和饱和脂肪酸少的瘦肉、鱼、禽类,不宜多吃肥肉及猪油、牛油。对于由于身体原因不能吃油荤的老人,应该少吃些鱼肉。焦香的食品和浓烈的调味品容易造成口腔损伤;熏烤、腌渍的食品,有的不易消化,有的含有某些致癌物质,所以这类食品以少吃或不吃为好。

老年人的进食方式最好是少食多餐,定时定量。并且,由于老年人多牙齿松动或缺牙,或者有其他牙病,咀嚼困难,因此老年人的饮食既要照顾牙齿,又要防止过分选用精细食物的偏向,宜适量吃一些含纤维素的食品。在食物的加工上要将饭

国学经典文库

中华历书大全

·健康养生万年历·

图文珍藏版

菜做得软一些,烂一些,以利于咀嚼和消化。另外,老年人进食应慢一些。有些老年人习惯于吃快食,不充分咀嚼便吞咽下去,不但不利于消化,还容易呛噎。

十、孕产妇保健和育儿

(一)人工流产后不宜过早过性生活

人工流产后,不宜过早过性生活。因为人工流产大都采用刮宫和吸宫的方法,使胚胎组织与子宫分离,在这个过程中,阴道和子宫内膜会受到一定的损伤。如果过早过性生活,不但容易造成损伤的加重,延长恢复期,而且也可能因为性生活使细菌侵入伤处,导致阴道炎和子宫内膜炎的发生。

另外,人工流产一般也会给女性在心理上造成一定的伤害,如果过早过性生活,心理上对怀孕的恐惧还没有解除,容易导致性生活时的紧张和被动,不仅会降低性生活质量,还可能造成长期的心理阴影,导致一些反射性的性功能障碍。

(二)哺乳期应避孕

有些女性认为哺乳期停经,不会怀孕,因此在性交时没有必要采取避孕措施。这种认识是不正确的。

这要从生理规律上来寻找原因。进入哺乳期后,由于脑垂体前叶需要分泌大量的催乳素,以促进分泌乳汁,因而相对地抑制了脑垂体分泌卵泡激素的作用,使卵泡功能受到抑制,无法发育成成熟的卵子。因此,在哺乳期,女性都会停止排卵和行经,不会受孕。但是,每个人由于体质的原因,月经的恢复时间都不同,无法确定明确的月经恢复时间,而且,更重要的是,并不是月经恢复后才开始排卵,而是排卵早于月经发生。因此,如果在排卵恢复而月经尚未出现的时候性交,还是有可能在不知不觉间怀孕的。

因此,不能因为哺乳期的停经就放松对避孕的警惕,尤其是产后 1 个月左右,尽管月经还没开始,但排卵可能已经恢复,此时性交就应当采取规范的避孕措施了。

(三)女性更年期不可忽视避孕

女性 40 岁之后进入更年期,卵巢功能开始减退,排卵、月经逐渐减少,失去规律,有些女性误认为这个时候已经基本不会受孕,因此在性交的时候忽视避孕。这种做法是不科学的,因为尽管更年期后,卵巢功能呈现衰退迹象,但并不代表排卵就完全结束,而只要有卵子排出,就有可能受孕。而且,调查显示,怀孕的年龄越大,畸形胎儿和葡萄胎的发生率也就越高,进一步向恶性肿瘤转变的概率也就越大。因此女性在更年期忽视避孕,很可能造成不良结果。

(四)体外排精有害健康

体外排精避孕是指在性交即将达到高潮,男性马上要射精之际将阴茎随即抽出,将精液释放到体外的避孕方法。从理论上看,这种方法可以避免精子与卵子的结合,似乎的确能够起到避孕作用,但是实际上,这种避孕方法并不保险,而且对身体健康和性功能也有危害。

这是因为,首先,精子一般都是存在于精液中,并随精液一同在射精时排射出体外的,但是在性交过程中,经常会有少量的精液随着阴茎的分泌物作为润滑剂提前流入阴道,这种情况下,很容易导致避孕失败。而且,性交过程中,精神高度亢奋,有的时候男性高潮来临迅速,也可能因为来不及抽出阴茎而发生体内射精的"意外",这就更容易使女性受孕。

另外,采用体外排精避孕,男女双方在性交过程中的精神都会高度紧张,准备随时抽出阴茎,这样就无法全身心地投入到性爱之中,影响性感受,使享受大打折扣。而且,在这个过程中,男性的精神压力最大,紧张的心理状态很可能影响到性功能,时间久了,就可能出现精神性的阳痿、早泄等症状。

由此可见,体外排精法是一种失败率相当高的避孕方法,而且对人的身心健康都有危害,相当不科学,不宜采用。

(五)忍精不射避孕不可取

不少男性在与伴侣过性生活的时候,为了防止女方怀孕,强忍着不射精。这种做法十分不可取,不但未必能起到避孕的效果,而且对自身健康极有危害。

因为,男女在进行性交的时候,性器官中都会分泌出部分液体以起到润滑作用,方便性交。男性生殖器中分泌出的液体,其中往往会含有少量精子,也有一定的概率能够使女性怀孕。因此,强忍不射精,并不能保证不怀孕。

另外,男性强忍不射精,对自身健康的危害巨大。首先,性交时射精是正常的生理现象,如果强忍不射,就会对射精功能产生损伤,久而久之,可能产生射精延迟、射精不力甚至不射精的症状。其次,强忍不射精还会诱发阳痿和前列腺炎,因为在性交中,男性性器官处于充血状态,正常情况下,在射精后充血情况会渐渐恢复,而如果不射精,就会导致过分充血而对性神经系统和性器官带来负担,易导致

国学经典文库

中华历书大全

· 健康养生万年历 ·

图文珍藏版

阳痿,前列腺也会因为长时间充血而引发无菌性前列腺炎。再次,性交时强忍不射,充血状况不能得到有效缓解,血液还可能进入精囊,并灼伤精囊的毛细血管壁,导致血精,出现精液血红、腰膝酸软等血精病症状,严重影响男性生殖健康和日常生活。

(六)经期切忌过性生活

不少女性因为性知识缺乏或者难以回绝丈夫的性要求,在经期的时候也会偶尔过性生活,这种做法是不对的。经期过性生活,不但对女性健康有危害,也可能对男性的生殖健康造成影响。

因为在月经期间,子宫内膜处于剥离的状态,子宫颈敞开,而且由于经血的冲刷,阴道内的酸性环境也会被改变,杀菌能力减弱,这个时候,是子宫最为脆弱的时期。如果这个时候过性生活,阴道和子宫将会十分容易被细菌感染,引发子宫内膜炎、输卵管炎等病症。另外,性交时女性盆腔高度充血,也会导致经期延长。

而男性在性交时,生殖器也容易被经血感染而发生尿道刺激症状,影响生殖健康。

(七)女性经期不宜拔牙

月经与拔牙,这看似是毫不相关的两件事情,其实不然,现代医学研究表明,月经期间拔牙有很大的危害。

这是因为,在月经期间,女性的血液凝固性低,唾液中的纤维蛋白溶解原的前体激活物增加,容易造成拔牙后伤口无法愈合,从而导致大出血。另外,女性月经期的抵抗力比较低,此时拔牙也会因为细菌的侵入而导致细菌感染,从而引发多种口腔疾病,导致面部出现持续性神经痛、局部淋巴结肿大、食欲下降、低热、张口困难、牙槽骨暴露及坏死等症状。

(八)女性经期不宜唱歌

经期唱歌对嗓子的危害很大。

女性在月经期间,由于性激素的分泌发生变化,女性的声带会充血、水肿,分泌物增多,即处于一种比较脆弱的状态,外在表现为声音喑哑沉闷、音调变低,说话易疲劳。如果这个时候不注意对嗓子的保护,长时间地唱歌,就会使声带过于疲劳,导致对嗓子的伤害,甚至可能出现暂时失音的情况。

(九)停避孕药后不宜立即怀孕

很多通过服避孕药避孕的女性,简单地认为想怀孕的时候,停掉避孕药就可以立即受孕。专家提醒,这种想法不但是错误的,而且还是危险的,很容易对胎儿造成严重的身体和智力伤害。

这是因为,口服避孕药是一种化学药物,它的吸收代谢时间较长,并往往在体内形成残留。研究表明,常服避孕药的女性,体内残存的避孕药物成分,大概需要4~6个月的时间才能从体内完全排除。在这一段时期内,尽管避孕药的药物成分浓度已经降低,无法起到避孕的效果,但是却会对胎儿产生影响。如避孕药中常含有的炔雌醇和炔雌酮类药物,就可能造成胎儿的智力低下,发育迟缓。

(十)接受 X 线照射后不宜怀孕

有的女性在医院接受 X 线照射后,不了解其对生育的危害,很快受孕,这对优生有很不利的影响。

因为尽管医用 X 线辐射强度较小,但是也能够在一定程度上杀伤人体内的生殖细胞。如果接受 X 线照射不久后怀孕,很可能由于不健康的生殖细胞而造成胎儿的先天性缺陷,导致畸形胎儿。

因此,育龄女性应当尽量避免接受 X 线照射,如果不得已接受照射则应当在一段时间内采取避孕措施。

(十一)孕妇进食不宜过多、过好

女性怀孕后,家人都会对其进行无微不至的照顾,在饮食上往往让孕妇多吃、吃好,认为孕妇是在"一个人吃两个人的饭"。这种做法其实不应提倡,孕妇的确要多增加营养,但并非是吃得越多、越好,对胎儿就越好。

据调查,近年来巨大儿的出生概率越来越高,究其原因,多是由于孕妇在怀孕期间摄入了过量的营养物质,吃得太多、太好,以至于使胎儿在腹中的时候就出现了营养过剩,使身体发胖。巨大儿不但会增加分娩的难度,孕妇容易出现难产、产后大出血等一系列症状,而且胎儿本身也不健康,很容易发生产后低血糖、红细胞增加和高胆固醇血症,在长大后出现肥胖,患心脑血管疾病的概率也比一般人要高。

(十二)孕妇饮食宜清淡

有的女性口味重,怀孕后也喜欢吃咸。一般而言,妊娠期孕妇虽不需要禁盐,但是饮食也应当尽量清淡,要避免饭菜过咸。

这是因为,食盐摄入过量会增加细胞的外液量,引起水分的潴留,同时还会加重心脏的负担,加重血管内阻力,久而久之,就会使孕妇出现水肿、血压升高症状,甚至还会导致肾性高血压。

尤其是在妊娠后期,孕妇本身由于生理原因就容易出现水肿和高血压症状,如果再吃得过咸,食盐摄入量过大,就会使这些症状更加严重,危害母体与胎儿的健康。

(十三)孕妇补钙要适量

有些孕妇为了使胎儿更好地发育、更健康活泼,也为了防止婴儿出现缺钙现象,就在怀孕时盲目地大量服用钙质食品。殊不知,补钙过多对体内胎儿的生长发育是很不利的。

孕妇长期大量食用钙质食品,会引起食欲减退、皮肤发痒、毛发脱落、感觉过敏、眼球突出、血中凝血酶原不足及维生素 C 代谢障碍等。同时,补钙过度会导致血钙浓度过高,从而引起肌肉软弱无力、呕吐和心律失常等,这些都会影响胎儿的生长发育。此外,有的胎儿在刚出生时就已萌出牙齿,与孕妇在妊娠期间大量服用维生素 A 和过量摄入钙质也有一定关系。

(十四)孕妇并非越胖越好

有的人认为孕妇营养越丰富,体格越健壮,生出的宝宝也就越健康,于是经常给孕妇提供营养过于丰富的食物,导致孕妇出现肥胖。孕妇肥胖不是健康的标志,对优生也很不利。

首先,孕妇肥胖,脂肪堆积,会不利于其他营养物质的充分吸收,导致孕妇体内营养的不协调,虚胖而非健壮,还会诱发高血压、糖尿病、高脂血症等心脑血管疾病,不但不利于孕妇健康,而且也无法满足胎儿的发育需要。孕妇过度肥胖,还可能造成胎儿过大,这样也容易造成难产等危险。

另外,还有一种情况,孕妇同样表现为肥胖,但不一定是营养过剩和脂肪堆积引起的,而可能是妊娠水肿的表现,这是一种危险的妊娠期疾病。如果发现体重增长过快,就应当及时到医院检查。

(十五)孕期不能盲目排斥所有药物

女性在怀孕期间,用药需要相当谨慎,因为有很多药物可以通过母体对胎儿造成直接影响,危害胎儿的正常生长发育。

但是,并非在怀孕期间患病就一律不能用药。有一些妊娠并发症和疾病,如果得不到及时的治疗,会对孕妇和胎儿的健康影响更大。因此,怀孕期间用药,最重要的就是要合理和科学,做到既能保证对母亲和胎儿无害,又治疗疾病,而不应盲目排斥所有药物。

(十六)孕妇洗澡时间不宜过长

孕妇洗澡时间过长,不利于孕妇本身和胎儿的健康。

这是因为,浴室一般空间狭小,通风不良,湿度很大,尤其是采用淋浴,整个浴室都会雾气弥漫,这样就会降低空气中的氧气含量,使人出现一定的缺氧反应。加之如果用热水淋浴,热水还会刺激人体体表血管扩张,使人体血液进一步集中到体表,从而降低了脑部血流量,更加剧了缺氧的状况。孕妇本来需氧量就大,在这种情况下,很容易导致在洗澡时昏倒。另外,胎儿在体内也是需要通过胎盘接受氧气的,洗澡时胎盘血量也会降低,这样就会造成胎儿的缺氧,如果时间过长,很可能导致死胎或胎儿智力低下的不良后果。

(十七)某些情况下不宜盲目保胎

一般人认为流产百害而无一益,因此很多孕妇害怕流产,一有流产的征兆就想尽办法保胎。其实这是一种错误的认识,有的时候,流产未必坏,保胎未必好。

现代医学研究发现,孕妇的自然流产其实是一种人体自然的生殖选择功能,自然流产掉的胎儿一般都是由不健康的受精卵发育而来的,大部分都存在先天缺陷,而且绝大多数是死胎。这种情况下,通过流产的办法使其被自然淘汰,可以避免异常胎儿的出生,减轻孕妇痛苦,保证优生,也有益于提高人口质量。

另外,有一些非自然原因造成的流产,也不宜盲目保胎。比如孕妇在妊娠期患有比较严重的传染性疾病,如肝炎、肺炎等,或者患有严重的心脏病,这种情况下,胎儿很可能会受到影响,患上先天性的疾病或者出现畸形。此时是否保胎应根据孕妇病情的恢复情况而定。

(十八)孕妇睡眠应充足

有的女性在怀孕期间或者因为还坚持工作,或者因为妊娠的不适,常常睡眠不足,这对孕妇和胎儿的健康都很不利。

因为孕期女性的体质比较敏感,如果睡眠不足,孕妇得不到充分的休息,体能和抵抗力下降,就很容易引发疾病,也会因为供应养料不足而对胎儿的发育造成影响。另外,孕妇由于受到孕激素分泌的影响,情绪会很不稳定,睡眠不足容易导致孕妇的情绪急躁、易怒，这种不良的情绪对妊娠和胎儿也是有害的。

因此，孕妇应当努力保证充足的睡眠，以利于优生和自身健康。

（十九）孕妇不宜接种风疹疫苗

风疹是一种常见的传染疾病，本来并不可怕，但是如果女性在怀孕期间得了风疹，则会造成严重的后果，可能导致胎儿的流产或畸形。

而有的孕妇因为害怕得上风疹，就自行接种风疹疫苗，以为这样就可以万无一失。殊不知，这是一种顾此失彼的做法，因为风疹疫苗本身也是一种活体病毒，尽管受到了抑制，但是仍然会对脆弱的胎儿造成伤害。

（二十）产妇临产前不宜憋大小便

临产前憋大小便是一种很不好的做法，这对分娩会带来很多不必要的麻烦和伤害。

这是因为，子宫的位置是在膀胱和直肠之间，怀孕后，孕妇子宫会逐渐增大，这就使子宫和膀胱、直肠会更紧密地挨在一起。在分娩的时候，子宫会自动地进行强有力的收缩和律动，以促进胎儿的产出。可是如果此时膀胱和直肠中充满尿液和粪便，就会增大膀胱和直肠的体积，势必会对子宫形成积压，不利于子宫收缩，对于分娩有不良影响。

而且，憋着大小便分娩，对于产妇的膀胱和尿道、肛门括约肌也会有伤害，容易导致产后发生尿潴留和大便困难。

另外，分娩时腹压增强，还可能导致大小便的不自觉外溢，污染外阴，对新生儿和产妇的健康不利，容易造成感染。

因此，产妇在分娩前排空大小便是十分必要的。

（二十一）产妇应注意产后的第一次排便

产后的第一次大小便是十分重要的，对产妇的健康有很重要的影响，不可轻视，更不能憋大小便。

产妇分娩后处于卧床状态，大小便会不适应，因此往往憋大小便，直到便意很强了才去厕所，这是很不对的。由于分娩时大量出汗和失血，产妇体内干燥，本来就容易发生便秘，而如果产后不及时排便，就更容易造成粪便在直肠内的干结堆积，导致排便困难。产妇产后阴道和会阴会有伤，如果出现便秘，在用力排便的时候，很可能导致伤口的迸裂，对产后的恢复不利，并容易造成感染。

产后憋尿也是不对的,容易造成尿潴留,对健康不利。因此,产妇产后应当在6~8小时内主动排尿,第一次排尿顺利完成后,以后就会更加顺利。

(二十二)产后滋补宜适量

产妇分娩会消耗大量的体力和精力,产后体质虚弱,需要充分的滋补,以促进身体的恢复。但是,有的家庭在给产妇滋补的时候,不注意适量的原则,这就不对了。滋补过量,对产妇健康是没有好处的。

首先,滋补过量,容易引发产妇的肥胖。肥胖不但影响体形和美观,而且还会使糖和脂肪的代谢失调,引发各种疾病。尤其是产后产妇活动较少,因肥胖导致心脑血管疾病的概率将会大大提升。

其次,产妇滋补过多,营养过剩,对婴儿的健康成长也不利,这主要是通过母乳的间接影响。因为产妇滋补过量,也必然会使乳汁中的脂肪等营养成分过量,婴儿吸收之后,容易导致婴儿肥胖症,营养失调,同时也易患扁平足一类的疾病;如果婴儿无法吸收,则会造成脂肪泻,并导致慢性腹泻和营养不良。

(二十三)产妇捂月子不科学

"捂月子"是不少地区的传统,人们认为产妇在产后容易患病,因此将门窗紧闭、密不透风,也把产妇捂得严严实实,生怕受到凉风的侵袭。这种做法,出发点虽然是好的,但是极不科学,是一种陋习。

因为产妇要恢复身体健康、增强体质和新生儿要健康成长,都必须获得充足的阳光照射,这样也有利于防病。如果将门窗关得严严实实,产妇和新生儿捂在被窝里,得不到阳光的照射,就会处于一种很不健康的状态,产妇体质难于恢复,也容易导致新生儿对钙的吸收能力低下。

其次,捂月子的时候,室内空气不流通,空气污浊,含氧量少,这也不是一种对人健康有益的生活环境,容易造成对母亲和婴儿的伤害。而且在这种条件下,更容易滋生细菌和寄生虫,而产妇和新生儿分别处于身体虚弱和柔弱的时期,抵抗力差,极易患病。

另外,室内捂得过于严实,空气不新鲜、阳光不充足,对产妇和新生儿的精神健康也有危害,并能够影响各方面身体功能和食欲的提高,也对健康和婴儿发育不利。

(二十四)产妇不应拒绝洗澡

有的产妇在产褥期拒绝洗澡,担心感染受风。传统习俗也认为,在月子里洗澡,风寒会侵袭体内并滞留在肌肉和关节中,日后会出现月经不调、身体关节和肌肉疼痛。其实这种认识是不正确的。

女性产后汗腺很活跃,容易大量出汗,污染皮肤,下身产生的恶露及溢出的乳汁也都会使全身发黏。同时,多种液体混合在一起,不但会散发出难闻的气味,使产妇浑身不舒服,影响精神状态,而且皮肤黏膜上的大量病菌也会乘虚而入,引起毛囊炎、子宫内膜炎、乳腺炎等,甚至发生败血症。因此,产后更应该及时地洗澡。

(二十五)产妇便秘不容忽视

产妇由于在分娩过程中消耗了大量的体力和精力,体质虚弱,体内水分流失严重,而且大多数时间又都在卧床休息,肠胃蠕动缓慢,因此往往在产后出现便秘的症状。便秘虽然不是什么大病,但是对于产妇的便秘,还是应当给予充分的重视。这是因为,产妇便秘如果不采取及时有效的治疗措施,就会因腹胀引发食欲不振和消化不良,对营养的吸收不利,不但有害产妇的健康,而且会影响到乳汁的质量,间接影响婴儿的健康成长。如果便秘严重,甚至会导致脱肛、痔疮、子宫下垂等疾病,延缓产后生殖器的恢复。

(二十六)产后不宜过早恢复性生活

不少人把满月当做女性产后身体完全恢复的标志,在刚刚满月后,夫妻就迫不及待地恢复性生活。这其实是一个误区,对女性的健康不利。

这是因为,满月后尽管女性的各项生理功能会基本恢复正常,但是在分娩时所造成的对阴道和子宫的物理性损伤,是不能在短短的 1 个月间就完全恢复的。如果过早地恢复性生活,而且不注意性交的方式和力度,很容易导致损伤的加重,容易出现阴道出血、感染等不良的后果。

(二十七)初乳有利于新生儿生长

有的人认为初乳不是乳汁,不适合用来喂养新生儿,因此主张把产妇分娩后几天的初乳放弃掉。这实际上是一种错误的认识,是一种很大的浪费。

初乳是指产妇产后不久所分泌的乳汁,它稀薄似水,呈黄白色,因此很多人误认为初乳不是乳汁。实际上,初乳的营养价值最高,最适合新生儿的消化吸收。初乳中含有丰富的蛋白质、矿物质、少量的糖和脂肪,还含有大量的其他免疫物质,不但对增强新生儿体质有重要作用,而且还能保护新生儿娇嫩的消化道和呼吸道黏膜,使其不受微生物的侵袭,增强免疫力。

另外，初乳中所含有的微量元素还能够促进新生儿的胎粪早日排出，有利于消化和进食。

由此可见，初乳虽然与一般的乳汁有差别，但是其作用更大，营养价值更高，与乳汁相比，它有着许多的特殊功效，是婴儿所不可缺少的营养食物。

(二十八) 用奶瓶喂奶不如母乳喂养好

有的年轻妈妈在生产后感到疲劳，不愿意亲自哺乳新生儿，而是用奶瓶代替，这是一种很不正确的做法。

首先，用奶瓶冲奶粉喂养新生儿，会使新生儿由于喝不到母乳尤其是初乳而缺乏营养，对成长发育不利。

其次，即使奶瓶中装的是母乳，也不如直接的母乳喂养，因为一开始就使用奶瓶，容易给新生儿造成"乳头错觉"。奶瓶的橡皮奶嘴大，容易含住，而且开口也大，奶量多，新生儿吸吮起来要比吸吮乳头轻松，这样久而久之，就会使婴儿不再愿意吸吮母亲的乳头。而母亲的乳头得不到经常的吸吮，就会减少对乳头周围神经的刺激，影响泌乳反射和喷乳反射，进而会使乳汁的分泌量减少，造成母乳不足，最终也会影响新生儿的营养摄取。

(二十九) 新生儿房间不宜过冷或过热

新生儿房间的温度有讲究，过冷或过热都不好，都会对宝宝的健康造成伤害，甚至导致疾病的发生。

这是因为，新生儿的体温调节功能还不健全，对于冷热的适应能力较低，因此室内过冷或者过热都会使新生儿的生理状态发生紊乱，造成不良后果。

新生儿身体的产热能力不强，但散热却较快，加之新生儿体表面积相对较小，因此当室内温度较低时，新生儿的体温就会很快地随之下降。这样容易引发新生儿硬肿症，会造成无法吮乳，甚至可能导致夭折。

而另一方面，新生儿的汗腺发育也并不完全，排汗功能差。如果房间内温度过高，婴儿感觉过热，会哭闹不安，并出现发热、脱水现象，严重者则会导致休克。

由此可见，房间过冷或过热，对新生儿的健康都是不利的。布置新生儿房间，必须注意温度适宜。

(三十) 新生儿不宜枕枕头

不少人习惯性地认为，新生儿睡觉也应当像成年人一样枕枕头。其实不然，如果盲目给新生儿枕枕头,反而会不利于孩子的发育。

这是因为,新生儿的脊柱不同于成年人的脊柱呈"S"形,而是平直的。新生儿头部较大,与肩平,平睡时后脑勺会与背脊呈一条直线,侧卧时则与肩相平,完全没有枕枕头的必要。如果给新生儿枕枕头,其脖颈就会被高高垫起,头部前探,反而会很不舒服,时间久了还可能对颈椎造成拉伸伤害,妨害新生儿正常的发育。

(三十一)新生儿也应常洗澡

有些父母认为新生儿的皮肤娇嫩,抵抗力弱,因此不敢给新生儿洗澡,生怕洗坏皮肤或者感冒着凉。这其实不对,不给新生儿洗澡,不但不卫生,而且也会使新生儿因此致病。

新生儿皮肤娇嫩,因此容易受到外界的伤害,灰尘、细菌、大小便、汗液以及奶汁等都会对新生儿的皮肤造成一定的刺激,从而导致发炎,甚至会造成全身感染,严重者甚至会危及生命。另外,由于生理原因,新生儿出生后皮肤表面会覆盖有一层胎脂,起到保护皮肤的物理作用。但是这种物质又容易分解为低级脂肪酸,刺激皮肤而造成皮肤糜烂,尤其是在婴儿的脖颈、腹股沟、肛门等处,如果不及时清洁,经常会因此导致皮肤红肿发炎。

因此,相比成人而言,婴幼儿是更需要经常洗澡的,不宜不给新生儿洗澡。

(三十二)躺着喂奶不利于孩子的健康

有的母亲习惯躺着给孩子喂奶,觉得省事又舒服。其实,这是一种很不科学的哺乳方式,不利于孩子健康,并可能发生危险。

这是因为,躺着给孩子喂奶,如果不注意,乳房就可能堵住孩子的口鼻,使孩子无法吸吮,甚至出现呼吸困难,有导致窒息的危险。尤其是躺着哺乳,母亲很容易不知不觉就睡着了,此时极易发生危险。

另外,躺着喂奶,孩子吸入的奶水有一部分可能会逆流到头部和耳道,由于孩子的免疫功能较低,因此,奶水携带细菌侵入中耳,就极易引起急性化脓性中耳炎,如果治疗不及时,则会因此导致耳聋。

(三十三)应把婴儿未吸尽的乳汁挤出

有的母亲不把婴儿未吸尽的乳汁挤出,而是让它留在乳房内,觉得可以下次哺乳时再用。这种做法其实不好,会造成乳汁分泌的不足。

因为,奶量的多少是与乳腺接受刺激的大小和强弱有关的。如果每次都将乳房内的乳汁吸挤干净,乳管空虚,乳腺就会受到较大的刺激,从而激发乳汁的进一步分泌,能够形成良性循环,保证乳汁的充足供应。

而如果不把婴儿未吸尽的乳汁挤出,让其滞留于乳房中,则会降低对乳腺的刺激,会慢慢地使乳汁的分泌减少,造成乳汁不足。而且,剩余的乳汁滞留,还可能堵塞乳腺,引起乳房的肿胀和刺痛,甚至导致发生乳腺癌,对女性健康也极有危害。

(三十四)切忌单独用米粉喂养婴儿

当奶水不足时,有些父母喜欢用米粉喂养婴儿。米粉作为一种补充食品,让婴儿适量地食用是不错的。但是,如果单独用米粉喂养,甚至将米粉作为婴儿的主食,则是不正确的。

这是因为,米粉中的主要营养成分是碳水化合物,而其中的蛋白质含量却较少,质量也不好。婴儿在成长期最需要的营养成分就是蛋白质,因此,如果长期单独吃米粉,势必会导致营养的不良。患有蛋白质缺乏症的婴儿,不仅生长发育迟缓、神经系统、骨骼系统和肌肉系统不健全,常患有贫血、佝偻、肺炎等疾病,而且抵抗力低下,免疫蛋白不足,容易罹患各种疾病。

另外,初生婴儿的唾液分泌较少,淀粉酶不足,对米粉类食物的消化吸收也有一定困难,因此也不宜只吃米粉类食物。

(三十五)婴儿腹泻不可服止泻药

有的家长对婴儿腹泻十分紧张,孩子一出现腹泻的症状,就急忙给孩子吃止泻药止泻。这其实是一种不当的做法。

婴儿腹泻的原因多种多样,其中有一种腹泻是婴儿的生理性腹泻,这多见于6个月以内母乳喂养的婴儿,多表现为大便稀薄,排便次数多,每日能有6~8次。但是这种排便并不影响婴儿的身体健康,反而会使婴儿精神愉快、睡眠安稳、食欲旺盛、体重增加,没有任何不良的身体反应。对于这种腹泻,完全没有必要给孩子吃止泻药,如果随便使用止泻药,反而对婴儿的身体不好。

另外,即使婴儿是由于其他因素导致的腹泻,比如吃坏肚子,也不应立即给他吃止泻药。这是因为适当的腹泻可以看做是婴儿机体的一种自我保护功能,对于排出体内毒素和有害物质是有利的。

(三十六)婴儿大便干燥时不宜吃香蕉

香蕉有润肠通便的功效,一般人患有便秘吃香蕉会有一定的治疗效果。但是应当注意,婴儿便秘或大便干燥,是不宜吃香蕉的。

这是因为,香蕉性凉,并且植物纤维很细密,对肠胃的刺激比较大,能够促进肠胃的蠕动,因此对于成年人而言,香蕉可以通便润肠。但是由于婴儿的体质较弱,肠胃功能也不完善,盲目吃香蕉就会对肠胃造成过度的刺激,容易导致滑肠,从而引起腹泻。另外,香蕉性寒,成人吃多了也不利于身体健康,对于婴儿而言,伤害则会更大。

(三十七)不宜过早添加辅食

有些父母在婴儿初生几周后就急于给他添加辅食,认为固体类的米糕等辅食能够提供更多营养,而且较母乳更抗饿,早点添加辅食是有利于婴儿成长发育的。其实不然,这是一种育儿的误区,过早添加辅食是不利于婴儿的健康的。

这是因为,婴儿在早期的消化能力还不完善,对于米面等食物不能够充分地消化吸收。不到 3 个月大的婴儿,其唾液中淀粉酶的含量远远无法满足分解碳水化合物的要求。因此,一方面如果过早添加辅食,婴儿却无法充分消化,就容易导致腹泻、便秘等不良反应;另一方面,由于婴儿吃饱了辅食,对母乳的需求量自然下降,这样不但无法吸收到充足的母乳营养,而且也会使母亲的乳量过早下降。

另外,研究表明,米面类辅食中含有的植物酸,对于婴儿吸收铁质也有阻碍作用。如果添加辅食过早,还可能导致婴儿贫血。

(三十八)给婴儿补铁不宜过量

不少家长因为担心孩子出现贫血,同时也为了补充微量元素以利成长,于是在孩子还是婴儿的时候就喂其大量含铁的食物,用心可谓良苦,但是这种做法却值得商榷。

研究发现,多发于 3~9 个月婴儿中的猝死综合征与婴儿的铁元素摄入过量有关。进一步研究表明,铁元素摄入过多,就会影响和阻碍小肠对其他微量元素如锌和镁的吸收,从而导致婴儿缺锌、缺镁,降低婴儿的免疫功能,容易招致细菌的感染。另外,过量的铁还会引起体内维生素 E 的缺乏,导致体内抗氧化剂的机制失调,使毛细血管膜遭到广泛的破坏,这也是造成猝死的主要原因。

(三十九)喂奶不能代替喂水

婴儿期是人体生长发育、新陈代谢最为旺盛的时期,在此时期,人体对水分的需求量很大。尽管婴儿日常所喝的乳汁中的主要成分是水,但是仅仅依靠喝奶有时是无法满足需要的。因此,并不能简单地以喝奶代替饮水,而应当适时适量地补水。

一般而言,未满 4 个月的婴儿,尚未添加辅食,主要依靠吃奶获取营养,此时期单纯依靠乳汁即可满足其对于水分的需求,而并不需要额外大量摄入水分。但这也并非绝对,在天气炎热、婴儿大量出汗,或者婴儿有腹泻或发热症状时,还是要及时补水的。

4 个月后的婴儿,开始添加辅食,消化系统开始正常运作,代谢加速,需水量增加。而且由于此时婴儿已并不完全依靠奶水提供能量,喝奶减少,因此单纯依靠奶水补充水分已经明显不足,这时就应当定时给孩子喂水。4 个月大的孩子,一天的需水量在 90～120 毫升之间,家长应当主动分次给孩子喂水。

(四十)应多注意婴儿腹部保暖

有的家长在夏季就不太注意给婴儿腹部保暖,甚至会让孩子光着身子,这是很不对的。

腹部的保暖对于婴儿来讲是很重要的,因为婴儿的抵抗力较弱,一旦受凉就会很麻烦,而腹腔内又多是重要的器官,因此更应当注意保护。如果腹部受凉,婴儿的肠胃蠕动就会加快,内脏肌肉也会呈阵发性的强烈收缩,因而容易引发腹痛,表现为婴儿哭闹不止,进食减少,腹泻便稀。另外,男婴如果腹部受冷,还容易导致提睾肌的痉挛,使睾丸回缩入腹股沟或腹腔内,即人们常说的"走肾",对婴儿的成长发育不利。

(四十一)不宜让婴儿睡在大人中间

有不少父母为了亲近宝宝,在睡觉的时候喜欢把婴儿放到自己的中间,这种做法是不对的。

这是因为,婴儿在睡眠的时候,要求有充分新鲜的氧气供应,这样才能确保睡眠的高质高效。而睡在两个成年人中间,父母夜间的呼吸和代谢恰好会给婴儿制造一个氧气供应不足而又充满代谢废物的睡眠环境,久而久之,不但婴儿的睡眠质量不会好,而且还会因为长期受到代谢废物的影响而使健康受损,妨碍正常的发育。

另外,睡在父母中间,虽然不会有掉下床去的危险,但是父母在睡眠中,却可能无意中压到甚至压伤孩子,这也是不宜让婴儿睡在大人们中间的原因之一。

（四十二）婴儿打呼噜并非是睡得香

有的婴儿在睡觉的时候会打呼噜，家长往往误以为这是睡得香的表现。其实不然，婴儿睡觉打呼噜可能与某些方面的疾病有关，应当予以重视。

引起打呼噜的原因是多样的，如先天性的巨舌症、悬雍垂过大过长、扁桃体和腺样体肥大、慢性鼻炎、鼻窦炎、鼻息肉、鼻咽部肿胀等，都可能引起婴儿打呼噜。这就需要仔细的观察和及时的诊断。如果婴儿打呼噜只是偶尔为之，则不必过于担心，而如果是经常性的，则应当及时就医。

婴儿打呼噜对健康的影响也比成人要大。由于其打呼噜耗氧量的比例要高于成人，而自身的缺氧代偿能力却相对较差，这样经常性地处于缺氧睡眠状态，就容易造成婴儿体质的下降，并使智力发育迟缓，影响正常的成长发育。而且，打呼噜时，婴儿还容易吸入大量的灰尘和细菌，也容易引发气管和肺部的疾病。

（四十三）不宜用爽身粉给女婴搽下身

一些家长在给孩子洗完澡后，会给孩子搽上一些爽身粉，尤其是在夏季。这样虽然有利于保持身体的干爽，但是需要注意的是，不可用爽身粉给女婴搽下身。

这是因为，女性的盆腔与外界是相通的，女性的卵巢、子宫等内生殖器官可通过阴道和外阴与外部连通。当用爽身粉搽女婴下身时，一些微粒和粉尘即有可能会进入其盆腔，并对内生殖器官造成刺激和伤害。而爽身粉的主要成分是滑石粉，如果将它搽在女婴的下身，粉尘微粒极易通过外阴进入阴道深处，对内部器官形成伤害。有调查显示，长期用爽身粉给女婴搽下身，会刺激她的卵巢上皮细胞的增生，诱发卵巢癌的可能性相比正常人会高出 3～4 倍。

（四十四）应常带婴儿出门

有的家长生怕婴儿在户外受冷受热，基本不带婴儿出门。这是一种很不合理的育婴方式，对孩子的健康不利。

专家指出，婴儿必须要经常接受一定量的日光和空气，经常晒晒太阳，呼吸一下新鲜空气，这对健康成长有十分重要的意义。日光对婴儿来说主要有两方面的重要作用：首先，日光中的紫外线温度较高，能够提升人体温度，保证体表温暖，促进血液循环，并起到一定的杀菌和增强皮肤抵抗力的作用；其次，日光照射在人体，能促进皮肤中一种名为麦角固醇的成分转化为维生素 D，而维生素 D 是人体吸收钙质和磷所不可或缺的营养物质，对于婴儿骨骼生长和预防佝偻病有重要的意义。

新鲜的空气,对婴儿而言,同样具有重要的意义。婴儿经常到户外呼吸新鲜空气,不仅有利于使皮肤发育,而且还可以增强抵抗力,减少和防止呼吸道疾病的发生,有利于健康。

(四十五)不应禁止婴儿啼哭

有些父母因为烦躁或者是害怕孩子哭坏嗓子,总是想办法禁止婴儿的啼哭。其实这并不对,婴儿的啼哭,有时是必要的。

因为,在婴儿啼哭的时候,实际上也是在做一项全身性的健康运动。有力的啼哭可以加快血液循环和新陈代谢的进行;能增加肺活量,有利于肺部的发育;对呼吸系统能力的提高也很有帮助。而且,婴儿啼哭的时候,还往往伴有四肢的动作,全身的筋骨都能够得到锻炼,可增强体质。所以说,婴儿适当地啼哭是有好处的。

而盲目禁止婴儿的啼哭,或者甚至用恐吓的方式制止婴儿啼哭,则是很不对的。这不但无益于婴儿的生理健康,而且对其心理健康也有危害。

(四十六)应重视儿童的早餐

有很多儿童早上急着上学,因此早餐总是草草地敷衍了事。专家提示,经常敷衍早餐或者不吃早餐,对孩子的生长发育和身体健康会造成相当大的危害。

这是因为,从前一天的晚餐到早餐,其中大概要经过 10 个小时的空腹状态,人体十分需要能量的补充。而如果早餐敷衍或者干脆不吃,身体中的热能无法得到有效的供给,人就会觉得力气不足、头昏眼花、思维迟钝。而上午正是儿童学习和活动的黄金时间,如果没有足够的能量供给,会导致学习效率低下,对身体的成长发育也会有极大危害,甚至还可能造成低血糖性休克,出现生命危险。

(四十七)儿童早餐食谱须多样化

有的家长在给孩子准备早餐时,肉蛋奶俱全,营养全面,但是食谱却往往单一化,缺少变化,经常就是牛奶、香肠、鸡蛋、面包这些食物。给孩子准备早餐,注意营养全面当然是最重要的,但是也应当尽量避免食谱单一化。

这是因为,孩子的健康观念不强,而且饥饿感也没有成人来得强烈。食物对其最具吸引力的方面,一是美味,二是对于饮食的兴趣,这两点是很重要的。而如果平时的食谱过于单一,哪怕营养很丰富,孩子吃久了,也会心生厌倦,对饮食失去兴趣,久而久之,就会导致食欲的下降。调查表明,在吃饭时,情绪对食物的消化吸收具有十分重要的作用,如果情绪低落,对食物没有兴趣,就会抑制消化酶的作用,饮食的营养吸收效果也不会好。

(四十八)儿童饭前饭后不宜剧烈活动

儿童好动,而且大部分儿童没有健康饮食的意识,饭前饭后总是喜欢跑跑跳跳,做一些剧烈的活动。这是不正确的,家长要及时予以纠正。

这是因为,饭前剧烈活动,会使人体中的血液大部分流入运动器官,以协助肢体活动,这样肠胃中的供血就会相对减少,消化液的分泌也会受到抑制,这样不但降低食欲,而且也不利于进食后的消化吸收。

而饭后剧烈活动,由于肠胃中充满食物,随着活动的进行,肠胃就会下坠或扭转,不但不利于消化,而且还会造成疼痛,久而久之,甚至可能导致胃下垂等肠胃疾病。

(四十九)儿童喝饮料不可代替喝水

炎炎夏日,不少儿童喜欢喝饮料解渴,并以此代替水。这是一种不好的饮食习惯,对健康不利。

首先,饮料虽然是液体,但并不是水。无论是碳酸饮料还是果汁饮料,其中含有的物质成分都并不能像水一样被肠胃轻易地吸收。因此,经常以喝饮料代替喝水,会增加肠胃的负担,引起消化功能的紊乱。

其次,以饮料代替水,还会影响孩子的食欲。这是因为,饮料中多含有大量的糖分,而糖摄入最容易给人以饱胀感。而且孩子的胃容量也是有限的,饮料喝多了,也必然会影响孩子的进食量。

另外,饮料中也多含有色素和防腐剂,也会对儿童发育中的大脑造成伤害。有研究发现,色素和防腐剂可能是儿童多动症的病因。

(五十)不可给孩子直接服用葡萄糖

有的父母认为,葡萄糖是人体所必需的营养物质,因此直接给孩子服用葡萄糖,对健康有益。其实不然,这种做法不但对儿童健康没有帮助,反而容易引发营养不良。

虽然葡萄糖是一种人体必需的营养品,但是却不宜直接服用,这是因为有机体的功能普遍存在着"用进废退"的规律。正常情况下,人体吸收葡萄糖是通过分泌多种酶来最终实现的。如果直接服用葡萄糖,虽然很容易被人体吸收,会使小肠的消化负担减轻,但是肠道正常的分泌双糖酶和其他消化酶的功能,却会因此而发生退化。时间久了,便会造成肠道消化酶分泌功能的低下,影响食物的消化和吸收,从而导致营养不良。

(五十一)儿童不宜空腹喝牛奶

牛奶是营养物质丰富的食品,十分适合儿童饮用,对他们的成长发育和增强体质都极有帮助。不过,需要注意的是,儿童最好不要空腹喝牛奶。

因为牛奶虽然营养丰富,但是并不容易吸收,尤其是儿童的肠胃功能较弱,则更不容易吸收牛奶中的营养物质。如果空腹喝牛奶,牛奶中的营养物质得不到充分吸收就会通过肾脏进入代谢,从而导致浪费。而且,空腹喝牛奶,还有可能造成儿童腹泻。

(五十二)应避免儿童偏食

偏食、挑食是儿童很容易养成的不良饮食习惯之一。儿童如果长期偏食,久而久之,身体就会出现营养不均衡,导致某些营养素过剩,某些营养物质却不足,会给生长发育带来危害。

比如长期不吃蔬菜,会造成维生素 C 的缺乏;只吃细粮而不吃粗粮,会导致身体中 B 族维生素的不足;过分喜欢吃甜食,则容易引发心血管疾病,也容易造成肥胖。这些对健康都是不利的。

(五十三)防止儿童贪食

贪食也是一种儿童经常出现的饮食错误,可以说是偏食的一种。但是与偏食不同的是,贪食的儿童所嗜食的食物往往不是饭菜,而是一些适合自己口味的零食。多吃零食几乎没有什么好处,营养含量低,而且也影响正常的饭量,这样就使身体得不到应该供给的营养成分,导致营养全面缺乏,妨碍身体的生长发育和健康成长。因此,贪食的危害往往比偏食还要大。家长应当提高警惕,防止儿童贪食的发生。

(五十四)儿童不可过早穿皮鞋

有些家长喜欢在孩子小时候就给他穿上皮鞋,认为这样显得有精神、体面。但是专家提醒说,儿童不适合过早穿皮鞋。

这是因为,儿童正处于生长发育时期,其脚部构造与成年人不同,而且皮肤脂肪多,肌腱嫩,看上去"肉乎乎"的。而皮鞋硬度大,形状固定,且比较窄长,这样一方面会使儿童穿起来感觉不舒服、挤脚,同时也会使脚部皮肤血管和神经受到压迫,血液流动不畅,脚趾和脚掌常常会因此出现麻木,这样不但不利于行走,容易摔跤,而且对儿童脚部的发育尤其不利。

另外,儿童穿皮鞋,对双脚还会带来季节性的伤害。皮鞋不透气,在夏季会使脚易出汗,从而引发汗脚、脚气等足部疾病,如果被皮鞋磨破脚皮,则还可能造成细菌的感染,甚至患上脚癣。而在冬季,皮鞋的保暖性又较差,导致脚生冻疮。

(五十五)儿童不可使用成人护肤品

儿童不宜使用成人护肤品。这是因为,儿童与成人的肤质不同,比较娇嫩,而且皮脂腺尚未发育成熟,皮脂分泌很少,皮肤的抗菌和免疫力薄弱,对外界的刺激反应敏感。而成人护肤品则是专门为成人皮肤设计的,成分的浓度较高,且添加物质比较多,儿童如果贸然使用,很容易导致皮肤过敏,甚至造成过敏性皮炎。

而且,成人护肤品中往往还含有苯二甲酸酯,成人对这种物质的抵抗力较强,儿童却很容易受到伤害,会导致肝脏和肾脏的受损,并且引发性早熟。

(五十六)女童不宜久穿开裆裤

儿童的大小便控制能力较弱,有些家长因为害怕把裤子弄脏,也为了方便孩子排便,因而始终给孩子穿着开裆裤。不过,健康专家提醒,对儿童尤其是女童而言,不宜久穿开裆裤。

这是因为,久穿开裆裤,一方面儿童的下身容易受凉,引发腹泻;另一方面,儿童穿着开裆裤,也容易招致细菌和灰尘的污染,而女孩由于其阴部的生理结构特殊,更容易受到外界的侵害。并且女孩雌激素分泌较少,外阴皮肤抵抗力弱,阴道上皮薄、酸度低,对细菌的杀灭和抵御作用本来就低,如果经常穿着开裆裤,就更容易引起外阴及阴道的感染,会导致外阴痛痒、小阴唇糜烂,并发生粘连,使排尿出现困难。

(五十七)应及时纠正儿童咬指甲的坏毛病

不少儿童有咬指甲的习惯,这是一种陋习,对健康有害,应当尽早戒除。

儿童生性活泼,好奇心强,平日里四处抓摸,什么东西都想亲手去动一下,这样在指甲盖上和指甲缝中就势必会沾染上大量的细菌和微生物,并在指甲上大量滋生。如果儿童有啃咬指甲的习惯,指甲上的大量病菌就会在无意间被带入口腔和体内,从而可能导致多种消化道传染病和肠道寄生虫病,比如细菌性痢疾、蛔虫病、蛲虫病等。

另外，经常啃咬指甲，对指甲和牙齿的健康也很不利。常咬指甲会使甲板受损，使之缩短，并加剧表面粗糙，失去光泽，还可能引发指甲周围皮肤的出血感染，甚至造成指甲畸形。对于牙齿，则可能造成其排列的不整齐，牙缝过大或者龅牙，影响美观。

（五十八）儿童不应穿紧身裤

有些家长为了塑造孩子良好的身形，喜欢给孩子穿上紧身裤。这是一种育儿的误区，儿童不宜常穿紧身裤。

首先，儿童正处于生长发育阶段，穿衣应当尽量宽松和利于运动，而紧身裤紧紧束缚在人身上，会直接妨碍正常的生长发育。

其次，儿童的代谢旺盛，产热多。而紧身裤多为化纤织品，一方面容易造成皮肤的过敏性皮炎，另一方面也十分不利于透气和散热，会影响体温的调节。

另外，常穿紧身裤，其裆短紧臀的样式，对儿童的阴部也会产生压迫和过多的摩擦，容易引发局部损伤和湿疹。

十一、美容护肤

（一）头发护理

1. 正确的洗发方法

（1）梳发

在洗头前应该先将纠结的头发梳开，可从发尾处先慢慢梳开，再从发根部从头梳至尾，也可以将头朝下，从脑勺部往前梳开，让发丝顺畅、增进血液循环，这样清洁头发才能事半功倍。

（2）水温

洗发的水温不可超过 40 摄氏度。太高的水温容易伤害头皮与发丝，过低的水温又无法洗净残留物，理想的洗头水温应与人体温度相当，最好不超过 40 摄氏度。

（3）清洁

洗发时将洗发精置于掌心，搓揉起泡后均匀抹在头发上，用指腹轻推，按摩头皮各处，不能用指甲抓头，这样会刺激头皮屑的产生。接下来用流动的温水冲洗，用手指轻柔地抚顺每一束发丝，顺着它生长的方向，将脏的泡沫挤掉，令头发恢复清洁。

（4）护发

根据自己的发质和喜好选择护发素来护理头发。将适量护发素挤出涂满双手，再均匀涂抹在用洗发水洗过得头发上，轻轻将护发成分揉搓进发丝，一般1~2分钟就可以使这营养成分渗透进发丝中，完成后用温水彻底冲洗干净即可。注意护发素不能过量使用，否则易增加油脂和头屑；头皮部分尽量少用护发素。

（5）焗油

定期给头发做焗油护理可以使头发生长得更好，同时也是保养和修护头发所必需的环节，能够起到保护头发外层角质层的作用，还能够给头发补充足够的营养，减少头发产生静电，能帮助修复因染发、直发、烫发而受损的头发，使头发柔顺、健康。一般情况下最好能够每周给头发焗一次油。先用毛巾将干净秀发上多余的水分吸走，在将焗油膏均匀地涂抹在头发上，保持时间依产品说明而定，完成后用温度适中的清水彻底冲洗干净即可。

（6）干发

洗完头后不能用毛巾大力揉搓头发，要马上使用吹风机吹干。应先用手轻轻挤掉水滴，用吸水性较强的毛巾吸掉大部分水分，再用宽齿梳将头发轻轻梳顺，然后用吹风机吹，这样才不会使毛鳞片因热风吹袭而受伤。

2. 日常护发技巧

①用护发素过多，会使头发过油，缺乏鲜明感。若烫发过多，会使头发干枯或粗糙，则需要用护发素修复、护养。

②烫发和染发同时进行，会使头发遭受严重损害。正确的做法是：烫发后休息一两个星期后再染发；烫发后最好隔48小时后再洗头。

③要注意头发的清洁，也要注意梳刷的清洁。梳刷宜一周用普通洗衣粉或者洗洁精清洗一次。海绵做的卷发器也要经常清洗。

④每天最好梳头100下，以保护头发。此外，还可在头皮上做一些按摩运动，以增加头部血液循环。

（二）皮肤护理

1. 根据肤质选择护肤品

化妆品的选择首先要适合自己皮肤的性质。

①干性皮肤。由于皮肤缺少水分和油分,宜用不含碱性物质的膏霜型洁肤品。护肤品宜用含水的化妆品,同时使用含有大量油分的冷霜型化妆品,还可用面膜给皮肤补充水分。

②油性皮肤。由于油脂分泌过多、易生痤疮,可用中高档香皂洁肤。护肤品宜用水质型化妆品,使皮肤清爽,去除油脂。如已生痤疮,可使用含药物的化妆品进行调理。

③中性皮肤宜用性质温和的高级香皂和洗面奶清洁皮肤。护肤品可用乳液、化妆水和含有适量油分的营养霜。

选择化妆品的颜色一定要适合自己的特色,这样才能达到美容效果。就化妆品色泽而言,不但要配合五官、脸型轮廓,还要与个人的年龄、气质、职业相配。年轻少女适合桃红、橙色等鲜亮的颜色;年龄稍大的女性,宜用淡橙色、玫瑰红和橙棕色的妆色。

选择化妆品还要根据自己的经济条件,不能一味追求价格昂贵的化妆品。另外,掌握一些鉴别伪劣化妆品的知识,可避免上当。

2. 巧辨化妆品质量

(1)用手指蘸上少许膏霜或乳液化妆品,均匀地涂抹在手腕关节活动处,然后将手腕上下活动几下。几秒钟后观察,如果化妆品均匀地附着在皮肤上,且手腕上有皱纹的部分没有淡色条纹的痕迹同,则是质地细致的化妆品;反之,则该品粗糙,质地不佳。

(2)化妆品使用时间过长或保存不当也会引起变质,变质后的化妆品不能再使用,否则会给皮肤带来更大的伤害。

化妆品出现以下情况,都属变质,应尽快处理掉,不再使用。

①较本身颜色变得发黄、发褐、发黑等。

②出现气泡,并散发出令人作呕怪味。

③变稀、出水。

④表现出现各种颜色的霉斑。

3. 男士也需护肤

青年男性比较显著的一个特点是皮肤油性分泌物多,所以宜选含油少的化妆品。为了保护皮肤,男士应尽量不吸烟、少喝酒,忌食刺激性以及油腻的食品。

常在户外工作的人,应选择带防晒功能的护肤品,防紫外线的照射,预防日光性皮炎的发生。

天气炎热或体力劳动者,工作时出汗多,汗味较重,应选择中草药配方制成的护肤品,对祛除汗臭有良好的效果。

4. 正确的洗脸方法

（1）水温

在早晨应用温水洗脸,这样可加强血液流动,使皮肤得到更多的营养。如果是在夏季或在气候炎热的地区,早晨应该用冷水洗脸,这样可使皮肤得到锻炼,感觉凉爽。晚上最好用热水洗脸,热度以皮肤感觉不凉不烫为宜。冷热水交替洗脸可以促进脸部的血液循环。先用冷水,后用热水,再用冷热水交替洗脸,然后在脸部轻轻按摩一会,可使面部皮肤变得柔润、白皙。

干性肤质,洗脸次数不宜过多,最好多用冷水洗;油性肤质,最好在早晨用冷水洗脸,晚上用冷热水交替洗;中性肤质,保证在早晚各洗一次就可以了。

洗脸时还可以在洗脸盆内倒入热水,先把脸用洁面乳洗净,然后用干毛巾把头和脸一起蒙在脸盆里蒸洗,一般每周 1~2 次,有光滑皮肤的功效。

在洗脸水中加一点醋,酸化洗脸水,可使面部保持一定的酸性,以缓和肥皂等洁面产品的碱性损害,从而可保护面部皮肤的弱酸性,不致脱水干燥,使之润嫩并减少皱纹。

（2）清洁面部用品

清洁面部产品很多,包括洗面皂、洗面乳、磨砂膏、清洁霜等,还可根据肤质的特殊需要选择具有去角质、美白、祛痘等功能的。应根据自己的肤质进行选择。

在洗面皂的选择上,应以泡沫丰富,无刺激性,洗后能使脸部有清爽感觉为佳。洗面奶和清洁霜能有效地清除毛孔中残留的污垢,而且能溶解面部油污,还能溶于水,配合轻柔的按摩可以促进血液循环。加入磨砂微粒的磨砂膏,不但可更深层地清洁皮肤,还可以去除皮肤表面的角质,使皮肤更加柔软,但是不宜经常使用,一星期左右用一次即可。

对于过于油腻的油性皮肤,可用深层清洁用品清洁皮肤,促进皮肤的新陈代谢。

（3）清洗方法

净面时,先用洗面奶或清洁霜涂在已用水湿润的额头、鼻梁、面颊、下颏及脖颈处,然后用指尖在脸上各部位做圆圈状轻揉,使灰尘和皮垢溶解于清洁霜或洗面奶中,并混在一起浮离皮肤。按摩后用温水冲洗干净面部即可。

洗完脸后用清洁松软的干毛巾轻轻吸干脸上的水分,千万不要用力擦拭,以免使已经张开的毛孔受损。

(4)护肤

面部水分吸干后,先用化妆水调理皮肤。化妆水可以收缩毛孔,补充水分,使皮肤恢复弹性,均衡皮肤的酸碱度,并形成一层保护膜,然后再涂面霜。

5. 按摩美容

按摩,不仅可以促进血液循环,供给皮肤更多的养料和氧气,而且可使皮下组织得到充分的运动,促进皮肤的新陈代谢。长期坚持按摩,面部皮肤会变得红润而有光泽,并能防止皱纹。

按摩美容不需任何器械,随时都能进行。

①先从颈部开始,然后从下颌而至两颊,均宜向上向外。

②沿嘴部的周围,自下而上按揉,可防嘴角下垂。

③轻按和轻拍两颊的肌肉,使面部皮肤不易松弛而显衰老。

④除用稳定的手法按摩两颊、鼻部外,在穴位处按压,可消除疲劳。

⑤以轻柔手法按摩眼部四周。早晚按摩时宜配合使用眼霜或护肤霜。

⑥额部易出现皱纹,用手轻轻向上推。

⑦从额部中内向两旁打圈,可促进血液循环,防止皱纹。

⑧经常按摩肩背部,可消除疲劳,提神醒脑。

按摩应注意下列事项:

①有痤疮者,不宜按摩。

②按摩之前,要把脸洗干净,或除去化妆物,以免把污物带进毛孔内。

③动作要适中,不宜太快或太慢。

④持之以恒,才能见效。

6. 睡前美容

临睡前是美容的最佳时间。人入睡后,皮肤毛孔将全部张开。皮肤的新陈代谢存夜间,2时至凌晨6时最为旺盛。化妆品所含的养分最易为皮肤吸收,能真正起到促进新陈代谢和保持皮肤健美的作用。所以睡前是美容的最佳时间。

①房间内保持适宜的湿度,以保持肌肤不干燥。干燥季节可用加湿器将蒸气播散在空气中。

②清洁很重要。每晚临睡前用温和的清洁剂彻底清洗面部,日常清洁不要用磨砂清洁剂(油性皮肤除外)。

③临睡前做些轻微运动,可使血液均匀地分散到全身,有助于肌肤的新陈代谢。

④脸部按摩,从脸中心至四周逐渐按摩,可以加速脸部的血液循环。使用温和的滋润剂、乳液和夜用面霜,防止肌肤因干燥产生皱纹。

⑤睡觉时不要把头埋入被中,那样会妨碍脸部皮肤呼吸,导致脸部出现皱纹。

7."吃"出美丽

有八种美容养颜饮食,不但能使青春永驻,还可保健。

①水。平时宜多喝白开水,它是大自然最好的润肤食品。

②草莓。富含维生素 C,100 克草莓中所含的维生素 C 足够一天的需要。

③芒果。含有丰富的维生素 A,能使肌肤平滑润泽。

④豆类。含有人体所需纤维素,使皮肤不致因便秘而干燥。

⑤裸麦面包。含有丰富的 B 族维生素,可避免因焦虑造成内分泌失调。

⑥小麦胚芽。是维生素 E 最好的来源,能促进血液循环,使脸色红润。

⑦包心菜。含有丰富的钙质,可补充女性所需的矿物质。

⑧牡蛎。能保持皮肤的光泽和弹性。

8. 眼部皮肤护理

①用双手的大拇指分别按住太阳穴,食指由外眼角向内,直到内眼角处,做螺旋形按摩。每日做两回,每回往复 5 次,力度要适中。

②用双手的食指、中指、无名指三个指头,先压眼眉 3 次,再压眼下方 3 次,3 ~ 5 分钟后,眼睛会感到格外明亮有神。每日可进行数次。

③眼球先做上下运动,再做左右转动,最后做波浪状运动,可缓解眼部疲劳,消除皱纹。

④将用过的茶叶或袋茶包敷贴于眼部四周,闭上眼睛休息 20 ~ 30 分钟,可有效地缓解眼部的鱼尾纹。

9. 日常生活中的美白方法

皮肤黑是由于皮肤里含有较多的黑色素,而黑色素的多少主要取决于遗传,另外还与内分泌激素及营养状况有关,此外皮肤黑也与工作、环境、光线等因素有关。

要想让皮肤变白在日常生活中需要注意下面的几点：

①注意饮食。平时要多饮水。要使皮肤滋润、细嫩，每天起码要保证喝 2000 毫升水，每天晚上睡觉前喝一杯冷开水，这对肌肤有很大的好处。多吃蔬菜、山楂、胡萝卜及各种水果，少吃食盐，可以减少黑色素的形成。

②口服大剂量维生素 C。每天口服 1 克左右，可以抑制黑色素的形成。

③注意防晒。紫外线对皮肤的弹力纤维有着明显的破坏作用。如过度日晒，会导致弹力纤维断裂，使皮肤粗糙，并出现皱纹。因此，阳光强烈的时候，出门一定要带伞，涂防晒霜。如果皮肤被太阳晒黑，可用稀释的柠檬汁洗脸，再用清水洗净，然后用干毛巾铺在脸上轻轻按摩，能使皮肤重新变得洁白光滑。

10. 春季巧防皮肤过敏

①生活要有规律，保持均衡的饮食及充足的睡眠。

②保持皮肤清洁，经常用冷水洗脸，以增强肌肤抵抗力。

③要保证皮肤吸收充足的水分，避免炎热引起的皮肤干燥。

④避免过度的日晒，使用敏感肌肤专用的防晒品，否则会引起皮肤受到灼伤，出现红斑、发黑、脱皮等过敏现象。

⑤选用防敏感或弱酸性、无香料的护肤产品。尽量不使用含有酒精、活性成分的护肤品。

⑥选用特效的敏感精华素，使皮肤增加纤维组织，使薄弱的皮肤得以改善。

⑦经常洗头，最好养成每天洗头的习惯，可防止敏感物质，如灰尘、花粉等附着在头发上，进而引发皮肤过敏。

⑧尽量不化浓妆，在皮肤过敏后，立即停止使用所有化妆品，对皮肤进行观察和保养护理。

⑨多摄取维生素 A、C 及 E 等，这些都是对皮肤有益的，对健康皮肤如此，对敏感皮肤更为重要。

11. 双唇巧护理

（1）为唇部卸妆

每次洗脸，应把唇部卸妆作为第一步，养成特别呵护它的习惯。

（2）唇部按摩

用润唇膏给唇部按摩也有很棒的柔嫩作用，方法是取比平时多 3 倍的润唇膏平涂在嘴唇上，用一张保鲜膜敷住约 10 分钟，然后用中指从中间向两边的方向打圈按揉,时间大约两分钟,最后擦去表面的浮油。

（3）特殊护理

如果唇部肌肤特别干燥,还有脱皮现象,就要进行唇部的特殊护理。临睡前,在双唇涂上含有维生素 A,E 等抗氧化成分以及芦荟、薄荷等具保湿、消炎功能的天然原料制成的滋润唇膏,能更好地留住双唇水分,滋润唇部肌肤。具体方法是:事前用湿的热毛巾轻敷唇部,然后用纸巾把水分吸干,再涂上一层厚厚的唇膏入睡。依此方法连续护理一周后,双唇就可彻底恢复润泽。

（4）选对润唇膏

一支优质的润唇膏应含有丰富的维生素 E 等滋润成分和充足水分,能在出门前、餐后、干燥时,为嘴唇带来润泽。最好选择那些不含香味和色素,又具有防晒效果的唇膏。

12. 巧选口红

①看口红的外观。金属管应涂层表面光洁、耐用不脱落,塑料管应美观光滑,无麻点,不变形走样。

②膏体表面应滋润平滑,无麻点裂纹,附着力强,不易脱落;不因气温变化而发生膏体变色、开裂或渗汗现象。

③口红颜色应鲜艳、均匀,用后不易脱色,涂抹后不化开。

④口红管盖应松紧适宜,管身与膏体应伸缩自如。

⑤应根据年龄和肤色选购口红。年轻而皮肤较白嫩者,口红色彩可略鲜明些,如淡红、橘红及桃红色;年纪稍大的女性,应选用深红、土红等庄重的颜色;肤色较黑的人适合赭红、暗红等亮度低的色系。

13. 巧选粉底霜

选购粉底霜要根据自己皮肤的性质、状态以及季节,粉底霜一般可分为以下三种类型。

①膏状粉底霜。这种粉底油分比重大,形态如雪花膏,富于光泽,遮盖力强,适宜于出席宴会、集会等场合郑重化妆时使用。但由于它的遮盖力强,最好选用与自己肤色相近的,以免造成不自然的感觉。

②液体形粉底霜。含水分较多,使用后皮肤显得滋润、娇嫩、清淡,适合毛牲肤质或需要化淡妆时使用。

③浮剂型粉底霜。这种粉底用水化开后,涂布在皮肤上所形成的薄膜有斥水

性,很少掉妆,适用于夏季或油性皮肤使用。

14. 自制"手膜"巧护手

①橄榄油加温,在手背上进行充分按摩,直到皮肤感到发热为止。然后用温水洗净手上的橄榄油,再用少许按摩液进行按摩,直到按摩液完全被皮肤吸收为止。最好坚持每天按摩1次。

②甘油护手。可按1份甘油、2份水,再加5~6滴醋的比例搅匀,涂双手,进行按摩,尤其是指尖及指甲两侧。经常按摩可使双手洁白细腻。

15. 指甲的美容

先确定适合自己的颜色。一般说来,肤色浅的人,选择指甲油颜色范围比较宽,可深可浅;肤色深的人,最好选择深色指甲油,这样可显得手部清爽干净;如果手形干瘦,最好选择明亮色系。正红色指甲油是永远的流行色,适合任何肤色。

涂指甲油的方法有下几种

①由宽变窄显修长。使用深色指甲油时,无须将指甲涂满,在指甲两旁留出1~2毫米的空隙,能使指甲显得修长优美。

②梦幻的双色指甲油。用深色作底,浅色做画,一个指甲一种颜色,给人梦幻般的感觉。

③变沉闷为活泼的花甲。将胶条剪成所需的图形,盖住指甲的一部分,然后在未盖胶条部分涂上指甲油,等指甲油干后,揭去胶条,单色的指甲油就不再单调。

④流行的白净指尖。在内层指尖上涂上一层白色甲油,再在指甲外层轻抹一层透明的甲油,像上过釉彩般晶莹剔透。

美甲需要注意,如果涂上的指甲油有破损的地方,一定要及时用洗甲水卸去指甲油,避免产生画蛇添足的效果,使本身起装饰作用的美甲成为瑕疵。将洗甲水倒在棉片上,然后用棉片盖住要洗的指甲,半分钟后,由甲根向甲梢方向擦,将剩余的指甲油去掉。

16. "足下"巧"生辉"

①穿凉鞋外出时,给脚抹上一些防晒霜,可以抹专门的身体防晒霜,也可以用那些用在脸部略嫌油腻的防晒品,因为脚部相对比较干燥,滋润型的防晒品反而更适合。

②睡前在脚部涂上保养霜,轻轻按摩后,穿上薄型棉线袜子,可以保湿,促进营

养的吸收。在空调房还有保暖功效。

③定期修甲、去死皮

用指甲刀修剪脚指甲，并利用指甲锉将甲形修整得顺滑整齐一点。然后将数滴软化死皮甲油涂抹在每只脚趾上，以将硬脚皮软化，再用磨死皮专用的小挖子推抹死皮；最后，可用小钳子将黏在甲边的死皮轻力拽走。

17. 简易的足部 SPA

每周一次，给双足做简单的 SPA，让脚部足够完美。

（1）精油浸泡

四滴佛手柑、鼠尾草及两滴丝柏树香薰油，有去除脚臭的功效；若各加入三滴薄荷、柠檬香薰油，具有清新干爽的效用；迷迭香、薰衣草及杜松果各三滴的配搭用法，则有助双足消除疲倦、祛水肿。

（2）果酸美白

想双脚白净兼肌肤嫩滑，可将含果酸成分的护足霜均匀涂抹在双脚至小腿的位置，待双脚慢慢吸收。

（3）磨砂与按摩

先用掌心搓暖足部磨砂膏，然后敷在双脚以及小腿部分，再按摩 8 分钟，就可以达到清洁、滋润及促进血液循环的效果。

（4）保湿、滋润

完成脚部磨砂及按摩后，先用保鲜袋套住双脚，然后再穿上棉袜敷约十分钟。十分钟后，将脚套除掉，先把双腿抹干，再将护足霜涂抹在双脚至小腿的肌肤上。涂抹时要加以轻轻按摩，让营养成分更易吸收。除有滋润作用之余，此法还可进一步消除双脚的疲劳。

（三）减肥塑身

1. 引起"肥胖"的原因

由于生活水平不断提高，加上活动少、饮食过量、热量摄入超过标准，饮食结构不合理，脂肪、甜食及煎、炸食物吃得过多，许多人身体逐渐发胖。而且胖的人一般越胖越不爱动，越不爱动就越胖，热量的摄入过剩，支出太少，致使脂肪在体内越积越多。

肥胖的原因有两种，一种是营养过剩，缺少劳动和体育锻炼引起。另一种是因

体内内分泌失调和疾病引起。归纳起来,以下几种情况比较容易使人发胖:

①比较贪吃,零食吃得多,爱吃高脂肪、高糖食物,吃后又不爱活动。

②经常大量喝啤酒及经常饮酒。

③用餐速度过快。

④患有内分泌系统疾病,疾病使体内脂肪代谢功能紊乱,新陈代谢降低,引起肥胖,或者是女性月经数量

⑤妇女生育以后,哺乳期间。断控制饮食,就会一直胖下去。

⑥有些人原来喜欢体育运动,但逐渐停止了。

⑦妇女更年期后,绝经以后。

⑧不论男女,中年以后都容易发胖。

2. 饮食控制法

（1）一日三餐营养素分配要合理

根据胖人一般在早上体内胰岛素分泌比较少,晚上胰岛素分泌比较多,因而晚上吸收糖分多。肥胖者三餐饮食热量分配应为:早餐占全日总量的30% ~35% ,中餐30% ~35% ,晚餐25 ~30% 。

应该在早上吃阻滞脂肪的食物,包括:水果（苹果、杏、鳄梨、菠萝等）,蔬菜（芦笋、鹰嘴豆、甜菜、绿豆等）,主食（燕麦粥、米饭、全麦面包、荞麦、玉米等）。

下午吃帮助脂肪燃烧的食物,包括:鸡蛋或蛋制品、瘦肉、脱脂牛奶、去皮火鸡、脱脂或低脂奶酪、豆腐或豆制品、素食。

（2）养成良好的饮食习惯

一日三餐按时吃,不吃或少吃零食、不吃夜宵、细嚼慢咽、控制食速。因为胖人一般进食速度过快,狼吞虎咽很容易导致进食过量,引起肥胖,所以一定要用各种方法控制饮食速度,降低食欲,减少进食量。

（3）调整食物结构

按所需热量调整食物结构,采取控制主食、增加副食的饮食方法,总容量不能减少,使胃肠的扩张度和原来一样,不能有饥饿的感觉,因为一旦产生这种感觉,就会想找食物吃,使减肥失败。在控制主食的同时,还要限制含淀粉及糖分高的食物。

（4）控制脂肪的摄入量

为了保持每天排便的正常,控制脂肪不能限制太紧。要限制动物脂肪,因为动

物脂肪容易沉积在血管内,如奶油、肥肉、动物皮、猪油、鸡油、烤鸡、烤鸭、烤鹅、烤乳猪、香酥点心、油煎炸食物等。

3. 能够"吸脂"的食物

（1）冻豆腐

冻豆腐能吸收肠胃道脂肪,且帮助脂肪排泄。冻豆腐具有孔隙多、营养丰富、热量少等特点,不会造成明显的饥饿感,是肥胖者减肥的理想食品。但消瘦者不宜常吃冻豆腐。

（2）笋

低脂、低糖、多粗纤维的竹笋可防止便秘,但胃溃疡者不要多吃。食用笋不仅能促进肠道蠕动,帮助消化,去积食,防便秘,并有预防大肠癌的功效。笋含脂肪、淀粉很少,属天然低脂、低热量食品,是肥胖者减肥的佳品。

（3）腌渍类蔬菜

蔬菜中的植物性脂肪在腌渍过程中被分解了,但水肿型肥胖者不能吃,以免体液滞留。

（4）绿豆芽

绿豆芽含磷、铁、大量水分,可防止脂肪在皮下形成,性味甘凉。能清热解毒,利尿除湿,但其作用较绿豆弱。

（5）木瓜

木瓜可治水肿、脚气病,且可改善关节。木瓜中的木瓜蛋白酶,可将脂肪分解为脂肪酸:现代医学发现,木瓜中含有一种酵素,能消化蛋白质,有利于人体对食物进行消化和吸收,故有健脾消食之功。

（6）菠萝

菠萝含有一种叫"菠萝朊酶"的物质,它能分解蛋白质,溶解阻塞于组织中的纤维蛋白和血凝块,改善局部的血液循环,消除炎症和水肿。菠萝具有蛋白质分解酶,能分解鱼、肉,适合吃过大餐后食用。

（7）陈皮

陈皮含有挥发油、橙皮苷、B 族维生素,维生素 C 等成分,它所含的挥发油对胃肠道有温和刺激作用,可促进消化液的分泌,排除肠管内积气,增加食欲。陈皮除帮助消化、排除胃气之外,还可减少腹部脂肪堆积。

（8）薏米

薏米对水肿型肥胖有效。它能促进体内血液和水分的新陈代谢,有利尿、消水肿的作用,被视作节食佳品。

4. 喝茶减肥

茶中含有大量的食物纤维,而食物纤维不能被消化,停留在腹中,让人感到腹中有饱足的感觉,更重要的是它还能燃烧脂肪,这一作用的关键在于维生素 B_1。茶中富含的维生素 B_1,是能将体糖充分燃烧并转化为热能的必要物质。

(1)黑茶可抑制小腹脂肪堆积

黑茶对抑制腹部脂肪的增加有明显的效果。想用黑茶来减肥,最好是喝刚泡好的浓茶。另外,应保持一天喝 1.5 升,在饭前饭后各饮一杯,长期坚持不懈。

(2)吉姆奈玛茶抑制糖分吸收

嚼过吉姆奈玛茶叶以后再吃糖,口里不会有甜的感觉,糖分和碳水化合物的吸收量降低,因而转化成的脂肪量也就相对减少。

吉姆奈玛茶不仅对防治和改善肥胖有效,还对糖尿病有辅助治疗的作用。

(3)古代减肥秘药——荷叶茶

用荷花的花、叶及果实制成的饮料,不仅能令人神清气爽,还有改善面色、减肥的作用。必须用第一遍泡制的浓茶,一天分 6 次喝,有便秘迹象的人一天可喝 4 包,分 4 次喝完,使大便畅通,对减肥更有利。最好是在空腹时饮用。

(4)可燃烧体内脂肪的乌龙茶

乌龙茶是半发酵茶,几乎不含维他命 C,却富含铁、钙等矿物质,含有促进消化酶和分解脂肪的成分。饭前、饭后喝一杯乌龙茶,可促进脂肪的分解,使其不被身体吸收就直接排出体外,防止因脂肪摄取过多而引发的肥胖。

(5)可降低中性脂肪的杜仲茶

因为杜仲所含成分可促进新陈代谢和热量消耗,而使体重下降。除此之外还有预防衰老、强身健体的作用。

5. 看电视时的减肥操

①仰躺在沙发上,双手抱头,两腿夹住垫子,向上抬起,来回做 5~10 次。

瘦身部位:腹部、臀部及腿部脂肪。

②两腿向前伸直,双手向后交叉,将前胸尽量贴在腿上,注意不要弓背。

瘦身部位:上肢,使胸部肌肉更紧实,同时锻炼腰、臀部肌群。

③双腿并拢,两手在脑后交叉。上身向前倾,贴在腿上,注意上身始终保持

挺直。

瘦身部位:腰部、腹部脂肪。

④正面坐在沙发上,两臂伸直,双腿并拢,大腿向上抬,与沙发面呈45度,上身保持不动,两腿交叉。

瘦身部位:腹部、臀部赘肉,塑造大、小腿线条。

⑤一腿伸直,另一腿弯曲侧坐在沙发上,双手在胸前交叉,上身向弯曲腿相反方向侧弯。

瘦身部位:腹部脂肪,拉紧大腿外侧线条。

⑥侧坐在沙发上,一腿伸直,另一腿弯曲。将弯曲腿向上伸直,与另一腿呈90度。反复做5~10次。

瘦身部位:腰腹部脂肪,塑造腿部线条.。

⑦侧身坐在沙发上,一腿伸直,另一腿弯曲呈45度,上身保持直立,双手抱头,转动腰部成45度扇面,转动身体。

瘦身部位:上肢、腰腹部脂肪。

6.上班路上的减肥操

(1)上班方式:公交车或地铁

①上臂锻炼:两手抓紧车上横着的扶手,两肘关节内收夹紧,臂部发力,带动身体向上,但保持脚不离地面。

②小腿锻炼:双手扶住扶手或者可依靠的地方,脚跟上抬,收紧小腿和大腿后侧。

③背部锻炼:坐在座位上时,手臂搭前椅背,伸直,北部向后发力。

④胸部锻炼:靠座位外侧手臂扶住椅背后下方,两肩肩胛骨外展,挺胸。

(2)上班方式:走路

臀大肌锻炼:走路时可以有意识地把重心尽量放在后腿,后腿用力,大腿向后收紧,同时臀大肌上提。

走路减肥的关键是速度,要保证以稍快的速度走路才能达到减肥的效果。

(3)上班方式:开车或打车

①颈部对抗:头部微前倾,双手交叉放于脑后向前发力,同时颈部向后发力。

②腹部锻炼:双手握住方向盘,挺直上身,头部自然放松,先大口吸气,慢慢呼气时把所有力量压至腹部,保持一分钟左右。

7. 做家务时的减肥操

①在熨衣服、炒菜等站着干活时,张开双腿,站直身体,也是一种锻炼。

②在做室内清洁工作时,如果手中只拿一把扫帚、拖把或吸尘器时,不要只动手臂,应全身都融于动作中,让踝关节、臀部、膝关节等一起跟着动起来。

③从高处取东西时,可以踮起脚尖,尽可能伸长全身,以强化大腿、小腿和臀部的肌肉。

④当你弯腰拾东西时,由腰弯屈,好像在做以手触脚趾的运动,这样做能坚强大腿和臀部的肌肉(背部有伤病的人,则避免此动作)。走路的时候要挺直脊背,把头扬起来,像一根线拉直的木偶一般。

⑤利用烹饪或洗碗的空当时间,把灶间当作芭蕾舞的练习场所,在灶台90厘米处侧站,用左手抓住台边,举起右腿、膝盖与脚尖伸直,前后摇摆10次,左腿重复做,然后面对洗菜池伸直手臂,握住池边弯曲膝盖,并维持5秒钟。

第二十四章 民间识人风俗大观

一、写字测性情大观

(一)从字体结构测性情

(1)字体结构严谨:(A)表示为人老实。(B)属于"保守派",严守秘密。(C)做事谨慎,设想周全。(D)责任心强,凡事不会敷衍了事。

(2)字体结构松散:(A)表示执笔者举止轻浮。(B)做事粗心大意,缺乏耐性。(C)生性随便,不拘小节。(D)喜欢随遇而安,凡事不爱强求。

(3)出现拖笔:(A)表示其人富于好奇心。(B)做事缺乏耐性。(C)头脑灵活,适应能力很强。(D)自信心颇强。(E)自尊心颇重。

(4)出现减笔:(A)表示其人性急,易发小脾气。(B)善于适应环境,善于交际。(C)好奇心颇重。(D)秉性爽直。(E)处事不很认真负责。

(二)从书写的速度测性情

(1)书写速度快疾:(A)表示执笔者富有进取精神。(B)头脑灵活,对事有创新的见解。(C)个性爽朗,心直口快。(D)做事缺乏耐力,性急、脾气暴躁,容易动肝火。(E)做事敷衍了事,不能尽心尽力地去干。

(2)书写速度缓慢:(A)表示执笔者头脑精密,思想周全,做事谨慎。属于"稳重派"。(B)思想保守,意志坚实。(C)对人能守秘密,对事能负责任。(D)处事沉着、冷静,凡事深思熟虑。(E)忍耐力强,脾气刻板。

(3)书写速度不缓不慢:(A)表示执笔者属"中庸派",待人接物,进退有度;处事从容不迫,喜欢采取"折中主义"。(B)有自我控制的能力,能抑制自己的情绪,喜怒哀乐,不形于色。(C)与人易于相处,擅交际,甚少得罪别人。(D)适应力很强,比较注重现实。

(4)用笔迅速:(A)表示执笔者精力充沛,思想敏捷。(B)个性豪爽,对人热情,做事果断。(C)办事有大刀阔斧之气概,观察力较差。(D)情绪方面波动力很大,时而兴奋,时而消沉,换言之,这种人是喜怒哀乐易形于色的。

(5)用笔迟缓:(A)表示执笔者做事缺乏周详的计划,而且往往会流于疏忽。(B)容易受到感情的困扰,所以常会感情用事。(C)决断力不足,缺乏自信心。(D)注重现实,不喜欢幻想。

(6)用笔放纵:(A)表示执笔者的性格偏激,容易激动,有反叛的性格。(B)在情绪高昂时,常会失去自制力,难以压制自己的冲动。(C)性情豪迈、慷慨,喜欢自由自在,不爱受束缚。(D)理解力很强,创造力丰富。

(7)用笔拘谨:(A)表示执笔者有自制的能力,能压制自己的冲动。(B)眼光现实,可尚虚浮。(C)不太喜欢说话,能够保守秘密。(D)待人接物,喜欢保持一定的距离,客客气气的,拘于礼节。

(三)从书写的力度测性情

(1)落力过重:(A)表示执笔者的主观很强,凡事独断独行,喜欢我行我素。(B)自尊心极重,好胜,有反抗个性。(C)意志坚定,不易放弃初衷,也不易改变自己的主张。(D)性情固执,思想保守,同时带有几分凌人的傲气。(E)执笔者精力充沛,好动,酷爱热闹生活。(F)崇尚理论主义,善于雄辩。

(2)落力过轻:(A)表示执笔者做事缺乏自信心,有谋无勇,因而进退无度。(B)独立性不强,处处喜欢依赖他人。(C)意志薄弱,拿不定主意。(D)喜欢作内心活动,所以善于捉摸别人的心理。(E)执笔者精力不足,而且是常会无病呻吟。(F)性格内向,懦弱,畏羞,害怕惹事。

(3)落力均匀:(A)表示执笔者为人沉着,有自信心,处事胸有成竹。(B)富有同情心,乐于帮助别人。(C)头脑清醒有组织的能力。(D)有自制力,能自我克制。(E)情绪稳定,不易发脾气。

(4)落力不均匀:(A)表示执笔者的情绪不稳定。(B)对艺术有特殊的爱好。(C)喜欢幻想,甚至胡思乱想。(D)其人健康欠佳,血液循环系统可能有点毛病,例如心脏病、贫血等。(E)决断力不够,处事不够果断。

(5)字体刚健:(A)表示其人自尊心,自信心很强,富有进取的精神。(B)执笔者精力充沛,健康良好。(C)理智胜于情感,喜欢凭推理来做事。(D)处事有决断力,一派斩钉截铁的作风。(E)头脑冷静,善于运用逻辑。

(6)字体软弱:(A)表示其人畏羞,害怕惹事,甚至有自卑感。(B)着重自我,只知道有自己,而不知道有别人。(C)个性温和,依赖性颇重。(D)身体衰弱多病,通常以患有贫血症的为多。(E)做事没有冲动,但求得过且过。

(四)从字体的大小测性情

(1)字体巨大:(A)表示执笔者的自信心很强,做事积极喜欢冒险。(B)个性刚强,为人公正无私。(C)为人光明磊落,勇于维护公理。(D)头脑不够缜密,但做事有大刀阔斧之风。(E)其人慷慨,但有"海派"作风。如果字体过于巨大,表示其人举止浮躁,虚荣心重。

(2)字体细小:(A)表示执笔者缺乏自信,但做事十分谨慎。(B)思考精细,注意力强,警觉性亦高。(C)忍耐力强、观察力亦强。(D)另一方面,字体细小亦表示其人的气量狭小,自私自利,但有点小聪明。(E)其人不喜欢挥霍金钱,知悭识俭。另一方面,亦表示其人吝啬成性,贪图小利。

(3)字体不大不小:(A)表示执笔者的适应能力很强,做事有节制,遇事能随机应变。(B)待人接物、举止落落大方。(C)做事容易反悔,有时会自相矛盾。

(4)字体大小不一:(A)表示势笔者喜怒易转变,甚至喜怒无常。(B)头脑灵活,但缺乏自制力。(C)情感的变化好像一根绳子,中间会打结。(D)有些时候,自己会自寻烦恼。

(五)从行款走向测性情

(1)行款愈写愈高:(A)其人野心勃勃,富有进取精神。(B)做事疏忽,谈吐随便,有时会漫不经心。(C)为人崇尚"惯性主义"。习惯成自然后,难以改变,如果一旦养成坏习惯,便很难改掉。(D)喜欢自由自在,不爱受任何束缚。

(2)行款愈写愈低:(A)其人缺乏自信心,意志消沉。(B)情绪低落,心情冷淡,对生活失去兴趣。做事认真负责,尽力而为。(C)发生心理矛盾现象,一方面有自卑感,一方面鄙视他人。(D)生性孤僻,有点怪脾气。

(3)行款的排列整齐:(A)其人重视秩序,遵守纪律,有服从性。(B)做事认真负责,尽力而为。(C)执笔者是个有教养克制的人。(D)另一方面,亦可表示是个拘于形式的人,注意外表,有点世俗的眼光。

(4)行款参差不齐:(A)其人性情爽直,坦白,喜欢结交朋友。(B)脾气急躁,说话时漫不经心,多言,但胸无城府。(C)做事粗心大意。(D)善于适应潮流。

(5)行款的排列成"美术式":(A)其人有审美眼光,由于赋有艺术气质,独创一格。(B)为人注重外表。(C)有幽默感,谈吐风趣。(D)善于辞令,手段圆滑,是社交上的成功者。

二、处事及动作识人大观

(一) 观动作知性格

比手划脚。喋喋不休的人：性格明朗爽快有人缘，探知他人秘密的意识特别旺盛。

以手遮口说话的人：双重性格，不愿暴露自己，自卑乖巧，爱探听别人秘密。

持物时小指头竖直的人：自我意识强，爱炫耀，喜出风头。若是女性多晚婚、独身。

边说话边眨眼的人：面向他人时，忙着眨眼睛是感受性强的人，脑中所想的事物，欲加以整理完着急时常有的习惯。女性常常大大地眨起眼睛，是对有魅力自信可名重志远的人，有柔顺的样子，但绝不委屈自己。

皱眉的人：有点神经质，不管什么事都要操心。心情突突不安，因欲使其平心静气，所以有些习惯。总之，是心情不安定，没有自信之状态。

横舔上唇的人：横舔上唇的人，看似刚强，其实内心是精神脆弱者。横舔上唇，是紧张之时，或防止自己心思，不让他人洞悉时常有的惯癖。

咬下唇或舔下唇的人：自己正与自己能力以上的事对峙时，或自己正办理自己能力不及的问题时多有的习惯。感到外来压力，而欲推掉那压力的表现。对有竞争意识的对方，欲表示优越时常会表现出来的习惯。

频频地稍稍吐舌的人：极端神经质的人，而且是不认输的人多有的习惯。为了他人之言常操心，是心境烦躁永无休止的人常有的惯癖。什么样的小事情，都不愿漏闻，也不愿失败，为些烦心事时常会表现的习惯。

自言自语的人：意志薄弱，处世拙劣，在社会上总是吃亏的人多有的习惯。有什么事，就自己解释给自己听，所以独自呢喃细语。

常常变更发型的人：是什么事都愿意学习的人，愿意听别人的忠言，但难有受益。有思想与工作难能一贯的缺点，对异性比较迁就。

脚膝颤抖的人：俗说是贫穷之癖，性情内向，但心里欲求不满之念和自暴自弃之念却挤在一起。

拖着鞋走的人：消极、自我观念强的人多有的惯癖，不努力却望高升，与他人比较不易满足，被欲求追得乱转。

鞋底外侧磨减的人：心中郁结未能发散，而且是内向的人多有现象。表面虽然明朗，但不断拘泥小事，常把对方心意想的过度过头而招致损失的人。

抚弄裙边的人：性格内向，怀才不遇，盼人赞扬，爱打抱不平。

两手搓揉的人：有才气，爱耍小聪明，为人不大方，常因此吃亏。

折弯手指，发出啪啪响的人：性格单纯利落。用力折弯手指，动作粗野而发出大声响的人，爱故弄玄虚，说大话。

边说话边动手指的人：性情急躁，头脑灵活，注意力差，惹人厌。

抚摸鼻子的人：脑筋好，性格明朗，这种人在被人超前或敬远而感到寂寞，便自我厌弃地表示不在乎时，表现出来的习惯。

把整个鼻子有时抚摸，有时捻撮的人：在脑中想，已把事情弄妥了的时候，自然地表现出来的习惯，别无深刻含意。

挖鼻孔的人：忙于整理自己的思路，无暇顾及他人时表现出来的动作，可是别人认定他这是漠视礼仪而备受轻蔑。

摇头的人：男性，性格开朗，但有点乖张，健忘，易受情绪支配。女性，性格乖戾，拘泥小事，自己所说的小事，用感情的态度，也硬要通过。

抚摸下颚的人：当自己一个人的时候，抚摸下颚，是在思索事物，接触他人之时频频抚摸下颚，是欲更深一层认识对方，也企图被对方看成更优异、更巨大，这是故弄玄虚的人常有的瘟癖。

咬指甲的人：看东西看得忘我而咬指甲，是婴儿时候，未能充分吸到母奶的人容易表现的惯癖。常感寂寞的人，有甚多欲求未能满足的人。

(二)认识男人法

(1)使对方神往的理论型男子，注重调和顺序，强调逻辑、处事有板有眼。

(2)外表极端正而认真的男性，神经质，刻板不灵活，不会算计，不善谈吐，不善辞令，不善恋爱。

(3)喜欢闹哄哄的男子，不愿认真，不愿谈恋爱，但却爱和女性玩乐。

(4)善于奉承和特别驯服的男子，好幻想，富罗曼蒂克，轻浮，性格不定型，可变性大。

(5)第一印象难看的男人，是献身性的类型，好恶表现强烈。大多谦让别人，至忍无可忍时怒气暴发，若是受了敬重，则知恩必报，感激涕零。

(6)得人缘的男人，深受女子欢迎，但也易被女人误解。特别是易受那些心怀狭窄、嫉妒心强、喜欢争风吃醋的女人的厌恶。

(7)刚愎自用的、顽固的男子,好出风头,自尊心强,爱逞强好胜,但尊重好人,容易屈服于冷静型的女人。

(8)妄自尊大目中无人的男子,性格死求百赖,不合群好孤独。

(9)待人周到的男性,富幽默感,善社交,易变。

(10)好说有事相求必先素礼的男人,臣服于母性型女子之间,爱赌博。

(三)认识女人法

(1)故意闪避眼光,装着不关心的心性,热切地期待着恋爱,对异性持怀好感。

(2)在男性面前容易害羞的女人,有好奇心,关心男人但不愿被知。

(3)无羞耻心的女性,只容自己轻浮,不许对方轻浮,有较重的嫉妒心理。

(4)用粉红色口红的女性,性意识淡,讨厌性方面的话题,喜欢娱乐和美食。

(5)喜欢吹毛求疵的女人,有黑白分明的性格,不任性,孤僻,对个人利益斤斤计较,患得患失。

(6)无论何事都一本正经的女人,初交时亲密,不久感情骤变,判若两人。

(7)刚愎的女人,把恋爱当儿戏,朝三暮四,并爱唠叨,扯是拉非。

(8)外表比年龄更年轻的女人,常常经不起多情男子的诱惑。

(9)喜欢跳舞的女人,易沉醉于气氛和情感之中。

(10)外表不知思考何事的女人,无法抗拒礼物,常常恋爱无好结局。

(四)容貌缺陷与性格

屈原有诗曰:"纷余既有此内美兮,又重之以修態(古"态"字)";这说明我们的2300多年前的先哲即已懂得一个人既要有仪表美("修態"),又要有心灵美("内美"),而且把内美摆在首位。俗话说:爱美之心,人皆有之。爱美是人的天性,心灵与仪表的和谐美是每个青年男女向往和追求的目标。然而,由于先天的和后天的种种原因,总是有些人会得不到或失去了仪表美——容貌美。一般情况下,容貌的缺陷或畸形会对人们的性格和个性的形成和发展产生不利的影响。

从心理学来分析,在人的心理发展过程中,每个人的内心都有着对自己身体的影象——"身象"。身象对于人的个性和行为的影响很大。容貌的缺陷或畸形,必然会影响身象的正常形成,由于伙伴们和周围其他人的冷眼、讥笑、嘲讽及起外号,使这些人对自己身象的形成发生偏离。这些有容貌缺陷或畸形的人成年后,因难于参加正常的社交活动而产生越来越严重的自卑心理,他们情绪低沉,性格孤僻,以致严重地影响着自己的精神生活和物质生活，从而使其身象进一步失去平衡。一项对此类病人心理特征的研究结果表明，52%的平凡人存在着个性异常。

　　还有一些人，对自己容貌或身体上的某些小缺陷，如鼻梁低，眼睛小或太大以及面部有雀斑耿耿于怀，感到十分苦恼，从而使自己的身象失去平衡，影响了个性的正常发展。

附录

一、国内长途区号及邮编

北京市								
城市地区	邮政编码	区号	城市地区	邮政编码	区号	城市地区	邮政编码	区号
北 京	100000	010	通 州	101100	010	昌 平	102200	010
大 兴	102600	010	密 云	101500	010	顺 义	101300	010
延 庆	102100	010	怀 柔	101400	010	平 谷	1012000	010

上海市								
城市地区	邮政编码	区号	城市地区	邮政编码	区号	城市地区	邮政编码	区号
上 海	200000	021	浦 东	200120	021	金 山	200540	021
嘉 定	201800	021	松 江	201600	021	青 浦	201700	021
虹 口	200000	021	奉 贤	201400	021	崇 明	201500	021

天津市								
城市地区	邮政编码	区号	城市地区	邮政编码	区号	城市地区	邮政编码	区号
天 津	300000	022	东 丽	300300	022	塘 沽	300450	022
津 南	300300	022	北 辰	300400	022	武 清	301700	022
汉 沽	300480	022	大 港	300200	022	宁 河	301500	022
宝 坻	301800	022	蓟 县	301900	022			
静 海	301600	022	西 青	300300	022			

重庆市								
城市地区	邮政编码	区号	城市地区	邮政编码	区号	城市地区	邮政编码	区号
渝中区	400010	023	涪陵区	408000	023	璧山县	402760	023
大渡口区	400080	023	黔江区	409700	023	垫江县	408300	023
江北区	400020	023	长寿区	401220	023	武隆县	408500	023
沙坪坝区	400030	023	合川市	401520	023	丰都县	408200	023
九龙坡区	400050	023	永川市	402160	023	城口县	405900	023
南岸区	400060	023	江津市	402260	023	梁平县	405200	023
北碚区	400700	023	南川市	408400	023	开 县	405400	023

城市地区	邮政编码	区号	城市地区	邮政编码	区号	城市地区	邮政编码	区号
万盛区	400800	023	綦江县	40t420	023	巫溪县	405800	023
双桥区	400900	023	潼南县	402660	023	巫山县	404700	023
渝北区	401120	023	铜梁县	402560	023	奉节县	404600	023
巴南区	401320	023	大足县	402360	023	云阳县	404500	023
万州区	404000	023	荣昌县	402460	023	忠　县	404300	023

河北省

城市地区	邮政编码	区号	城市地区	邮政编码	区号	城市地区	邮政编码	区号
石家庄市	050000	0311	灵寿县	050500	0311	康保县	076650	0313
辛集市	052360	0311	高邑县	051330	0311	沽源县	076550	0313
藁城市	052160	03ll	深泽县	052560	0311	尚义县	076750	0313
晋州市	052260	0311	赞皇县	051230	0311	蔚　县	075700	0313
新乐市	050700	0311	无极县	052460	0311	阳原县	075800	0313
鹿泉市	050200	0311	平山县	050400	0311	怀安县	076150	0313
井陉县	050300	0311	赵　县	051530	0311	万全县	076250	0313
正定县	050800	0311	张家口市	075000	0313	怀来县	075400	0313
栾城县	051430	0311	宣化县	075100	0313	涿鹿县	075600	0313
行唐县	050600	0311	张北县	076450	0313	赤城县	075500	0313
崇礼县	076350	0313	涞源县	074300	0312	景　县	053500	0318
承德市	067000	0314	定兴县	072650	0312	阜城县	053700	0318
承德县	067400	0314	顺平县	072250	0312	邢台市	054000	0319
兴隆县	067300	0314	唐　县	072350	0312	南宫市	055750	0319
平泉县	067500	0314	望都县	072450	0312	沙河市	054100	0319
滦平县	068250	0314	涞水县	074100	0312	邢台县	054000	0319
隆化县	068150	0314	高阳县	071500	0312	临城县	054300	0319
秦皇岛市	066000	0335	安新县	071600	0312	内丘县	054200	0319
昌黎县	066600	0335	雄　县	071800	0312	柏乡县	055450	0319
抚宁县	066300	0335	容城县	071700	0312	隆尧县	055350	0319
卢龙县	066400	0335	曲阳县	073100	0312	任　县	055150	0319
唐山市	063000	0315	阜平县	073200	0312	南和县	054400	0319
遵化市	064200	0315	博野县	071300	0312	宁晋县	055550	0319
迁安市	064400	0315	蠡　县	071400	0312	巨鹿县	055250	0319
滦　县	063700	0315	沧州市	061000	0317	新河县	051730	0319
滦南县	063500	0315	泊头市	062150	0317	广宗县	054600	0319
乐亭县	063600	0315	任丘市	062550	0317	平乡县	054500	0319
迁西县	064300	0315	黄骅市	061100	0317	威　县	054700	0319

城市地区	邮政编码	区号	城市地区	邮政编码	区号	城市地区	邮政编码	区号
玉田县	064100	0315	河间市	062450	0317	清河县	054800	0319
唐海县	063200	0315	沧 县	061000	0317	临西县	054900	0319
廊坊市	065000	0316	青 县	062650	0317	邯郸市	056000	0310
霸州市	065700	0316	东光县	061600	0317	武安市	056300	0310
三河市	065200	0316	海兴县	061200	0317	邯郸县	056100	0310
固安县	065500	0316	盐山县	061300	0317	临漳县	056600	0310
永清县	065600	0316	肃宁县	062350	0317	成安县	056700	0310
香河县	065400	0316	南皮县	061500	0317	大名县	056900	0310
大城县	065900	0316	吴桥县	061800	0317	涉 县	056400	0310
文安县	065800	0316	献 县	062250	0317	磁 县	056500	0310
保定市	071000	0312	衡水市	053000	0318	肥乡县	057550	0310
定州市	073000	0312	冀州市	053200	0318	永年县	057150	0310
涿州市	072750	0312	深州市	053800	0318	邱 县	057450	0310
安国市	071200	0312	枣强县	053100	0318	鸡泽县	057350	0310
高碑店市	0741000	0312	武邑县	053400	0318	广平县	057650	0310
满城县	072150	0312	武强县	053300	0318	馆陶县	057750	0310
清苑县	071100	0312	饶阳县	053900	0318	魏 县	057800	0310
易 县	074200	0312	安平县	053600	0318	曲周县	057250	0310
徐水县	072550	0312	故城县	053800	0318			

山西省

城市地区	邮政编码	区号	城市地区	邮政编码	区号	城市地区	邮政编码	区号
太原市	030000	0315	娄烦县	030300	0315	广灵县	037500	0352
古交市	030200	0315	大同市	037000	0352	灵丘县	034400	0352
清徐县	030400	0315	阳高县	038100	0352	浑源县	037400	0352
阳曲县	030100	0315	天镇县	038200	0352	左云县	037100	0352
大同县	037300	0352	代 县	034200	0350	蒲 县	041200	0357
朔州市	038500	0349	繁峙县	034300	0350	大宁县	042300	0357
山阴县	036900	0349	宁武县	036700	0350	永和县	041400	0357
应 县	037600	0349	静乐县	035100	0350	阴 县	041300	0357
右玉县	037200	0349	神池县	036100	0350	汾西县	031500	0357
怀仁县	038300	0349	河曲县	036500	0350	运城市	044000	0359
阳泉市	045000	0353	保德县	036600	0350	永济市	044500	0359
平定县	045200	0353	偏关县	036400	0350	河津市	043300	0359
盂 县	045100	0353	晋中市	030600	0354	芮城县	044600	0359
长治市	046000	0355	介休市	031200	0354	临猗县	044100	0359

潞城市	047500	0355	榆社县	031800	0354	万荣县	044100	0359
长治县	047100	0355	左权县	032600	0354	新绛县	043100	0359
襄垣县	047200	0355	和顺县	032700	0354	稷山县	043200	0359
屯留县	046100	0355	昔阳县	045300	0354	闻喜县	043800	0359
平顺县	047400	0355	寿阳县	045400	0354	夏 县	044400	0359
黎城县	047600	0355	太谷县	030800	0354	绛 县	043600	0359
壶关县	047300	0355	祁 县	030900	0354	平陆县	044300	0359
长子县	046600	0355	平遥县	031100	0354	垣曲县	043700	0359
武乡县	046300	0355	灵石县	031300	0354	吕梁地区	033000	0358
沁 县	046400	0355	临汾市	041000	0357	离石市	033000	0358
沁源县	046500	0355	侯马市	043007	0357	孝义市	032300	0358
晋城市	048000	0356	霍州市	031400	0357	汾阳市	032200	0358
高平市	048400	0356	曲沃县	043400	0357	文水县	032100	0358
泽州县	048000	0356	翼城县	043500	0357	中阳县	033400	0358
沁水县	048200	0356	襄汾县	041500	0357	兴 县	033600	0358
阳城县	048100	0356	洪洞县	031600	0357	临 县	033200	0358
陵川县	048300	0356	古 县	042400	0357	方山县	033100	0358
忻州市	034000	0350	安泽县	042500	0357	柳林县	033300	0358
原平市	034100	0350	浮山县	042600	0357	岚 县	033500	0358
定襄县	035400	0350	吉 县	042200	0357	交口县	032400	0358
五台县	035500	0350	乡宁县	042100	0357	交城县	030500	0358

河南省

城市地区	邮政编码	区号	城市地区	邮政编码	区号	城市地区	邮政编码	区号
郑州市	450000	0371	灵宝市	472500	0398	嵩 县	471400	0379
新郑市	451100	0371	渑池县	472400	0398	汝阳县	471200	0379
登封市	452470	0371	陕 县	472100	0398	宜阳县	471600	0379
新密市	452300	0371	卢氏县	472200	0398	洛宁县	471700	0379
巩义市	451200	0371	洛阳市	471000	0379	伊川县	471300	0379
荥阳市	450100	0371	偃师市	471900	0379	焦作市	454000	0391
中牟县	451450	0371	孟津县	471100	0379	孟州市	454750	0391
三门峡市	472000	0398	新安县	471800	0379	沁阳市	454550	0391
义马市	472300	0398	栾川县	471500	0379	修武县	454350	0391
博爱县	454450	0391	永城市	476600	0370	唐河县	473400	0377
武陟县	454950	0391	虞城县	476300	0370	新野县	473500	0377
温 县	454850	0391	民权县	476800	0370	桐柏县	474750	0377

城市地区	邮政编码	区号	城市地区	邮政编码	区号	城市地区	邮政编码	区号
新乡市	453000	0373	宁陵县	476700	0370	信阳市	464000	0376
卫辉市	453100	0373	睢县	476900	0370	息县	464300	0376
辉县市	453600	0373	夏邑县	476400	0370	淮滨县	464400	0376
新乡县	453700	0373	柘城县	4762120	0370	潢川县	465150	0376
获嘉县	453800	0373	许昌市	461000	0374	光山县	465450	0376
原阳县	453500	0373	禹州市	461670	0374	固始县	465250	0376
延津县	453200	0373	长葛市	461500	0374	商城县	465350	0376
封丘县	453300	0373	许昌县	461100	0374	罗山县	464200	0376
长垣县	453400	0373	鄢陵县	461200	0374	新 县	465550	0397
鹤壁市	458030	0392	襄城县	461700	0374	周口市	466000	0394
浚 县	456250	0392	漯河市	462000	0395	项城市	466200	0394
淇 县	456750	0392	舞阳县	462400	0395	扶沟县	461300	0394
安阳市	455000	0372	临颍县	462600	0395	西华县	466600	0394
林州市	456550	0372	郾城县	462300	0395	商水县	466100	0394
安阳县	455000	0372	平顶山	467000	0375	太康县	461400	0394
汤阴县	456150	0372	舞钢市	462500	0375	鹿邑县	477200	0394
滑 县	456400	0372	汝州市	467500	0375	郸城县	477150	0394
内黄县	456300	0372	宝丰县	467400	0375	淮阳县	466700	0394
濮阳市	457000	0393	叶 县	467200	0375	沈丘县	466300	0394
清丰县	457300	0393	鲁山县	467300	0375	驻马店市	463000	0396
南乐县	457400	0393	郏 县	467100	0375	确山县	463200	0396
范 县	457500	0393	南阳市	473002	0377	泌阳县	463700	0396
台前县	457600	0393	邓州市	474150	0377	遂平县	463100	0396
开封市	475001	0378	南召县	474650	0377	西平县	463900	0396
杞 县	475200	0378	方城县	473200	0377	上蔡县	463800	0396
通许县	475400	0378	西峡县	474550	0377	汝南县	463300	0396
尉氏县	475500	0378	镇平县	474250	0377	平舆县	463400	0396
开封县	475100	0378	内乡县	474350	0377	新蔡县	463500	0396
兰考县	475300	0378	淅川县	474450	0377	正阳县	463600	0396
商丘市	476000	0370	社旗县	473300	0377	济源市	454650	0391

辽宁省

城市地区	邮政编码	区号	城市地区	邮政编码	区号	城市地区	邮政编码	区号
沈阳市	110000	024	凌源市	122500	0421	开原市	112300	0410
新民市	110300	024	朝阳县	122000	0421	铁岭县	112000	0410
辽中县	110200	024	建平县	122400	0421	西丰县	112400	0410

城市地区	邮政编码	区号	城市地区	邮政编码	区号	城市地区	邮政编码	区号
康平县	110500	024	阜新市	123000	0418	昌图县	112500	0410
法库县	110400	024	彰武县	123200	0418	抚顺市	113008	0413
朝阳市	122000	0421	铁岭市	112000	0410	抚顺县	113006	0413
北票市	122100	0421	调兵山市	112700	0410	本溪市	117000	0414
辽阳市	111000	0419	瓦房店市	11630	0422	锦州市	121000	0416
灯塔市	111300	0419	普兰店市	11620	0411	凌海市	121200	0416
辽阳县	111200	0419	庄河市	116400	0411	北宁市	121300	0416
鞍山市	114000	0412	长海县	116500	0411	黑山县	121400	0416
海城市	114200	0412	营口市	115003	0417	义 县	121100	0416
台安县	114100	0412	大石桥	115100	0417	葫芦岛市	125100	0429
丹东市	118000	0415	盖州市	115200	0417	兴城市	125100	0429
凤城市	118100	0415	盘锦市	124010	0427	绥中县	125200	0429
东港市	118300	0415	大洼县	124200	0427	建昌县	125300	0429
大连市	116000	0411	盘山县	124000	0427			

吉林省

城市地区	邮政编码	区号	城市地区	邮政编码	区号	城市地区	邮政编码	区号
长春市	130000	0431	蛟河市	132500	0432	辉南县	135100	0448
乾安县	131400	0431	桦甸市	132400	0432	柳河县	135300	0448
吉林市	132000	0432	舒兰市	132600	0432	白山市	134300	0439
德惠市	130300	0436	永吉县	132200	0432	临江市	134600	0439
九台市	130500	0436	四平市	136000	0434	江源县	134700	0439
榆树市	130400	0436	双辽市	136400	0434	抚松县	134500	0439
农安县	130200	0436	公主岭市	136100	0434	靖宇县	135200	0439
白城市	137000	0436	梨树县	136500	0434	图们市	133100	0433
大安市	131300	0438	辽源市	136200	0437	敦化市	133700	0433
洮南市	137100	0438	东丰县	136300	0437	珲春市	133300	0440
镇赉县	137300	0438	东辽县	136600	0437	龙井市	133400	0433
通榆县	137200	0438	通化市	134001	0435	和龙市	133500	0433
松原市	138000	0438	梅河口市	135000	0435	汪清县	133200	0433
扶余县	131200	0432	集安市	134200	0435	安图县	133600	0433
磐石市	132300	0432	通化县	134100	0435			

黑龙江省

城市地区	邮政编码	区号	城市地区	邮政编码	区号	城市地区	邮政编码	区号
哈尔滨市	150000	0451	龙江县	161100	0452	大庆市	163000	0459
双城市	150100	0451	依安县	161500	0452	肇州县	166400	0459

国学经典文库

中华历书大全

·附录·

图文珍藏版

城市地区	邮政编码	区号	城市地区	邮政编码	区号	城市地区	邮政编码	区号
尚志市	150600	0451	泰来县	162400	0452	肇源县	166500	0459
五常市	150200	0451	甘南县	162100	0452	林甸县	166300	0459
阿城市	150300	0451	富裕县	161200	0452	伊春市	153000	0458
呼兰县	150500	0451	克山县	161600	0452	铁力市	152500	0458
依兰县	154800	0451	克东县	164800	0452	嘉荫县	153200	0458
方正县	150800	0451	拜泉县	164700	0452	鹤岗市	154100	0468
宾 县	150400	0451	黑河市	164300	0456	萝北县	154200	0468
巴彦县	151800	0451	北安市	164000	0456	绥滨县	156200	0468
木兰县	151900	0451	五大连池市	164100	0456	佳木斯市	154000	0454
通河县	150900	0451	嫩江县	161400	0456	同江市	156400	0454
齐齐哈尔市	161000	0452	逊克县	164400	0456	富锦市	156100	0454
讷河市	161300	0452	孙吴县	164200	0456	桦南县	154400	0454
桦川县	154300	0454	密山市	158300	0467	海伦市	152300	0455
汤原县	154700	0454	鸡东县	158200	0467	望奎县	152100	0455
抚远县	156500	0454	牡丹江市	157000	0453	兰西县	151500	0455
双鸭山市	155100	0469	穆棱市	157500	0453	青冈县	151600	0455
集贤县	155900	0469	绥芬河市	157300	0453	庆安县	152400	0455
友谊县	155800	0469	海林市	157100	0453	明水县	151700	0455
宝清县	155600	0469	宁安市	157400	0453	绥棱县	152200	0455
饶河县	155700	0469	东宁县	157200	0453	大兴安岭地区	165000	0457
七台河市	154600	0464	林口县	157600	0453	呼玛县	165100	0457
勃利县	154500	0464	绥化市	152000	0455	塔河县	165200	0457
鸡西市	158100	0467	安达市	151400	0455	漠河县	165300	0457
虎林市	158400	0467	肇东市	151100	0455			

内蒙古自治区								
城市地区	邮政编码	区号	城市地区	邮政编码	区号	城市地区	邮政编码	区号
呼和浩特市	010000	0471	海拉尔区	021000	0470	锡林浩特市	026021	0479
托克托县	010200	0471	满洲里市	021400	0470	二连浩特市	011100	0479
武川县	011700	0471	扎兰屯市	162650	0470	多伦县	027300	0479
和林格尔县	011500	0471	牙克石市	022150	0470	阿巴嘎旗	011400	0479
清水河县	011600	0471	根河市	022350	0470	苏尼特左旗	011300	0479
土默特左旗	010100	0471	额尔古纳市	022250	0470	苏尼特右旗	011200	0479
包头市	014000	0472	阿荣旗	162750	0470	东乌珠穆沁旗	026300	0479
固阳县	014200	0472	新巴尔虎右旗	021300	0470	西乌珠穆沁旗	026200	0479
土默特右旗	014100	0472	新巴尔虎左旗	021200	0470	太仆寺旗	027000	0479

乌海市	016000	0473	陈巴尔虎旗	021500	0470	镶黄旗	013250	0479
赤峰市	024000	0476	鄂伦春自治旗	165450	0470	正镶白旗	013800	0479
宁城县	024200	0476	鄂温克族自治旗	021100	0470	正蓝旗	027200	0479
林西县	025250	0476	鄂尔多斯市	017000	0477	乌兰察布盟	012000	0474
阿鲁科尔沁旗	025550	0476	东胜区	017000	0477	集宁市	012000	0474
巴林左旗	025450	0476	达拉特旗	014300	0477	丰镇市	012100	0474
巴林右旗	025150	0476	准格尔旗	010300	0477	卓资县	012300	0474
克什克腾旗	025350	0476	鄂托克前旗	016200	0477	化德县	013350	0474
翁牛特旗	024500	0476	鄂托克旗	016100	0477	商都县	013450	0474
喀喇沁旗	024400	0476	杭锦旗	017400	0477	兴和县	013650	0474
敖汉旗	024300	0476	乌审旗	017300	0477	凉城县	013750	0474
通辽市	028000	0475	伊金霍洛旗	017200	0477	察哈尔右翼前旗	012200	0474
霍林郭勒市	029200	0475	兴安盟	137400	0482	察哈尔右翼中旗	013550	0474
开鲁县	028400	0475	乌兰浩特市	137400	0482	察哈尔右翼后旗	012400	0474
库伦旗	028200	0475	阿尔山市	137800	0482	四子王旗	011800	0474
奈曼旗	028300	0475	突泉县	137500	0482	巴彦淖尔盟	015000	0478
扎鲁特旗	029100	0475	科尔沁右翼前旗	137400	0482	临河市	015100	0478
科尔沁左翼中旗	029300	0475	科尔沁右翼中旗	029400	0482	五原县	015100	0478
科尔沁左翼后旗	028100	0475	扎赉特旗	137600	0482	磴口县	015200	0478
呼伦贝尔市	021000	0470	锡林郭勒盟	026000	0479	乌拉特前旗	01440	0478
乌拉特中旗	015300	0478	阿拉善盟	750300	0483	额济纳旗	735400	0483
乌拉特后旗	015500	0478	阿拉善左旗	750300	0483			
杭锦后旗	015400	0478	阿拉善右旗	737300	0483			
江苏省								
城市地区	邮政编码	区号	城市地区	邮政编码	区号	城市地区	邮政编码	区号
南京市	210000	025	洪泽县	223100	0517	海门市	226100	0513
溧水县	211200	025	涟水县	223400	0517	启东市	226200	0513
高淳县	211300	025	盐城市	224000	0515	通州市	226300	0513
徐州市	221000	0516	东台市	224200	0515	如皋市	226500	0513
邳州市	221300	0516	大丰市	224100	0515	如东县	226400	0513
新沂市	221400	0516	盐都区	224000	0515	海安县	226600	0513
铜山县	221100	0516	射阳县	224300	0515	镇江市	212000	0511
睢宁县	221200	0516	阜宁县	224400	0515	扬中市	212200	0511
沛县	221600	0516	滨海县	224500	0515	丹阳市	212300	0511
丰县	221700	0516	响水县	224600	0515	句容市	212400	0511

国学经典文库

中华历书大全

·附录·

图文珍藏版

连云港市	222000	0518	建湖县	224700	0515	常州市	213000	0519
赣榆县	222100	0518	扬州市	225000	0514	金坛市	213200	0519
灌云县	222200	0518	仪征市	211400	0514	溧阳市	213300	0519
东海县	222300	0518	江都市	225200	0514	无锡市	214000	0510
灌南县	222500	0518	高邮市	225600	0514	江阴市	214400	0510
宿迁市	223800	0527	宝应县	225800	0514	宜兴市	214200	0510
宿豫县	223800	0527	泰州市	225300	0523	苏州市	215000	0512
沭阳县	223600	0527	靖江市	214500	0523	吴江市	215200	0512
泗阳县	223700	0527	泰兴市	225400	0523	昆山市	215300	0512
泗洪县	223900	0527	姜堰市	225500	0523	太仓市	215400	0512
淮安市	223000	0517	兴化市	225700	0523	常熟市	215500	0512
金湖县	211600	0517	南通市	226000	0513	张家港	215600	0512
盱眙县	211700	0517	海门市	226100	0513			

山东省

城市地区	邮政编码	区号	城市地区	邮政编码	区号	城市地区	邮政编码	区号
济南市	250000	0531	德州市	253012	0534	利津县	257400	0546
章丘市	250200	0531	乐陵市	253600	0534	广饶县	257300	0546
平阴县	250400	0531	禹城市	251200	0534	淄博市	255000	0533
济阳县	251400	0531	陵 县	253500	0534	桓台县	256400	0533
商河县	251600	0531	平原县	253100	0534	高青县	256300	0533
聊城市	252000	0635	夏津县	253200	0534	沂源县	256100	0533
临清市	252600	0635	武城县	253300	0534	潍坊市	261041	0536
阳谷县	252300	0635	齐河县	251100	0534	安丘市	262100	0536
莘 县	252400	0635	临邑县	251500	0534	昌邑市	261300	0536
茌平县	252100	0635	宁津县	253400	0534	高密市	261500	0536
东阿县	252200	0635	庆云县	253700	0534	青州市	262500	0536
冠 县	252500	0635	东营市	257000	0546	诸城市	262200	0536
高唐县	252800	0635	垦利县	257500	0546	寿光市	262700	0536
临朐县	262600	0536	莒 县	276500	0633	梁山县	272600	0537
昌乐县	262400	0536	临沂市	276000	0539	泰安市	271000	0538
烟台市	264000	0535	郯城县	276100	0539	新泰市	271200	0538
栖霞市	265300	0535	苍山县	277700	0539	肥城市	271600	0538
海阳市	265100	0535	莒南县	276600	0539	宁阳县	271400	0538
龙口市	265700	0535	沂水县	276400	0539	东平县	271500	0538
莱阳市	265200	0535	蒙阴县	276200	0539	莱芜市	271100	0634

城市地区	邮政编码	区号	城市地区	邮政编码	区号	城市地区	邮政编码	区号
莱州市	261400	0535	平邑县	273300	0539	滨州市	256600	0543
蓬莱市	265600	0535	费县	273400	0539	惠民县	251700	05i43
招远市	265400	0535	沂南县	276300	0539	阳信县	251800	0543
长岛县	265800	0535	临沭县	276700	0539	无橡县	251900	0543
威海市	264200	0631	枣庄市	277100	0632	沾化县	256800	0543
荣成市	264300	0631	滕州市	277500	0632	博兴县	256500	0543
乳山市	264500	0631	济宁市	272000	0537	邹平县	256200	0543
文登市	264400	0631	曲阜市	273100	0537	菏泽市	274020	0530
青岛市	266000	0532	兖州市	272000	0537	曹县	274400	0530
胶州市	266300	0532	邹城市	273500	0537	定陶县	274100	0530
即墨市	266200	0532	微山县	277600	0537	成武县	274200	0530
平度市	266700	0532	鱼台县	272300	0537	单县	273700	0530
胶南市	266400	0532	金乡县	272200	0537	巨野县	274900	0530
莱西市	266600	0532	嘉祥县	272400	0537	郓城县	274700	0530
日照市	276800	0633	汶上县	272500	0537	鄄城县	274600	0530
五莲县	262300	0633	泗水县	273200	0537	东明县	274500	0530

安徽省

城市地区	邮政编码	区号	城市地区	邮政编码	区号	城市地区	邮政编码	区号
合肥市	230000	0551	蒙城县	233500	0558	芜湖市	243100	0553
长丰县	231100	0551	利辛县	233700	0558	芜湖县	241100	0553
肥东县	231600	0551	蚌埠市	233000	0552	繁昌县	241200	0553
肥西县	231200	0551	怀远县	233400	0552	南陵县	242400	0553
宿州市	234000	0557	五河县	233300	0552	铜陵市	244000	0562
砀山县	235300	0557	固镇县	233700	0552	铜陵县	244100	0562
萧县	235200	0557	淮南市	232000	0554	安庆市	246000	0556
灵璧县	234200	0557	凤台县	232100	0554	桐城市	231400	0556
泗县	234300	0557	滁州市	239000	0550	怀宁县	246100	0556
淮北市	235000	0561	明光市	239400	0550	枞阳县	246700	0556
界首市	236500	0558	天长市	239300	0550	潜山县	246300	0556
临泉县	236400	0558	来安县	239200	0550	太湖县	246400	0556
太和县	236600	0558	全椒县	239500	0550	宿松县	246500	0556
阜南县	236300	0558	定远县	233200	0550	望江县	246200	0556
颍上县	236200	0558	凤阳县	233100	0550	岳西县	246600	0556
亳州市	236000	0558	马鞍山市	24300	0555	黄山市	245000	0559
涡阳县	233600	0558	当涂县	243100	0555	歙县	245200	0559

国学经典文库

中华历书大全

·附录·

图文珍藏版

城市地区	邮政编码	区号	城市地区	邮政编码	区号	城市地区	邮政编码	区号
休宁县	245400	0559	巢湖市	238000	0565	宣城市	242000	0563
黟　县	245500	0559	庐江县	231500	0565	宁国市	242300	0563
祁门县	245600	0559	无为县	238300	0565	郎溪县	242100	0563
六安市	237000	0564	含山县	238100	0565	广德县	242200	0563
寿　县	232200	0564	和　县	238200	0565	泾　县	242500	0563
霍邱县	237400	0564	池州市	247100	0566	旌德县	242600	0563
舒城县	231300	0564	东至县	247200	0566	绩溪县	245300	0563
金寨县	237300	0564	石台县	245100	0566			
霍山县	237200	0564	青阳县	242800	0566			

浙江省

城市地区	邮政编码	区号	城市地区	邮政编码	区号	城市地区	邮政编码	区号
杭州市	310000	0571	象山县	315700	0574	温岭市	317500	0576
临安市	311300	0571	绍兴市	312000	0575	三门县	317100	0576
富阳市	311400	0571	诸暨市	311800	0575	天台县	317200	0576
建德市	311600	0571	上虞市	31230(3	0575	仙居县	317300	0576
桐庐县	311500	0571	嵊州市	312400	0575	玉环县	317600	0576
淳安县	311700	0571	绍兴县	312000	0575	温州市	325000	0577
湖州市	313000	0572	新昌县	312500	0575	瑞安市	325200	0577
长兴县	313100	0572	衢州市	324002	0570	乐清市	325600	0577
德清县	313200	0572	江山市	324100	0570	永嘉县	325100	0577
安吉县	313300	0572	常山县	324200	0570	文成县	325300	0577
嘉兴市	314000	0573	开化县	324300	0570	平阳县	325400	0577
平湖市	314200	0573	龙游县	324400	0570	泰顺县	325500	0577
海宁市	314400	0573	金华市	321000	0579	洞头县	325700	0577
桐乡市	314500	0573	兰溪市	321100	0579	苍南县	325800	0577
嘉善县	314100	0573	永康市	321300	0579	丽水市	323000	0578
海盐县	314300	0573	义乌市	322000	0579	龙泉市	323700	0578
舟山市	316000	0580	东阳市	322100	0579	缙云县	321400	0578
岱山县	316200	0580	武义县	321200	0579	青田县	323900	0578
嵊泗县	202450	0580	浦江县	322200	0579	云和县	323600	0578
宁波市	315000	0574	磐安县	322300	0579	遂昌县	323300	0578
慈溪市	315300	0574	台州市	318000	0576	松阳县	323400	0578
余姚市	315400	0574	临海市	317000	0576	庆元县	323800	0578
奉化市	315500	0574	台州市	318000	0576	景宁畲族自治县	323500	0578
宁海县	315600	0574	临海市	317000	0576			

福建省

城市地区	邮政编码	区号	城市地区	邮政编码	区号	城市地区	邮政编码	区号
福州市	350000	0591	闽清县	350800	0591	建瓯市	354100	0599
福清市	350300	0591	永泰县	350700	0591	建阳市	354200	0599
长乐市	350200	0591	平潭县	350400	0591	顺昌县	353200	0599
闽侯县	350100	0591	南平市	353000	0599	浦城县	353400	0599
连江县	350500	0591	邵武市	354000	0599	光泽县	354100	0599
罗源县	350600	0591	武夷山	354300	0599	松溪县	353500	0599
政和县	353600	0599	南安市	362300	0595	漳平市	364400	0597
三明市	365000	0598	惠安县	362100	0595	长汀县	366300	0597
永安市	366000	0598	安溪县	362400	0595	永定县	366100	0597
明溪县	365200	0598	永春县	362600	0595	上杭县	366200	0597
清流县	365300	0598	德化县	362500	0595	武平县	366300	0597
宁化县	365400	0598	厦门市	361003	0592	连城县	362200	0597
大田县	366100	0598	漳州市	363000	0596	宁德市	352100	0593
尤溪县	365100	0598	龙海市	363100	0596	福安市	355000	0593
沙　县	365500	0598	云霄县	363300	0596	福鼎市	355200	0593
将乐县	353300	0598	漳浦县	363200	0596	寿宁县	355500	0593
泰宁县	354400	0598	诏安县	363500	0596	霞浦县	355100	0593
建宁县	354500	0598	长泰县	363900	0596	柘荣县	355300	0593
莆田市	351100	0594	东山县	363400	0596	屏南县	352300	0593
仙游县	351200	0594	南靖县	363600	0596	古田县	352200	0593
泉州市	362000	0595	平和县	363700	0596	周宁县	355400	0593
石狮市	362700	0595	华安县	363800	0596			
晋江市	362200	0595	龙岩市	364000	0597			

湖北省

城市地区	邮政编码	区号	城市地区	邮政编码	区号	城市地区	邮政编码	区号
武汉市	430000	027	汉川市	432300	0712	监利县	433300	0716
十堰市	442000	0719	孝昌县	432900	0712	监利县	433300	0716
丹江口市	442700	0719	蕲春县	435300	0713	宜昌市	443000	0717
郧　县	442500	0719	黄梅县	435500	0713	枝江市	443200	0717
竹山县	442200	0719	团风县	438000	0713	宜都市	443300	0717
房　县	442100	0719	鄂州市	436000	0711	当阳市	44J4100	0717
郧西县	442600	0719	黄石市	435000	0714	远安县	444200	0717
竹溪县	442300	0719	大冶市	435100	0714	兴山县	443700	0717

城市地区	邮政编码	区号	城市地区	邮政编码	区号	城市地区	邮政编码	区号
襄樊市	441000	0710	阳新县	435200	0714	秭归县	443600	0717
枣阳市	441200	0710	咸宁市	437000	0715	随州市	441300	0722
宜城市	441400	0710	赤壁市	437300	0715	仙桃市	433000	0728
南漳县	441500	0710	嘉鱼县	437200	0715	天门市	431700	0728
谷城县	441700	0710	通城县	437400	0715	潜江市	433100	0728
保康县	441600	0710	崇阳县	437500	0715	恩施市	445000	0718
荆门市	448000	0724	通山县	437600	0715	利川市	445400	0718
钟祥市	431900	0724	荆州市	434000	0716	建始县	445300	0718
沙洋县	448200	0724	石首市	434400	0716	巴东县	444300	0718
京山县	431800	0724	洪湖市	433200	0716	宣恩县	445500	0718
孝感市	432100	0712	松滋市	434200	0716	鹤峰县	445800	0718
应城市	432400	0712	江陵县	434101	0716			
安陆市	432600	0712	公安县	434300	0716			

湖南省

城市地区	邮政编码	区号	城市地区	邮政编码	区号	城市地区	邮政编码	区号
长沙市	410000	0731	汨罗市	414400	0730	衡阳县	421200	0734
慈利县	427200	0744	临湘市	414300	0730	衡南县	421000	0734
桑植县	427100	0744	岳阳县	414100	0730	衡山县	421300	0734
张家界市	427000	0744	华容县	414200	0730	衡东县	421400	0734
浏阳市	410300	0744	湘阴县	410500	0730	祁东县	421600	0734
长沙县	410100	0744	平江县	410400	0730	郴州市	423000	0735
望城县	410200	0744	株洲市	412000	0733	资兴市	423400	0735
常德市	415000	0736	醴陵市	412200	0733	桂阳县	424400	0735
津市市	415400	0736	株洲县	412100	0733	永兴县	423300	0735
安乡县	415600	0736	攸 县	412300	0733	宜章县	424200	0735
汉寿县	415900	0736	茶陵县	412400	0733	嘉禾县	424500	0735
澧 县	415500	0736	炎陵县	412500	0733	临武县	424300	0735
临澧县	415200	0736	湘潭市	411100	0732	汝城县	424100	0735
桃源县	415700	0736	湘乡市	411400	0732	桂东县	423500	0735
石门县	415300	0736	韶山市	411300	0732	安仁县	423600	0735
益阳市	413000	0737	湘潭县	411200	0732	永州市	425000	0746
沅江市	413100	0737	衡阳市	421000	0734	东安县	425900	0746
南 县	413200	0737	常宁市	421500	0734	道 县	425300	0746
桃江县	413400	0737	洞口县	422300	0739	宁远县	425600	0746
江永县	425400	0746	绥宁县	422600	0739	涟源市	417100	0738

城市地区	邮政编码	区号	城市地区	邮政编码	区号	城市地区	邮政编码	区号
蓝山县	425800	0746	新宁县	422700	0739	双峰县	417700	0738
新田县	425700	0746	怀化市	418000	0745	新化县	417600	0738
双牌县	425200	0746	洪江市	418200	0745	吉首市	416000	0743
祁阳县	421700	0746	沅陵县	419600	0745	泸溪县	416100	0743
邵阳市	422000	0739	辰溪县	419500	0745	凤凰县	416200	0743
武冈市	422400	0739	溆浦县	419300	0745	花垣县	416400	0743
邵东县	422800	0739	中方县	418005	0745	保靖县	416500	0743
邵阳县	422100	0739	会同县	418300	0745	古丈县	416300	0743
新邵县	422900	0739	娄底市	417000	0738	永顺县	416700	0743
隆回县	422200	0739	冷水江市	417500	0738	龙山县	416800	0743
岳阳市	414000	0730	耒阳市	421800	0734			

广东省

城市地区	邮政编码	区号	城市地区	邮政编码	区号	城市地区	邮政编码	区号
广州市	510000	020	蕉岭县	514100	0753	佛山市	528000	0757
增城市	511300	020	潮州市	521000	0768	肇庆市	526000	0758
从化市	510900	020	潮安县	515600	0768	高要市	526loo	0758
清远市	511500	0763	饶平县	515700	0768	四会市	526200	0758
英德市	513000	0763	汕头市	515000	0754	广宁县	526300	0758
连州市	513400	0763	澄海市	515800	0754	怀集县	526400	0758
佛冈县	511600	0763	南澳县	515900	0754	封开县	526500	0758
阳山县	513100	0763	揭阳市	522000	0663	德庆县	526600	0758
清新县	511800	0763	鹤山市	529700	0750	韶关市	512000	0751
乐昌市	512200	0751	揭东县	515500	0663	罗定市	527200	0766
南雄市	512400	0751	揭西县	515400	0663	云安县	527500	0766
曲江县	512100	0751	惠来县	515200	0663	新兴县	527400	0766
始兴县	512500	0751	汕尾市	516601	0660	郁南县	527100	0766
仁化县	512300	0751	陆丰市	516500	0660	阳江市	529500	0662
翁源县	512600	0751	海丰县	516400	0660	阳春市	529600	0662
新丰县	511100	0751	陆河县	516700	0660	阳西县	529800	0662
河源市	517000	0762	惠州市	516000	0752	阳东县	529900	0662
紫金县	517400	0762	惠阳市	516200	0752	茂名市	525000	0668
龙川县	517300	0762	博罗县	516100	0752	化州市	525100	0668
连平县	517100	0762	惠东县	516300	0752	信宜市	525300	0668
和平县	517200	0762	龙门县	516800	0752	高州市	525200	0668
东源县	517500	0762	东莞市	523000	0769	电白县	525400	0668

城市地区	邮政编码	区号	城市地区	邮政编码	区号	城市地区	邮政编码	区号
梅州市	514021	0753	深圳市	518000	0755	湛江市	524000	0759
兴宁市	514500	0753	珠海市	519000	0756	吴川市	524500	0759
梅　县	514700	0753	中山市	528400	0760	廉江市	524400	0759
大埔县	514200	0753	江门市	529000	0750	雷州市	524200	0759
丰顺县	514300	0753	恩平市	529400	0750	遂溪县	524300	0759
五华县	514400	0753	台山市	529200	0750	徐闻县	524100	0759
平远县	514600	0753	开平市	529300	0750			
普宁市	515300	0663	云浮市	527300	0766			

广西壮族自治区

城市地区	邮政编码	区号	城市地区	邮政编码	区号	城市地区	邮政编码	区号
南宁市	530000	0771	藤　县	543300	0774	田阳县	533600	0776
邕宁县	530200	0771	蒙山县	546700	0774	田东县	531500	0776
武鸣县	530100	0771	贵港市	537100	0775	平果县	531400	0776
横　县	530300	0771	桂平市	537200	0775	德保县	533700	0776
宾阳县	530400	0771	平南县	537300	0775	靖西县	533800	0776
上林县	530500	0771	玉林市	537000	0775	那坡县	533900	0776
隆安县	532700	0771	北流市	537400	0775	凌云县	533100	0776
马山县	530600	0771	兴业县	537800	0775	乐业县	533200	0776
桂林市	541002	0773	容　县	537500	0775	西林县	533500	0776
阳朔县	541900	0773	陆川县	537700	0775	田林县	533300	0776
临桂县	541100	0773	博白县	537700	0775	河池市	547000	0778
灵川县	541200	0773	钦州市	535000	0777	宜州市	546300	0778
全州县	541500	0773	灵山县	535400	0777	南丹县	547200	0778
兴安县	541300	0773	浦北县	535300	0777	天峨县	547300	0778
永福县	541800	0773	北海市	536000	0779	凤山县	547600	0778
灌阳县	541600	0773	合浦县	536100	0779	东兰县	547400	0778
资源县	541400	0773	防城港市	538000	0770	来宾市	545001	0772
平乐县	542400	0773	东兴市	538100	0770	合山市	546500	0772
荔浦县	546600	0773	上思县	535500	0770	柳州市	545001	0772
苍梧县	543100	0774	百色市	533000	0776	柳江县	545100	0772
柳城县	545200	0772	凭祥市	532600	0771	象州县	545800	0772
鹿寨县	545600	0772	扶绥县	532100	0771	武宣县	545900	0772
融安县	545400	0772	大新县	532300	0771	忻城县	546200	0772
梧州市	543000	0774	天等县	532800	0771	贺州市	542800	0774
岑溪市	543200	0774	宁明县	532800	0771	昭平县	542800	0774

城市地区	邮政编码	区号	城市地区	邮政编码	区号	城市地区	邮政编码	区号
崇左市	532200	0771	龙州县	532400	0771	钟山县	542600	0774

江西省

城市地区	邮政编码	区号	城市地区	邮政编码	区号	城市地区	邮政编码	区号
南昌市	330000	0791	湖口县	332500	0792	赣州市	341000	0797
南昌县	330200	0791	彭泽县	332700	0792	瑞金市	342500	0797
新建县	330100	0791	景德镇市	333000	0798	南康市	341400	0797
安义县	330500	0791	乐平市	333300	0798	赣县	341100	0797
进贤县	331700	0791	浮梁县	333400	0798	信丰县	341600	0797
九江市	332000	0792	鹰潭市	335000	0701	大余县	341500	0797
瑞昌市	332200	0792	贵溪市	335400	0701	上犹县	341200	0797
九江县	332100	0792	余江县	335200	0701	崇义县	341300	0797
武宁县	332300	0792	新余市	338025	0790	安远县	342100	0797
修水县	332400	0792	分宜县	336600	0790	龙南县	341700	0797
永修县	330300	0792	萍乡市	337000	0799	定南县	341900	0797
德安县	330400	0792	莲花县	337100	0799	全南县	341800	0797
星子县	332800	0792	上栗县	337009	0799	宁都县	342800	0797
都昌县	332600	0792	芦溪县	337053	0799	于都县	342300	0797
兴国县	34Z400	0797	南城县	344700	0794	宜丰县	336300	0795
会昌县	342600	0797	黎川县	344600	0794	靖安县	330600	0795
寻乌县	342200	0797	南丰县	344500	0794	铜鼓县	336200	0795
石城县	342700	0797	崇仁县	344200	0794	吉安市	343000	0796
上饶市	334000	0793	乐安县	344300	0794	井冈山市	343500	0796
德兴市	334200	0793	宜黄县	344400	0794	吉安县	343loo	0796
上饶县	334100	0793	金溪县	344800	0794	吉水县	331600	0796
广丰县	334600	0793	资溪县	335300	0794	峡江县	331409	0796
玉山县	334700	0793	东乡县	331800	0794	新干县	331300	0796
铅山县	334500	0793	广昌县	344900	0794	永丰县	331500	0796
横峰县	334300	0793	宜春市	336000	0795	泰和县	343700	0796
弋阳县	334400	0793	丰城市	331100	0795	遂川县	343900	0796
余干县	335100	0793	樟树市	331200	0795	万安县	343800	0796
波阳县	333100	0793	高安市	330800	0795	安福县	343200	0796
万年县	335500	0793	奉新县	330700	0795	永新县	343400	0796
婺源县	333200	0793	万载县	336100	0795			
抚州市	344000	0794	上高县	336400	0795			

四川省

城市地区	邮政编码	区号	城市地区	邮政编码	区号	城市地区	邮政编码	区号
成都市	610000	028	中江县	618300	0838	马边彝族自治县	614600	0833
崇州市	611230	028	罗江县	618500	0838	荣 县	643100	0813
邛崃市	611530	028	阆中市	637400	0817	富顺县	643200	0813
都江堰市	611830	028	南部县	637300	0817	泸 县	646106	0830
彭州市	611930	028	营山县	637700	0817	合江县	646200	0830
金堂县	610400	028	蓬安县	637800	0817	叙永县	646400	0830
双流县	610200	028	仪陇县	637600	0817	古蔺县	646500	0830
郫 县	611730	028	西充县	637200	0817	宜宾县	644600	0831
大邑县	611330	028	华蓥市	638600	0826	南溪县	644loo	0831
蒲江县	611630	028	岳池县	638300	0826	江安县	644200	0831
新津县	611430	028	武胜县	638400	0826	长宁县	644300	0831
旺苍县	628200	0839	邻水县	638500	0826	高县	645154	0831
青川县	628100	0839	蓬溪县	629100	0825	筠连县	645250	0831
剑阁县	628300	0839	射洪县	629200	0825	珙县	644501	0831
苍溪县	628400	0839	大英县	629300	0825	兴文县	644400	0831
江油市	621700	0816	威远县	642450	0832	屏山县	645350	0831
三台县	621100	0816	资中县	641200	0832	米易县	617200	0812
盐亭县	621600	0816	隆昌县	642150	0832	盐边县	617100	0812
安 县	622650	0816	峨眉山市	614200	0833	通江县	636700	0827
梓潼县	622150	0816	犍为县	614400	0833	南江县	635600	0827
北川县	622750	0816	井研县	613100	0833	平昌县	636400	0827
平武县	622550	0816	夹江县	614100	0833	万源市	636350	0818
广汉市	618300	0838	沐川县	614500	0833	达 县	635000	0818
绵竹市	618200	0838	峨边彝族自治县	614300	0833	九寨沟县	623400	0818
金川县	624100	0818	壤塘县	624300	0837	宁南县	615400	0834
宣汉县	636150	0818	阿坝县	624600	0837	普格县	615300	0834
开江县	636250	0818	若尔盖县	624500	0837	布拖县	615350	0834
渠 县	635200	0832	红原县	624400	0837	金阳县	616250	0834
大竹县	635100	0832	甘孜州	626000	0836	昭觉县	616150	0834
简阳市	641400	0832	康定县	626000	0836	喜德县	616750	0834
乐至县	641500	0833	泸定县	626100	0836	冕宁县	615600	0834
安岳县	642350	0833	丹巴县	626300	0836	越西县	616650	0834
仁寿县	620500	0833	九龙县	616200	0836	甘洛县	616850	0834
彭山县	620860	0833	雅江县	627450	0836	美姑县	616450	0834

洪雅县	620360	0833	道孚县	626400	0836	雷波县	616550	0834
丹棱县	620200	0835	炉霍县	626500	0836	木里县	615800	0834
青神县	620460	0835	甘孜县	626700	0836	眉山市	620010	0833
雅安市	625000	0835	新龙县	626800	0836	资阳市	641300	0832
名山县	625100	0835	德格县	627250	0836	达州市	635000	0818
荥经县	625200	0835	白玉县	627150	0836	巴中市	636600	0827
汉源县	625300	0835	石渠县	627350	0836	攀枝花市	617000	0812
石棉县	625400	0835	色达县	626600	0836	宜宾市	644000	0831
天全县	625500	0835	理塘县	624300	0836	泸州市	646000	0830

四川省

城市地区	邮政编码	区号	城市地区	邮政编码	区号	城市地区	邮政编码	区号
芦山县	625600	0837	巴塘县	627650	0836	自贡市	643000	0813
宝兴县	625700	0837	乡城县	627850	0836	乐山市	614000	0833
阿坝州	624000	0837	稻城县	627750	0836	内江市	641000	0832
马尔康县	624000	0837	得荣县	627950	0836	遂宁市	629000	0825
汶川县	623000	0837	凉山州	615000	0834	广安市	638000	0826
理　县	623100	0837	西昌市	615000	0834	南充市	637000	0817
茂　县	623200	0837	盐源县	615700	0834	德阳市	618000	0838
松潘县	623300	0837	德昌县	615500	0834	绵阳市	621000	0816
小金县	624200	0837	会理县	615100	0834	广元市	628000	0839
黑水县	623500	0837	会东县	615200	0834			

海南省

城市地区	邮政编码	区号	城市地区	邮政编码	区号	城市地区	邮政编码	区号
海口市	570100	0898	五指山市	572200	0898	澄迈县	571900	0898
文昌市	571300	0898	东方市	572600	0898	定安县	571200	0898
琼海市	571400	0898	儋州市	571700	0898	屯昌县	571600	0898
万宁市	571500	0898	临高县	571800	0898	三亚市	572000	0898

贵州省

城市地区	邮政编码	区号	城市地区	邮政编码	区号	城市地区	邮政编码	区号
贵阳市	550000	0851	盘　县	561600	0858	桐梓县	563200	0852
清镇市	551400	0851	水城县	553000	0858	绥阳县	563300	0852
开阳县	552300	0851	遵义市	563000	0852	正安县	563400	0852
修文县	552200	0851	赤水市	564700	0852	凤冈县	564200	0852
息烽县	551100	0851	仁怀市	564500	0852	湄潭县	564100	0852
六盘水市	553400	0858	遵义县	563100	0852	余庆县	564400	0852

城市地区	邮政编码	区号	城市地区	邮政编码	区号	城市地区	邮政编码	区号
习水县	564600	0852	施秉县	556200	0855	贵定县	551300	0854
安顺市	561000	0853	三穗县	556500	0855	瓮安县	550400	0854
平坝县	561100	0853	镇远县	557700	0855	独山县	558200	0854
普定县	562100	0853	岑巩县	557800	0855	平塘县	555300	0854
毕节市	551700	0857	天柱县	556600	0855	罗甸县	550100	0854
大方县	551600	0857	锦屏县	556700	0855	长顺县	550700	0854
金沙县	551800	0857	剑河县	556400	0855	龙里县	551200	0854
织金县	552100	0857	台江县	556300	0855	惠水县	550600	0854
纳雍县	553300	0857	黎平县	557300	0855	兴义市	562400	0859
赫章县	553200	0857	榕江县	557200	0855	兴仁县	562300	0859
铜仁市	554300	0856	从江县	557400	0855	普安县	561500	0859
江口县	554400	0856	雷山县	557100	0855	晴隆县	561400	0859
石阡县	555100	0856	麻江县	557600	0855	贞丰县	562200	0859
思南县	565100	0856	丹寨县	557500	0855	望谟县	552300	0859
德江县	565200	0856	都匀市	558000	0854	册亨县	552200	0859
凯里市	556000	0855	福泉市	550500	0854	安龙县	552400	0859
黄平县	556100	0855	荔波县	550400	0854			

云南省

城市地区	邮政编码	区号	城市地区	邮政编码	区号	城市地区	邮政编码	区号
昆明市	650000	0871	龙陵县	678300	0875	梁河县	679200	0692
安宁市	650300	0871	昌宁县	678100	0875	盈江县	679300	0692
呈贡县	650500	0871	昭通市	657000	0870	陇川县	678700	0692
晋宁县	650600	0871	鲁甸县	657100	0870	泸水县	673200	0886
富民县	650400	0871	巧家县	654600	0870	福贡县	673400	0886
宜良县	652100	0871	盐津县	657500	0870	大理市	671000	0872
嵩明县	651700	0871	大关县	657400	0870	祥云县	672100	0872
曲靖市	655000	0874	永善县	657300	0870	宾川县	671600	0872
宣威市	655400	0874	绥江县	657700	0870	弥渡县	675600	0872
马龙县	655100	0874	镇雄县	657200	0870	永平县	672600	0872
沾益县	655300	0874	彝良县	657600	0870	云龙县	672700	0872
罗平县	655800	0874	威信县	657900	0870	洱源县	671200	0872
师宗县	655700	0874	水富县	657800	0870	剑川县	671300	0872
陆良县	655600	0874	丽江市	674100	0888	鹤庆县	671500	0872
会泽县	654200	0874	永胜县	674200	0888	楚雄市	675000	0878
玉溪市	653100	0877	华坪县	674800	0888	双柏县	675100	0878

城市地区	邮政编码	区号	城市地区	邮政编码	区号	城市地区	邮政编码	区号
江川县	652600	0877	思茅市	665000	0879	牟定县	675500	0878
澄江县	652500	0877	临沧县	677000	0883	南华县	675200	0878
通海县	652700	0877	凤庆县	675900	0883	姚安县	675300	0878
华宁县	652800	0877	云　县	675800	0883	大姚县	675400	0878
易门县	651100	0877	永德县	677600	0883	永仁县	6514JDO	0878
保山市	678000	0875	镇康县	677704	0883	元谋县	651300	0878
施甸县	678200	0875	潞西市	678400	0692	武定县	651600	0878
腾冲县	679100	0875	瑞丽市	67860D	0692	禄丰县	651200	0878
个旧市	661000	0873	泸西县	652400	0873	马关县	663700	0876
开远市	661600	0873	元阳县	662400	0873	丘北县	663200	0876
蒙自县	661100	0873	红河县	654400	0873	广南县	663300	0876
绿春县	662500	0873	文山县	663000	0876	富宁县	663400	0876
建水县	654300	0873	砚山县	663loo	0876	景洪市	666100	0691
石屏县	662200	0873	西畴县	663500	0876	勐海县	666200	0691
弥勒县	652300	0873	麻栗坡县	663600	0876	勐腊县	666300	0691

西藏自治区

城市地区	邮政编码	区号	城市地区	邮政编码	区号	城市地区	邮政编码	区号
拉萨市	850000	0891	芒康县	854500	0895	江孜县	857400	0892
林周县	851600	0891	洛隆县	855400	0895	定日县	858200	0892
当雄县	851500	0891	边坝县	855500	0895	萨迦县	857800	0892
尼木县	8512100	0891	林芝地区	860000	0894	拉孜县	858100	0892
曲水县	850600	0891	林芝县	860000	0894	昂仁县	858500	0892
达孜县	850100	0891	工布江达县	860200	0894	谢通门县	858900	0892
那曲县	852000	0896	米林县	860500	0894	白朗县	857300	0892
嘉黎县	852400	0896	墨脱县	860700	0894	仁布县	857200	0892
比如县	852300	0896	波密县	860300	0894	康马县	857500	0892
聂荣县	853500	0896	察隅县	860600	0894	定结县	857900	0892
安多县	853400	0896	朗县	860400	0894	仲巴县	858800	0892
申扎县	853100	0896	山南地区	856000	0893	亚东县	857600	0892
索　县	852200	0896	乃东县	856100	0893	吉隆县	858700	0892
班戈县	852500	0896	贡嘎县	850700	0893	聂拉木县	858300	0892
巴青县	852100	0896	桑日县	856200	0893	萨嘎县	858600	0892
尼玛县	853200	0896	琼结县	856800	0893	岗巴县	857700	0892
昌都地区	854000	0895	曲松县	856300	0893	阿里地区	859000	0897
昌都县	854000	0895	措美县	856900	0893	噶尔县	859001	0897

江达县	854100	0895	洛扎县	851200	0893	普兰县	859500	0897
贡觉县	854100	0895	加查县	856400	0893	札达县	859600	0897
类乌齐县	855600	0895	隆子县	856600	0893	日土县	859700	0897
丁青县	855700	0895	错那县	856700	0893	革吉县	859100	0897
察雅县	854300	0895	浪卡子县	851100	0893	改则县	859200	0897
八宿县	854600	0895	日喀则地区	857000	0892	措勤县	859300	0897
左贡县	854400	0895	南木林县	857100	0892			

陕西省

城市地区	邮政编码	区号	城市地区	邮政编码	区号	城市地区	邮政编码	区号
西安市	710000	029	延川县	717200	0911	洛川县	727400	0911
蓝田县	710500	029	子长县	717300	0911	宜川县	716200	0911
周至县	710400	029	安塞县	717400	0911	黄龙县	715700	0911
户 县	710300	029	志丹县	717500	0911	黄陵县	727300	0911
高陵县	710200	029	吴旗县	717600	0911	铜川市	727000	0919
延安市	716000	0911	甘泉县	716100	0911	宜君县	727200	0919
延长县	717100	0911	富 县	727500	0911	渭南市	714000	0913
华阴市	714200	0913	岐山县	722400	0917	定边县	718600	0912
韩城市	715400	0913	扶风县	722200	0917	绥德县	718000	0912
华 县	714100	0913	眉 县	722300	0917	米脂县	718100	0912
潼关县	714300	0913	陇 县	721200	0917	佳 县	719200	0912
大荔县	715100	0913	千阳县	721100	0917	吴堡县	718200	0912
蒲城县	715500	0913	麟游县	721500	0917	清涧县	718300	0912
澄城县	715200	0913	凤 县	721700	0917	子洲县	718400	0912
白水县	715600	0913	太白县	721600	0917	安康市	725000	0915
合阳县	715300	0913	汉中市	723000	0916	汉阴县	725100	0915
富平县	711700	0913	汉中市	723000	0916	石泉县	725200	0915
咸阳市	712000	0910	南郑县	723100	0916	宁陕县	711600	0915
兴平市	713100	0910	城固县	723200	0916	紫阳县	725300	0915
三原县	713800	0910	洋 县	723300	0916	岚皋县	725400	0915
泾阳县	713700	0910	西乡县	723500	0916	平利县	725500	0915
乾 县	713300	0910	勉 县	724200	0916	镇坪县	725600	0915
礼泉县	713200	0910	宁强县	724400	0916	旬阳县	725700	0915
永寿县	713400	0910	略阳县	724300	0916	白河县	725800	0915
彬 县	713500	0910	镇巴县	723600	0916	商洛市	726000	0914
长武县	713600	0910	留坝县	724100	0916	洛南县	726100	0914

陕西省

城市地区	邮政编码	区号	城市地区	邮政编码	区号	城市地区	邮政编码	区号
旬邑县	711300	0910	佛坪县	723400	0916	丹凤县	726200	0914
淳化县	711200	0910	榆林市	719000	0912	商南县	726300	0914
武功县	712200	0910	神木县	719300	0912	山阳县	726400	0914
宝鸡市	721000	0917	府谷县	719400	0912	镇安县	711500	0914
宝鸡县	721300	0917	横山县	719100	0912	柞水县	711400	0914
凤翔县	721400	0917	靖边县	718500	0912			

甘肃省

城市地区	邮政编码	区号	城市地区	邮政编码	区号	城市地区	邮政编码	区号
兰州市	730030	0931	武山县	741300	0938	庆城县	745100	0934
永登县	730300	0931	张家川回族自治县	741500	0938	环县	745700	0934
皋兰县	730200	0931	武威市	733000	0935	华池县	745600	0934
榆中县	730100	0931	民勤县	733300	0935	合水县	745400	0934
嘉峪关市	735100	0937	古浪县	733100	0935	正宁县	745300	0934
金昌市	737100	0935	酒泉市	735000	0937	宁县	745200	0934
永昌县	737200	0935	玉门市	735200	0937	镇原县	744500	0934
白银市	730900	0943	敦煌市	736200	0937	平凉市	744000	0933
靖远县	730600	0943	金塔县	735300	0937	泾川县	744300	0933
会宁县	730700	0943	安西县	736100	0937	灵台县	744400	0933
景泰县	730400	0943	张掖市	734000	0936	崇信县	744200	0933
天水市	741000	0938	民乐县	734500	0936	华亭县	744100	0933
清水县	741400	0938	临泽县	734200	0936	庄浪县	744600	0933
秦安县	741600	0938	高台县	734300	0936	静宁县	743400	0933
甘谷县	741200	0938	山丹县	734100	0936	定西市	743000	0932
临洮县	730500	0932	庆阳市	745000	0934	通渭县	743300	0932
漳县	748300	0932	西和县	742100	0939	和政县	731200	0930
岷县	748400	0932	礼县	742200	0939	合作市	747000	0941
渭源县	748200	0932	两当县	742400	0939	临潭县	747500	0941
陇西县	748100	0932	徽县	742300	0939	卓尼县	747600	0941
成县	742500	0939	临夏市	731100	0930	舟曲县	746300	0941
武都县	746000	0939	临夏县	731800	0930	迭部县	747400	0941
宕昌县	748500	0939	康乐县	731500	0930	玛曲县	747300	0941
康县	746500	0939	永靖县	731600	0930	碌曲县	747200	0941
文县	746400	0939	广河县	731300	0930	夏河县	747100	0941

青海省

城市地区	邮政编码	区号	城市地区	邮政编码	区号	城市地区	邮政编码	区号
西宁市	810000	0971	祁连县	810400	0970	玉树县	815000	0976
共和县	813000	0974	刚察县	812300	0970	杂多县	815300	0976
同德县	813200	0974	同仁县	811300	0973	称多县	815100	0976
贵德县	811700	0974	尖扎县	811200	0973	治多县	815400	0976
兴海县	813300	0974	泽库县	811400	0973	囊谦县	815200	0976
贵南县	813100	0974	玛沁县	814000	0975	曲麻莱县	815500	0976
湟源县	812100	0971	班玛县	814300	0975	德令哈市	817000	0977
湟中县	811600	0972	甘德县	814100	0975	格尔木市	816000	0979
平安县	810600	0972	达日县	814200	0975	乌兰县	817100	0979
乐都县	810700	0972	久治县	624700	0975	都兰县	816100	0979
海晏县	812200	0970	玛多县	813500	0975	天峻县	817200	0979

宁夏回族自治区

城市地区	邮政编码	区号	城市地区	邮政编码	区号	城市地区	邮政编码	区号
银川市	750000	0951	惠农县	753600	0952	海原县	751800	0955
灵武市	751400	0951	吴忠市	751100	0953	西吉县	756200	0954
永宁县	750100	0951	中卫县	751700	0955	隆德县	756300	0954
贺兰县	750200	0951	中宁县	751200	0955	泾源县	756400	0954
石嘴山市	753000	0952	盐池县	751500	0953	彭阳县	756500	0954
平罗县	753400	0952	同心县	751300	0953			
陶乐县	753500	0952	固原市	756000	0954			

新疆维吾尔自治区

城市地区	邮政编码	区号	城市地区	邮政编码	区号	城市地区	邮政编码	区号
乌鲁木齐市	830000	0991	巴楚县	843800	0998	新源县	835800	0999
克拉玛依市	834000	0990	疏附县	844100	0998	昭苏县	835600	0999
石河子市	832000	0993	疏勒县	844200	0998	特克斯县	835500	0999
阿拉尔市	843300	0997	英吉沙县	844500	0998	尼勒克县	835700	0999
图木舒克市	843900	0998	泽普县	844800	0998	阿克苏市	843000	0997
五家渠市	831300	0994	莎车县	844700	0998	温宿县	843100	0997
喀什地区	844000	0998	叶城县	844900	0998	库车县	842000	0997
喀什市	844000	0998	麦盖提县	844600	0998	沙雅县	842200	0997
柯坪县	843600	0997	岳普湖县	844400	0998	新和县	842100	0997
阿合奇县	843500	0997	伽师县	844300	0998	拜城县	842300	0997
和田市	848000	0903	昌吉市	831100	0994	乌什县	843400	0997

和田县	848000	0903	米泉市	831400	0994	阿瓦提县	843200	0997
墨玉县	848100	0903	呼图壁县	831200	0994	塔城地区	834700	0901
皮山县	845150	0903	玛纳斯县	832200	0994	塔城市	834700	0901
洛浦县	848200	0903	奇台县	831800	0994	额敏县	834600	0901
策勒县	848300	0903	吉木萨尔县	831700	0994	托里县	833000	0992
于田县	848400	0903	库尔勒市	841000	0996	裕民县	834500	0901
民丰县	848500	0903	轮台县	841600	0996	乌苏市	824800	0901
吐鲁番市	838000	0995	尉犁县	841500	0996	沙湾县	832100	0993
鄯善县	838200	0995	若羌县	841800	0996	阿勒泰地区	836500	0906
托克逊县	838100	0995	且末县	841900	0996	阿勒泰市	836500	0906
哈密市	839000	0902	和静县	841300	0996	布尔津县	836600	0906
伊吾县	839300	0902	和硕县	841200	0996	青河县	836200	0906
阿图什市	845350	0908	博湖县	841400	0996	富蕴县	836100	0906
阿克陶县	845550	0908	伊宁市	835000	0999	福海县	836400	0906
乌恰县	845450	0908	奎屯市	833200	0999	哈巴河县	836700	0906
博乐市	833400	0909	伊宁县	835100	0999	青河县	836200	0906
精河县	833300	0909	霍城县	835200	0999	吉木乃县	836800	0906
温泉县	833500	0909	巩留县	835400	0999			

二、国际长途区号及时差表

中文名称	英文名称	区号	时差	中文名称	英文名称	区号	时差
阿富汗	Afghanistan	93	0：00	克罗地亚	Croatian	383	−7：00
阿拉斯加	Alaska(U.S.A)	1907	0：00	古巴	Cuba	385	−13：00
阿尔巴尼亚	Albania	355	−7：00	塞浦路斯	Cyprus	53	−6：00
阿尔及利亚	Algeria	213	−8：00	捷克	Czech	357	−7：00
安道尔	Andorra	376	−8：00	丹麦	Denmark	420	−7：00
安哥拉	Angola	244	−7：00	迪戈加西亚岛	Diego Garcia	I.246	0：00
阿根廷	Argentina	54	−11：00	吉布提	Djibouti	253	−5：00
亚美尼亚	Armenia	374	0：00	多米尼加共和国	Dominican Rep	1809	−13：00
阿鲁巴岛	ArubaI.	297	−12：00	厄瓜多尔	Ecuador	593	−13：00
阿森松(英)	Ascension	247	−8：00	埃及	Egypt	20	−6：00
澳大利亚	Australia	61	2：00	萨尔瓦多	El Salvador	503	−14：00
奥地利	Austria	43	−7：00	赤道几内亚	Equatorial Guinea	240	−8：00
阿塞拜疆	Azerbaijan	994	−5：00	厄立特里亚	Eritrea	291	0：00

巴林	Bahrain	973	−5：00	爱沙尼亚	Estonia	372	−5：00
孟加拉国	Bangladesh	880	−2：00	埃塞俄比亚	Etlliopia	251	−5：00
巴巴多斯	Barbados	1246	−12：00	法罗群岛（丹）	Farce Is.	298	0：00
白俄罗斯	Belarus	375	−5：00	斐济	Fiji	679	4：00
比利时	Belgium	32	−7：00	芬兰	Finland	358	−6：00
伯利兹	Belize	501	−14：00	法国	France	33	−8：00
贝宁	Benin	229	−7：00	加蓬	Gabon	241	−7：00
不丹	Bhutan	975	0：00	冈比亚	Garabia	220	−8：00
玻利维亚	Bolivia	591	−12：00	格鲁吉亚	Georgja	995	0：00
博茨瓦纳	Botswana	267	−6：00	德国	Germany	49	−7：00
巴西	Brazil	55	−11：00	加纳	Ghana	233	−8：00
保加利亚	Bulgaria	359	−6：00	直布罗陀（英）	Gibraltar	350	−8：00
布基纳法索	Burkina Faso	226	−8：00	希腊	Greece	30	−6：00
布隆	Burundi	257	−6：00	格陵兰岛	Greenland	299	0：00
喀麦隆	Cameroon	237	−7：00	格林纳达	Grenada	1809	−14：00
加拿大	Canada	1	−13：00	瓜德罗普岛（法）	Guadeloupe	590	0：00
加那利群岛	Canaries Is.	34	−8：00	关岛（美）	Guam	671	2：00
佛得角	Cape Verde	238	−9：00	危地马拉	Guatemala	502	−14：00
开曼群岛（英）	Cayman Is.	1345	−13：00	几内亚	Guinea	224	−8：00
中非	Central Africa	236	−7：00	几内亚比绍	Guinea－bissau	245	0：00
乍得	Chad	235	−7：00	圭亚那	Guyana	592	−11：00
智利	Chile	56	−12：00	海地	Haiti	509	−13：00
圣诞岛	Christmas I.	619164	−1：30	夏威夷	Hawaii	1808	0：00
科科斯岛	Cocos I.	619162	−13：00	洪都拉斯	Honduras	504	−14：00
哥伦比亚	Colombia	57	0：00	匈牙利	HunGary	36	−7：00
巴哈马国	Bahamas	1809	0：oo	冰岛	Iceland	354	−9：00
科摩罗	Comoro	269	−5：00	印度	India	91	−2：30
刚果	Congo	242	−7：00	印度尼西亚	Indonesia	62	−0：30
科克群岛（新）	Cook IS.	682	−18：30	伊朗	Iran	98	−4：30
哥斯达黎加	Costa Rica	506	−14：00	伊拉克	Iraq	964	−5：00
爱尔兰	Ireland	353	−8：00	蒙特塞拉特岛（英）	Montserrat I	1664	−12：00
马尔维纳斯群岛	Islas Malvinas	500	−11：00	摩洛哥	Morocco	212	−6：00
以色列	Israel	972	−6：00	莫桑比克	Mozambique	258	−6：00
意大利	Italyv	39	−7：00	缅甸	Myanmar	95	−1：30

科特迪瓦	Ivory Coast	225	−8：00	纳米比亚	Namibia	264	−7：00
牙买加	Jamaica	1876	−12：00	瑙鲁	Nauru	674	4：00
日本	Japan	81	1：00	尼泊尔	Nepal	977	−2：30
约旦	Jordan	962	−6：00	荷兰	Netherlands	31	−7：00
柬埔寨	Kampuchea	855	−1：00	新西兰	New Zealand	64	4：00
哈萨克斯坦	Kazakhstan	7	−5：00	尼加拉瓜	Nicaragua	505	−14：00
肯尼亚	Kenya	254	−5：00	尼日尔	Niger	227	−8：00
基里巴斯	Kiribati	686	4：00	尼日利亚	Nigeria	234	−7：00
朝鲜	Korea（dpr of）	850	1：00	纽埃岛（新）	Niue I.	683	−19：00
韩国	Korea（republic of）	8	21：00	诺福克岛（澳）	Norfolk I.	6723	3：30
科威特	Kuwait	965	−5：00	挪威	Norway	47	−7：00
吉尔吉斯斯坦	Kyrgyzstan	7	−5：00	阿曼	Oman	968	−4：00
老挝	Laos	856	−1：00	帕劳（美）	Palau	680	0：00
拉脱维亚	Latvia	371	−5：00	巴拿马	Panama	507	−13：00
黎巴嫩	Lebanon	961	−6：00	巴布亚新几内亚	Papua New Guinea	675	2：00
莱索托	Lesotho	266	−6：00	巴拉圭	Paraguay	595	−12：00
利比里亚	Liberia	231	−8：00	秘鲁	Peru	51	−13：00
利比亚	Liy	218	−6：00	菲律宾	Philippines	63	0：00
列支敦士登	Liechtenstein	4175	−7：00	波兰	Poland	48	−7：00
立陶宛	Lithuania	370	−5：00	葡萄牙	Portugal	351	−8：00
卢森堡	Luxembourg	352	−7：00	巴基斯坦	Pakistan	92	−2：30
马其顿	Macedonia	389	0：00	波多黎各（美）	Puerto Rico	1787	−12：00
马达加斯加	Madagascar	261	−5：00	卡塔尔	Qatar	974	−5：00
马拉维	Malawi	265	−6：00	留尼汪岛	Reunion I.	262	−4：00
马来西亚	Malaysia	60	−0：30	罗马尼亚	Rumania	40	−6：00
马尔代夫	Maldive	960	−2：30	俄罗斯	Russia	7	−5：00
马里	Mali	223	−8：00	卢旺达	Rwanda	250	−6：00
马耳他	Malta	356	−7：00	东萨摩亚（美）	Samoa，Eastern	684	−19：00
马里亚纳群岛	Mariana Is.	670	2：00	西萨摩亚	Samoa，Westem	685	−19：00
马绍尔群岛	Marshall ls.	692	4：00	圣马力诺	San. Marino	378	−7：00
马提尼克（法）	Martinique	596	−12：00	沙特阿拉伯	Saudi Arabia	966	−5：00
毛里塔尼亚	Mauritania	222	0：00	塞内加尔	Senegal	221	−8：00
毛里求斯	Maufitius	230	−4：00	塞舌尔	Sevchelles	248	−4：00
马约特岛	Mayotte I.	269	0：00	新加坡	Singapore	65	0：30

国学经典文库

中华历书大全

·附录·

图文珍藏版

墨西哥	Mexieo	52	−15∶00	斯洛伐克	Slovak	421	−7∶00
密克罗尼西(美)	Micronesia	691	1∶00	斯洛文尼亚	Slovenia	386	−7∶00
中途岛(美)	Midway I.	1808	−19∶00	所罗门群岛	Solomon Is.	677	3∶00
摩尔多瓦	Moldova	373	−5∶00	索马里	Somali	252	−5∶00
摩纳哥	Monaco	377	−7∶00	南非	SouthAfrica	27	−6∶00
蒙古	Mongolia	976	0∶00	西班牙	Spain	34	−8∶00
斯里兰卡	Sri Lanka	94	0∶00	乌干达	Uganda	256	−5∶00
圣赫勒拿	St. Helena	290	−8∶00	乌克兰	Ukraine	380	−5∶00
圣卢西亚	St. Lucia	1758	−12∶00	英国	United Kingdom	44	−8∶00
苏丹	Sudan	249	−6∶00	乌拉圭	Uruguay	598	−10∶30
苏里南	Snriname	597	−11∶30	乌兹别克斯坦	Uzbekistan	7	−5∶00
斯威士兰	Swaziland	268	−6∶00	瓦努阿图	Vanuatu	678	3∶00
瑞典	Sweden	46	−7∶00	梵蒂冈	Vatican	379	−7∶00
瑞士	Switzerland	41	−7∶00	委内瑞拉	Venezuela	58	−12∶30
叙利亚	Syria	963	−6∶00	越南	Vietnam	84	−1∶00
塔吉克斯坦	Tajikistan	7	−5∶00	维尔京群岛(英)	Virgin Is.	1809	−12∶00
坦桑尼亚	Tanzania	255	−5∶00	威克岛(美)	Wak eI.	1808	4∶00
泰国	Thailand	66	−1∶00	西撒哈拉	Western sahara	967	0∶00
多哥	Togo	228	−8∶00	也门	Yemen	967	−5∶00
托克劳群岛(新)	Tokelau Is.	690	−19∶oo	南斯拉夫	Yugoslavia	381	−7∶00
汤加	Tonga	676	5∶00	扎伊尔	Zaire	243	−7∶00
突尼斯	Tunisia	216	−7∶00	赞比亚	Zambia	260	−6∶00
土耳其	Turkey	90	−6∶00	桑给巴尔	Zanzibar	259	0∶00
土库曼斯坦	Turkmenistan	993	−5∶00	津巴布韦	Zimbabwe	263	−6∶00
图瓦卢	Tuvalu	688	4∶00	中国	China	86	0
美国	U.S. A	1	−13∶00				

三、常用统一电话号码

特殊号码	作用	特殊号码	作用	特殊号码	作用
119	火警	114	本地电话查号	122	道路交通事故报警
110	匪警	115	国际人工长途挂号	174	国内长途查号
120	救护	116	国内人工长途查询	170	国内话费查询台
112	障碍申告	117	报时		
113	国内人工长途挂号	121	天气预报		

四、国际节日

日期	节日名称	日期	节日名称	日期	节日名称
1 月 26 日	国际海关日	3 月 15 日	国际消费者权益	4 月 2 日	世界自闭症日
1 月 27 日	国际大屠杀纪念日	3 月 17 日	国际航海日	4 月 5 日	巴勒斯坦儿童日
2 月 22 日	世界湿地日	3 月 21 日	国际消除种族歧视日	4 月 7 日	世界卫生日
2 月 10 日	世界气象日	3 月 21 日	世界森林日	4 月 10 日	非洲环境保护日
2 月 21 日	国际母语日	3 月 21 日	世界睡眠日	4 月 11 日	世界帕金森氏日
2 月 21 日	反对殖民主义斗争日	3 月 21 日	世界儿歌日	4 月 15 日	非洲自由日
2 月 最后一天	世界居住条件调查日	3 月 22 日	世界水日	4 月 15 日	世界社会工作日
3 月 1 日	国际海豹日	3 月 23 日	世界气象日	4 月 17 日	世界血友病日
3 月 6 日	世界青光眼日	3 月 24 日	世界防治结核病日	4 月 17 日	世界肿瘤日
3 月 8 日	国际妇女节	3 月 27 日	世界戏剧日	4 月 18 日	国际古迹遗址日
3 月 14 日	国际警察日	4 月 2 日	国际儿童图书日	4 月 22 日	世界地球日
4 月 23 日	世界读书日	6 月 14 日	世界献血者日	10 月 11 日	世界镇痛日
4 月 23 日	世界防治疟疾日	6 月 15 日	欧洲风能日	10 月 14 日	世界标准日
4 月 26 日	世界知识产权日	6 月 6 日	国际非洲儿童日	10 月 15 日	世界农村妇女日
4 月 28 日	世界安全生产与健康日	6 月第 3 个周日	父亲节	10 月 15 日	世界洗手日
4 月 28 日	化学战受害者纪念日	6 月 20 日	世界难民日	10 月 16 日	世界粮食日
5 月 1 日	国际劳动节	6 月 23 日	国际奥林匹克日	10 月 17 日	国际消除贫困日
5 月 3 日	世界新闻自由日	6 月 26 日	联合国宪章日	10 月 20 日	世界厨师日
5 月 5 日	世界碘缺乏病防治日	6 月 26 日	国际禁毒日	10 月 20 日	世界骨质疏松日
5 月第 2 个周二	世界哮喘日	7 月 1 日	国际建筑日	10 月 22 日	世界传统医药日
5 月 8 日	世界红十字日	7 月 2 日	国际体育记者日	10 月 24 日	联合国日
5 月 9 日	战胜德国法西斯纪念日	7 月 11 日	世界人口日	10 月 24 日	世界发展新闻日
5 月 12 日	国际护士日	7 月 11 日	世界海事日	10 月 31 日	世界勤俭日
5 月 13 日	世界高血压日	7 月 20 日	人类月球日	11 月 9 日	吉尼斯世界纪录日
5 月第 2 个周日	母亲节	8 月 12 日	国际青年日	11 月 14 日	世界糖尿病日
5 月 15 日	国际家庭日	9 月 10 日	世界预防自杀日	11 月 16 日	国际宽容日
5 月 18 日	国际博物馆日	9 月 14 日	世界清洁地球日	11 月 17 日	国际大学生节
5 月 19 日	世界肝炎日	9 月 15 日	国际民主日	11 月 19 日	世界厕所日

5月20日	世界计量日	9月20日	世界爱牙日	11月21日	世界电视日
5月21日	世界文化发展日	9月22日	世界无车日	11月21日	世界问候日
5月22日	国际生物多样性日	9月24日	国际和平日	12月1日	世界艾滋病日
5月23日	国际牛奶日	9月27日	世界旅游日	12月3日	国际残疾人日
5月23日	非洲解放日	9月28日	国际聋人日	12月5日	国际志愿人员日
5月29日	国际维和人员日	9月30日	国际翻译日	12月7日	国际民航日
5月31日	世界无烟日	10月1日	世界音乐日	12月9日	国际反腐败日
6月1日	国际儿童节	10月1日	国际老年人日	12月9日	世界足球日
6月5日	世界环境日	10月4日	世界动物日	12月10日	世界人权日
6月6日	世界爱眼日	10月5日	世界教师日	12月12日	国际儿童电视广播日
6月8日	国际海洋日	10月第1个周一	世界人居日	12月18日	国际移徙者日
6月12日	世界无童工日	10月9日	世界邮政日	12月19日	南南合作日
6月13日	世界垒球日	10月10日	世界精神卫生日	12月21日	国际篮球日

特别提示：

　　本书在编写过程中，参阅和使用了一些报刊、著述和图片。由于联系上的困难，和部分作品的作者（或译者）未能取得联系，对此谨致深深的歉意。敬请原作者（或译者）见到本书后，及时与本书编者联系，以便我们按照国家有关规定支付稿酬并赠送样书。

　　联系电话：010－80776121　联系人：马老师